U0643547

21 世 纪 高 等 学 校
机 械 科 学 系 列 教 材

国 家 工 科 机 械 基 础
教 学 基 地 系 列 教 材

陕 西 省 机 械 基 础
系 列 课 程 教 改 教 材

机 械 制 图

（第4版）

西 北 工 业 大 学
西安建筑科技大学　编

臧宏琦　王永平
蔡旭鹏　张晓梅　主编

西北工业大学出版社

【内容简介】 本书是国家工科机械基础教学基地系列教材之一，是陕西省高等教育面向 21 世纪教学内容和课程体系改革研究项目的成果。

全书共分为 10 章，主要内容包括绪论，标准件、常用件，零件图的绘制与阅读，装配图的绘制与阅读，机器测绘，计算机绘图及房屋建筑图介绍。

本书可作为大学本科机械类及近机类各专业的教材，亦可供工程技术人员参考。

图书在版编目（CIP）数据

机械制图/臧宏琦等主编；西北工业大学，西安建筑科技大学编 . —4 版 . —西安:西北工业大学出版社，2012.7（2014.2 重印）

ISBN 978 - 7 - 5612 - 3387 - 0

Ⅰ.① 机… Ⅱ.① 臧… ②西 … ③ 西… Ⅲ.① 机械制图—高等学校—教材 Ⅳ.①TH126

中国版本图书馆 CIP 数据核字（2012）第 169715 号

出版发行：西北工业大学出版社
通信地址：西安市友谊西路 127 号   邮编：710072
电　　话：(029) 88493844   88491757
网　　址：www.nwpup.com
印 刷 者：陕西向阳印务有限公司
开　　本：787 mm×1 092 mm   1/16
印　　张：18   插页：1
字　　数：343 千字
版　　次：2013 年 1 月第 4 版   2014 年 2 月第 2 次印刷
定　　价：40.00 元

第 4 版前言

  本书是按照最新国家标准更新了相关的内容和大量图例,再次面世的修订版。在第 2 章中修订了弹簧标记及相关图表;在第 5 章中对表面结构的表示及几何公差作了修订。同时,根据最新国家标准更新了与此教材配套的《机械制图习题集》中的相关内容。

  参与本次修订的作者分工依次为:第 1 章——雷哲书、臧宏琦,第 2 章——叶军、雷蕾、张晓梅,第 3 章、第 4 章——高幼林,第 5 章——刘援越,第 6 章——臧宏琦、雷蕾,第 7 章——刘援越、臧宏琦,第 8 章——蔡旭鹏、孙根正,第 9 章——王永平,第 10 章——韩新普。全书由臧宏琦、王永平、蔡旭鹏、张晓梅主编。

  在本书编写过程中参考了国内外同类著作,特向有关作者表示感谢。

  限于经验和水平,书中不当之处在所难免,敬请各位读者批评指正。

编　者

2012 年 6 月

第 3 版前言

　　本书是在《机械制图》(第 2 版)的基础上,根据教育部关于"画法几何及机械制图"课程教学的基本要求,以及总结基础教育应淡化专业、加强基础、注重能力、拓宽面向的教改经验修订的。

　　本书自出版以来,经过了多年的教学实践,得到了国内许多读者和同行的支持,并反馈了诚挚、中肯的意见。在此基础上我们对本教材进行了补充和修改,使其内容和结构更加完善、适用。

　　在本次修订中,采用了最新国家标准,更新了全书相关的图例和内容。在第 2 章中增加了标准件、标准结构的比例画法,删减了部分不必要的图例;在第 5 章(零件图上的技术要求)中增加了工程材料简介,使学生对相关知识有所了解;根据最新国家标准更新了与此教材配套的《机械制图习题集》中的相关内容。

　　参与本次修订的作者分工依次为:第 1 章——雷哲书、臧宏琦,第 2 章——叶军、雷蕾、张晓梅、韩新普,第 3～4 章——高幼林,第 5 章——刘援越,第 6 章——臧宏琦、雷蕾,第 7 章——李西芹、叶军,第 8 章——蔡旭鹏、孙根正,第 9 章——王永平,第 10 章——韩新普。全书由臧宏琦、王永平、蔡旭鹏、张晓梅主编。

　　在本书编写过程中参考了国内外同类著作,特向有关作者表示感谢。

　　限于经验和水平,书中不当之处在所难免,敬请各位读者批评指正。

编　者
2008 年 10 月

第 2 版前言

本书是在第 1 版的基础上,本着注重学生能力的培养,加强基础,拓宽知识面,进一步精选教材内容,增加适应性的总体设想的指导思想进行修编的。

本次修订主要做了如下工作:

1. 对全书的文字、图例进行了适当的修改和加工。

2. 对原书第 2 章的内容做了较大改动,加强了阐述问题的逻辑性,更新了内容和图例。

3. 增加了与本教材配套的《机械制图习题集》。

参与本次修订的作者分工依次为:第 1 章——雷哲书、臧宏琦,第 2 章——叶军、雷蕾、张晓梅、韩新普,第 3~4 章——高幼林,第 5 章——刘援越,第 6 章——臧宏琦、雷蕾,第 7 章——李西琴、叶军,第 8 章——蔡旭鹏、孙根正,第 9 章——王永平,第 10 章——韩新普。全书由臧宏琦、王永平主编。

以本教材及配套习题集为蓝本制作的电子教材,近期将由西北工业大学音像电子出版社正式出版发行。

在本书编写过程中参考了国内外同类著作,特向有关作者表示感谢。

限于经验和水平,书中不当之处在所难免,敬请各位读者批评指正。

编　者

2004 年 6 月

第 1 版前言

本书是根据教育部关于"画法几何及机械制图"课程教学基本要求和总结基础教育应淡化专业、加强基础、注重能力、拓宽面向的教改经验而编写的,是《工程制图基础》(孙根正,王永平主编,西北工业大学出版社,2001)的配套教材。

本书采用了最新国家标准,书中介绍了设计、制造过程及相关的成本、加工方法和设备,介绍了并行工程的概念,以及用计算机绘制工程图样的方法,从而使学生了解现代设计、制造与制图的紧密联系,认识到工程图样是产品设计、制造过程的信息集合。

全书力求体现机械基础系列课程之间的联系,贯穿面向设计、面向制造的制图概念,培养学生具有较强的工程意识,有正确绘制和阅读机械图样的能力,同时具有较高的计算机绘图技能。

本书各章内容的编者依次为:第 1 章——雷哲书、臧宏琦,第 2 章——张晓梅、韩新普,第 3~4 章——高幼林,第 5 章——刘援越,第 6 章——臧宏琦、雷蕾,第 7 章——李西琴、叶军、邓飞,第 8 章——孙根正、蔡旭鹏,第 9 章——王永平,第 10 章——韩新普。全书由臧宏琦,王永平主编。

在本书编写过程中参考了国内外同类著作,特向有关作者表示感谢。

限于经验和水平,书中不当之处在所难免,敬请各位读者批评指正。

编 者
2001 年 11 月

目　　录

第1章 绪   论

制造业是我国国民经济和综合国力发展的支柱产业,它涉及机械、电子、建筑、航空、航天等众多行业。如何面向市场,以最短的制造周期,最低的制造成本向用户提供满足需求的高质量产品,并获得最好的经济效益,是制造业的主要任务。科学技术的发展,市场竞争的激化,促使制造领域中形成了多学科交叉渗透的高科技发展局面。可以说,制造业的水平直接影响着国家经济的健康发展。

从广泛的意义上讲,制造是将可用资源转换成产品的过程。这一过程涉及市场分析、产品设计、工艺规划、制造实施、产品销售等各个环节,是一个复杂的系统工程。现以机械产品为例,简要介绍设计、制造过程。

1.1 产 品 设 计

传统的设计制造过程从市场分析开始,设计和制造相继进行,这种设计称为串行设计(图1-1)。

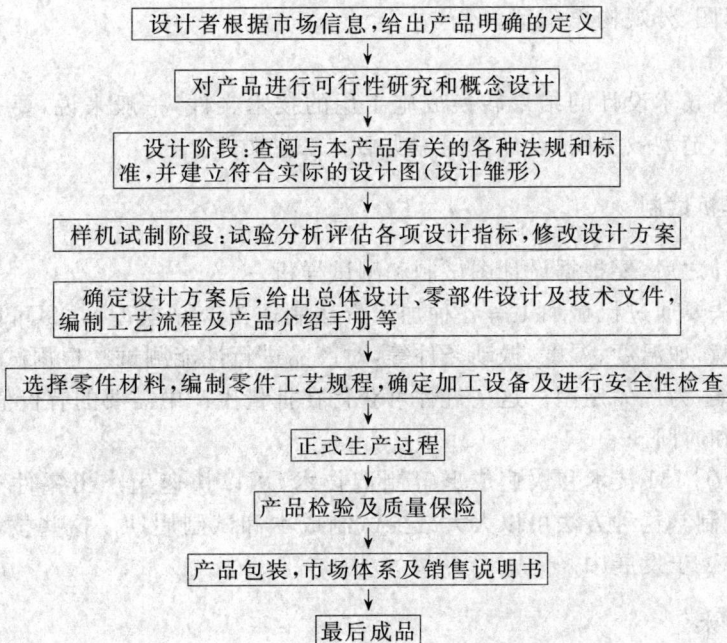

设计者根据市场信息,给出产品明确的定义

↓

对产品进行可行性研究和概念设计

↓

设计阶段:查阅与本产品有关的各种法规和标准,并建立符合实际的设计图(设计雏形)

↓

样机试制阶段:试验分析评估各项设计指标,修改设计方案

↓

确定设计方案后,给出总体设计、零部件设计及技术文件,编制工艺流程及产品介绍手册等

↓

选择零件材料,编制零件工艺规程,确定加工设备及进行安全性检查

↓

正式生产过程

↓

产品检验及质量保险

↓

产品包装,市场体系及销售说明书

↓

最后成品

图1-1 产品设计制造过程框图

1.1.1　设计

设计是根据产品的预定目标和功能要求,经过一系列的规划、分析和决策后产生相应的文字、数据、图形等信息的过程。设计可以是开发性的(原理和功能结构是创新的),也可以是适应性或变形的(原理和功能结构不变,变更局部结构、配置尺寸,改进材料和工艺等)。机械产品的设计大致可分为以下 4 个阶段。

1. 产品概念设计

在经过充分的市场分析以及在技术、社会调研的基础上,提出明确的设计目标。对这些设计目标进行可行性分析,提出可行性报告和合理的设计要求,制定出详细的设计任务说明书。

2. 原理方案设计

根据产品总的功能要求,将总功能按层次分解为功能元。通过原理实验和评价决策,找出实现功能元的最佳原理方案,做出新产品的功能原理方案图。

3. 技术设计

技术设计是将最佳功能原理方案具体化的过程,强调如何将产品功能性的描述,转换成能实现这些功能的具有形状、尺寸大小及相互关系的零、部件的描述。首先是进行总体设计,然后同时进行实用化设计和商品化设计。

总体设计考虑完成某一功能需要哪些零件,并确定这些零件之间的装配关系;实用化设计包括确定各类零件的结构形状、尺寸大小,选择合适的材料等;商品化设计主要考虑产品的外观造型,使产品在保证使用功能的前提下,具有富于表现力的审美特性和协调的人机关系;最后得出结构设计技术文件、总体布置草图、结构装配草图、造型设计技术文件、总体效果草图、外观构思模型。

4. 施工设计

施工设计将技术设计的结果转换成施工用的技术文件,一般来说,要完成零件工作图、部件装配图、造型效果图、设计使用说明书和工艺文件。

1.1.2　样机试制

在完成设计之后,要根据设计图试制和测试样机。

传统的方法要通过机械加工等各种加工方法制造出产品模型,并尽可能模拟产品使用时的工作环境,如温度、湿度、振动条件等,对产品进行性能测试。根据试制和测试的结果修改设计方案,为产品定型。这一过程可获得在批量生产中需要的有价值的资料,但要花费大量资金和时间。

采用 CAD/CAM 技术和快速成形等制造技术,可以快速生产出零件实体的物理模型,完成样机试制。这种方法可以大大减少试制成本和试制周期。这些技术已经进入实用阶段,并在进一步发展中。

1.1.3　成本

成本是产品开发的重要因素。设计完成后要进行成本核算,了解产品的费用组成和制造费用,研究产品产量与成本、销售量与利润之间的关系,进行盈亏分析。改进设计方案,去除与产品功能要求无关的材料、结构和零、部件,以更新的构思,设计出功能相同而成本更低的、价值更高的新产品。

1.1.4 材料的选用

在设计过程中,原材料的选用直接影响产品的制造成本和使用寿命。所以,考虑材料的经济性和考虑材料在性能等技术方面的问题同等重要。

选用的材料大致可分为金属材料(如碳素钢,合金钢,不锈钢,铝、钛合金等)和非金属材料(如塑料、陶制品、玻璃等),还有一些特殊材料如形状记忆合金、超导材料等。随着新材料的开发研制,材料的选择范围将更广泛、更具挑战性。

选择材料时,应综合考虑材料的机械性能(如强度、刚度、弹性、抗疲劳强度等)、物理性能(如密度、耐热性、热膨胀性、导电性等)和化学性能(如抗腐蚀性、耐氧化等)。在满足材料使用性能的前提下考虑材料的经济性,尽量选用成本比较低的材料。

零件材料的性能决定了零件的加工方法和热处理、表面处理的方法。如金属材料更适合于锻造、铸造和机械加工等加工成形方法。

在产品寿命结束后,合理地处理和再利用材料已变得越来越重要。这涉及资源保护和环境保护的问题,也是设计者在选用材料时要充分考虑的。

更进一步的材料知识有待于专业课的介绍,但在工程图样中必须标识出零件所选用的材料。

1.2 制 造 过 程

在生产制造阶段,合理的生产管理是保证产品质量、降低生产成本的关键因素。生产管理主要是指合理利用和配置企业的物料、人力、设备等生产资源,提高生产率,降低生产成本,增加盈利,保证制造系统按产品品种、质量、数量和交货期要求完成生产任务。

制造过程通常分为制定工艺规程、加工、装配等几个阶段。

1.2.1 制定工艺规程

在制造过程中,要根据设计图给定的零件形状和材料确定零件的工艺路线,制定出详细的工艺规程。工艺规程规定了零件毛坯的制造方法,确定每道工序的加工表面、切削量和所选用的加工设备、刀具、夹具、检测方法和测量工具(图 1-2),并按工艺规程组织、调度生产加工过程。

1.2.2 装配

单个零件的制造完成后,要根据装配图将各种零件装配成产品部件。部件中常包括标准件及各类零件(图 1-3)。装配是制造过程中的重要阶段,直接影响产品质量和制造成本。在零件设计阶段就应考虑零件上的结构要利于装配和拆卸,使产品易于使用和维护。

工艺 WW05-99

公司		零件号		零件名称		后壳体总成	工序号	120
车间				材料牌号			第 1 页	
型别		设备名称	数控车床	材料硬度			共 1 页	
设计图版次		设备型号	CH5112B					

工 序 图 表

工序名称　车平面

工序版次

切削液

按图所示定位、压紧。

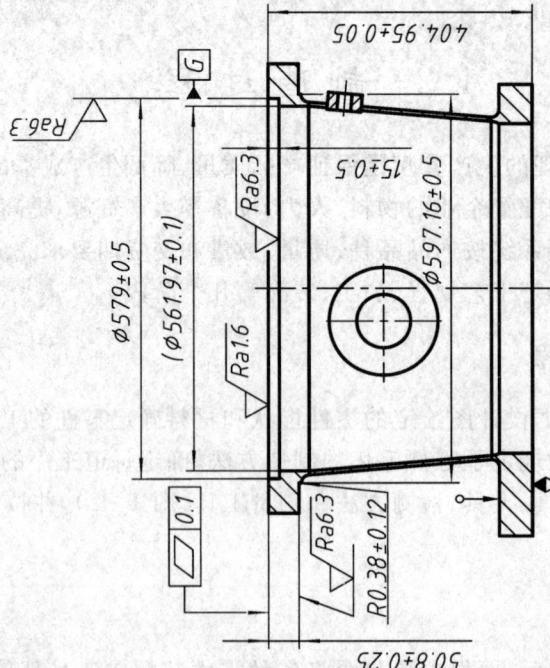

工步	加 工 内 容
1	车端面 404.95±0.05
2	车端面 50.8±0.25
3	镗孔
	合鉴：

工艺规程版次		工 具	工具号号	主轴转速	进给量	切削深度
程序			夹具号			

零件必须在清洁的周转箱内存放和运送。

编制	日期	校对	日期	工艺室主任	日期	车间主任	日期	主管工艺员

图1-2　工序图表

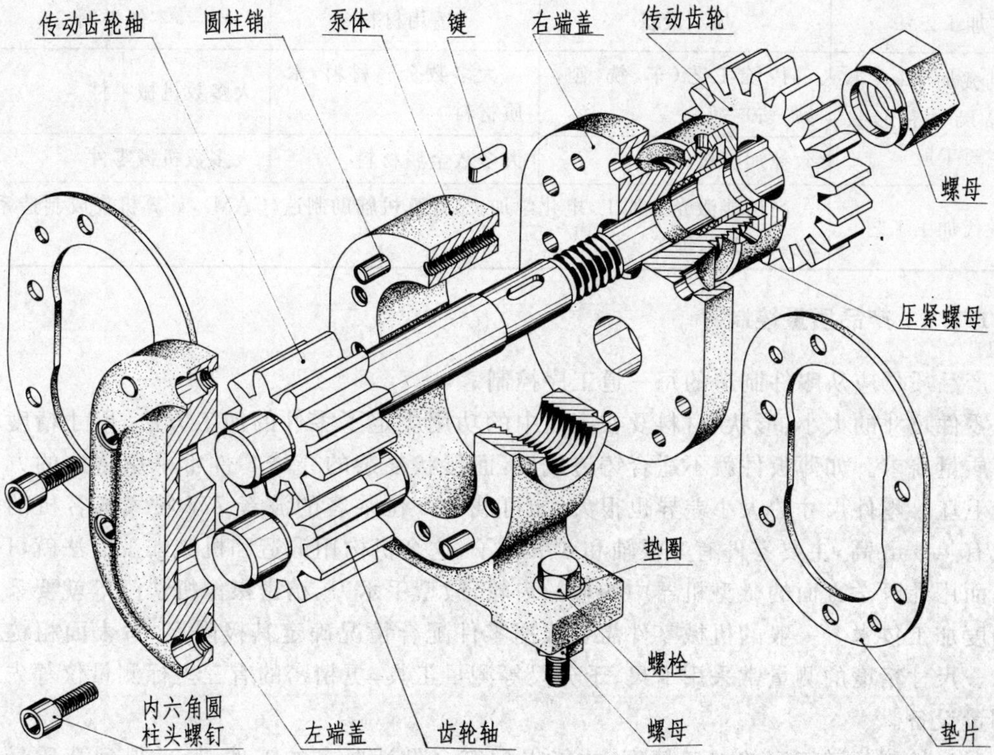

传动齿轮轴　圆柱销　泵体　键　右端盖　传动齿轮

螺母

压紧螺母

垫圈

螺栓

螺母

垫片

内六角圆柱头螺钉　左端盖　齿轮轴　螺母

图 1-3　齿轮油泵分解轴测图

现在的 CAD 技术已可以用三维实体模型构造零件，模拟装配过程，及时修正不适当的装配关系，使设计满足装配要求，缩短产品开发周期。

1.2.3　加工方法和加工设备

零件制造常用的加工方法和加工设备如表 1-1 所示。

表 1-1　常用加工方法和设备

加工方法	加工设备	适用材料	零件举例
铸造（常用的零件毛坯制造方法）	砂模铸造（后续金工实习课程内容）	铸铁，铸铝等	轴承座（铸铁），箱体零件，发动机叶片（铸铝）等
	永久性模具铸造（如精密铸造）	铝合金，工程塑料等	汽缸盖（AlSi9），塑料制品等
铸造（钢制零件毛坯）	自由锻	钢锭	常用工具
	模锻	锻钢等	轮毂，连杆（热处理钢）等

续 表

加工方法	加工设备	适用材料	零件举例
机械加工（获得产品尺寸和形状的主要手段）	传统工艺（车,铣,刨,磨,钻）	大多数金属材料,木质材料	大多数机械零件
	数控加工机床	大多数金属材料	大多数机械零件
现代加工工艺	高性能激光束加工,电化学加工,计算机辅助制造(CAM),计算机集成制造系统(CIMS),等等		

1.2.4 产品质量控制

产品质量应从零件制造的每一道工序控制。

零件尺寸的大小、形状、材料及在产品中的功用决定了零件的加工方法、尺寸精度和表面质量要求。如薄板件就不适合铸造成形,而形状复杂的壳体零件常采用铸造的方法制造毛坯。零件尺寸的大小差异也很大,如可载 400 位乘客的波音 777 喷气式客机的起落架有 4.3 m 高,主要零件有 3 根轴和 6 个轮子,这个机构用锻造和机械加工方法就可完成。而用在医学方面的微型机器中的显微齿轮、微型手术刀、精密摄像机快门等就要采用超精度加工技术。一般的机械零件需要根据零件配合情况确定其极限尺寸、表面粗糙度要求。尺寸精度的测量常采用卡尺、千分尺等测量工具,更精密的有三坐标测量仪等先进的测量设备。

通过控制每道工序的加工精度,才能得到符合设计要求的零件,最后得到高质量的产品。

1.3 并行工程

从理论上讲,产品制造有组织地从一个环节流向另一个环节,直到销售市场,这是可行的,也是传统的串行产品设计。

实际上这种串行产品设计会遇到各种困难,如要做一个局部的修改,更换一种材料,都必须返回设计阶段重新确认产品的功能。这样的反复不仅是资源的浪费,更是时间的浪费。因此,在实践中总结出一种更新的产品设计开发方法,即产品并行设计方法。产品并行设计开发方法如图 1-4 所示。

制造过程中时刻面临各种决策的问题,为此要将制造企业的经营、管理、计划、产品设计、加工制造、销售及服务等全部生产活动集成,以计算机网络和数据库为基础,综合发展与企业各生产环节有关的计算机辅助技术,如计算机辅助管理和决策技术、计算机辅助设计及工程分析技术、计算机辅助制造与控制技术、自动化物流储运、计算机仿真与实验技术、计算机辅助质量管理与控制等。

这样的设计思想使得产品的设计和制造融为一体,并且使产品从开发设计、生产使用到最终的处理和再利用的整个生命周期所涉及的各种因素同时考虑,从而缩短产品开发的时间和降低产品的开发生产成本,提高产品质量和生产率,为一个产品最终赢得社会效益和经济效益打下基础。

　　这就是产品并行设计的精髓,也是产品设计应该遵循的现代设计思想。

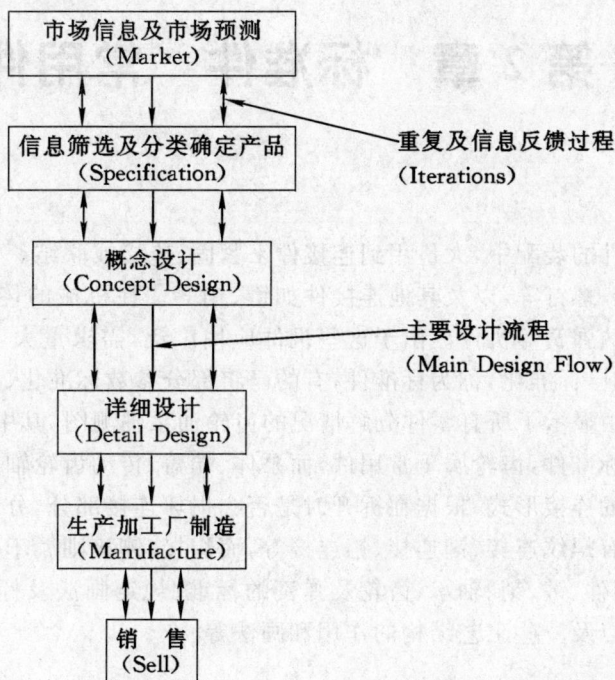

图 1-4　产品并行设计过程方框图

1.4　工 程 图 样

　　纵观整个制造过程,各类工程图样(原理图、总体布置草图、结构装配草图、零件工作图、装配图、造型效果图、工艺卡片等)始终是产品设计、制造、装配等生产环节的重要技术资料。无论草图、仪器图还是用 CAD 绘制的图样,都必须提供产品零件形状、尺寸、材料、表面要求、制造工艺、装配关系等全部制造信息。

　　本教材通过详细讨论零件草图、零件工作图、装配图样的画法,零件尺寸注法,以及极限与配合及表面粗糙度等技术要求,介绍工程图样和 CAD 软件的使用,为深入学习机械原理、机械设计、制造工艺等后续课程打下坚实的基础。

第 2 章　标准件　常用件

在机器或部件的装配中,大量用到连接件来紧固、连接或联结。常用的有螺纹紧固件如螺栓、双头螺柱、螺钉等,以及其他连接件如键、销等。在机械的传动、支撑等方面还广泛使用齿轮、轴承、弹簧等机件。由于这些机件应用广泛,需求量大,因而有的在结构、尺寸、形式等方面均已标准化,称为标准件;有的已将部分参数标准化、系列化,称为常用件。例如,在图 1-3 中显示了所有零件分解情况的齿轮油泵轴测图,其中螺栓、螺母、垫圈、螺钉、键、销等属于标准件,齿轮属于常用件,而泵体、端盖、传动齿轮轴则是一般零件。

机器零件间的连接形式,根据在拆开时是否会损坏连接部分,分为可拆连接和不可拆连接。可拆连接有螺纹连接、键连接、销连接等,而焊接、铆接则属于不可拆连接。本章介绍螺纹、螺纹紧固件、键、销、轴承、齿轮及弹簧的标准、规定画法及标记方法,并讲解查阅有关标准的方法以及一些工艺结构的作用和画法等。

2.1　螺　　纹

2.1.1　螺纹的形成、结构和要素

1. 螺纹的形成

一平面(三角形、梯形或矩形)沿圆柱或圆锥表面上的螺旋线运动而形成的齿槽结构称为螺纹。

在圆柱(或圆锥)外表面上形成的螺纹称为外螺纹(图 2-1(a));在圆柱(或圆锥)内表面上形成的螺纹称为内螺纹(图 2-1(b))。内外螺纹一般需旋合配套才能使用。

在车床上车削螺纹,是常见的加工螺纹的一种方法。如图 2-2 所示,将工件装卡在与车床主轴相连的卡盘上,使它随主轴作等速旋转,同时使车刀沿轴线方向作等速移动,当刀尖切入工件达一定深度时,就在工件的表面上车制出螺纹。此外,螺纹还可以用钣牙、丝锥或滚压的方法加工。图 2-3 说明了丝锥加工内螺纹的过程,即先用钻头钻出不通孔,再用丝锥攻制出内螺纹。

2. 螺纹的要素

螺纹的基本要素是牙型、公称直径、线数、螺距、导程和旋向。为了便于设计计算和加工制造,国家标准对有些螺纹的牙型、公称直径和螺距都作了规定。凡是这三项都符合标准的称为标准螺纹;牙型符合标准,而大径、螺距不符合标准的称为特殊螺纹;牙型不符合标准的称为非标准螺纹。

（a）　　　　　　　　　　　　　　　（b）

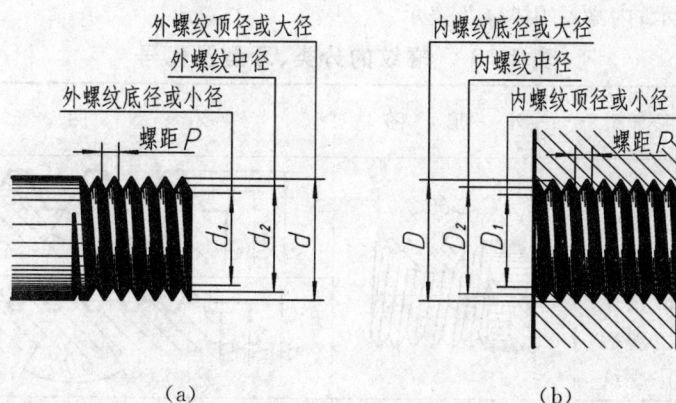

图 2-1　内、外螺纹
（a）外螺纹；（b）内螺纹

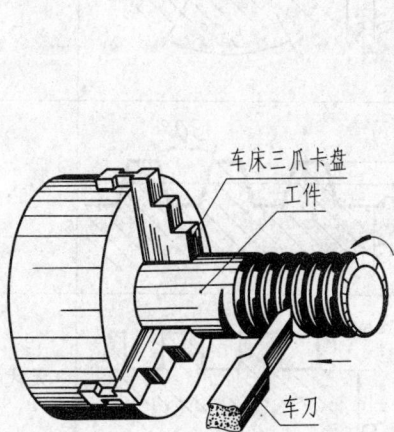

图 2-2　在车床上切制螺纹　　　　　　图 2-3　丝锥加工内螺纹

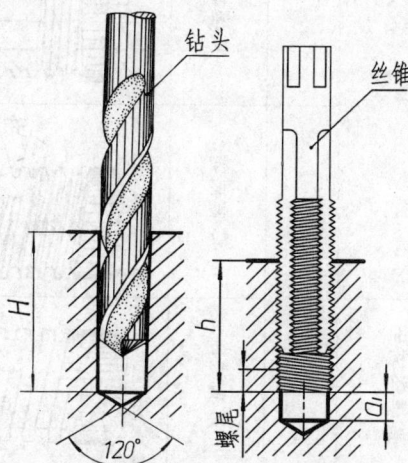

（1）牙型：指在通过螺纹轴线的剖面上，螺纹的轮廓形状。常见的牙型有三角形、梯形等，不同的牙型有不同的用途，表 2-1 给出了几种螺纹的牙型图及相应的特征代号。按牙型可区分不同的螺纹种类。

（2）公称直径：螺纹的直径有大径、小径和中径之分，而公称直径是指代表螺纹尺寸的直径。如最常用的圆柱形普通螺纹，公称直径是指螺纹大径的基本尺寸。

大径是指与外螺纹牙顶或内螺纹牙底相切的假想圆柱或圆锥的直径。外螺纹用"d"表示；内螺纹用"D"表示。

小径是指与外螺纹牙底或内螺纹牙顶相切的假想圆柱或圆锥的直径。外螺纹用"d_1"表示；内螺纹用"D_1"表示。

中径是指一个假想圆柱的直径，其母线通过牙型上与沟槽和凸起宽度相等的地方。

外螺纹用"d_2"表示；内螺纹用"D_2"表示。

表 2-1　螺纹的分类、牙型及代号

按标准化程度分	按用途分	按牙型分	外 形 图	牙 型 图	螺纹特征代号
标准螺纹	连接螺纹	粗牙普通螺纹	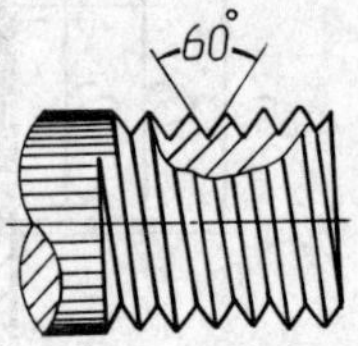 60°	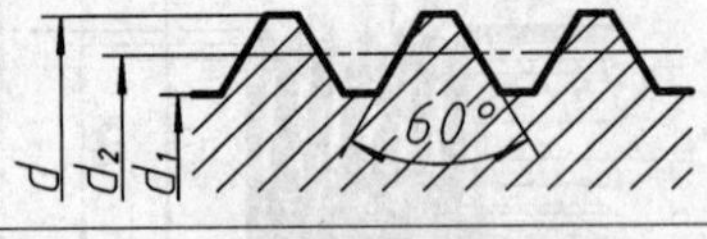 60°	M
		细牙普通螺纹		 60°	
		圆柱管螺纹	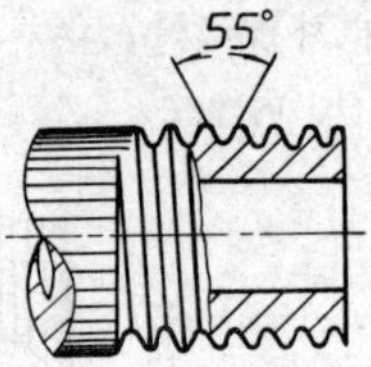 55°	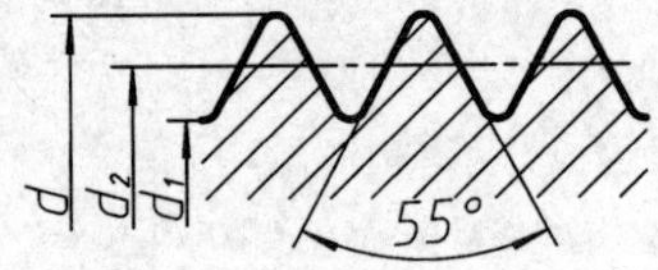 55°	G
	传动螺纹	梯形螺纹	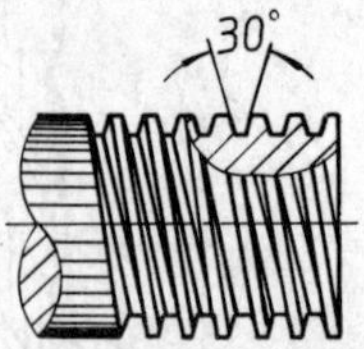 30°	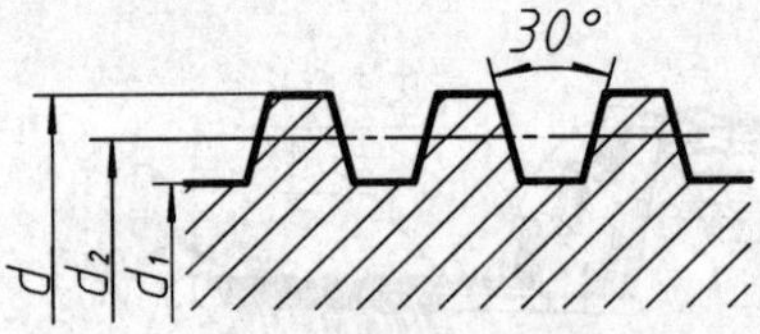 30°	Tr
非标准螺纹		方形螺纹	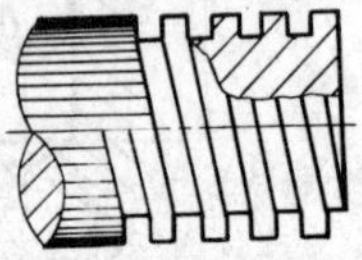	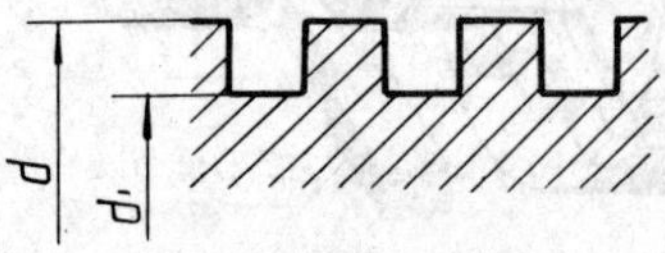	无代号

（3）线数：如图 2-4 所示，螺纹有单线和多线之分。沿一条螺旋线形成的螺纹为单线螺纹（图 2-4(a)），普通螺纹、管螺纹多为单线螺纹。沿两条或两条以上、在轴向等距分布的螺旋线所形成的螺纹为多线螺纹（图 2-4(b)），由于其旋进速度较快，因此多用于传动。

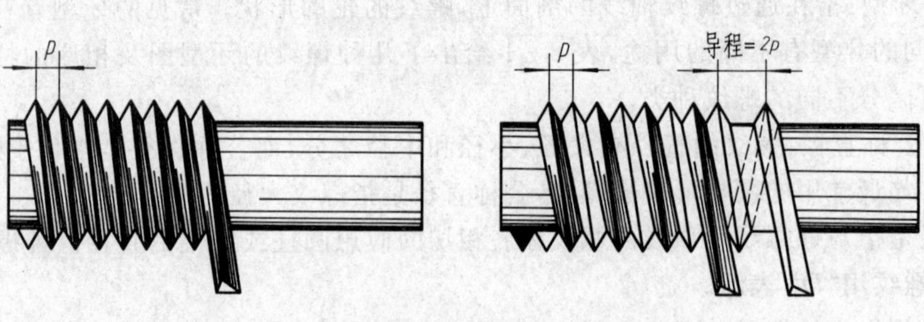

图 2-4　螺纹线数、导程和螺距
(a) 单线螺纹；　(b) 双线螺纹

（4）螺距 P 和导程 P_h：螺纹相邻两牙在中径圆柱上对应两点之间的轴向距离称为螺距，用符号"P"来表示。同一条螺旋线上的相邻两牙在中径线上对应两点间的轴向距离称为导程，用符号"P_h"来表示。对于单线螺纹其导程等于螺距，即 $P_h=P$，如图 2-4(a) 所示；多线螺纹的导程等于线数乘以螺距，即 $P_h=nP$，在图 2-4(b) 中，其螺纹是双线螺纹，故导程等于螺距的 2 倍，即 $P_h=2P$。

（5）旋向：螺纹有左旋和右旋之分。如图 2-5 所示，若螺纹是顺时针方向旋入的，则称为右旋螺纹；若螺纹是逆时针方向旋入的，则称为左旋螺纹。工程上常使用右旋螺纹。

只有以上螺纹的 5 大要素都对应相同时，内、外螺纹才能够旋合在一起。

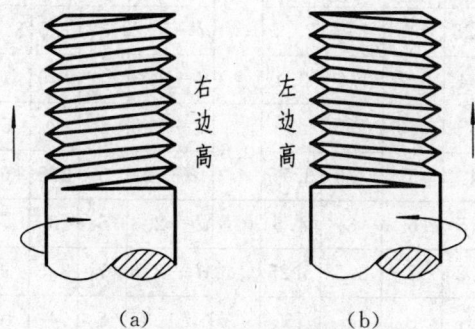

图 2-5　螺纹的旋向
(a) 右旋螺纹；　(b) 左旋螺纹

3. 螺纹的结构

图 2-6 和图 2-7 画出了螺纹的末端、收尾和退刀槽。这些结构的参数值可查阅表 2-2。

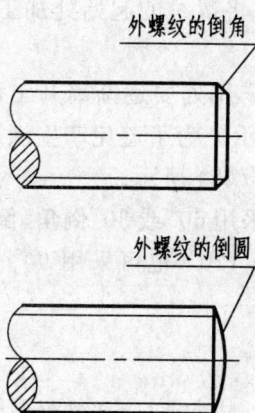

图 2-6　螺纹的末端

图 2-7　螺纹的收尾和退刀槽
(a) 螺纹收尾；　(b) 退刀槽

表 2-2 普通螺纹的螺纹收尾、肩距、退刀槽（摘自 GB/T 3—1997） （单位：mm）

螺距 P	粗牙螺纹大径 d(D)	外螺纹 螺纹收尾 l max 一般	短的	肩距 a max 一般	长的	短的	退刀槽 b max	$r\approx$	d_3	内螺纹 螺纹收尾 l_1 max 一般	短的	肩距 a_1 一般	长的	退刀槽 b_1 一般	窄的	$r_1\approx$	D_4
0.5	3	1.25	0.7	1.5	2	1	1.5	0.2	d−0.8	2	1	3	4	2	1	0.2	
0.6	3.5	1.5	0.75	1.8	2.4	1.2	1.8		d−1	2.4	1.2	3.2	4.8	2.4	1.2	0.3	D+0.3
0.7	4	1.75	0.9	2.1	2.8	1.4	2.1	0.4	d−1.1	2.8	1.4	3.5	5.6	2.8	1.4		D+0.3
0.75	4.5	1.9	1	2.25	3	1.5	2.25		d−1.2	3	1.5	3.8	6	3	1.5	0.4	
0.8	5	2	1	2.4	3.2	1.6	2.4		d−1.3	3.2	1.6	4	6.4	3.2	1.6		
1	6.7	2.5	1.25	3	4	2	3	0.6	d−1.6	4	2	5	8	4	2	0.5	
1.25	8	3.2	1.6	4	5	2.5	3.75		d−2	5	2.5	6	10	5	2.5	0.6	
1.5	10	3.8	1.9	4.5	6	3	4.5	0.8	d−2.3	6	3	7	12	6	3	0.8	
1.75	12	4.2	2.1	5.3	7	3.5	5.25	1	d−2.6	7	3.5	9	14	7	3.5	0.9	D+0.5
2	14.16	4	2.5	6	8	4	6		d−3	8	4	10	16	8	4	1	
2.5	18,20,22	6.3	3.2	7.5	10	5	7.5	1.2	d−3.6	10	5	12	18	10	5	1.2	
3	24,27	7.5	3.8	9	12	6	9	1.6	d−4.4	12	6	14	22	12	6	1.5	
3.5	30,33	9	4.5	10.5	14	7	10.5		d−5	14	7	16	24	14	7	1.8	
4	36,39	10	5	12	16	8	12	2	d−5.7	16	8	18	26	16	8	2	

注：1. 本表未摘录 P<0.5 的各有关尺寸。

2. 国家标准局发布了国家标准《紧固件外螺纹零件的末端》(GB/T 2—2001)，可查阅其中的有关规定。

（1）螺纹的末端：为了便于装配和防止螺纹起始圈损坏，常将螺纹的起始处加工出一定的结构，如倒角、倒圆等，如图 2-6 所示。

（2）螺纹的收尾和退刀槽：在车削螺纹时刀具在接近螺纹末尾处要逐渐离开工件，因此螺纹收尾部分的牙型是不完整的，称为螺尾，如图 2-7(a) 所示。为了避免产生螺尾，可以预先在螺纹末尾处加工出退刀槽，然后再车削螺纹，如图 2-7(b) 所示。

（3）螺纹的倒角：外螺纹起始端面的倒角一般为 45°，也可采用 60° 或 30° 倒角，倒角深度应大于或等于螺纹牙型高度；内螺纹入口端面的倒角一般为 120°，也可采用 90° 倒角；端面倒角直径为 (1.05～1)D。

2.1.2 螺纹的种类

螺纹按用途分为连接螺纹和传动螺纹，前者主要起连接作用，后者主要用于传递动力和运动。常用螺纹分类如下：

$$
螺纹
\begin{cases}
连接螺纹
\begin{cases}
普通螺纹
\begin{cases}
粗牙普通螺纹 \\
细牙普通螺纹
\end{cases} \\
管螺纹
\begin{cases}
非螺纹密封的管螺纹 \\
用螺纹密封的管螺纹
\end{cases}
\end{cases} \\
传动螺纹
\begin{cases}
梯形螺纹 \\
锯齿形螺纹
\end{cases}
\end{cases}
$$

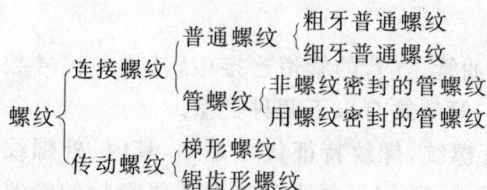

　　无论连接螺纹还是传动螺纹,在使用时大多选用标准螺纹。下面将介绍几种常用的标准螺纹。

　　1. 普通螺纹

　　普通螺纹是常用的连接螺纹,牙型为三角形,牙型角为 60°,其特征代号为 M。同一公称直径的普通螺纹,其螺距有粗牙(一种)和细牙(一种或几种)之分。因此,在标注细牙螺纹时,必须注出螺距。粗牙螺纹多用于紧固连接,连接强度较好;细牙螺纹的螺距比粗牙螺纹的螺距小,所以多用于细小的精密零件和薄壁零件上,有较好的密封性和微调性。设计时应根据使用要求确定螺距为粗牙或细牙。普通螺纹的基本尺寸如表2-3所示。

表 2-3　普通螺纹的基本尺寸(摘自 GB/T 196—2003)　　（单位:mm）

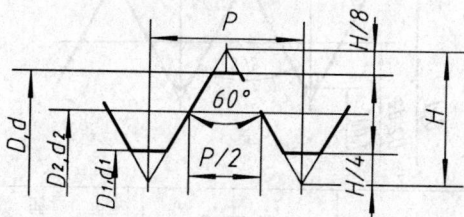

公称直径 D, d	螺距 P	中径 D_2, d_2	小径 D_1, d_1	公称直径 D, d	螺距 P	中径 D_2, d_2	小径 D_1, d_1
4	0.7	3.545	3.242		2	14.701	13.835
	0.5	3.675	3.459	16	1.5	15.026	14.376
5	0.8	4.480	4.134		1	15.350	14.917
	0.5	4.675	4.459		2.5	18.376	17.294
6	1	5.350	4.917	20	2	18.701	17.835
	0.75	5.513	5.188		1.5	19.026	18.376
	1.25	7.188	6.647		1	19.350	18.917
8	1	7.350	6.917		3	22.051	20.752
	0.75	7.513	7.188	24	2	22.701	21.835
	1.5	9.026	8.376		1.5	23.026	22.376
10	1.25	9.188	8.647		1	23.350	22.917
	1	9.350	8.917		3.5	27.727	26.211
	0.75	9.513	9.188		3	28.051	26.752
	1.75	10.863	10.106	30	2	28.701	27.835
12	1.5	11.026	10.376		1.5	29.026	28.376
	1.25	11.188	10.647		1	29.350	28.917
	1	11.350	10.917				

注:1. 公称直径 D, d 所对应的所有螺距中,数值最大的为粗牙螺纹。

　　2. 粗牙螺纹在螺纹规定标记中螺距省略标注。

2. 管螺纹

管螺纹常用于水管、油管、气管的管道连接中,其尺寸代号数值是指刻有外螺纹的管子孔径(单位是英寸制)。管螺纹有以下两种类型。

(1) 非螺纹密封的管螺纹,螺纹特征代号是 G,其内、外螺纹均为圆柱螺纹,且内、外螺纹旋合后本身无密封能力,常用于电线管等不需要密封的管路系统中。若加上密封结构后,则密封性能好,可用于具有高压力的管路系统。

(2) 用螺纹密封的管螺纹,螺纹特征代号有 3 种:圆锥内螺纹 Rc;圆锥外螺纹 R;圆柱内螺纹 Rp。这种螺纹的连接形式有圆锥外螺纹与圆锥内螺纹旋合连接;圆柱内螺纹与圆锥外螺纹旋合连接。这种连接在内、外螺纹旋合后具有密封能力,常用于日常生活中的水管、煤气管、润滑油管等。锥管螺纹绘制时取锥度 1:16。

圆柱管螺纹和圆锥管螺纹的基本尺寸如表 2-4 所示。

表 2-4　　非螺纹密封的管螺纹(摘自 GB/T 7307—2001)　　(单位:mm)

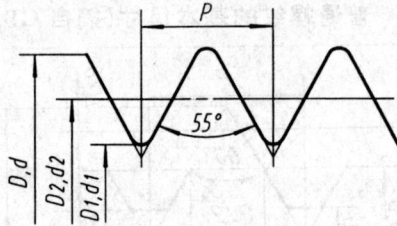

尺寸代号	每 25.4 mm 内的牙数 n	螺距 P	基 本 直 径	
			大径 D, d	小径 D_1, d_1
1/8	28	0.907	9.728	8.566
1/4	19	1.337	13.157	11.445
3/8	19	1.337	16.662	14.950
1/2	14	1.814	20.955	18.631
5/8	14	1.814	22.911	20.587
3/4	14	1.814	26.441	24.117
7/8	14	1.814	30.201	27.877
1	11	2.309	33.249	30.291
$1\frac{1}{8}$	11	2.309	37.897	34.939
$1\frac{1}{4}$	11	2.309	41.910	38.952
$1\frac{1}{2}$	11	2.309	47.803	44.845
$1\frac{3}{4}$	11	2.309	53.746	50.788
2	11	2.309	59.614	56.656
$2\frac{1}{4}$	11	2.309	65.710	62.752
$2\frac{1}{2}$	11	2.309	75.184	72.226
$2\frac{3}{4}$	11	2.309	81.534	78.576
3	11	2.309	87.884	84.926

3. 梯形螺纹

梯形螺纹用来传递双向动力，它的公称直径指外螺纹的大径 d。螺纹特征代号为 Tr。为了保证传动的灵活性，必须使内、外螺纹配合后留有一定的径向保证间隙，因此内、外螺纹的中径相同（$d_2 = D_2$），但大径和小径不同。梯形螺纹的基本尺寸如表 2-5 所示。

表 2-5　梯形螺纹基本尺寸（摘自 GB/T 5796.3-2005）　　（单位：mm）

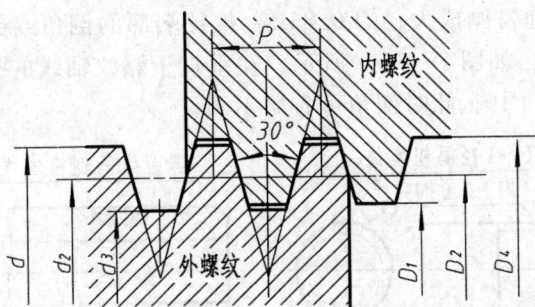

公称直径 d 第一系列	公称直径 d 第二系列	螺距 P	中径 $d_2=D_2$	大径 D_4	小径 d_3	小径 D_1
8		1.5	7.25	8.30	6.20	6.50
	9	1.5	8.25	9.30	7.20	7.50
	9	2	8.00	9.50	6.50	7.00
10		1.5	9.25	10.30	8.20	8.50
10		2	9.00	10.50	7.50	8.00
	11	2	10.00	11.50	8.50	9.00
	11	3	9.50	11.50	7.50	8.00
12		2	11.00	12.50	9.50	10.00
12		3	10.50	12.50	8.50	9.00
	14	2	13.00	14.50	11.50	12.00
	14	3	12.50	14.50	10.50	11.00
16		2	15.00	16.50	13.50	14.00
16		4	14.00	16.50	11.50	12.00
	18	2	17.00	18.50	15.50	16.00
	18	4	16.00	18.50	13.50	14.00
20		2	19.00	20.50	17.50	18.00
20		4	18.00	20.50	15.50	16.00
	22	3	20.50	22.50	18.50	19.00
	22	5	19.50	22.50	16.50	17.00
	22	8	18.00	23.00	13.00	14.00
24		3	22.50	24.50	20.50	21.00
24		5	21.50	24.50	18.50	19.00
24		8	20.00	25.00	15.00	16.00
	26	3	24.50	26.50	22.50	23.00
	26	5	23.50	26.50	20.50	21.00
	26	8	22.00	27.00	17.00	18.00
28		3	26.50	28.50	24.50	25.00
28		5	25.50	28.50	22.50	23.00
28		8	24.00	29.00	19.00	20.00
	30	3	28.50	30.50	26.50	27.00
	30	6	27.00	31.00	23.00	24.00
	30	10	25.00	31.00	19.00	20.00
32		3	30.50	32.50	28.50	29.00
32		6	29.00	33.00	25.00	26.00
32		10	27.00	33.00	21.00	22.00
	34	3	32.50	34.50	30.50	31.00
	34	6	31.00	35.00	27.00	28.00
	34	10	29.00	35.00	23.00	24.00
36		3	34.50	36.50	32.50	33.00
36		6	33.00	37.00	29.00	30.00
36		10	31.00	37.00	25.00	26.00
	38	3	36.50	38.50	34.50	35.00
	38	7	34.50	39.00	30.00	31.00
	38	10	33.00	39.00	27.00	28.00
40		3	38.50	40.50	36.50	37.00
40		7	36.50	41.00	32.00	33.00
40		10	35.00	41.00	29.00	30.00

2.1.3　螺纹的规定画法

国家标准《机械制图》GB/T 4459.1—1995规定了在机械图样中螺纹和螺纹紧固件的画法。

1. 内、外螺纹的规定画法

（1）外螺纹：螺纹牙顶所在的轮廓线（大径）画成粗实线，螺纹牙底所在的轮廓线（小径）画成细实线，小径通常画成大径的0.85倍，螺纹端部的倒角或倒圆部分也应画出，螺纹终止线用粗实线画出，如图2-8（a）所示。在垂直于螺纹轴线的投影面的视图上，表示小径的细实线画成3/4圈圆，此时倒角可省略不画。

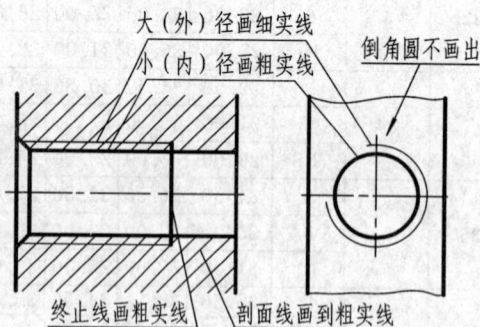

图2-8　外螺纹的规定画法
（a）外螺纹画法；　（b）外螺纹剖开画法

外螺纹剖开时，看得见的螺纹终止线画一段粗实线，由小径向外画到大径上，看不见的螺纹终止线省略不画，剖面线应画到大径上（图2-8（b））。

（2）内螺纹：在剖视图中，螺纹牙顶所在的轮廓线（小径）画成粗实线，螺纹终止线也画成粗实线；螺纹牙底所在的轮廓线（大径）画成细实线，如图2-9所示。在未使用剖视方法表达的螺纹视图中，所有图线均按虚线绘制，如图2-10所示。在垂直于螺纹轴线的投影面上的视图中，表示牙底的细实线或虚线画3/4圈圆，倒角可省略不画。

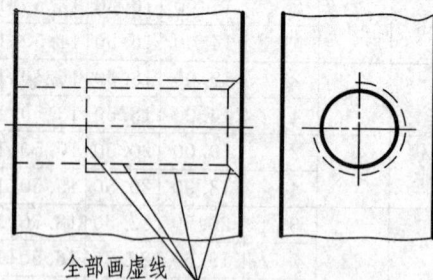

图2-9　内螺纹剖开画法　　　　　图2-10　内螺纹不剖时的画法

（3）其他有关规定画法：

1）螺纹收尾部分牙型不完整，一般不画。若必须表示，则螺尾部分的牙底用与轴线成 30°的细实线绘制,如图 2-7(a)所示。

2)在剖视图或断面图中,外螺纹或内螺纹的剖面线都必须画到粗实线为止。

3)螺孔与螺孔以及螺纹与孔相交时,其画法如图 2-11 所示。

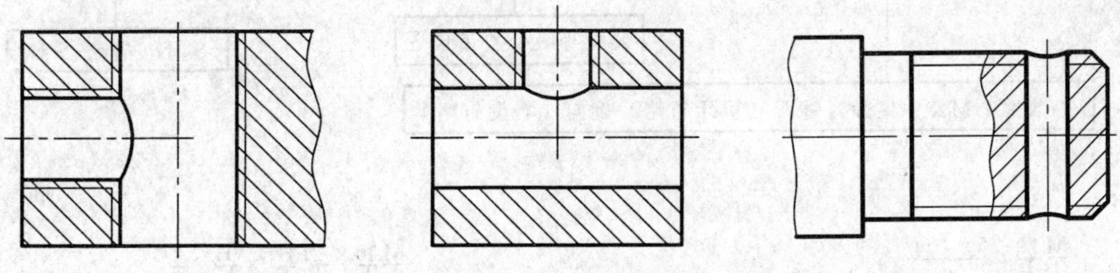

　　(a)　　　　　　　　　　　(b)　　　　　　　　　　　(c)

图 2-11　螺孔与螺孔以及螺纹与孔相交的画法

2. 螺纹连接的规定画法

如图 2-12 所示,内外螺纹旋合时,其旋合部分应按外螺纹绘制,各自其余部分仍按前述规定画法表示。在不剖的视图上表示内、外螺纹连接的画法时,其结合部分内、外螺纹的牙顶圆和牙底圆均画成虚线,其余部分仍按前述规定画法表示。

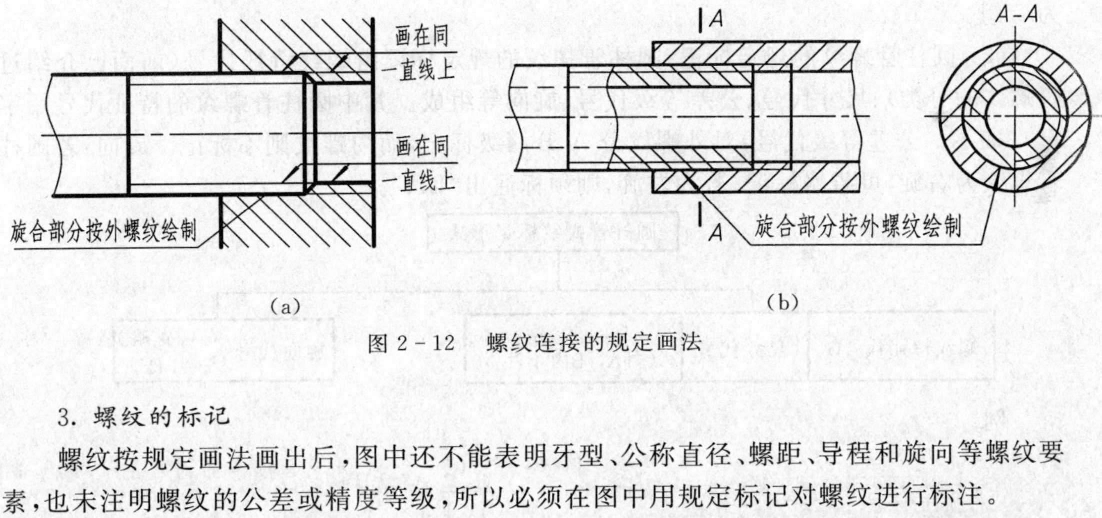

　　(a)　　　　　　　　　　　　　　　　　　　　(b)

图 2-12　螺纹连接的规定画法

3. 螺纹的标记

螺纹按规定画法画出后,图中还不能表明牙型、公称直径、螺距、导程和旋向等螺纹要素,也未注明螺纹的公差或精度等级,所以必须在图中用规定标记对螺纹进行标注。

(1)普通螺纹的规定标记:普通螺纹的规定标记由螺纹代号、螺纹公差带代号、螺纹旋合长度代号 3 部分组成。其中,螺纹代号由表示普通螺纹特征代号的字母 M 和普通螺纹的公称直径×螺距以及旋向 3 方面内容构成。螺纹公差带代号由代表公差等级的数字和代表公差带位置的字母组成,大写字母表示内螺纹,小写字母表示外螺纹。普通螺纹公差带代号是指螺纹的中径公差带和顶径(指外螺纹大径和内螺纹小径)公差带代号。如果中径公差带与顶径公差带代号相同,则标注一个代号。螺纹旋合长度分短(S)、中(N)、长(L)3 种。为了使螺纹标记简单醒目,可将常用的粗牙普通螺纹的螺距、右旋和中(N)等旋合长度在规定标记中省略。其标注形式顺序如下:

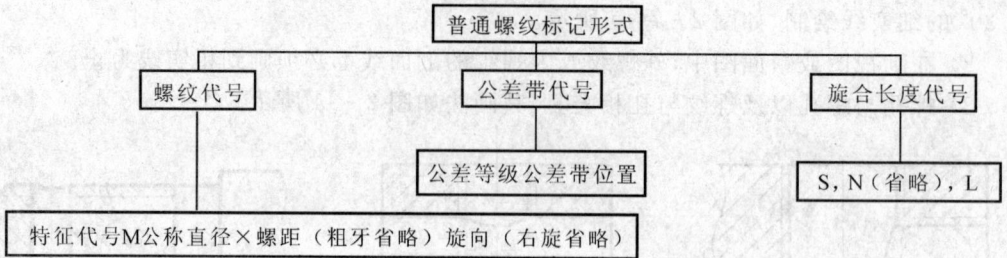

例:

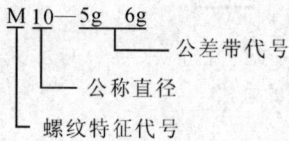

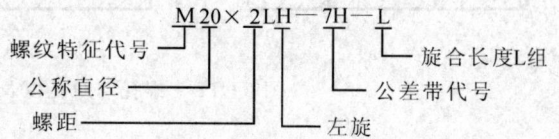

(a) 粗牙螺纹   (b) 细牙螺纹

由上述规定标记可知:(a) 表示该螺纹为粗牙普通螺纹,公称直径为 10 mm,右旋,外螺纹,中径公差带为 5 g,大径公差带为 6 g,旋合长度为 N 组;(b) 表示螺纹为细牙普通螺纹,公称直径为 20 mm,螺距为 2 mm,左旋,内螺纹,中径、小径公差带皆为 7H,旋合长度为 L 组。

(2)圆柱管螺纹的规定标记:圆柱管螺纹的规定标记由螺纹特征代号(前面已介绍过管螺纹的分类)、尺寸代号、公差等级代号、旋向等组成。其中圆柱管螺纹的特征代号用字母 G 表示。公差等级代号:对外螺纹分 A,B 两级标记,而内螺纹则不标记。旋向:若圆柱管螺纹为右旋,可省略标记;若为左旋,则须标注出"LH"。

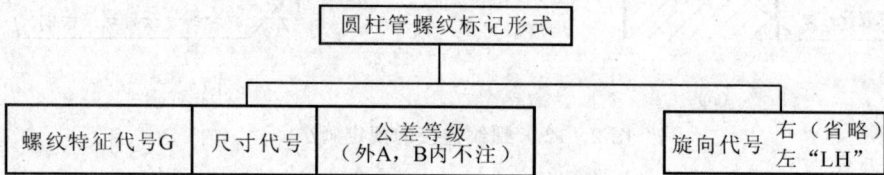

例:

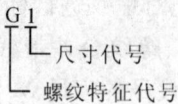

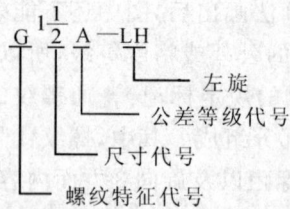

(a) 内螺纹   (b) 外螺纹

由上述规定标记可知:(a) 表示该螺纹为圆柱管螺纹的内螺纹,尺寸代号为 1,右旋;(b) 表示螺纹为圆柱管螺纹的外螺纹,尺寸代号为 $1\frac{1}{2}$,公差等级为 A 级,左旋。

（3）梯形螺纹的规定标记：梯形螺纹的规定标记由螺纹代号、公差带代号及旋合长度代号 3 部分组成。其中螺纹代号由螺纹特征代号 Tr、公称直径（外螺纹大径）× 螺距、旋向 3 部分构成。梯形螺纹的公差带代号是指内、外螺纹的中径公差带。螺纹旋合长度代号仅有中（N）、长（L）两组供选用。为了使螺纹标记简单醒目，当选用梯形螺纹为右旋和中（N）旋合长度时，在规定标记中可省略标注。但如果选用的梯形螺纹为左旋时，必须标注出旋向代号"LH"。其标注形式如下：

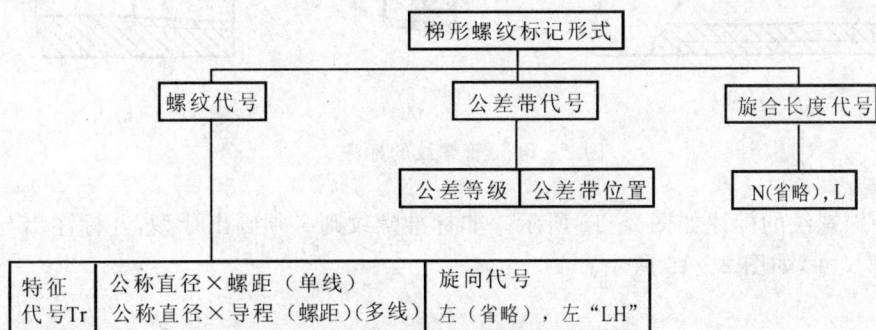

例：

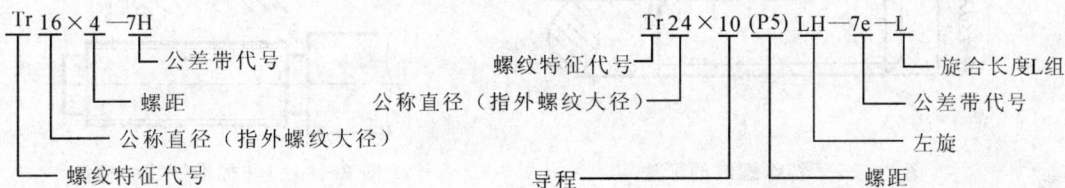

　　（a）单线螺纹　　　　　　　　　　　　　　　　（b）多线螺纹

由上述规定标记可知：（a）表示该螺纹为单线梯形内螺纹，公称直径为 16 mm，螺距为 4 mm，右旋，中径公差带代号为 7H，旋合长度为 N 组；（b）表示螺纹为双线梯形外螺纹，公称直径为 24 mm，导程为 10 mm，螺距为 5 mm，左旋，中径公差带代号为 7e，旋合长度为 L 组。

4. 规定标记在螺纹图样上的注法

（1）公制螺纹的标记必须注在螺纹的大径上，如图 2-13 所示。

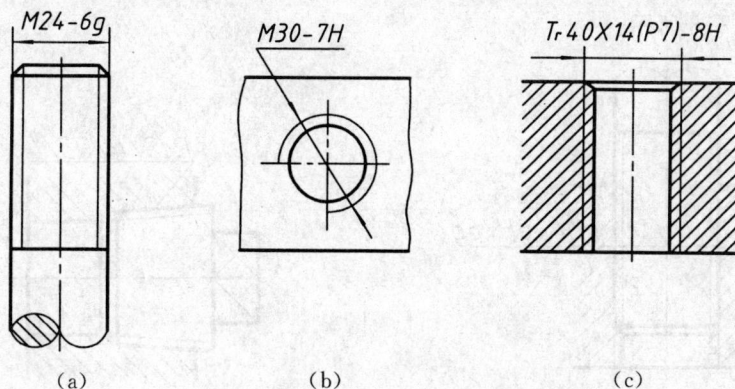

图 2-13　公制螺纹的标注

（2）英制管螺纹、锥管螺纹及锥螺纹的标记应从螺纹大径上用指引线引出标注。如图 2-14((a)～(c)) 所示。

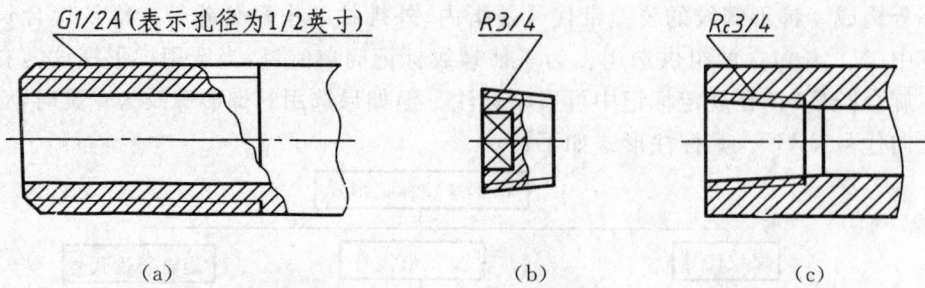

G1/2A（表示孔径为1/2英寸）	R3/4	Rc3/4
(a)	(b)	(c)

图 2-14　管螺纹的标注

（3）特殊螺纹的标注如图 2-15 所示。非标准螺纹则必须画出牙型，并标注出与结构有关的全部尺寸，如图 2-16 所示。

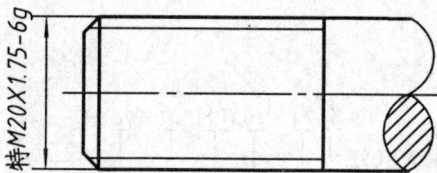

图 2-15　特殊螺纹的标注

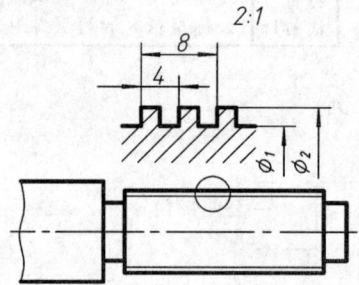

图 2-16　非标准螺纹的标注

（4）旋合螺纹的标注：

1）普通螺纹、梯形螺纹等在旋合连接的装配图中用一个螺纹代号标出（由于内、外螺纹的公称直径相同）。但内、外螺纹的公差带代号必须分别注出，用斜线分开，前者是内螺纹公差带代号，后者是外螺纹公差带代号，在图样上的标注形式如图 2-17 所示。

2）管螺纹的旋合装配形式有 3 种，国家标准规定在旋合装配时必须将内、外螺纹的标记都注出，且用斜线分开（内螺纹在前，外螺纹在后）。管螺纹旋合装配时在图样上的标注形式如图 2-18 所示。

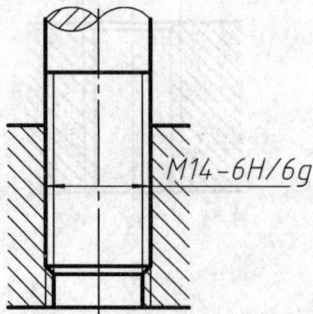

图 2-17　旋合螺纹的标注

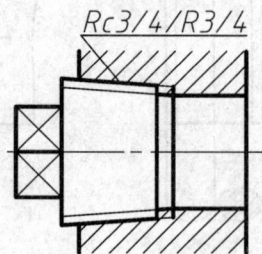

图 2-18　旋合管螺纹的标注

2.1.4　螺纹紧固件

螺纹紧固件包括螺栓、螺钉、双头螺柱、螺母、垫圈等。常见的螺纹紧固件如图 2-19 所示。螺纹紧固件运用内、外螺纹旋合的连接作用来连接和紧固一些零、部件。这类零件均是标准件，即结构形式和尺寸均已标准化，由标准件厂大量生产。通常根据螺纹紧固件的规定标记，在相应的标准手册中即可查出该零件的有关尺寸。在设计时，标准件不必画零件图，只在装配图中画出。

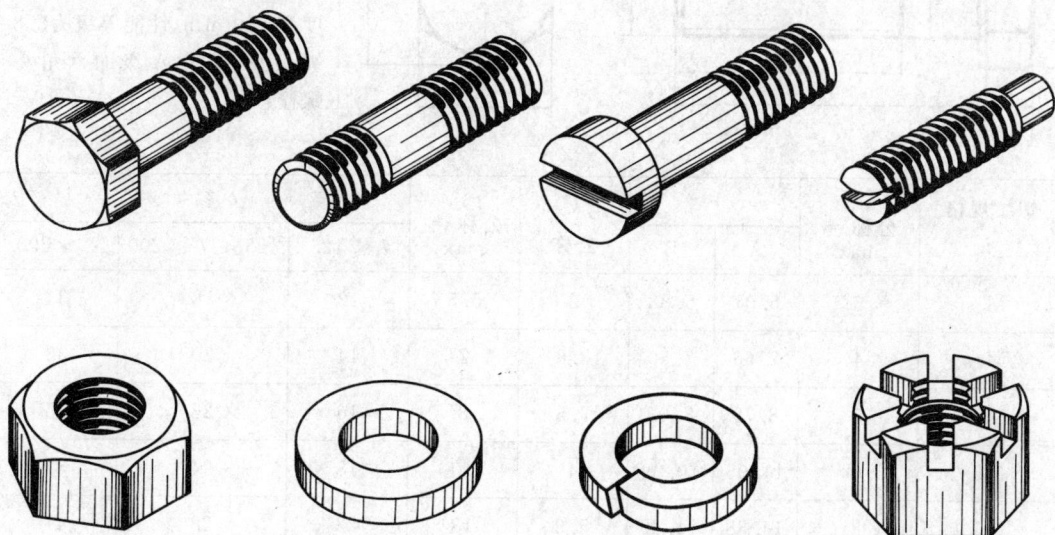

图 2-19　螺纹紧固件

1. 螺栓

螺栓由带有螺纹的圆柱杆和棱柱形头部组成。按其头部形状可分为六角头螺栓、方头螺栓等，其中六角头螺栓应用最广，如图 2-19 所示。根据加工质量，螺栓的产品等级分为 A，B，C 三级，依次为 A 级最精确，C 级最不精确。表 2-6 所示为常用的六角头螺栓 A 级和 B 级（GB/T 5782—2000）的有关尺寸、画法和规定标记。其比例画法如图 2-20 所示。比例画法是指为了作图便捷，以螺纹大径为基本尺寸，紧固件其他结构尺寸按照基本尺寸的一定比例绘制。

2. 双头螺柱

双头螺柱是圆柱杆两端都制有螺纹的紧固件。b_m 端旋入被连接件中较厚零件的螺孔中，称为旋入端；b 端与螺母旋合，称为紧固端。根据国家标准规定，旋入端的螺纹长度 b_m 由被旋入零件的材料强度来确定，相应标准如下：

当零件材料是钢或青铜时，$b_m = 1d$（GB/T 897—1988）；

当零件材料是铸铁时，$b_m = 1.25d$（GB/T 898—1988）；

当零件材料强度在铸铁与铝之间时，$b_m = 1.5d$（GB/T 899—1988）；

当零件材料是纯铝时，$b_m = 2d$（GB/T 900—1988）。

表2-7所示为双头螺柱的有关尺寸、画法和规定标记。其比例画法如图2-21所示。

表 2-6　六角头螺栓（摘自 GB/T 5782—2000）　　　　　（单位：mm）

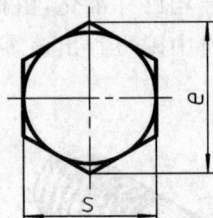

标记示例

螺栓 GB/T 5782 M10 × 40（螺纹规格 d = M10、公称长度 l = 40 mm、性能等级为8.8级、表面氧化、A 级的六角头螺栓）

螺纹规格 d	d_s 公称 = max	e		k 公称	s 公称 = max	b 参考		
		A	B			$l \leqslant 125$	$125 < l \leqslant 200$	$l > 200$
M3	3	6.01	5.88	2	5.5	12	18	31
M4	4	7.66	7.50	2.8	7	14	20	33
M5	5	8.79	8.63	3.5	8	16	22	35
M6	6	11.05	10.89	4	10	18	24	37
M8	8	14.38	14.20	5.3	13	22	28	41
M10	10	17.77	17.59	6.4	16	26	32	45
M12	12	20.03	19.85	7.5	18	30	36	49
M16	16	26.75	26.17	10	24	38	44	57

长度 l 系列：20，25，30,35，40，45，50，55，60，65，70，80，90，100，110，120,130，140，150，160，180，200，…

注：A 和 B 为产品等级，A 级用于 $d \leqslant 24$ mm 和 $l \leqslant 10d$ 或 $l \leqslant 150$ mm 的螺栓，B 级用于 $d > 24$ mm 或 $l > 10d$ 或 $l > 150$ mm 的螺栓。

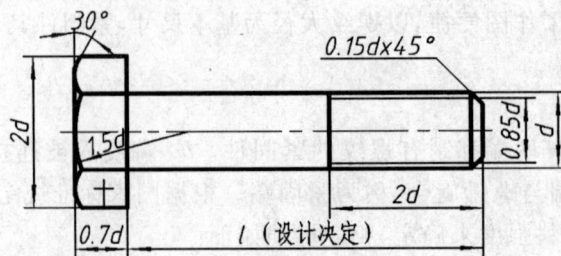

图 2-20　六角头螺栓比例画法

表 2 - 7　双头螺柱(摘自 GB/T 897—1988 ～ GB/T 900—1988)　（单位:mm）

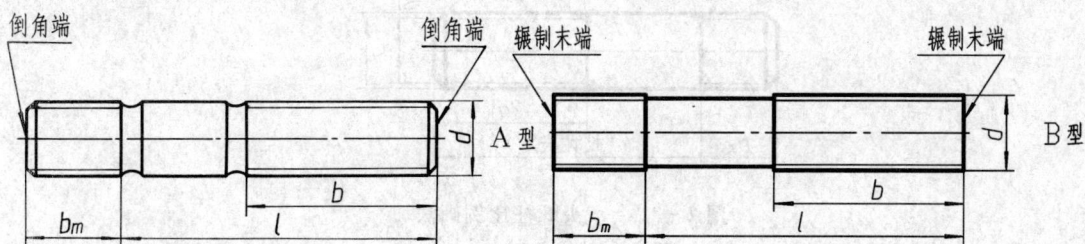

标记示例

螺柱 GB/T 898 AM12×40(螺纹规格 d = M12, b_m = 1.25 d,公称长度 l = 40 mm,按 A 型制造的双头螺柱)

螺柱 GB/T 897 M10×50(螺纹规格 d = M10, b_m = 1 d,公称长度 l = 50 mm,按 B 型制造的双头螺柱)

螺纹规格 d	b_m(公称)				l/b
	GB/T 897 —1988	GB/T 898 —1988	GB/T 899 —1988	GB/T 900 —1988	
M3			4.5	6	16～20/6, 22～40/12
M4			6	8	16～22/8, 25～40/14
M5	5	6	8	10	16～22/10, 25～50/16
M6	6	8	10	12	20～22/10, 25～30/14, 32～75/18
M8	8	10	12	16	20～22/12, 25～30/16, 32～90/22
M10	10	12	15	20	25～28/14, 30～38/16, 40～120/26
M12	12	15	18	24	25～30/16, 32～40/20, 45～120/30
M16	16	20	24	32	30～38/20, 40～55/30, 60～120/38
M20	20	25	30	40	35～40/25, 45～65/35, 70～120/46
M24	24	30	36	48	45～50/30, 55～75/45, 80～120/54

长度 l 系列:16,(18), 20,(22), 25,(28), 30,(32), 35,(38), 40, 45, 50,(55), 60,(65), 70,(75), 80,(85), 90,(95), 100, 110, 120,…

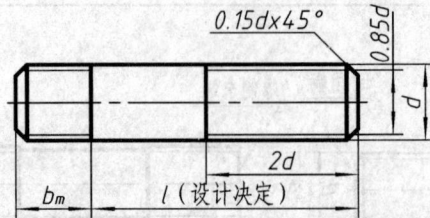

图 2-21　双头螺柱比例画法

3. 螺钉

螺钉按用途分为连接螺钉和紧定螺钉两类。

（1）连接螺钉：连接螺钉用来连接零件，其一端制有螺纹，另一端为头部。按其头部形状不同分为不同种类，有开槽盘头螺钉、开槽圆柱头螺钉、开槽沉头螺钉、内六角头螺钉等。表 2-8 和表 2-9 所示为其中两种连接螺钉的尺寸、画法和规定标记。图 2-22 和图 2-23 分别表示了其比例画法。

表 2-8　开槽盘头螺钉（摘自 GB/T 67—2008）　　　　　（单位：mm）

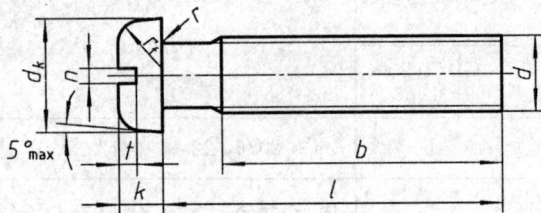

标记示例

螺钉 GB/T 67 M10×45（螺纹规格 d = M10、公称长度 l = 45 mm、性能等级为 4.8 级、不经表面处理的开槽盘头螺钉）

无螺纹部分杆径 ≈ 中径或 = 螺纹大径

螺纹规格 d	d_k 公称 = max	k 公称 = max	t min	n 公称	r min	r_f（参考）	l	b min
M3	5.6	1.8	0.7	0.8	0.1	0.9	4～30	
M4	8	2.4	1	1.2	0.2	1.2	5～40	$l \leqslant 40$ 时为全螺纹
M5	9.5	3	1.2	1.2	0.2	1.5	6～50	
M6	12	3.6	1.4	1.6	0.25	1.8	8～60	$l > 40$ 时 b = 38
M8	16	4.8	1.9	2	0.4	2.4	10～80	
M10	20	6	2.4	2.5	0.4	3	12～80	

长度 l 系列：4,5,6,8,10,12,(14),16,20,25,30,35,40,45,50,(55),60,(65),70,(75),80

表 2-9　　开槽沉头螺钉(摘自 GB/T 68—2000)　　　　　　（单位：mm）

标记示例

螺钉 GB/T 68 M10×50(螺纹规格 $d =$ M10、公称长度 $l = 50$ mm、性能等级为 4.8 级、不经表面处理的开槽沉头螺钉)

无螺纹部分杆径 ≈ 中径或 = 螺纹大径

螺纹规格 d	d_k 理论值 max	k 公称 = max	n 公称	t max	r max	l	b min
M3	6.3	1.65	0.8	0.85	0.8	5 ～ 30	
M4	9.4	2.7	1.2	1.3	1	6 ～ 40	
M5	10.4	2.7	1.2	1.4	1.3	8 ～ 50	$l ≤ 45$ 时为全螺纹
M6	12.6	3.3	1.6	1.6	1.5	8 ～ 60	$l > 45$ 时 $b_m =$ 38
M8	17.3	4.65	2	2.3	2	10 ～ 80	
M10	20	5	2.5	2.6	2.5	12 ～ 80	

长度 l 系列：4,5,6,8,10,12,(14), 16, 20, 25, 30, 35, 40, 45, 50,(55), 60,(65), 70,(75), 80

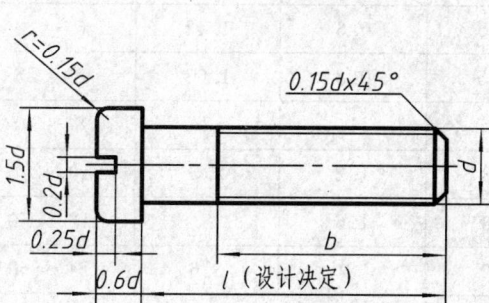

图 2-22　开槽盘头螺钉比例画法

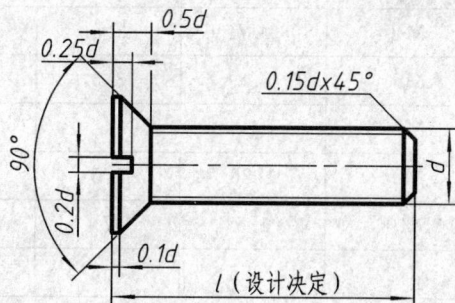

图 2-23　开槽沉头螺钉比例画法

（2）紧定螺钉：紧定螺钉用来固定零件，如图 2-24 所示。紧定螺钉的端部有平端、锥端、凹端、圆柱端等类型。表 2-10 所示为开槽长圆柱端紧定螺钉的有关尺寸、画法和规定标记。

（GB/T 73—1985）　　　　　　　　　　　　　（GB/T 75—1985）

图 2-24　紧定螺钉

表 2-10　开槽长圆柱端紧定螺钉(摘自 GB/T 75—1985)　　　　（单位：mm）

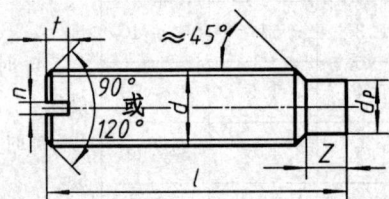

标记示例

螺钉 GB/T 75 M5×12（螺纹规格 d = M5、公称长度 l = 12 mm、性能等级为 14H 级、表面氧化的开槽长圆柱端紧定螺钉)

螺纹规格 d	P	d_p max	z max	n 公称 =	t max	l
M3	0.5	2	1.75	0.4	1.05	5～16
M4	0.7	2.5	2.25	0.6	1.42	6～20
M5	0.8	3.5	2.75	0.8	1.63	8～25
M6	1	4	3.25	1	2	8～30
M8	1.25	5.5	4.3	1.2	2.5	10～40
M10	1.5	7	5.3	1.6	3	12～50
M12	1.75	8.5	6.3	2	3.6	14～60

长度 l 系列：5,6,8,10,12,(14),16,20,25,30,35,40,45,50,(55),60

4. 螺母

常用的螺母按其形状分为六角螺母、六角开槽螺母、方螺母、圆螺母等类型。螺母上制有内螺纹,用以与螺栓、螺柱旋合。其中六角螺母应用最广,其产品等级分 A,B,C 三级,分别与相对应精度的螺栓、螺柱及垫圈配合使用。根据螺母高度 m 的不同又可将其分为薄型、1 型、2 型、厚型。表 2-11 所示为常用的 1 型六角螺母 A 级（GB/T 6170—2000）的有关尺寸、画法及规定标记。其比例画法如图 2-25 所示。

表 2-11　六角螺母（摘自 GB/T 6170—2000）　　　（单位：mm）

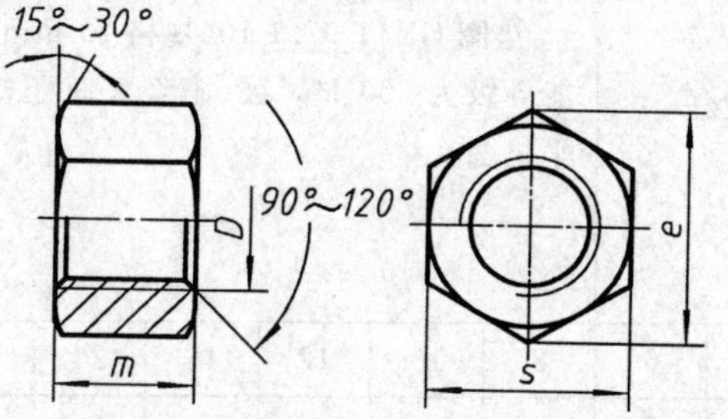

标记示例

螺母 GB/T 6170 M12（螺纹规格 D = M12、性能等级为 8 级、不经表面处理、A 级的 1 型六角螺母）

螺纹规格 D	P（螺距）	e min	s 公称 = max	m max
M3	0.5	6.01	5.5	2.4
M4	0.7	7.66	7	3.2
M5	0.8	8.79	8	4.7
M6	1	11.05	10	5.2
M8	1.25	14.38	13	6.8
M10	1.5	17.77	16	8.4
M12	1.75	20.03	18	10.8
M16	2	26.75	24	14.8

注：A 级用于 $D \leqslant 16$ mm 的螺母；B 级用于 $D > 16$ mm 的螺母。

5. 垫圈

垫圈有平垫圈、弹簧垫圈等类型。垫圈可增加支撑面积和防止旋紧螺母时损伤零件表面，弹簧垫圈还具有防松作用。平垫圈的产品有 A，C 两级。A 级主要用于 A 级与 B 级六角头螺栓、螺钉和螺母；C 级用于 C 级螺栓、螺钉和螺母。表 2-12 所示为常用的平垫圈 A 级、常用的倒角型平垫圈 A 级的有关尺寸、画法和规定标记。其比例画法如图 2-26 所示。

注意：垫圈的公称尺寸是指与其连接的螺纹规格尺寸（如外螺纹的大径）。如平垫圈的规定标记示例"垫圈 GB/T 97.1 10"中，公称尺寸 10 是指与其连接的螺栓、螺柱或螺母的大径。

表 2-13 所示为常用的弹簧垫圈（GB/T 93—1987）的有关尺寸、画法和规定标记。

表 2－12　平垫圈(摘自 GB/T 97.1—2002、GB/T 97.2—2002)　　（单位：mm）

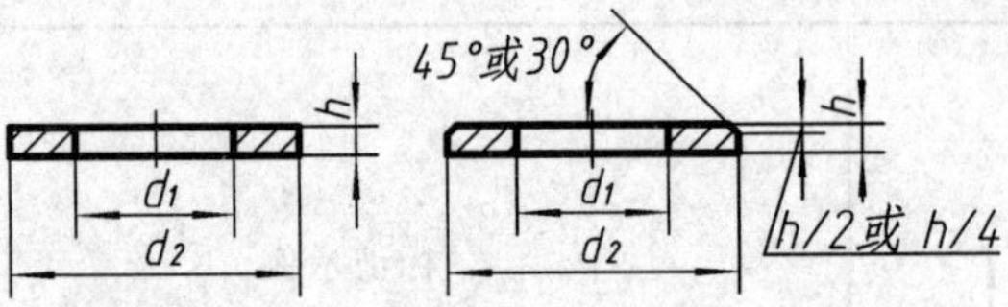

GB/T 97.1—2002　　　　GB/T 97.2—2002

标记示例

垫圈 GB/T 97.1 10(规格 10 mm、性能等级为 200 HV 级、不经表面处理的平垫圈)

规格(螺纹大径)	3	4	5	6	8	10	12	16	20	24
内径 d_1(min)	3.2	4.3	5.3	6.4	8.4	10.5	13	17	21	25
外径 d_2(max)	7	9	10	12	16	20	24	30	37	44
厚度 h　公称	0.5	0.8	1	1.6	1.6	2	2.5	3	3	4

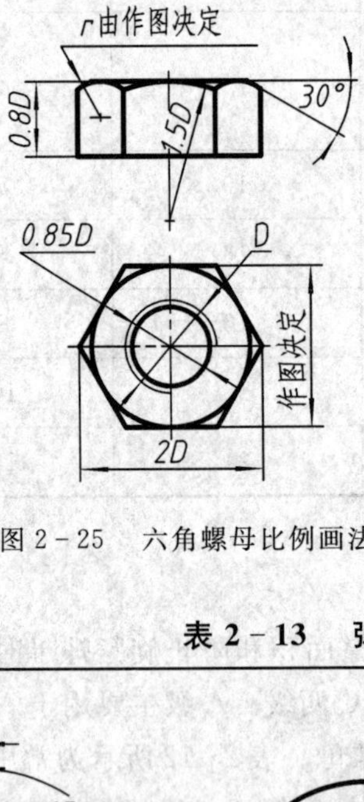

图 2－25　六角螺母比例画法

图 2－26　平垫圈比例画法

表 2－13　弹簧垫圈(摘自 GB/T 93—1987)　　（单位：mm）

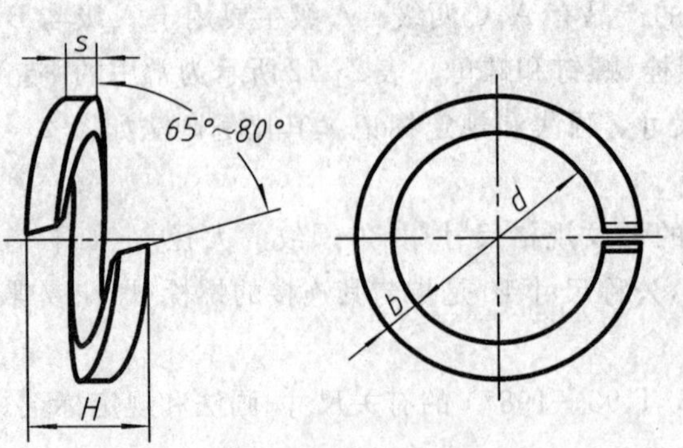

标记示例

垫圈 GB/T 93 16(规格 16 mm、材料为 65 Mn、表面氧化的标准型弹簧垫圈)

续　表

规格(螺纹大径)	3	4	5	6	8	10	12	16	20	24
d　min	3.1	4.1	5.1	6.1	8.1	10.2	12.2	16.2	20.2	24.5
$S(b)$ 公称	0.8	1.1	1.3	1.6	2.1	2.6	3.1	4.1	5	6
H　min	1.6	2.2	2.6	3.2	4.2	5.2	6.2	8.2	10	12

2.1.5　连接件及被连接件的常见结构

1. 螺纹不通孔的画法

螺纹连接中,常在较厚的被连接件上加工出带内螺纹的盲孔,装配时旋入螺钉或双头螺柱。内螺纹的加工过程如图 2-3 所示。

钻孔的深度 H 等于螺纹有效深度 h 加上肩距 a_1(即 $H=h+a_1$),而螺纹有效深度 h 由外螺纹旋入螺孔的深度 b_m 加上适当余量 $3P$(螺距)所确定(即 $h=b_m+3P$),b_m 由被旋入零件的材料来确定,可查阅表 2-7,螺距 P 可由表 2-3 查出,肩距 a_1 可由表 2-2 查出,螺纹不通孔的画法和尺寸注法如图 2-27 所示,画图时也可取 $3P$ 和 a_1 为 $0.5d$。

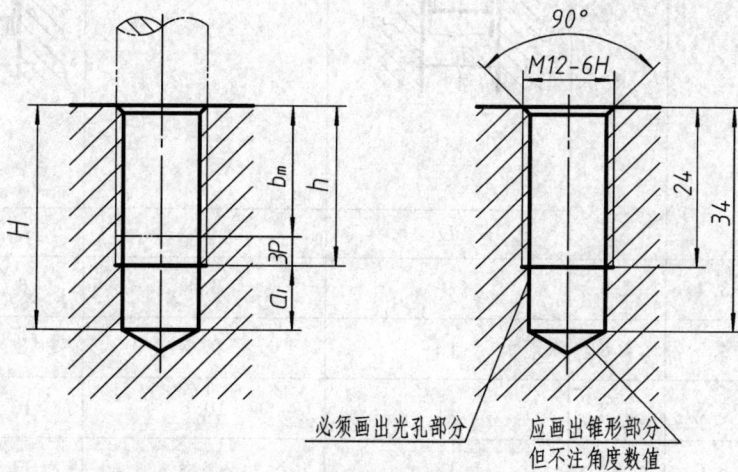

图 2-27　螺纹不通孔的画法和尺寸注法

2. 通孔与沉孔

(1) 通孔:被连接件上加工出的螺杆穿过的光孔。其直径略大于螺纹大径,尺寸 d_h 由表 2-14 查得。

(2) 沉孔:在螺钉连接中,如果要求螺钉的头部不露出被连接零件的表面,在零件表面应加工出圆凹坑,即沉孔。其形状和尺寸由表 2-14 查得。

(3) 锪平:螺纹连接时,为了使螺栓头、螺钉头、螺母或垫圈与被连接件表面接触平稳,常在铸造的被连接件表面加工出与通孔同轴线而大于平垫圈直径的浅凹坑,这种加工称锪平(图 2-28),其深度以将零件表面锪平为止,锪平直径由表 2-14 查得。

表 2-14　　紧固件通孔及沉孔尺寸　　　　　　　　　（单位:mm）

螺纹公称直径 d	通孔直径 d_h GB/T 5277—1985			用于带垫圈的锪平孔	用于沉头螺钉的孔	用于圆柱头螺钉的孔	
	精装配	中等装配	粗装配		GB/T 152—1988		
				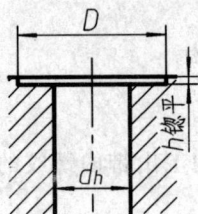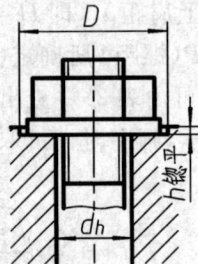	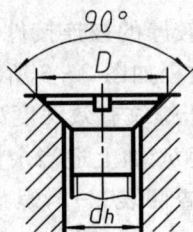	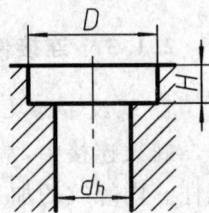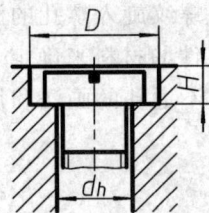	
				D	D	D	H
3	3.2	3.4	3.6	9	6.4	6	1.9
4	4.3	4.5	4.8	10	9.6	8	3.2
5	5.3	5.5	5.8	11	10.6	10	4
6	6.4	6.6	7	12.8	12.8	11	4.7
8	8.4	9	10	18	17.6	15	6
10	10.5	11	12	22	20.3	18	7
12	13	13.5	14.5	26	24.4	20	8
16	17	17.5	18.5	33	32.4	26	10.5
20	21	22	24	40	40.4	33	12.5

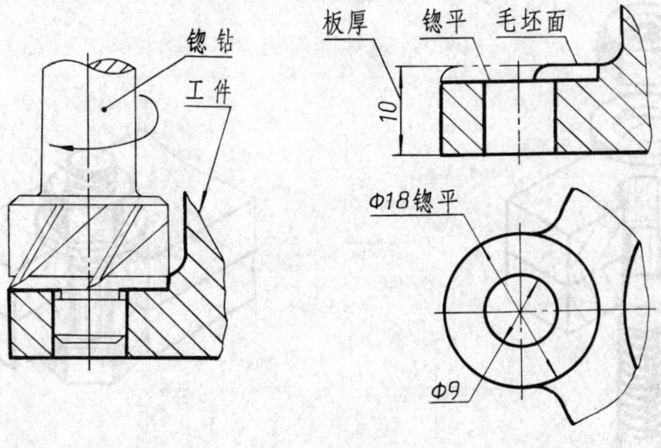

图 2-28　锪平加工及尺寸注法

2.1.6　螺纹紧固件的装配画法

螺纹紧固件的装配画法应遵守以下装配画法的 3 条基本规定。

（1）两零件接触表面画一条线，不接触表面画两条线。

（2）两邻接零件的剖面线方向应相反，或者方向一致但间隔不等。各视图上同一零件的剖面线方向和间隔应保持一致。

（3）对于紧固件和实心零件（如螺钉、螺栓、螺母、垫圈、键、销、球、轴等），若剖切平面通过它们的基本轴线时，这些零件均按不剖绘制，仍画外形；需要时，可采用局部剖视。

常用的螺纹紧固件的连接形式有螺栓连接、双头螺柱连接和螺钉连接 3 种。

1. 螺栓连接

螺栓穿过两被连接零件上的通孔（其直径略大于要穿入的螺栓大径），然后套上垫圈，再旋紧螺母（图 2-29），这样就把被连接的零件连接起来。这种连接形式适用于两被连接零件不太厚的情况。

螺栓的公称长度 l 按下列公式计算，然后选用相近的标准系列长度。

$$l \geqslant \delta_1 + \delta_2 + h + m + a$$

式中，δ_1 和 δ_2 分别为两个被连接件的厚度；h 为垫圈厚度；m 为螺母的厚度；a 为螺栓伸出螺母的长度，一般取 $a = 3P$。

画螺栓连接的装配图时，把以上各部分尺寸从有关标准表中查出后逐个画出。为了简化图形，提高绘图效率，一般将各零件的倒角和倒圆省略，如图 2-30 所示。

2. 双头螺柱连接

两个被连接的零件中有一个较厚，不宜或不能钻成通孔用螺栓连接时，常采用双头螺柱连接。较厚的零件制出螺孔，较薄的零件钻通孔。将双头螺柱的旋入端 b_m 全部旋入螺孔中，将紧固端穿出较薄零件的通孔，再套上垫圈，拧紧螺母，即为双头螺柱连接，如图 2-31 所示。此种连接在拆卸时只须拧出螺母，取下垫圈，而不必拧出螺柱，因此不会损坏被连接件的螺孔。

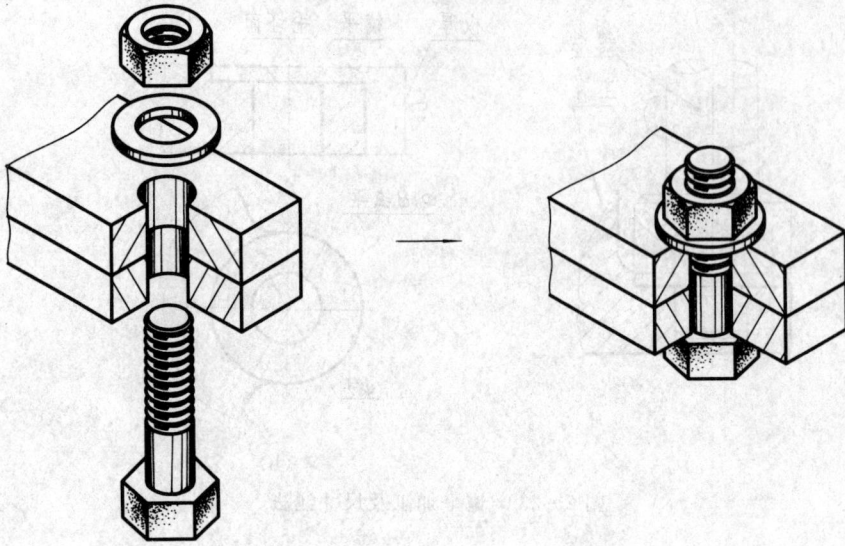

图 2-29　螺栓连接装配示意图

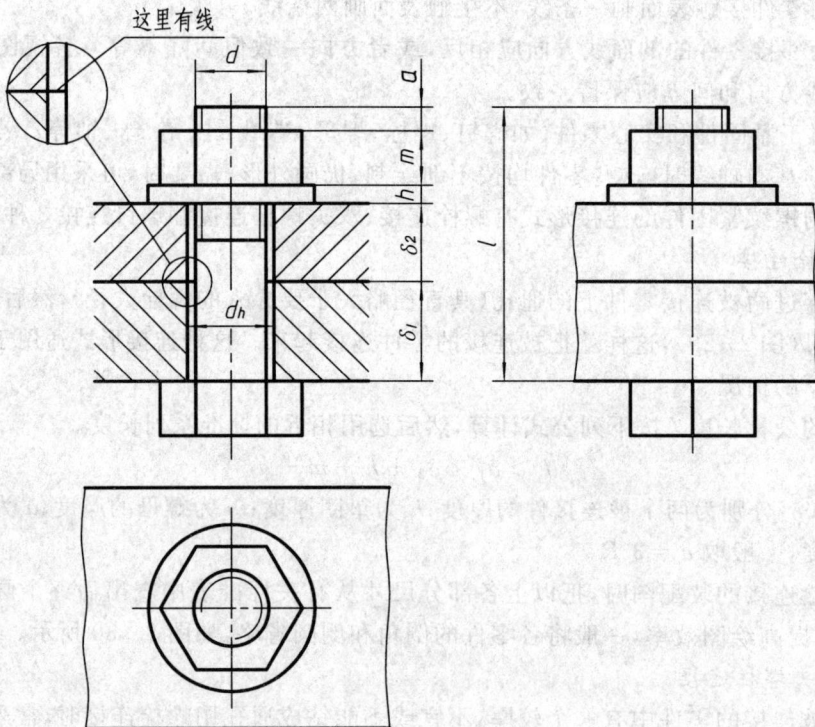

图 2-30　螺栓连接装配图

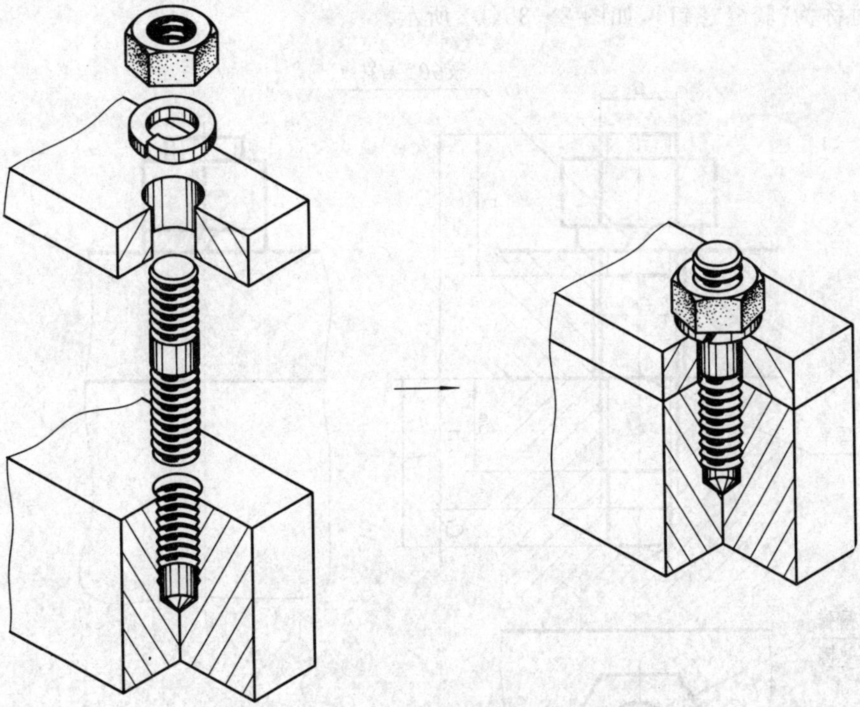

图 2 - 31　双头螺柱连接装配示意图

双头螺柱的公称长度 l 按下列公式计算,然后选用相近的标准系列长度。

$$l \geqslant \delta + h_{(垫圈)} + m + a$$

式中,δ 是薄零件的厚度;h 为垫圈厚度;m 为螺母厚度;a 为螺柱伸出螺母的长度,一般取 $a = 3P$。

画双头螺柱的装配图时,可按图 2-32 所示画法绘制。螺纹不通孔也可以仅按有效螺纹部分的深度画出(GB/T 4459.1—1995)。

3. 螺钉连接

螺钉连接常用于不经常拆卸并且受力不大而被连接件之一较厚的场合。如图 2 - 33 所示,在较厚的零件上加工出螺孔,另一个被连接零件加工成通孔,然后把螺钉穿过通孔再旋进螺孔,将两个零件连接起来。

螺钉的公称长度 l 按下列公式计算,然后从螺钉标准的长度系列中选接近的 l 值。

$$l \geqslant b_m + \delta$$

式中,b_m 同螺柱中 b_m,根据被旋入零件的材料而定;δ 为其中做通孔的被连接零件的厚度。

从图 2 - 34 中可以看出,除头部画法不同于螺柱连接外,螺钉连接部分的画法与双头螺柱旋入端画法类似,不同的是螺钉的螺纹终止线应高于螺孔的端面,或螺杆的全长都有螺纹。

4. 紧定螺钉连接

圆柱端紧定螺钉利用其端部小圆柱插入机件小孔起定位、固定作用,如图 2 - 35(a)、(c) 所示。平端紧定螺钉则依靠其端平面与机件的摩擦力起定位作用。有时也将紧定螺钉"骑缝"旋入,即将两机件装好后加工出螺孔,两机件各有一半螺孔,旋入紧定螺钉起固定作用。此时称为"骑缝螺钉",如图 2-35(b) 所示。

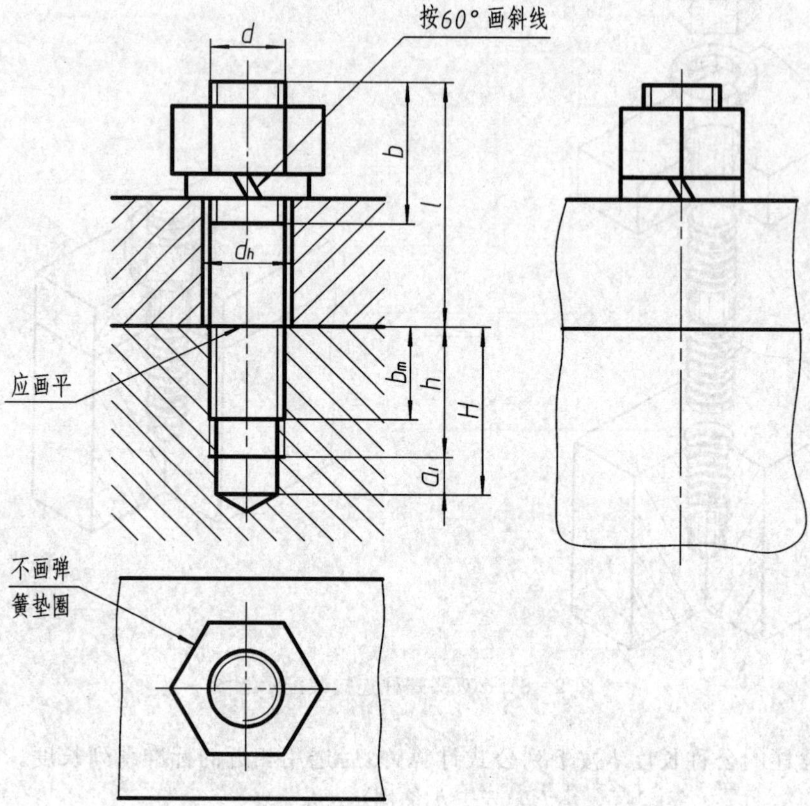

图 2-32　双头螺柱连接装配图

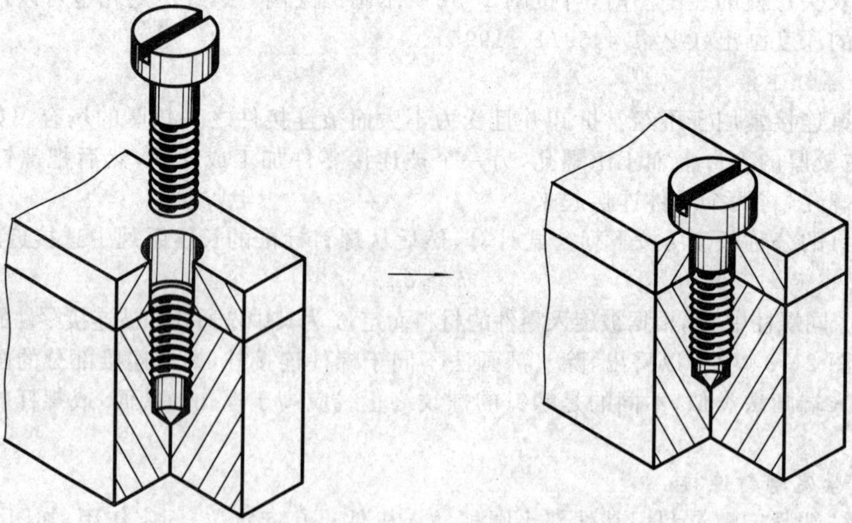

图 2-33　螺钉连接装配示意图

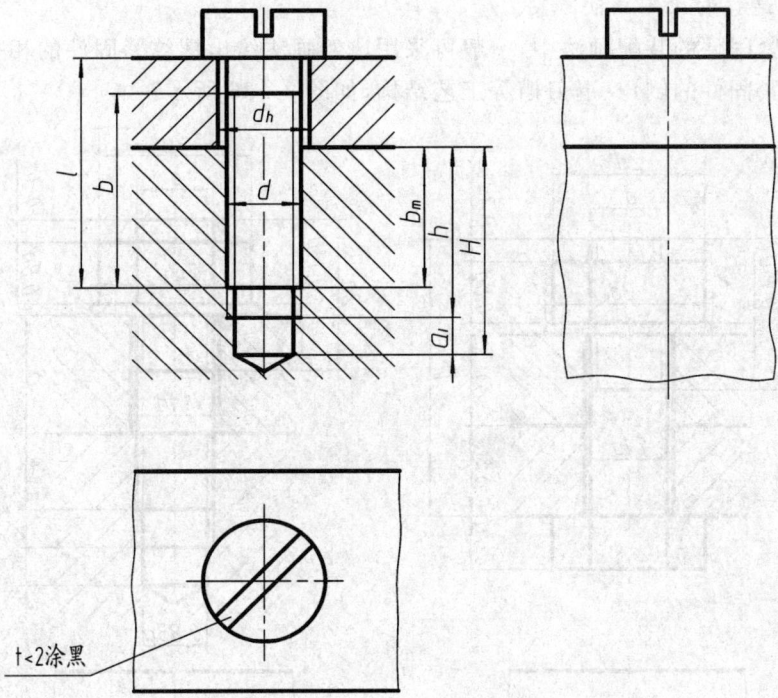

图 2-34　螺钉连接装配图

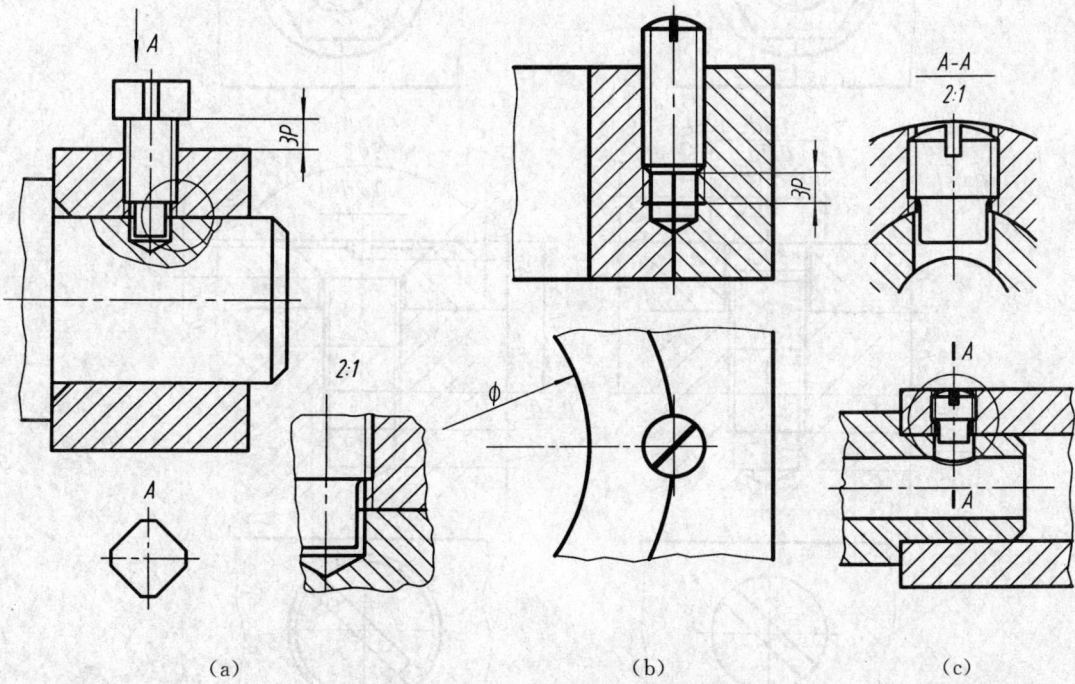

（a）　　　　　　　　　　　　　　（b）　　　　　　　　　　　　　（c）

图 2-35　紧定螺钉连接装配图

（a）方头长圆柱端紧定螺钉；　（b）开槽平端紧定螺钉；　（c）开槽长圆柱端紧定螺钉

5. 螺纹连接的比例画法

在螺纹紧固件的装配画法中,一般可采用比例画法给出螺纹紧固件的相关尺寸,并且可省略螺纹紧固件的倒角、退刀槽等工艺结构,如图 2-36 所示。

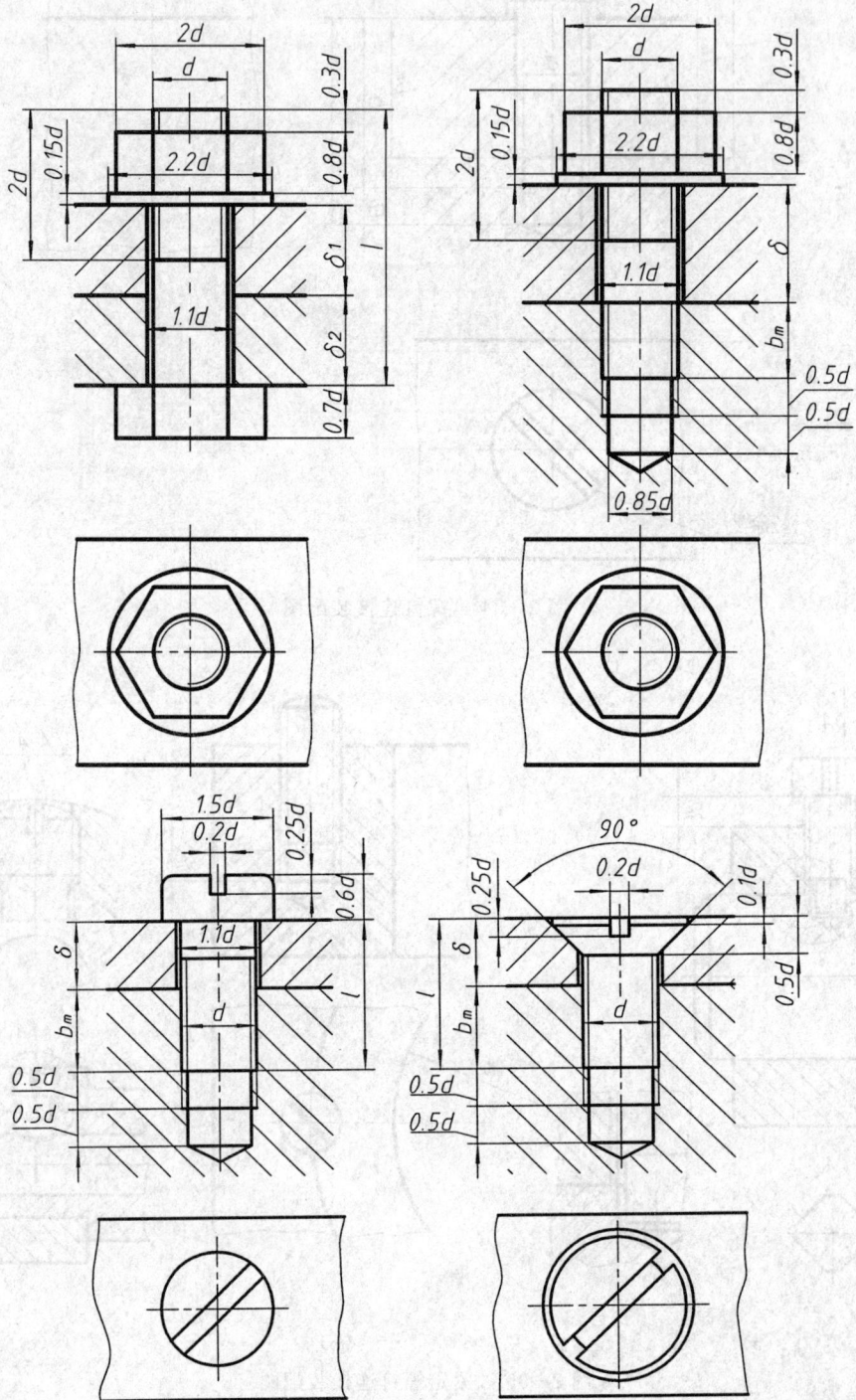

图 2-36　螺纹连接的比例画法

6. 防松结构

连接用的标准三角螺纹的螺旋升角较小,都能满足自锁条件。因此,在静载荷条件下,不会产生连接松动现象。但在连续冲击、振动的变载荷下,螺纹间的压力会在某一瞬间变小,甚至消失,以至螺纹失去自锁能力,产生自动松脱现象。这样易使机器或部件不能正常使用,甚至发生严重事故。因此在重要场合应采取防松措施,防止螺杆产生相对转动。

防松装置可分为两类。一类是靠增加摩擦力的方式,常用的有使用弹簧垫圈、上双螺母等,如图2-37(a)、(b) 所示。另一类是靠机械固定的方法,如用开口销、圆螺母用止动垫圈等,如图2-37(c)所示。开口销将在 2.2 节中介绍。

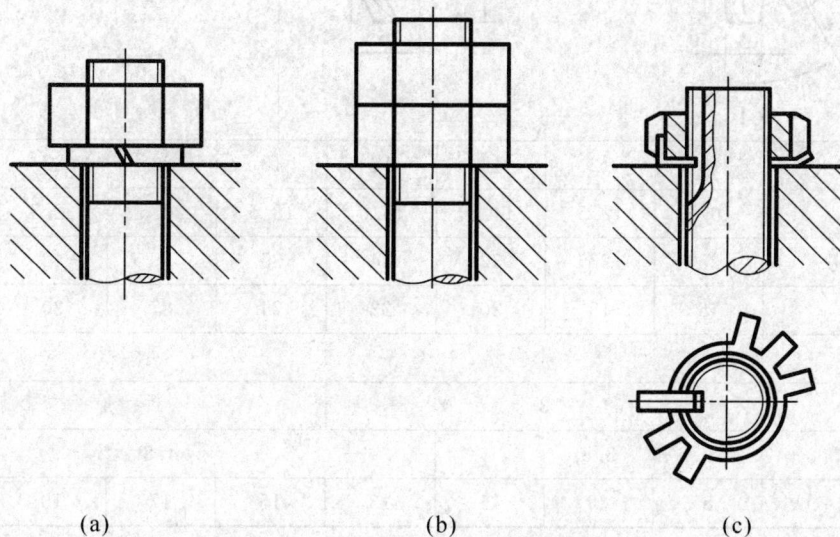

(a)　　　　　　　　　　(b)　　　　　　　　　　(c)

图 2-37　螺纹连接的防松结构

(1) 弹簧垫圈:如图 2-37(a) 所示,弹簧垫圈的防松原理是拧紧螺母时,弹簧垫圈被压平而产生一定弹力,以保持螺纹间有一定的压紧力,使摩擦力增大,可防止螺母自动松脱。同时垫圈切口处的尖角也有防止螺母松脱的作用,所以注意切口方向应与螺纹旋向相反。标准型弹簧垫圈的有关尺寸、画法和规定标记如表 2-13 所示。

(2) 双螺母:如图 2-37(b) 所示,双螺母拧紧后,相互间产生轴向作用力,使内、外螺纹之间的摩擦力增大,以防止螺母自动松脱。

(3) 圆螺母用止动垫圈:如图 2-37(c) 所示,圆螺母用止动垫圈与圆螺母配合使用,将垫圈内圆上突起的小片(内翅)插入螺杆(或轴)上的槽内,拧紧螺母,并将垫圈的外翅弯折入螺母的沟槽中,使螺母与螺栓不能相对转动以达到防松目的。圆螺母用止动垫圈的有关尺寸、画法和规定标记如表 2-15 所示。

表 2 - 15　　圆螺母用止动垫圈(摘自 GB/T 858—1988)　　　(单位:mm)

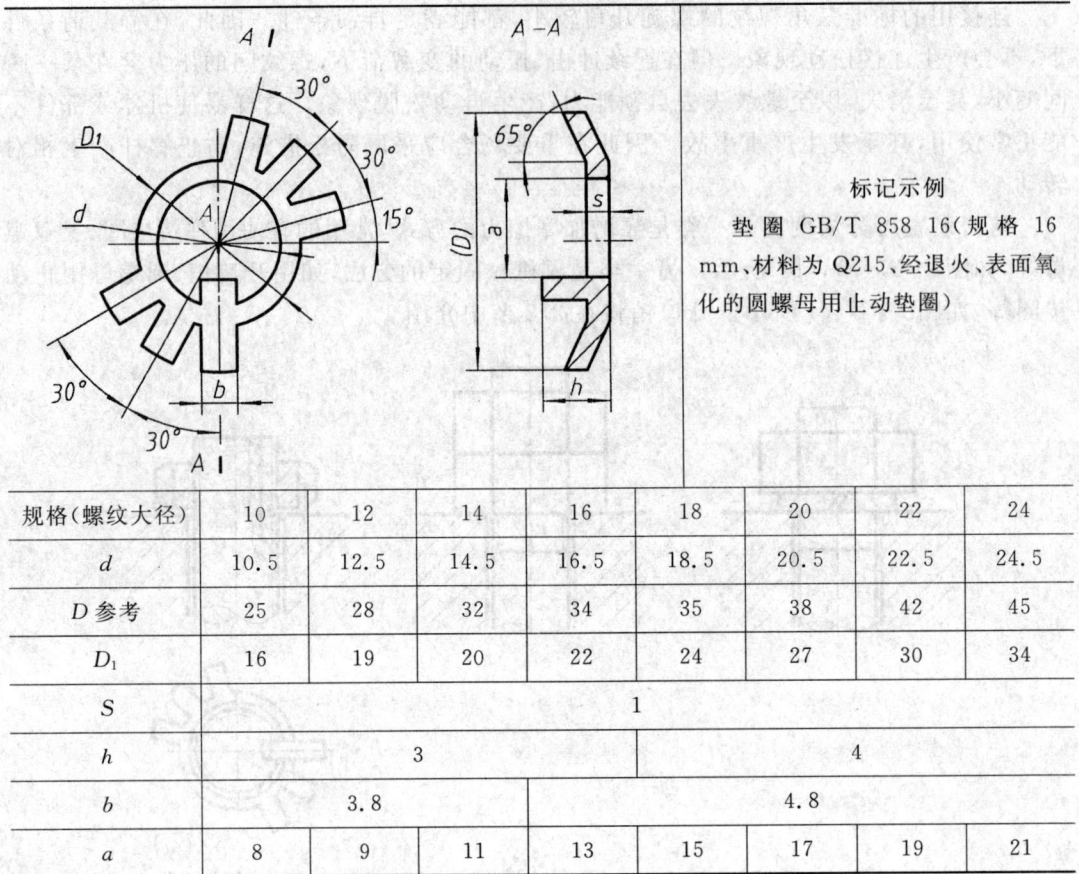

标记示例

垫圈 GB/T 858 16(规格 16 mm、材料为 Q215、经退火、表面氧化的圆螺母用止动垫圈)

规格(螺纹大径)	10	12	14	16	18	20	22	24
d	10.5	12.5	14.5	16.5	18.5	20.5	22.5	24.5
D 参考	25	28	32	34	35	38	42	45
D_1	16	19	20	22	24	27	30	34
S	1							
h	3				4			
b	3.8				4.8			
a	8	9	11	13	15	17	19	21

2.2　键、销

2.2.1　键

键通常用来连接轴和装在轴上的零件(如齿轮、带轮等),使之与轴一起转动,起传递扭矩的作用。

键的种类很多,常用的有普通平键、半圆键、钩头楔键和花键等(图 2-38)。图 2-39 所示是用普通平键来连接轴与轮的情况。

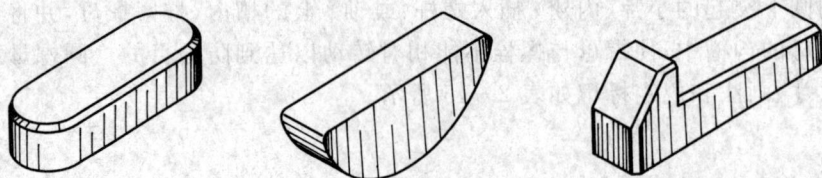

图 2-38　键

1. 平键

普通平键分圆头（A 型）、平头（B 型）和单圆头（C 型）3 种，以 A 型应用较多，其形状、尺寸如图 2 - 40 所示。标记时，A 型平键可省略"A"字，而 B 型、C 型应写出"B"或"C"字。

标记示例：键宽 $b=10$ mm、键高 $h=8$ mm、键长 $L=40$ mm 的普通平键（A 型）的规定标记为：GB/T 1096 键 $10 \times 8 \times 40$。

普通平键的尺寸在 GB/T 1096—2003 中作了规定（表 2 - 16）。键的长度 L 可参照轮毂宽度在标准长度系列中选用。

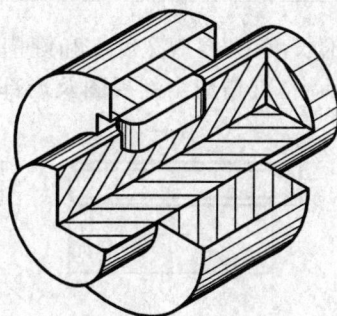

图 2 - 39　平键连接

表 2 - 16　普通平键尺寸（摘自 GB/T 1096—2003）和
键槽尺寸（摘自 GB/T 1095—2003）　　　　　（单位：mm）

轴直径 d	键尺寸 $b \times h$	键				键　槽				
		宽度 b 基本尺寸	高度 h 基本尺寸	长度(L) 范围	倒角或 倒圆 S	宽度 b 基本尺寸	深　度		半径 r	
							轴 t_1	毂 t_2	最小	最大
自 6 ～ 8	2×2	2	2	6 ～ 20	0.16 ～ 0.25	2	1.2	1.0	0.08	0.16
＞ 8 ～ 10	3×3	3	3	6 ～ 36		3	1.8	1.4		
＞ 10 ～ 12	4×4	4	4	8 ～ 45		4	2.5	1.8		
＞ 12 ～ 17	5×5	5	5	10 ～ 56	0.25 ～ 0.40	5	3.0	2.3	0.16	0.25
＞ 17 ～ 22	6×6	6	6	14 ～ 70		6	3.5	2.8		
＞ 22 ～ 30	8×7	8	7	18 ～ 90		8	4.0			
＞ 30 ～ 38	10×8	10	8	22 ～ 110		10	5.0	3.3		
＞ 38 ～ 44	12×8	12	8	28 ～ 140		12				
＞ 44 ～ 50	14×9	14	9	36 ～ 160	0.40 ～ 0.60	14	5.5	3.8	0.25	0.40
＞ 50 ～ 58	16×10	16	10	45 ～ 180		16	6.0	4.3		
＞ 58 ～ 65	18×11	18	11	50 ～ 200		18	7.0	4.4		
＞ 65 ～ 75	20×12	20	12	56 ～ 220		20	7.5	4.9		
＞ 75 ～ 85	22×14	22	14	63 ～ 250	0.60 ～ 0.80	22	9.0	5.4	0.40	0.60
＞ 85 ～ 95	25×14	25	14	70 ～ 280		25				
＞ 95 ～ 110	28×16	28	16	80 ～ 320		28	10.0	6.4		
长度(L) 系列	6,8,10,12,14,16,18,20,22,25,28,32,36,40,45,50,56,63,70,80,100, 110,125,140,160,180,200,220,250,280,320,…									

注：1. 本标准中长度 L 范围为 6 ～ 500 mm，本表仅选一部分。

2. GB/T 1096—2003 和 GB/T 1095—2003 中未给出与键基本尺寸对应的轴的直径范围。表中提供的轴直径数据仅供参考。

轴上键槽用铣刀铣出，用轴的主视图作局部剖视及键槽的移出断面表示。尺寸要注

键槽长度 L、键槽宽度 b 和键槽深度 $d-t_1$，如图 2-41(a) 所示。轮毂上的键槽一般用插刀插出，键槽用全剖视图及局部视图表示，键槽深度应注 $d+t_2$，如图 2-41(b) 所示。

图 2-40　普通平键的形式和尺寸

图 2-41　平键槽的尺寸
(a) 轴上的键槽；　(b) 轮毂上的键槽

普通平键靠侧面传递扭矩，两侧面为工作面。因此键与键槽沿宽度方向的公称尺寸相同，在装配图中应画成一条线。键的上表面为非工作面，且轮毂上键槽尺寸 $(d+t_2)$ 大于轴上槽深加键高 $(d-t_1+h)$，即键的上表面与轮毂键槽顶面不接触，应留有空隙。其装配画法如图 2-42 所示。

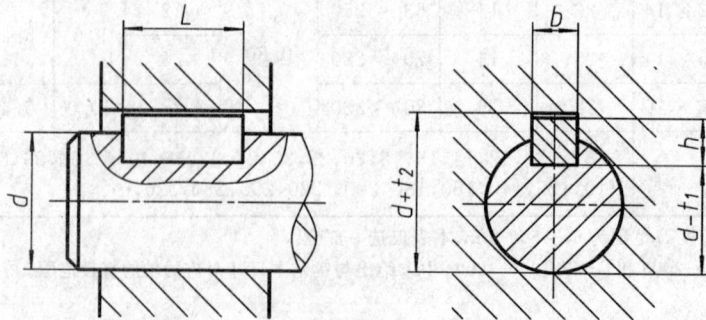

图 2-42　平键连接装配画法

2. 半圆键

半圆键一般用于较轻载荷,优点是键在轴上键槽中能绕底圆弧摆动,自动调整位置。其形状尺寸如图 2-43 所示。半圆键及键槽尺寸分别在 GB/T 1099.1—2003 和 GB/T 1098—2003 中作了规定(表 2-17)。

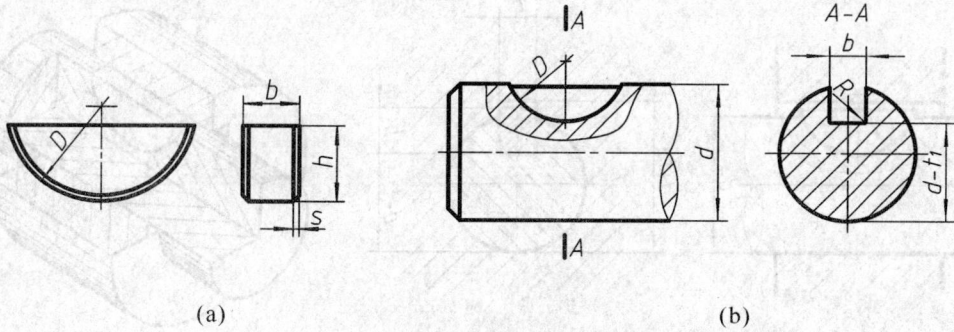

图 2-43　半圆键及键槽

(a) 半圆键；(b) 键槽

表 2-17　半圆键尺寸(摘自 GB/T 1099.1—2003) 和

键槽尺寸(摘自 GB/T 1098—2003)　　　　(单位:mm)

键尺寸 $b \times h \times D$	键				键　槽				
	宽度 b	高度 h	直径 D	倒角或倒圆 S		宽度 b	深　度		半径 R	
	基本尺寸	基本尺寸	基本尺寸	最小	最大	基本尺寸	轴 t_1	毂 t_2	最小	最大
$2 \times 2.6 \times 7$	2	2.6	7			2	1.8	1		
$2 \times 3.7 \times 10$	2	3.7	10				2.9			
$2.5 \times 3.7 \times 10$	2.5	3.7	10	0.16	0.25	2.5	2.7	1.2	0.08	0.16
$3 \times 5 \times 13$	3	5	13			3	3.8	1.4		
$3 \times 6.5 \times 16$	3	6.5	16				5.3			
$4 \times 6.5 \times 16$	4	6.5	16			4	5.0	1.8		
$4 \times 7.5 \times 19$	4	7.5	19				6			
$5 \times 6.5 \times 16$	5	6.5	16			5	4.5	2.3		
$5 \times 7.5 \times 19$	5	7.5	19	0.25	0.40		5.5		0.16	0.25
$5 \times 9 \times 22$	5	9	22				7			
$6 \times 9 \times 22$	6	9	22			6	6.5	2.8		
$6 \times 10 \times 25$	6	10	25				7.5			
$8 \times 11 \times 28$	8	11	28	0.40	0.60	8	8	3.3	0.25	0.40
$10 \times 13 \times 32$	10	13	32			10	10			

注:在工作图中,轴上键槽深用 t_1 或 $d-t_1$ 标注,轮毂槽深用 $d+t_2$ 标注。

标记示例：

键宽 $b=6$ mm，键高 $h=10$ mm，$D=25$ mm 的普通型半圆键的规定标记为：GB/T 1099.1 键 $6\times10\times25$。

半圆键的工作面也是两侧面，其装配画法与平键类似，如图 2-44 所示。

图 2-44　半圆键连接装配画法

3. 楔键

钩头楔键用于精度要求不高、转速较低时传递较大的、双向的或有振动的扭矩，也用于拆卸时不能从另一端将键打出的场合。钩头楔键形状尺寸如图 2-45 所示，钩头楔键尺寸在 GB/T 1565—2003 中作了规定。

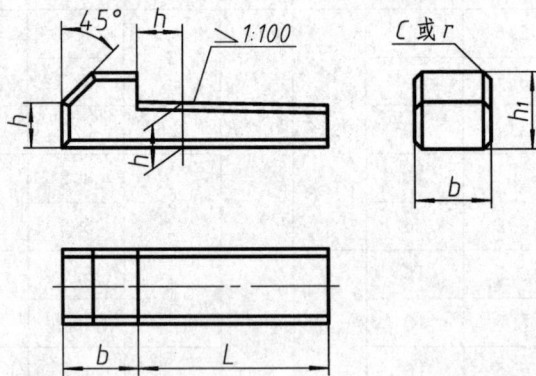

图 2-45　钩头楔键的形式及尺寸

标记示例：

键宽 $b=18$ mm，键高 $h=11$ mm，键长 $L=100$ mm 的钩头楔键的规定标记为：GB/T 1565 键 18×100。

钩头楔键上、下两面是工作面，键的上表面和轮毂键槽的底面各有 1:100 的斜度，装配时须打入，靠楔紧作用传递扭矩。键的上、下底面在装配图中分别与毂上及轴上键槽的底面画成一条线，这是与平键及半圆键画法的不同之处。其装配画法如图 2-46 所示。

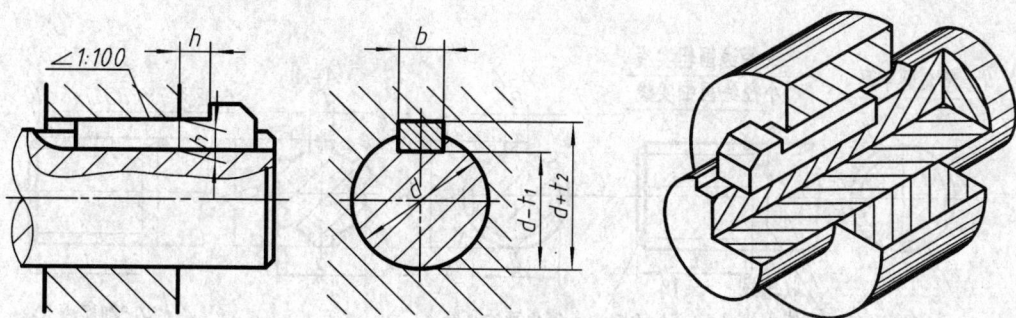

图 2-46　钩头楔键连接的装配画法

4. 花键

花键连接同轴度较好，连接可靠，能传递较大的扭矩。在轴上制出的花键称为外花键，这种轴称为花键轴；在孔内制出的花键称为内花键，这种孔称为花键孔，如图 2-47 所示。内、外花键装配在一起就是花键连接。

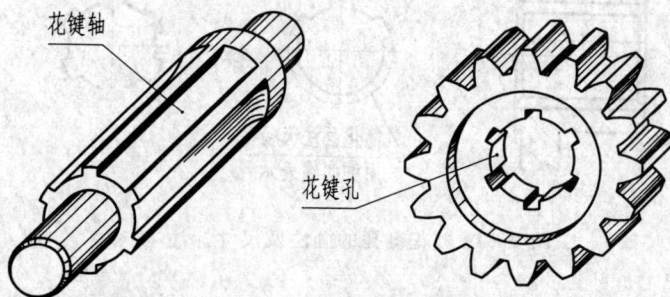

图 2-47　花键轴与花键孔

花键的齿形有矩形、渐开线形、三角形等，其中矩形花键（GB/T 1144—2001）应用最广。

矩形花键轴的画法及尺寸注法如图 2-48 所示。花键轴（外花键）在平行花键轴线的视图上，大径画粗实线，小径画细实线，尾部用细实线画与轴线成 30° 的斜线。断面图中画出一部分齿形（图 2-48(a)）或全部齿形。在垂直于轴线的视图如 C 向视图中，小径画完整的细实线圆。在图上标注花键的尺寸应注出大径 D、小径 d、齿宽 B 及工作长度 L（图 2-48(a)）。若采用指引线从花键大径上标注其标记代号时，除 L 外，不需要标注其他尺寸（图 2-48(b)）。

花键孔（内花键）在平行于花键轴线的剖视图中，大径、小径均用粗实线绘制，并在局部视图上画出一部分齿形或全部齿形（图 2-49）。内花键标记如图 2-49 所示。内、外花键标记基本相同，不同之处是外花键尺寸公差带代号为轴的公差带代号。部分矩形花键基本尺寸系列如表 2-18 所示。

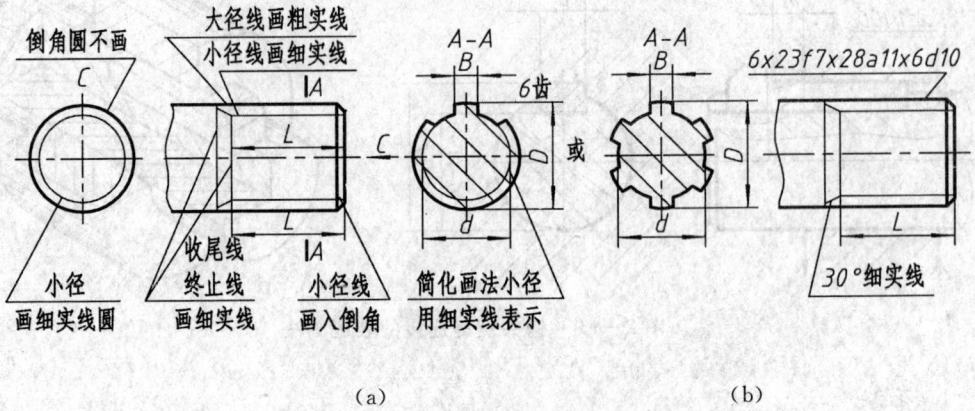

图 2-48　花键轴的画法及尺寸标注

(a) 直接注尺寸；(b) 注花键代号

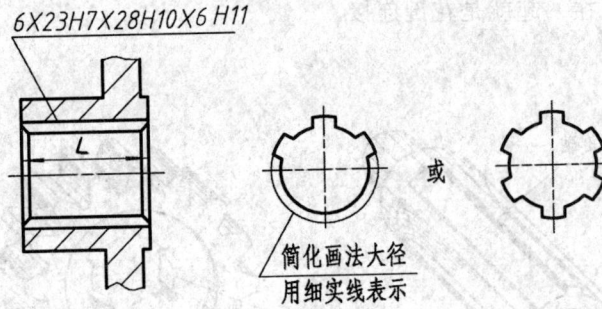

图 2-49　花键孔的画法及尺寸标注

标记示例：

齿数 $N=6$，小径 $d=23$ mm，大径 $D=28$ mm，齿宽 $B=6$ mm 的内花键的规定标记：

6×23 <u>H7</u>$\times28$ <u>H10</u>$\times6$ <u>H11</u>。

孔的尺寸公差代号

花键的装配画法如图 2-50 所示。

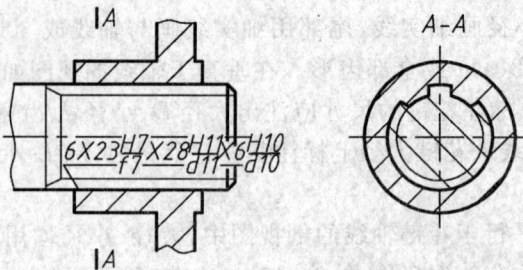

图 2-50　花键连接装配画法

表 2 - 18　矩形花键基本尺寸(摘自 GB/T 1144—2001)

（单位：mm）

小径 d	轻系列	中系列
	规格 $N \times d \times D \times B$	规格 $N \times d \times D \times B$
11		$6 \times 11 \times 14 \times 3$
13		$6 \times 13 \times 16 \times 3.5$
16		$6 \times 16 \times 20 \times 4$
18		$6 \times 18 \times 22 \times 5$
21		$6 \times 21 \times 25 \times 5$
23	$6 \times 23 \times 26 \times 6$	$6 \times 23 \times 28 \times 6$
26	$6 \times 26 \times 30 \times 6$	$6 \times 26 \times 32 \times 6$
28	$6 \times 28 \times 32 \times 7$	$6 \times 28 \times 34 \times 7$
32	$8 \times 32 \times 36 \times 6$	$8 \times 32 \times 38 \times 6$
36	$8 \times 36 \times 40 \times 7$	$8 \times 36 \times 42 \times 7$
42	$8 \times 42 \times 49 \times 8$	$8 \times 42 \times 48 \times 8$
46	$8 \times 46 \times 50 \times 9$	$8 \times 46 \times 54 \times 9$
52	$8 \times 52 \times 58 \times 10$	$8 \times 52 \times 60 \times 10$
56	$8 \times 56 \times 62 \times 10$	$8 \times 56 \times 65 \times 10$

注：1. 规定以小径 d 定心。
　　2. 表中 N 为花键齿数，d 为小径，D 为大径，B 为齿宽。

2.2.2　销

销通常用于零件间的连接或定位。常用的销有圆柱销、圆锥销、开口销等(图 2 - 51)。

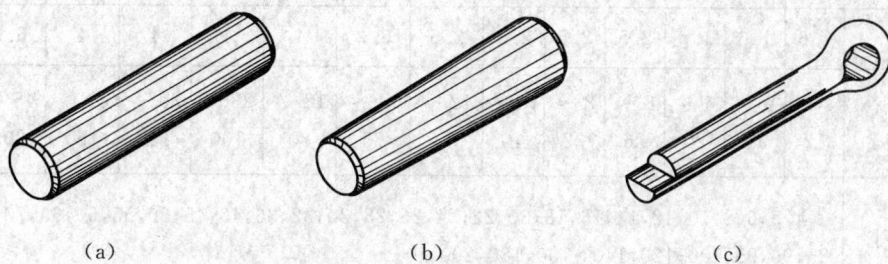

图 2 - 51　圆柱销、圆锥销、开口销
(a) 圆柱销；(b) 圆锥销；(c) 开口销

1. 开口销

开口销一般用于锁紧螺栓与螺母。使用的螺栓末端带孔(如 GB/T 31.1—1988 规定的六角头带孔螺栓)，螺母是槽形螺母(如 GB/T 6178—1986 规定的 1 型六角开槽螺母 A

级和 B 级)。拧紧槽形螺母后,将开口销穿过螺母的槽口和带孔螺栓的孔,将销的尾部叉开,可防止螺母与螺栓脱开,如图 2-52 所示。开口销的视图及尺寸标注如图 2-53 所示。开口销的公称直径 d 是指销穿过的孔的直径,它的实际直径小于 d。开口销的尺寸、画法和规定标记如表 2-19 所示。

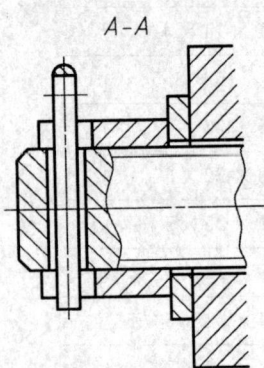

图 2-52　开口销的锁紧方法　　　　　　图 2-53　开口销

表 2-19　开口销(摘自 GB/T 91—2000)　　　　(单位:mm)

标记示例

公称规格为 5 mm、公称长度 $l = 50$ mm、材料为 Q215 或 Q235,不经表面处理的开口销:

销　GB/T 91　5 × 50

d(公称)	0.6	0.8	1	1.2	1.6	2	2.5	3.2	4	5	6.3	8	10	13
C_{max}	1	1.4	1.8	2	2.8	3.6	4.6	5.8	7.4	9.2	11.8	15	19	24.8
$b \approx$	2	2.4	3	3	3.2	4	5	6.4	8	10	12.6	16	20	26
a_{max}	1.6	1.6	1.6	2.5	2.5	2.5	2.5	3.2	4	4	4	4	6.3	6.3
l	4～12	5～16	6～20	8～26	8～32	10～40	12～50	14～65	18～80	22～100	30～120	40～160	45～200	70～200
l 系列	4,5,6,8,10,12,14,16,18,20,22,24,26,28,30,32,36,40,45,50,55,60,65,70,75,80,85,90,95,100,120,140,160,180,200,…													

注:销孔直径等于 d(公称)。

2. 圆柱销

圆柱销的画法、尺寸和规定标记如表 2-20 所示。

圆柱销有 4 种形式,表 2-20 中图上的 m6,h8,h11,u8 等都是轴公差带代号。

表 2−20 圆柱销(摘自 GB/T 119.1—2000)　　　　　(单位:mm)

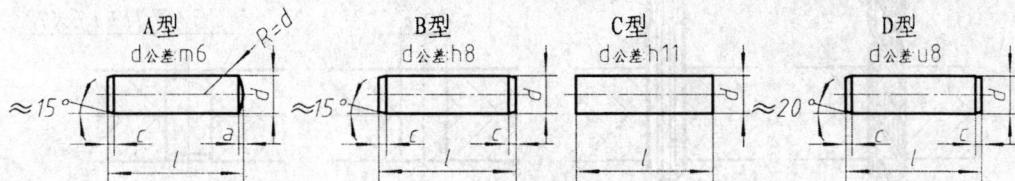

标记示例

公称直径 $d = 8$ mm、公差为 m6、长度 $l = 30$ mm、材料为钢、不经淬火、不经表面处理的圆柱销:

销 GB/T 119.1 8 m6×30

d(公称)	2.5	3	4	5	6	8	10	12	16	20	25	30
$c \approx$	0.4	0.5	0.63	0.80	1.2	1.6	2.0	2.5	3.0	3.5	4.0	5.0
l	6~24	8~30	8~40	10~50	12~60	14~80	18~95	22~140	26~180	35~200	50~200	60~200
l 系列	6,8,10,12,14,16,18,20,22,24,26,28,30,32,35,40,45,50,55,60,65,70,75,80,85,90,95,100,120,140, 160,180,200											

当圆柱销作为定位零件时,为了保证其定位的精度,两零件的销孔应该用钻头同时钻出,然后同时用绞刀绞孔,如图 2-54(a)所示。在零件图中销孔的尺寸注法如图 2-54(b)所示,圆柱销的装配画法如图 2-54(c)所示。

3. 圆锥销

圆锥销的画法、尺寸和规定标记如表2-21所示。圆锥销的锥度为1:50,小端直径为公称直径。

表 2−21 圆锥销(摘自 GB/T 117—2000)　　　　　(单位:mm)

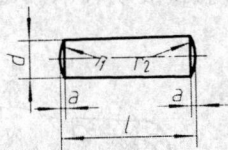

标记示例

公称直径 $d = 10$ mm、长度 $l = 60$ mm、材料为 35 钢、热处理硬度为 $28 \sim 38$HRC、表面氧化处理的 A 型圆锥销:

销 GB/T 117 10×60

d 公差:h10, $r_1 \approx d$, $r_2 \approx \dfrac{a}{2} + d + \dfrac{(0.02l)^2}{8a}$

d(公称)	2.5	3	4	5	6	8	10	12	16	20	25	30
$a \approx$	0.3	0.4	0.5	0.63	0.8	1.0	1.2	1.6	2	2.5	3.0	4.0
l	10~35	12~45	14~55	18~60	22~90	22~120	26~160	32~180	40~200	45~200	50~200	55~200
l 系列	10,12,14,16,18,20,22,24,26,28,30,32,35,40,45,50,55,60,65,70,75,80,85,90, 95,100,120,140,160,180,200											

钻头　　　　　　铰刀　　　　　$\phi 6^{+0.012}_{0}$　　　　销 GB/T 119.1 6X12

铰刀　　　　　　　　　　　　　　　　　销 GB/T 117 6X12

ϕA　　　　　　　　　　　　　　　　锥销孔 ϕA
　　　　　　　　　　　　　　　　　　　装配时作

（a）　　　　　　　　　　　（b）　　　　　　　　　（c）

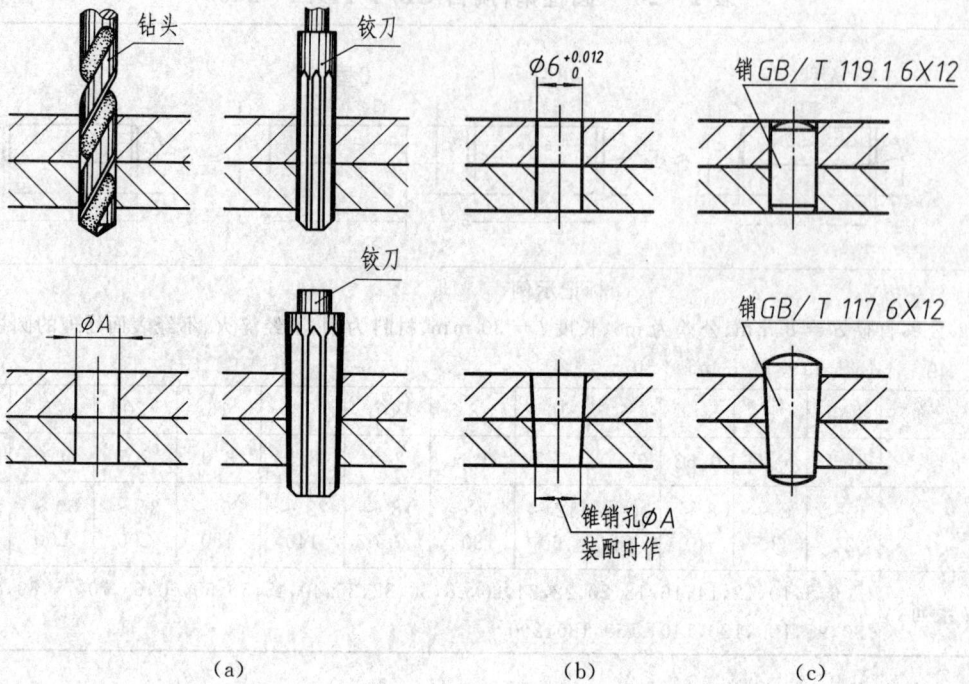

图 2-54　圆柱销与圆锥销

（a）销孔的加工方法；（b）销孔的尺寸注法；（c）装配画法及标注

当圆锥销作定位零件时，销孔的加工过程同圆柱销孔一样，如图 2-54（a）所示。在零件图中圆锥销孔的尺寸注法如图 2-54（b）所示。圆锥销的装配画法如图 2-54（c）所示。

2.3　滚　动　轴　承

轴承主要用来支撑轴及承受轴上的载荷，它可分为滑动轴承和滚动轴承。滚动轴承的摩擦损失小，所以被广泛应用。滚动轴承也是标准件。

滚动轴承的一般常见结构如图 2-55 所示，基本上由以下元件组成。

（1）外圈：装在轴承座的孔内，固定不动，其最大直径为轴承的外径。

（2）内圈：装在轴上，随轴转动，其内孔直径为轴承的内径。

（3）滚动体：装在内、外圈之间的滚道中，其形状有圆球、圆柱、圆锥等。

（4）隔离圈：用以将滚动体均匀隔开，但有些滚动轴承无隔离圈。

滚动轴承按其受力方向可分为 3 类。

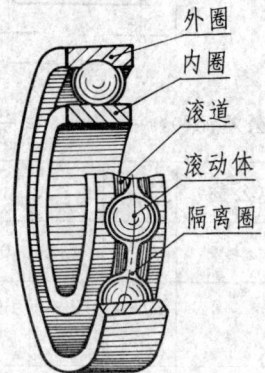

外圈
内圈
滚道
滚动体
隔离圈

图 2-55　滚动轴承的结构

（1）向心轴承：主要承受径向力，如深沟球轴承。

（2）推力轴承：只承受轴向力，如推力球轴承。

（3）向心推力轴承：同时承受径向和轴向力，如圆锥滚子轴承。

2.3.1　滚动轴承的代号（GB/T 272—1993）

滚动轴承的代号是用字母加数字表示滚动轴承的结构、尺寸、公差等级、技术性能等特征的产品符号。

滚动轴承的代号由前置代号、基本代号和后置代号构成，其排列顺序如下：

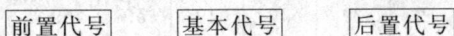

> 前置代号　　　　基本代号　　　　后置代号

1. 基本代号

基本代号表示轴承的基本类型、结构和尺寸，是轴承代号的基础，它是由轴承类型代号、尺寸系列代号、内径代号构成的。

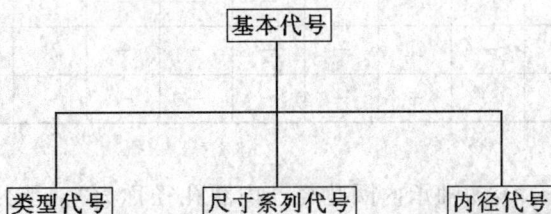

```
              基本代号
        ┌───────┼───────┐
    类型代号   尺寸系列代号   内径代号
```

类型代号用阿拉伯数字（以下简称数字）或大写拉丁字母（以下简称字母）表示，尺寸系列代号和内径代号用数字表示。

类型代号用数字或字母表示，如表 2-22 所示。

表 2-22　轴承的类型代号（摘自 GB/T 272—1993）

代　号	轴承类型	代　号	轴承类型
0	双列角接触球轴承	N	圆柱滚子轴承 双列或多列用字母 NN 表示
1	调心球轴承		
2	调心滚子轴承和推力调心滚子轴承	U	外球面球轴承
3	圆锥滚子轴承	QJ	四点接触球轴承
4	双列深沟球轴承		
5	推力球轴承		
6	深沟球轴承		
7	角接触球轴承		
8	推力圆柱滚子轴承		

注：在表中代号后或前加字母或数字表示该轴承中的不同结构。

尺寸系列代号由滚动轴承的宽（高）度系列代号和直径系列代号组合而成，其具体数值如表 2-23 所示。

表 2-23　尺寸系列代号(摘自 GB/T 272—1993)

直径系列代号	向心轴承								推力轴承			
	宽度系列代号								高度系列代号			
	8	0	1	2	3	4	5	6	7	9	1	2
	尺 寸 系 列 代 号											
7	—	—	17	—	37	—	—	—	—	—	—	—
8	—	08	18	28	38	48	58	68	—	—	—	—
9	—	09	19	29	39	49	59	69	—	—	—	—
0	—	00	10	20	30	40	50	60	70	90	10	—
1	—	01	11	21	31	41	51	61	71	91	11	—
2	82	02	12	22	32	42	52	62	72	92	12	22
3	83	03	13	23	33	—	—	—	73	93	13	23
4	—	04	—	24	—	—	—	—	74	94	14	24
5	—	—	—	—	—	—	—	—	—	95		

　　轴承的内径代号表示滚动轴承内圈孔径。内圈孔径称为"轴承公称内径",因其与轴产生配合,是一个重要参数。内径代号如表 2-24 所示。

表 2-24　滚动轴承的内径代号

轴承公称内径 d/mm		内 径 代 号	示 例
0.6～10(非整数)		用公称内径毫米数直接表示,在其与尺寸系列代号之间用"/"分开	深沟球轴承 618/2.5 $d = 2.5$ mm
1～9(整数)		用公称内径毫米数直接表示,对深沟及角接触球轴承 7,8,9 直径系列,内径与尺寸系列代号之间用"/"分开	深沟球轴承 625,618/5 均为 $d = 5$ mm
10～17	10 12 15 17	00 01 02 03	深沟球轴承 6200 $d = 10$ mm
20～480(22,28,32 除外)		公称内径除以 5 的商数,商数为个位数,须在商数左边加"0",如 08	调心滚子轴承 23208 $d = 40$ mm
大于和等于 500 以及 22,28,32		用公称内径毫米数直接表示,但在与尺寸系列之间用"/"分开	调心滚子轴承 230/500 $d = 500$ mm 深沟球轴承 62/22 $d = 22$ mm

下面通过实例说明轴承代号的含义：

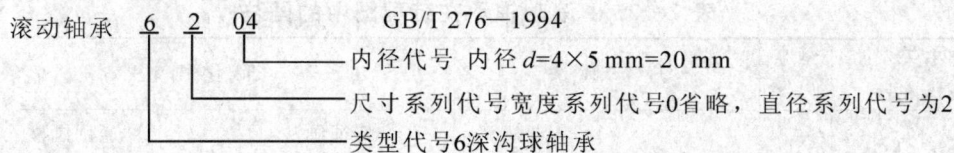

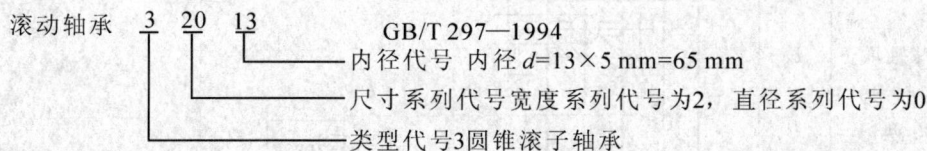

滚动轴承　6　2　04　　　GB/T 276—1994
———————————内径代号　内径 $d=4×5$ mm$=20$ mm
—————————————尺寸系列代号宽度系列代号0省略，直径系列代号为2
———————————————类型代号6深沟球轴承

滚动轴承　3　20　13　　　GB/T 297—1994
———————————内径代号　内径 $d=13×5$ mm$=65$ mm
—————————————尺寸系列代号宽度系列代号为2，直径系列代号为0
———————————————类型代号3圆锥滚子轴承

2. 前置、后置代号

前置、后置代号是轴承在结构形状、尺寸、公差、技术要求等有改变时，在其基本代号左、右添加的补充符号。

前置代号用字母表示，后置代号用字母（或加数字）表示。其具体编制规则及含义可查阅相关标准。

2.3.2　滚动轴承的画法

滚动轴承是标准件，一般可不画零件工作图。在装配图中，滚动轴承可用规定画法、特征画法和通用画法绘制。如表2-25所示。后两种属简化画法，在同一图样中应采用同一种画法。

对于这3种画法，国家标准《机械制图滚动轴承表示法》（GB/T 4459.7—1998）作了如下规定。

1. 基本规定

1）通用画法、特征画法及规定画法中的各种符号、矩形线框和轮廓线均用粗实线绘制。

2）绘制滚动轴承时，其矩形线框或外框轮廓的大小应与滚动轴承的外形尺寸（由标准手册中查出）一致，并与所属图样采用同一比例。

3）在剖视图中，用简化画法（通用画法和特征画法）绘制滚动轴承时，一律不画剖面符号（剖面线）。采用规定画法绘制时，轴承的滚动体不画剖面线，其各套圈可画成方向和间隔相同的剖面线，如表 2-25 所示，在不致引起误解时也允许省略不画。

2. 通用画法

在剖视图中，当不需要确切地表示滚动轴承的外形轮廓、载荷特性及结构特征时，可用矩形线框及位于线框中央正立的十字形符号表示，十字形符号不应与矩形线框接触。通用画法在轴的两侧以同样方式画出，如表2-25所示。其中尺寸 d，B 和 D 由标准手册中查出。

3. 特征画法

在剖视图中，如需要较形象地表示滚动轴承的结构特征时，可采用在矩形线框内画出其结构要素符号的方法表示。常用轴承的特征画法在表2-25中给出。特征画法亦应绘制在轴的两侧。

表 2 - 25　滚动轴承在装配图中的画法

轴承类型及标准号	基本尺寸	规 定 画 法	简 化 画 法	
			特征画法	通用画法
深沟球轴承 GB/T 276—1994 （6000 型）	D d B	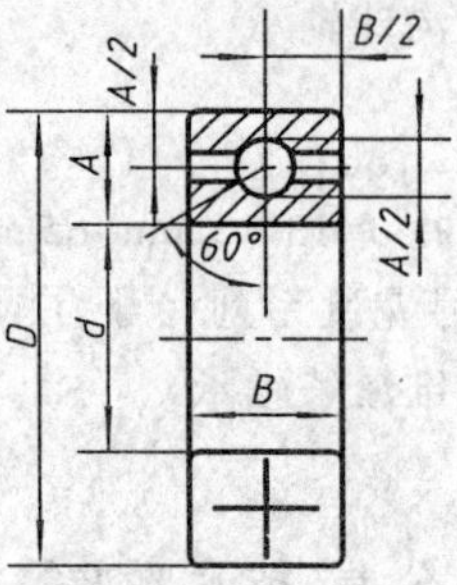	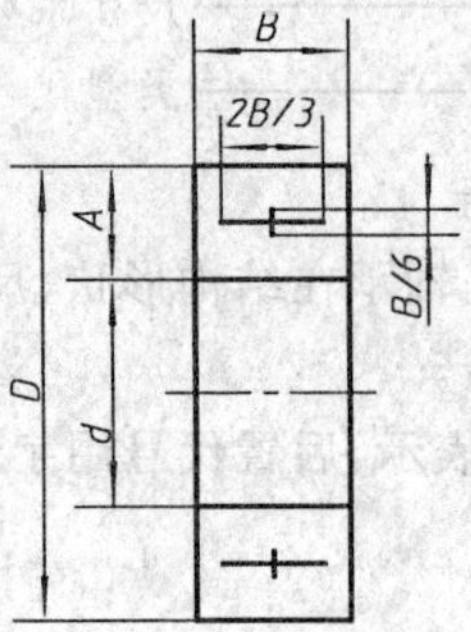	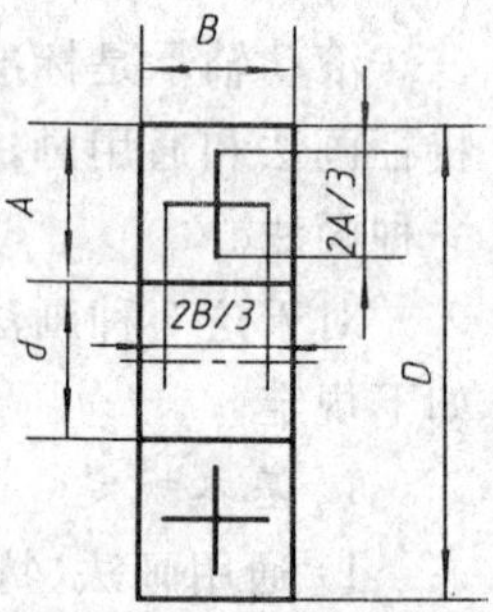
圆柱滚子轴承 GB/T 283—2007 （N0000 型）	D d B			
圆锥滚子轴承 GB/T 297—1994 （30000 型）	D d B T C			
单向推力球轴承 GB/T 301—1995 （51000 型）	D d T			

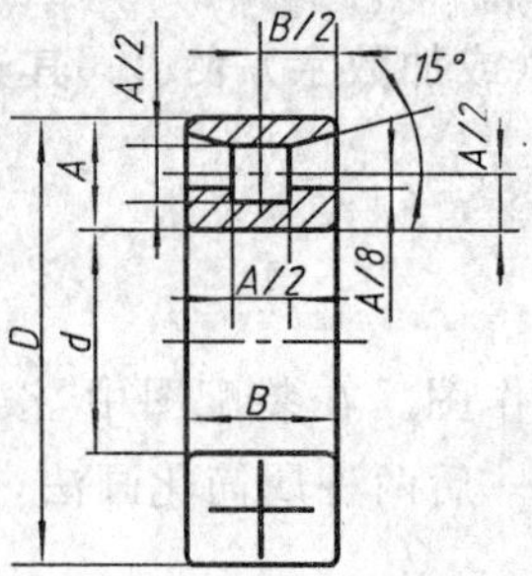

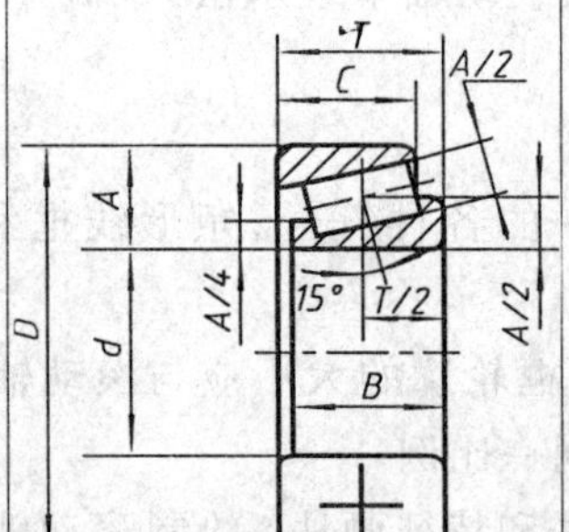

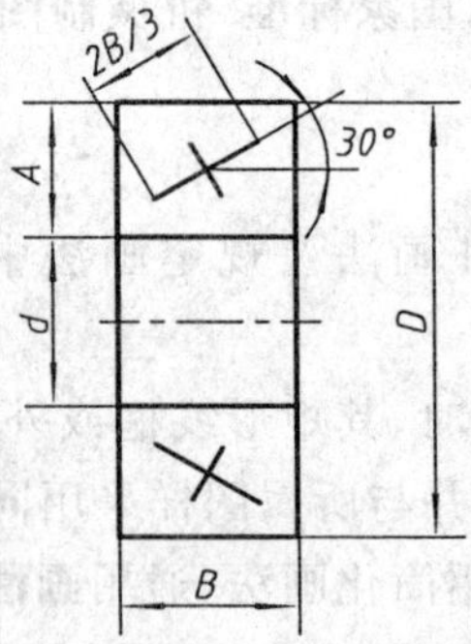

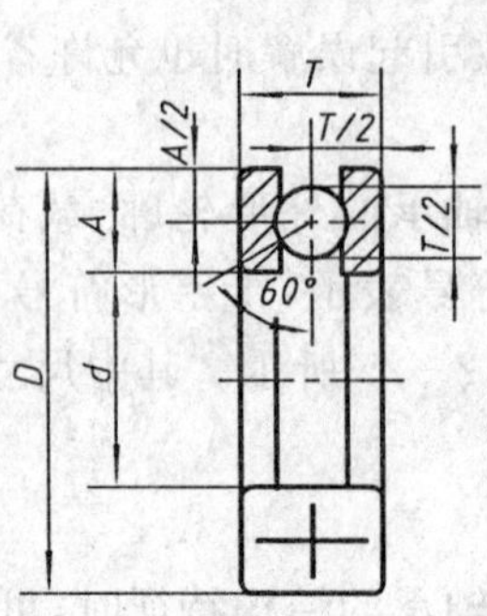

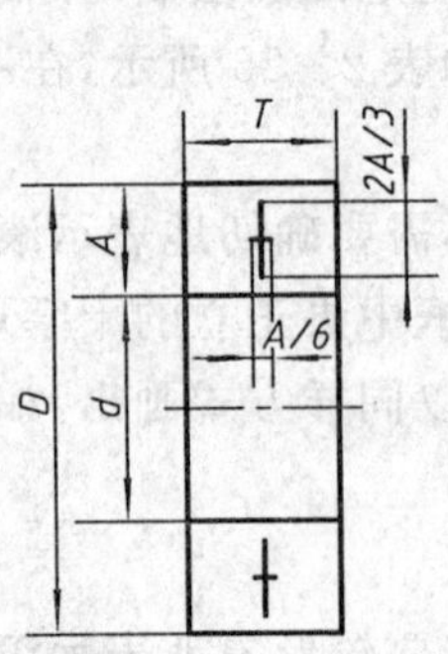

4. 规定画法

(1) 规定画法既能较真实、形象地表达滚动轴承的结构、形状,又简化了对滚动轴承中各零件尺寸数值的查找,必要时可以采用。表2-25给出了常见滚动轴承的规定画法。

(2) 规定画法一般绘制在轴的一侧,另一侧按通用画法绘制。

表2-25中所示的尺寸除 A 可计算得出外,其余基本尺寸可参见表2-26、表2-27、表2-28和表2-29。

表 2-26　深沟球轴承(6000 型)(摘自 GB/T 276—1994)　(单位:mm)

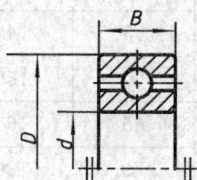

标记示例

滚动轴承 6206 GB/T 276—1994

轴承代号 6000 型	外形尺寸			轴承代号 6000 型	外形尺寸		
	d	D	B		d	D	B
6004	20	42	12	6304	20	52	15
6005	25	47	12	6305	25	62	17
6006	30	55	13	6306	30	72	19
6007	35	62	14	6307	35	80	21
6008	40	68	15	6308	40	90	23
6009	45	75	16	6309	45	100	25
6010	50	80	16	6310	50	110	27
6011	55	90	18	6311	55	120	29
(1)0 系列　6012	60	95	18	(0)3 系列　6312	60	130	31
6013	65	100	18	6313	65	140	33
6014	70	110	20	6314	70	150	35
6015	75	115	20	6315	75	160	37
6016	80	125	22	6316	80	170	39
6017	85	130	22	6317	85	180	41
6018	90	140	24	6318	90	190	43
6019	95	145	24	6319	95	200	45
6020	100	150	24	6320	100	215	47

续 表

(0)2系列				(0)4系列			
6204	20	47	14	6404	20	72	19
6205	25	52	15	6405	25	80	21
6206	30	62	16	6406	30	90	23
6207	35	72	17	6407	35	100	25
6208	40	80	18	6408	40	110	27
6209	45	85	19	6409	45	120	29
6210	50	90	20	6410	50	130	31
6211	55	100	21	6411	55	140	33
6212	60	110	22	6412	60	150	35
6213	65	120	23	6413	65	160	37
6214	70	125	24	6414	70	180	42
6215	75	130	25	6415	75	190	45
6216	80	140	26	6416	80	200	48
6217	85	150	28	6417	85	210	52
6218	90	160	30	6418	90	225	54
6219	95	170	32	6419	95	240	55
6220	100	180	34	6420	100	250	58

表 2 - 27　圆锥滚子轴承(30000 型)(摘自 GB/T 297—1994)　(单位:mm)

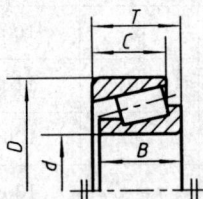

标记示例
滚动轴承 30205 GB/T 297—1994

轴承代号	外形尺寸					轴承代号	外形尺寸				
30000	d	D	T	B	C	30000	d	D	T	B	C
30202	15	35	11.75	11	10	30216	80	140	28.25	26	22
30203	17	40	13.25	12	11	30217	85	150	30.5	28	24
30204	20	47	15.25	14	12	30218	90	160	32.5	30	26
30205	25	52	16.25	15	13	30219	95	170	34.5	32	27
30206	30	62	17.25	16	14	30220	100	180	37	34	29
302/32	32	65	18.25	17	15	30221	105	190	39	36	30
30207	35	72	18.25	17	15	30222	110	200	41	38	32

续 表

30208	40	80	19.75	18	16	30224	120	215	43.5	40	34
30209	45	85	20.75	19	16	30226	130	230	43.75	40	34
30210	50	90	21.75	20	17	30228	140	250	45.75	42	36
30211	55	100	22.75	21	18	30230	150	270	49	45	38
30212	60	110	23.75	22	19	30232	160	290	52	48	40
30213	65	120	24.75	23	20	30234	170	310	57	52	43
30214	70	125	26.25	24	21	30236	180	320	57	52	43
30215	75	130	27.25	25	22	30238	190	340	60	55	46

表 2-28　圆柱滚子轴承（N0000 型）（摘自 GB/T 283—2007）（单位：mm）

标记示例

滚动轴承 N212E GB/T 283—2007

轴承代号	外形尺寸			轴承代号	外形尺寸		
N 型	d	D	B	N 型	d	D	B
N202E	15	35	11	N217E	85	150	28
N203E	17	40	12	N218E	90	160	30
N204E	20	47	14	N219E	95	170	32
N205E	25	52	15	N220E	100	180	34
N206E	30	62	16	N221E	105	190	36
N207E	35	72	17	N222E	110	200	38
N208E	40	80	18	N224E	120	215	40
N209E	45	85	19	N226E	130	230	40
N210E	50	90	20	N228E	140	250	42
N211E	55	100	21	N230E	150	270	45
N212E	60	110	22	N232E	160	290	48
N213E	65	120	23	N234E	170	310	52
N214E	70	125	24	N236E	180	320	52
N215E	75	130	25	N238E	190	340	55
N216E	80	140	26	N240E	200	360	58

注：后置代号 E 为加强型，即内部结构设计改进，增大轴承承载能力。

表 2 - 29　　推力球轴承(51000 型)(摘自 GB/T 301—1995)　　(单位:mm)

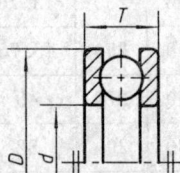

标记示例

滚动轴承 51110 GB/T 301—1995

轴承代号	外 形 尺 寸			轴承代号	外 形 尺 寸		
51000	d	D	T	51000	d	D	T
51100	10	24	9	51115	75	100	19
51101	12	26	9	51116	80	105	19
51102	15	28	9	51117	85	110	19
51103	17	30	9	51118	90	120	22
51104	20	35	10	51120	100	135	25
51105	25	42	11	51122	110	145	25
51106	30	47	11	51124	120	155	25
51107	35	52	12	51126	130	170	30
51108	40	60	13	51128	140	180	31
51109	45	65	14	51130	150	190	31
51110	50	70	14	51132	160	200	31
51111	55	78	16	51134	170	215	34
51112	60	85	17	51136	180	225	34
51113	65	90	18	51138	190	240	37
51114	70	95	18	51140	200	250	37

2.4　齿　　轮

　　齿轮是常用的传动零件,它不仅能传递动力,而且还可改变方向以及转速。齿轮的结构形状比较复杂,在齿轮的参数中只有模数、压力角已经标准化,因此,它属于常用件。齿轮一般成对使用,在表达其结构特征时可采用简化画法。

　　图 2-56 表示 3 种常见的齿轮传动形式。圆柱齿轮常用于平行轴间的传动；圆锥齿轮常用于相交轴间的传动；蜗轮、蜗杆一般用于交错两轴之间的传动。

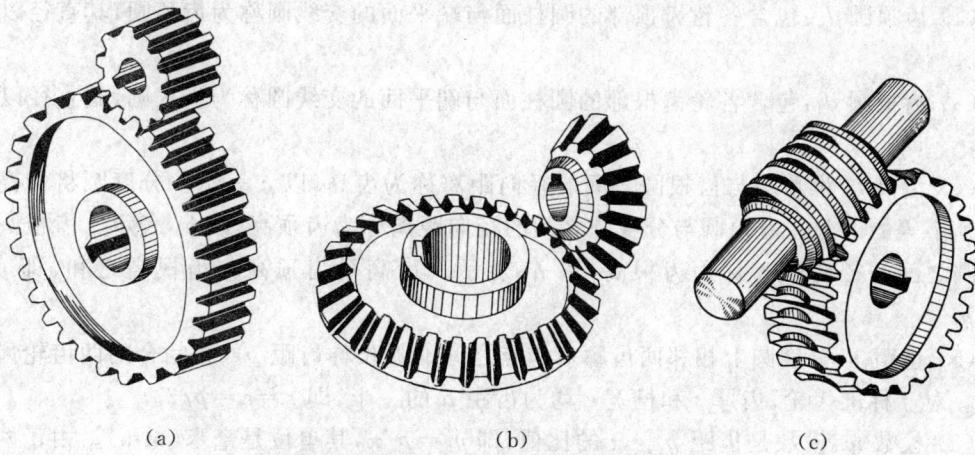

(a)　　　　　　　　　　　(b)　　　　　　　　　　　(c)

图 2-56　常见的齿轮传动

(a) 圆柱齿轮；　(b) 圆锥齿轮；　(c) 蜗杆与蜗轮

2.4.1　圆柱齿轮

　　圆柱齿轮的轮齿有直齿、斜齿等，根据轮齿的不同可分为直齿圆柱齿轮和斜齿圆柱齿轮，本节主要介绍直齿圆柱齿轮的结构、名称及其规定画法。

1. 直齿圆柱齿轮的结构、名称及尺寸关系

　　直齿圆柱齿轮的齿廓形状及尺寸在两端面上完全相同，轮齿各部分名称及尺寸关系以图 2-57 来说明。

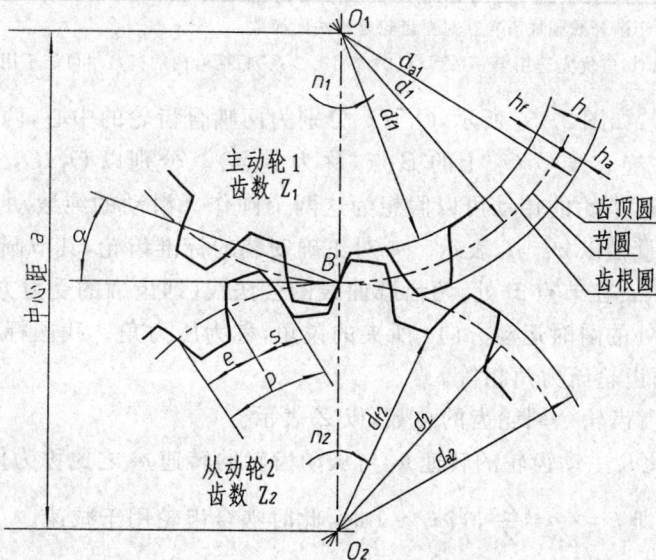

图 2-57　啮合的圆柱齿轮示意图

(1) 分度圆 d：圆柱齿轮上一个约定的假想圆柱面与端平面的交线圆称为分度圆，其直径以 d 表示。在分度圆上齿厚的弧长与齿槽的弧长相等。

(2) 齿顶圆 d_a：包含各轮齿顶部的圆柱面与端平面的交线圆称为齿顶圆，其直径以 d_a 表示。

(3) 齿根圆 d_f：包含各轮齿根部的圆柱面与端平面的交线圆称为齿根圆，其直径以 d_f 表示。

(4) 齿高 h：齿顶圆与齿根圆之间的径向距离称为齿高，以 h 表示。分度圆将齿高分为两个不等的部分。齿顶圆与分度圆之间的径向距离称为齿顶高，以 h_a 表示。齿根圆与分度圆之间的径向距离称为齿根高，以 h_f 表示。齿高是齿顶高与齿根高之和，即 $h = h_a + h_f$。

(5) 齿距 p：分度圆上相邻两齿廓对应点之间的弧长称齿距 p。相啮合的两齿轮齿距相等。对于标准齿轮，齿厚 s 和槽宽 e 均为齿距 p 的一半，即 $s = e = p/2$。

(6) 模数 m：模数是齿距 p 与 π 的比值，即 $m = p/\pi$，其单位是毫米（mm）。由于两啮合的齿轮的齿距 p 必须相等，所以它们的模数也相等。模数是齿轮几何参数计算的基础，不同模数的齿轮，要用不同模数的刀具来加工。为了便于设计和加工，国家标准《渐开线圆柱齿轮模数》规定了渐开线圆柱齿轮模数的标准系列值，供设计和制造时选用，如表 2-30 所示。一般情况下，模数越大，齿轮的承载能力也越大。

表 2-30　齿轮模数系列（摘自 GB/T 1357—2008）　（单位：mm）

第一系列	1	1.25	1.5	2	2.5	3	4	5	6	8	10	12
	16	20	25	32	40	50						
第二系列	1.125	1.375	1.75	2.25	2.75	3.5	4.5	5.5	(6.5)			
	7	9	11	14	18	22	28	36	45			

注：1. 本表适用于渐开线圆柱齿轮。对斜齿轮是指法面模数。

2. 选用模数时，应优先选用第一系列；其次选用第二系列；括号内的模数尽可能不用。

(7) 节圆 d'：如图 2-57 所示，O_1、O_2 分别为两啮合齿轮的中心，两齿轮的一对齿廓的啮合接触点是在连心线 O_1O_2 上的 B 点（称为节点）。分别以 O_1、O_2 为圆心，以 O_1B 和 O_2B 为半径作圆，齿轮的传动可以假想为这两个圆作无滑动的纯滚动。这两个圆称为两齿轮的节圆，其直径以 d_1'、d_2' 表示。一对正确安装的标准齿轮，其节圆与分度圆重合。

(8) 压力角 α：在节点 B 处，两齿廓曲线的公法线（即齿廓的受力方向）与两节圆的内公切线（即节点处的瞬时运动方向）所夹的锐角，称为压力角。我国标准规定的压力角为 20°，相啮合的两齿轮压力角相等。

(9) 齿数：沿齿轮一周轮齿的总数，以 Z 表示。

(10) 传动比 i：主动齿轮的转速 n_1 与从动齿轮的转速 n_2 之比称为传动比，齿轮的转速与齿数成反比，即 $i = \dfrac{n_1}{n_2} = \dfrac{Z_2}{Z_1}$，当 $i > 1$ 时，此时啮合齿轮用于减速。

(11) 中心距 a：两圆柱齿轮轴线之间的最短距离，即 $a = \dfrac{d_1 + d_2}{2} = \dfrac{m(Z_1 + Z_2)}{2}$。

在设计齿轮时要先确定模数和齿数,其他各部分尺寸都可由模数和齿数计算出来。标准直齿圆柱齿轮的计算公式如表 2－31 所示。

表 2－31　标准直齿圆柱齿轮各几何要素的尺寸计算公式

名　称	代　号	公　式
齿 顶 高	h_a	$h_a = m$
齿 根 高	h_f	$h_f = 1.25\,m$
齿 高	h	$h = 2.25\,m$
分 度 圆 直 径	d	$d = mZ$
齿 顶 圆 直 径	d_a	$d_a = m(Z+2)$
齿 根 圆 直 径	d_f	$d_f = m(Z-2.5)$
齿 距	p	$p = \pi m$
齿 厚	s	$s = \dfrac{1}{2}\pi m$
中 心 距	a	$a = \dfrac{1}{2}(d_1 + d_2) = \dfrac{1}{2}m(Z_1 + Z_2)$

2. 单个圆柱齿轮的画法

(1) 在外形视图中,齿轮的轮齿部分按下列规定绘制:齿顶圆和齿顶线用粗实线表示,分度圆和分度线用点画线表示,齿根圆和齿根线用细实线表示(一般可省略不画),如图 2－58(a) 所示。

(2) 在剖视图中,当剖切平面通过齿轮的轴线时,轮齿一律按不剖处理,齿顶线和分度线的画法不变,齿根线用粗实线绘制,如图 2－58(b) 所示。

(3) 当需要表示斜齿与人字齿的形状时,可在非圆的外形视图部分用 3 条与轮齿倾斜方向相同的细实线表示轮齿的方向,如图 2－58(c),(d) 所示。

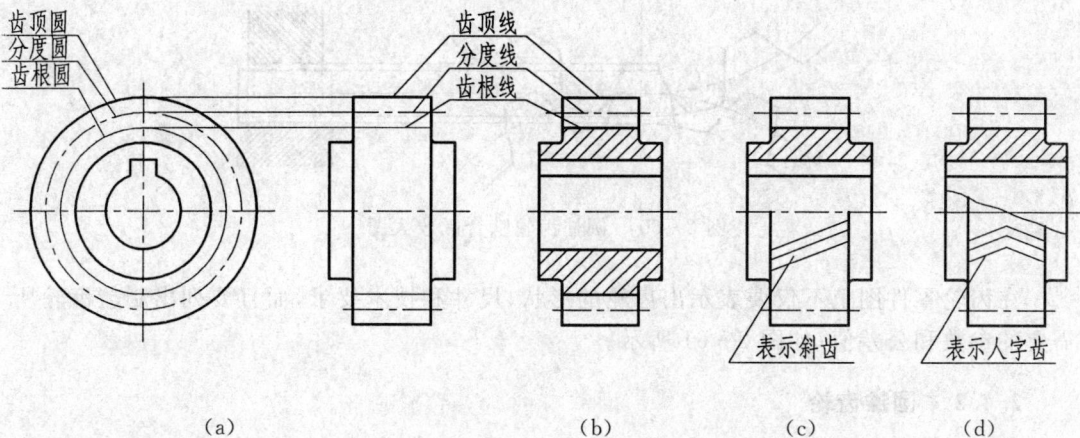

图 2-58　单个圆柱齿轮的规定画法
(a) 直齿(外形视图);　(b) 直齿(全剖视图);　(c) 斜齿(半剖视图);　(d) 人字齿(局部剖视图)

　　3. 圆柱齿轮的啮合画法

　　(1) 在垂直于圆柱齿轮轴线的投影面的视图中,啮合区内的齿顶圆可用粗实线绘制,如图 2-59(a) 的左视图所示,也可省略不画,如图 2-59(b) 所示,而啮合区内的齿根圆省略不画。

　　(2) 在平行于圆柱齿轮轴线的投影面的外形视图中,啮合区内的齿顶线和齿根线不需要画出,节线用粗实线绘制,如图 2-59(c),(d) 所示。

　　(3) 在剖视图中,当剖切平面通过两啮合齿轮的轴线时,轮齿部分仍按不剖切绘制。在啮合区内可设想其中一个齿轮的轮齿被另一个齿轮的轮齿所遮挡,故将一个齿轮的齿顶线用粗实线绘制,另一个齿轮的齿顶线用虚线绘制,也可省略不画,如图 2-59(a) 的主视图所示。

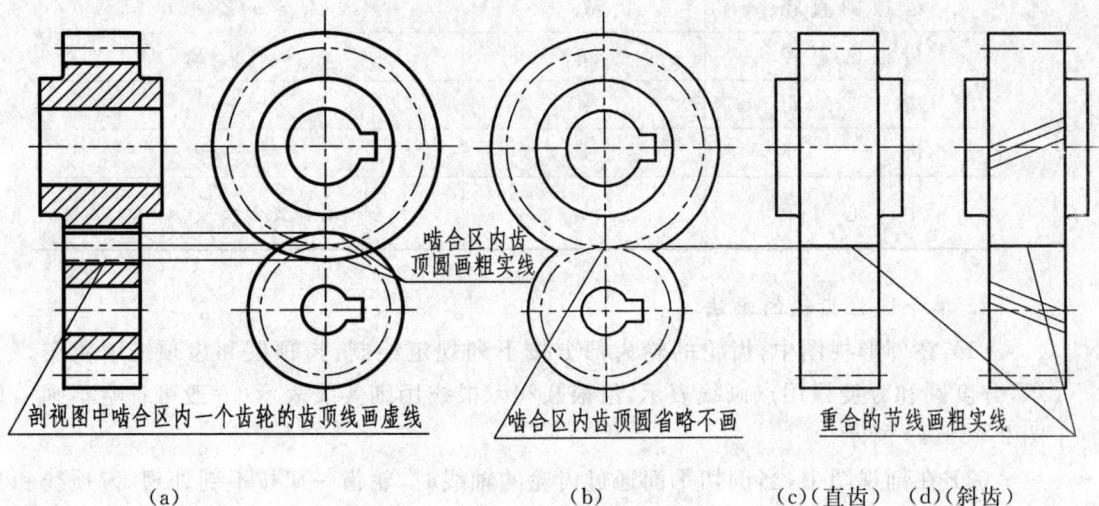

图 2-59　圆柱齿轮的啮合画法

　　两圆柱齿轮啮合区的放大图及其规定画法的投影关系,可参看图 2-60 所示。

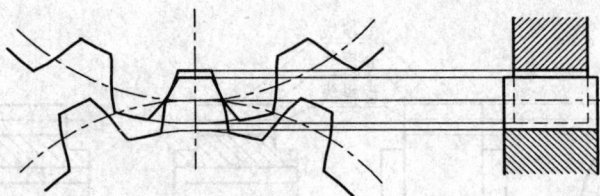

图 2-60　圆柱齿轮啮合区放大图

　　在齿轮零件图上不仅要表示出齿轮的形状、尺寸和技术要求,而且要列出制造齿轮所需要的参数和公差值,如图 2-61 所示。

2.4.2　圆锥齿轮

　　圆锥齿轮常用于垂直相交的两轴之间的传动,其轮齿可根据需要制成直齿、斜齿等,本节着重介绍直齿圆锥齿轮的画法。

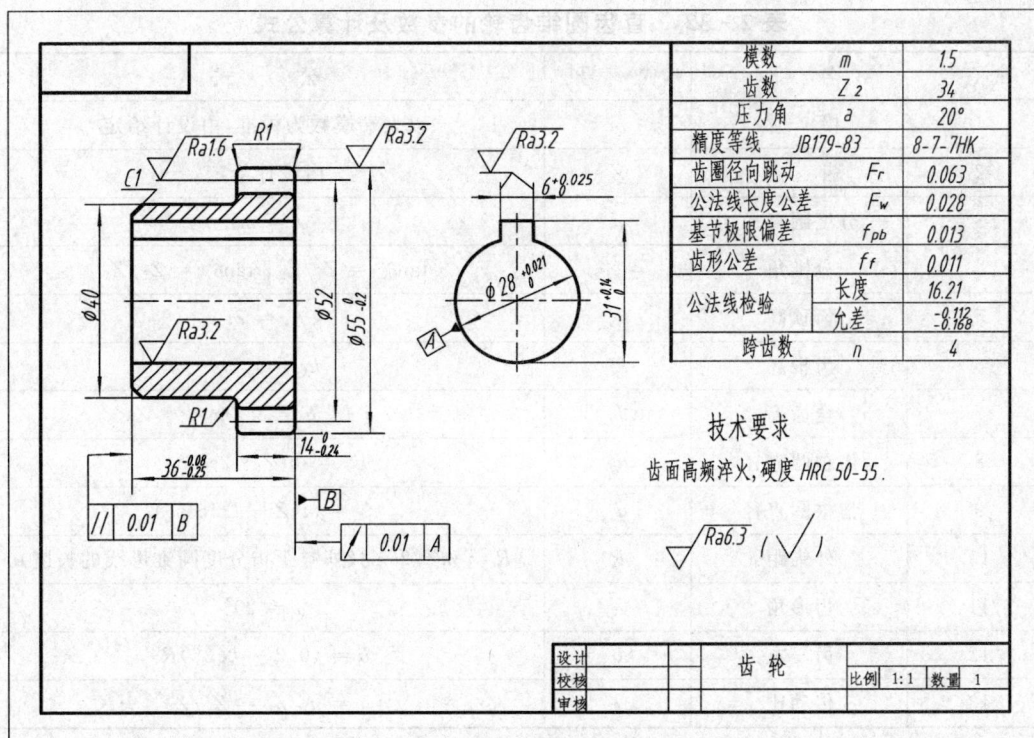

图 2-61　圆柱齿轮的工作图

1. 直齿圆锥齿轮的尺寸计算

由于圆锥齿轮的轮齿分布在圆锥面上,所以圆锥齿轮的轮齿一端大、一端小,齿厚是逐渐变化的,而大、小端的分度圆直径和模数也不相同,通常规定以大端的模数和分度圆直径来决定其他各部分的尺寸。直齿圆锥齿轮各部分名称及尺寸计算公式参见图 2-62和表 2-32,其中表 2-32 中的参数是对大端而言的。

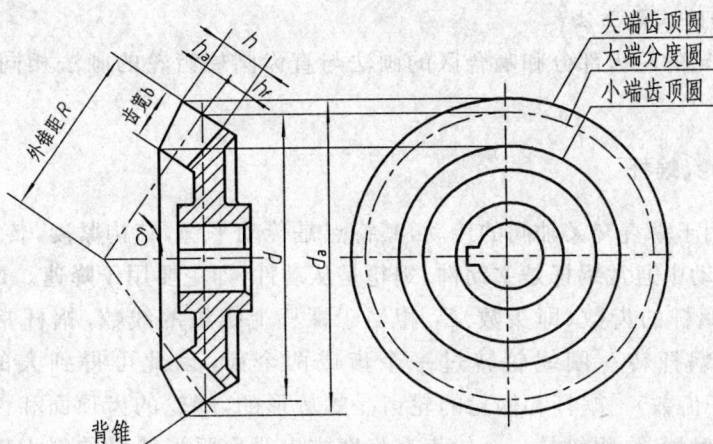

图 2-62　圆锥齿轮各部分几何要素的名称及代号

表 2 - 32　　直齿圆锥齿轮的参数及计算公式

序　号	名　称	代　号	公　式
1	模　数	m	以大端模数为标准,由设计给定
2	齿　数	Z	由设计给定
3	分度圆直径	d	$d = mZ$
4	分锥角	δ	$\tan\delta_1 = Z_1/Z_2$, $\tan\delta_2 = Z_2/Z_1$
5	齿顶高	h_a	$h_a = m$
6	齿根高	h_f	$h_f = 1.2m$
7	全齿高	h	$h = 2.2m$
8	齿顶圆直径	d_a	$d_a = m(Z + 2\cos\delta)$
9	齿根圆直径	d_f	$d_f = m(Z - 2.4\cos\delta)$
10	外锥距	R	$R = mZ/2\sin\delta$(外锥距指分度圆锥母线的长度)
11	齿形角	α	$\alpha = 20°$
12	齿　宽	b	$b = (0.2 \sim 0.35)R$
13	传动比	i	$i = n_1/n_2 = Z_2/Z_1$

注:1. 本表按两齿轮轴线的夹角 $\delta = 90°$ 计算。

　　2. 角标 1,2 分别代表大、小圆锥齿轮。

2. 单个直齿圆锥齿轮的画法

主视图常采用全剖视图,在投影为圆的视图上规定用粗实线画出大端和小端的齿顶圆;用点画线画出大端分度圆。齿根圆及小端分度圆均不画出。

单个直齿圆锥齿轮的作图步骤如图 2 - 63 所示。

图 2 - 64 是圆锥齿轮的零件图。

3. 圆锥齿轮的啮合画法

直齿圆锥齿轮的轮齿部分和啮合区的画法与直齿圆柱齿轮的画法相同,如图 2 - 65 所示。

2.4.3　蜗轮、蜗杆

蜗轮、蜗杆用于垂直交叉轴间的传动,其特点是传动平稳,结构紧凑,传动比大,但传动效率低。在传动中通常蜗杆是主动件,蜗轮是从动件,即主要用于降速。最常见的蜗杆是圆柱形蜗杆,蜗杆的齿数(即头数)Z_1 相当于螺杆上螺纹的线数,蜗杆常用单头或双头。在传动时,蜗杆转一圈蜗轮转过一个齿或两个齿,因此可得到大的传动比 $i = Z_2/Z_1$(Z_1 为蜗杆齿数)。蜗杆和蜗轮的轮齿是螺旋形的,蜗轮的齿顶面和齿根面常制成圆环面以改变接触情况,蜗轮是一个轮齿在齿宽方向具有弧形轮缘的斜齿轮。啮合的蜗杆、蜗轮的模数相同,且蜗轮的螺旋角和蜗杆的螺旋线升角大小相等,方向相同。

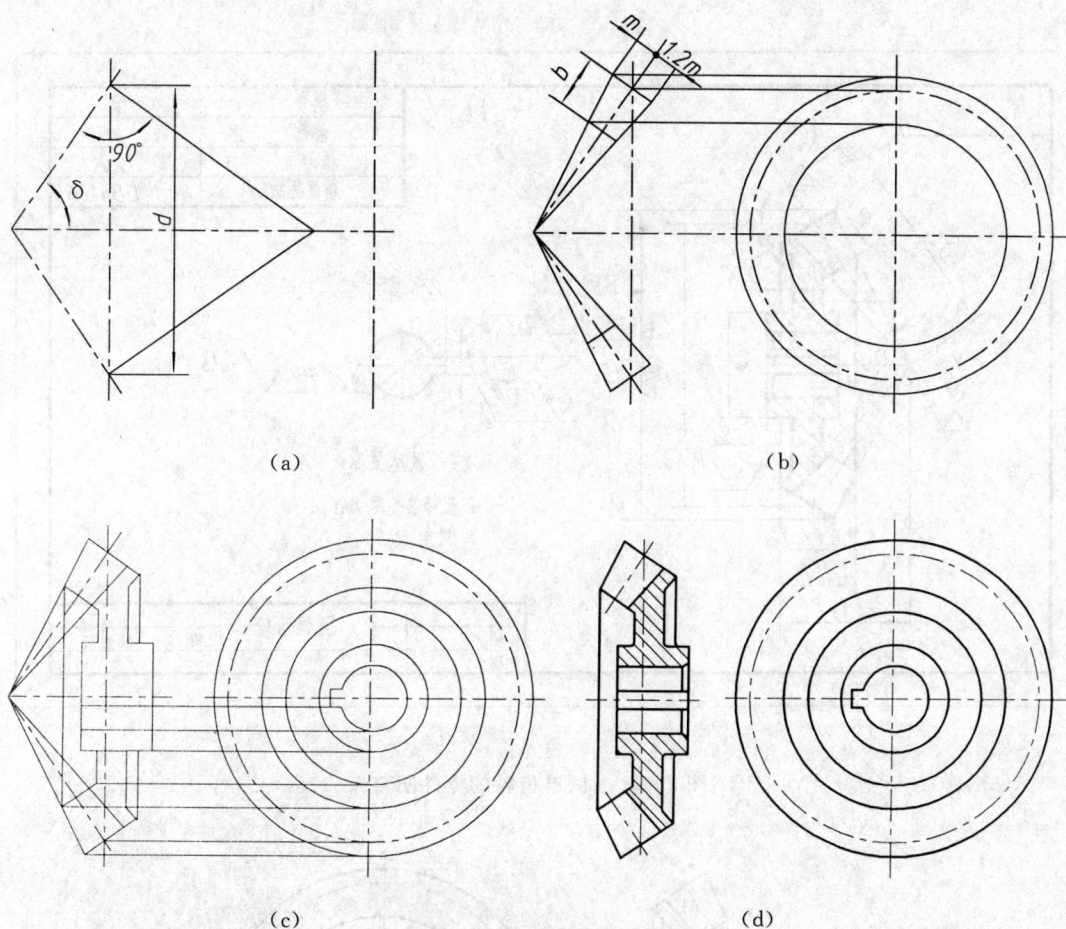

(a)

(b)

(c)

(d)

图 2－63　直齿圆锥齿轮的作图步骤

(a)画分度圆锥和背锥；　(b)画齿形部分；　(c)画其他部分；　(d)完成全图

1. 蜗轮、蜗杆的基本参数和尺寸计算(图 2－66)

(1) 模数 m：规定蜗轮以端面模数作为标准模数，蜗杆的轴向模数(蜗杆轴向截面中轮齿的模数)等于蜗轮的端面模数。

(2) 蜗杆直径系数 q：模数相同的蜗杆，可以有很多不同的蜗杆直径存在，因而蜗杆的螺旋线升角也不同，而蜗轮的齿形主要决定于蜗杆的齿形。蜗轮是用尺寸、形状与蜗杆相当的蜗轮滚刀来加工的。因此为了减少蜗轮滚刀数目，对每一模数都相应规定了几个蜗杆分度圆直径，从而得出了蜗杆直径系数 q＝蜗杆分度圆直径 d_1 / 模数 m，蜗杆传动时的标准模数和相应的蜗杆直径系数如表 2－33 所示。

表 2－33　标准模数和蜗杆的直径系数(摘自 GB/T 10088—1988)

模数 m	1	1.25	1.6	2	2.5	3.15	4	5	6.3	8	10	12.5	16
蜗杆的直径系数 q	18	16	12.5	9	8.96	8.889	7.875	8	7.936	7.875	7.1	7.2	7
				11.2	11.2	11.27	10	10	10	10	9	8.96	8.750
		17.92	17.5	14	14.2	14.286	12.5	12.6	12.689	12.5	11.2	11.2	11.25
				17.75	18	17.778	17.75	18	17.778	17.5	16	16	15.625

模数	m	3
齿数	Z	25
齿形角	a	20°
精度等级		8cd GB11365

技术要求

1. 齿部热处理 HRC46-50
2. 倒角 1x45°

设计		圆锥齿轮			
校核			比例	1:1	数量 1
审核					

图 2-64　圆锥齿轮的零件图

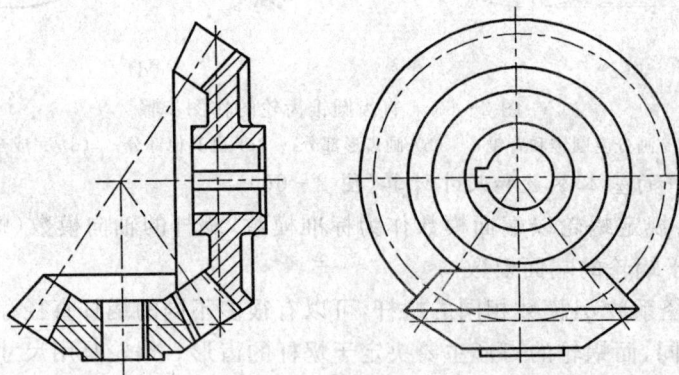

图 2-65　直齿圆锥齿轮的啮合画法

（3）中心距 a：蜗轮和蜗杆两轴的中心距 $a = \dfrac{d_1 + d_2}{2} = \dfrac{m}{2}(q + Z_2)$。

根据蜗杆头数 Z_1、模数 m、蜗杆直径系数 q、蜗轮齿数 Z_2 即可计算出蜗杆、蜗轮的各部分尺寸，如表 2-34 和表 2-35 所示。

表 2 - 34 蜗杆的尺寸计算公式

序 号	名 称	代 号	公 式	说 明
1	分度圆直径	d_1	$d_1 = mq$	基本参数:
2	齿 顶 高	h_a	$h_a = m$	m— 轴向模数
3	齿 根 高	h_f	$h_f = 1.2m$	Z_1— 蜗杆头数
4	全 齿 高	h	$h = 2.2m$	q— 蜗杆直径系数
5	齿顶圆直径	d_{a1}	$d_{a1} = d_1 + 2m$	
6	齿根圆直径	d_{f1}	$d_{f1} = d_1 - 2.4m$	
7	导 程 角	γ	$\tan\gamma = mZ_1/d_1 = Z_1/q$	
8	轴向齿距	p_x	$p_x = \pi m$	
9	导 程	p_z	$p_z = Z_1 p_x$	
10	蜗杆齿宽	b_1	$Z_1 \leqslant 2 : b_1 \approx (13 - 16)m$ $Z_1 > 2 : b_1 \approx (15 \sim 20)m$	

表 2 - 35 蜗轮的尺寸计算公式

序 号	名 称	代 号	公 式	说 明
1	分度圆直径	d_2	$d_2 = mZ_2$	基本参数:
2	齿顶圆直径	d_{a2}	$d_{a2} = d_2 + 2m = m(Z_2 + 2)$	Z_2— 蜗轮齿数
3	齿根圆直径	d_{f2}	$d_{f2} = d_2 - 2.4m = m(Z_2 - 2.4)$	m— 端面模数
4	齿顶圆弧半径	r_a	$r_a = d_1/2 - m$	
5	齿根圆弧半径	r_f	$r_f = d_1/2 + 1.2m$	
6	齿顶外圆直径	D_2	$Z_1 = 1 : D_2 \leqslant d_{a2} + 2m$ $Z_1 = 2 \sim 3 : D_2 \leqslant d_{a2} + 1.5m$ $Z_1 = 4 : D_2 \leqslant d_{a2} + m$	
7	蜗轮齿宽	b_2	$Z_1 \leqslant 3 : b_2 \leqslant 0.75d_{a1}$ $Z_1 = 4 : b_2 \leqslant 0.67d_{a1}$	

2. 蜗轮、蜗杆的画法

蜗轮、蜗杆轮齿部分的画法与圆柱齿轮基本相同,如图 2 - 66(a),(b) 所示,但在蜗轮投影为圆的视图中,只画出分度圆和直径最大的外圆,不画出齿顶圆与齿根圆。

（a）

（b）

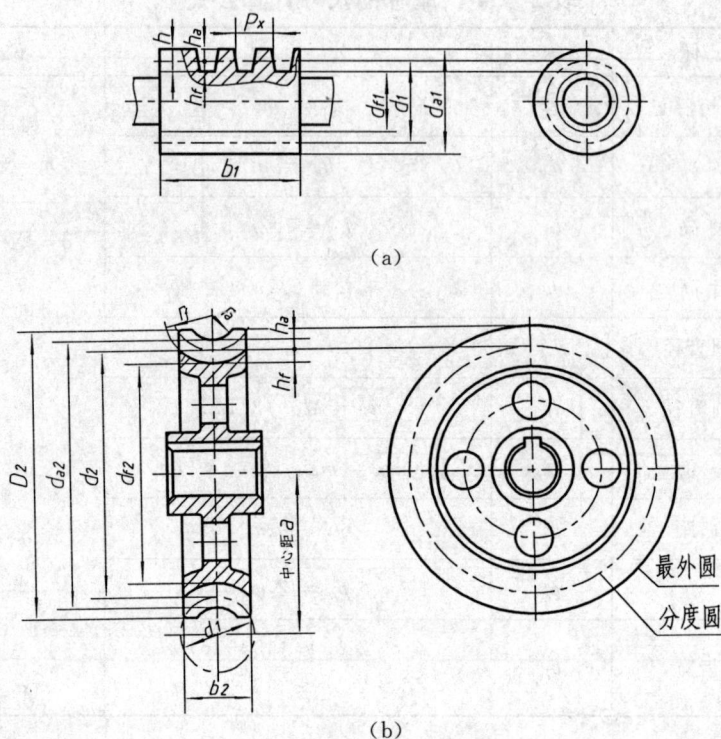

图 2-66　蜗轮、蜗杆的主要尺寸和画法
（a）蜗杆；　（b）蜗轮

　　蜗轮、蜗杆的啮合画法如图 2-67(a)，(b) 所示，在主视图中，蜗轮被蜗杆挡住的部分不画；在左视图中，蜗轮的分度线和蜗杆的分度线相切。其余部分画法如图 2-67 所示。

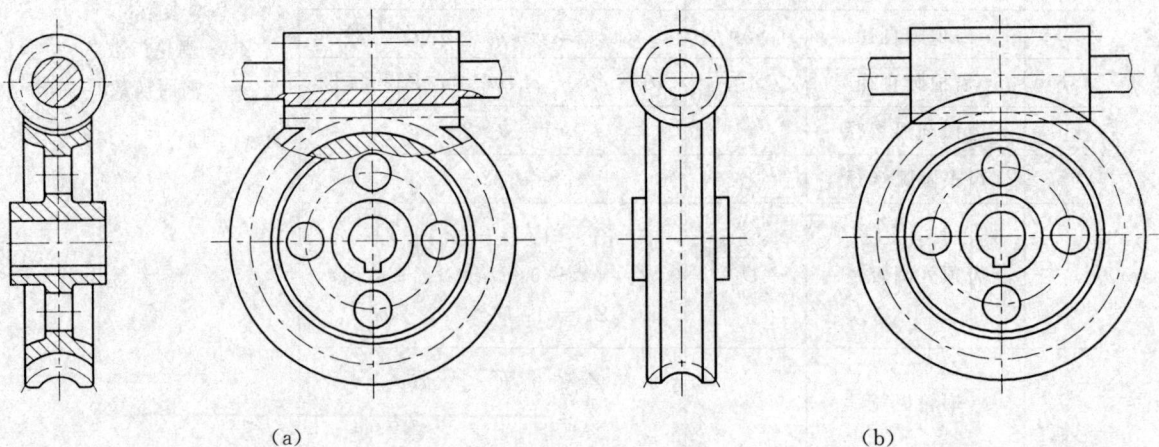

（a）　　　　　　　　　　　　　　　　　　　　　　　（b）

图 2-67　蜗轮与蜗杆啮合画法
（a）剖视图；　（b）外形视图

　　蜗杆、蜗轮的零件图如图 2-68 和图 2-69 所示。

模数	m	1.5
头数	Z	1
压力角	a	20°
螺旋角	λ	4°23′55″
螺旋方向		右
精度等级		8cd GB11365

轴向齿形

2:1

20°　5

Ra0.8

C-C

Ra3.2

技术要求

1. 调质处理 HB241-269.

2. 未注倒角 C1

Ra6.3 (√)

设计		蜗杆	比例	1:1	数量	1
校核						
审核						

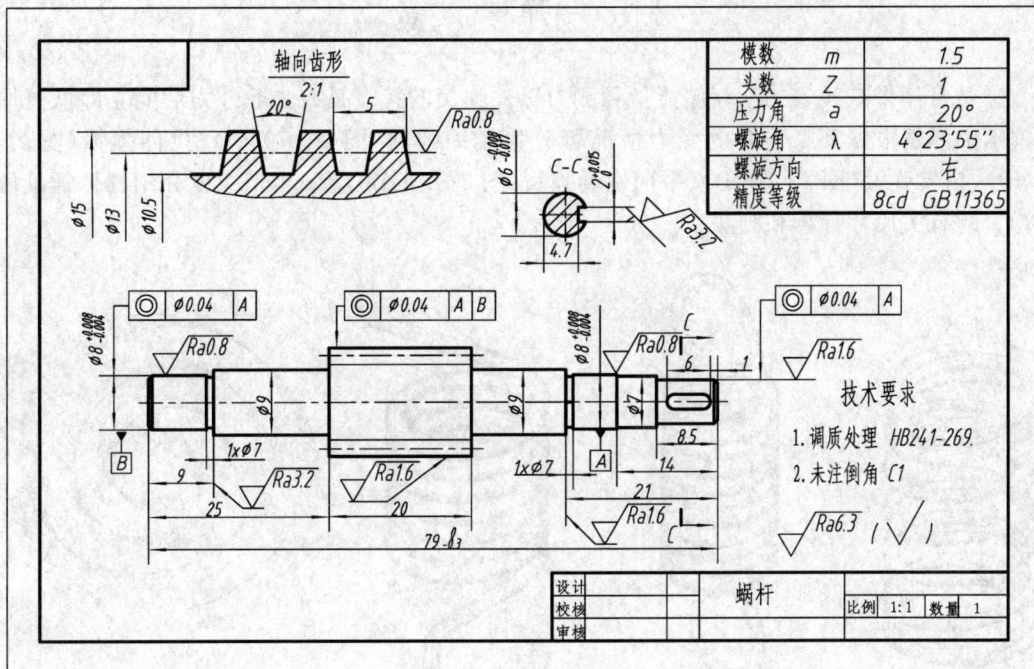

图 2-68　蜗杆零件工件图

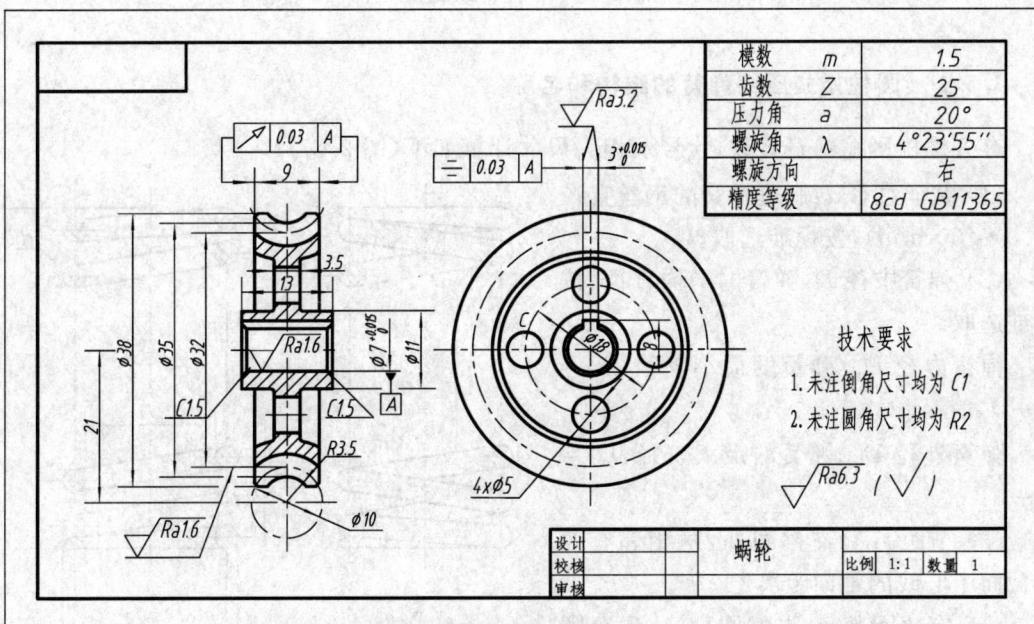

模数	m	1.5
齿数	Z	25
压力角	a	20°
螺旋角	λ	4°23′55″
螺旋方向		右
精度等级		8cd GB11365

Ra3.2

技术要求

1. 未注倒角尺寸均为 C1

2. 未注圆角尺寸均为 R2

Ra6.3 (√)

设计		蜗轮	比例	1:1	数量	1
校核						
审核						

图 2-69　蜗轮零件工件图

2.5 弹　簧

弹簧常用来减震、夹紧、存储能量和测力等。弹簧的特点是在去除外力后能立即恢复原状。螺旋弹簧根据其工作时的受力情况可分为压缩弹簧（图 2-70(a)）、拉伸弹簧（图 2-70(b)）、扭转弹簧（图 2-70(c)）、平面蜗卷弹簧（图 2-70(d)）等。本节主要介绍圆柱螺旋压缩弹簧的有关尺寸计算和画法。

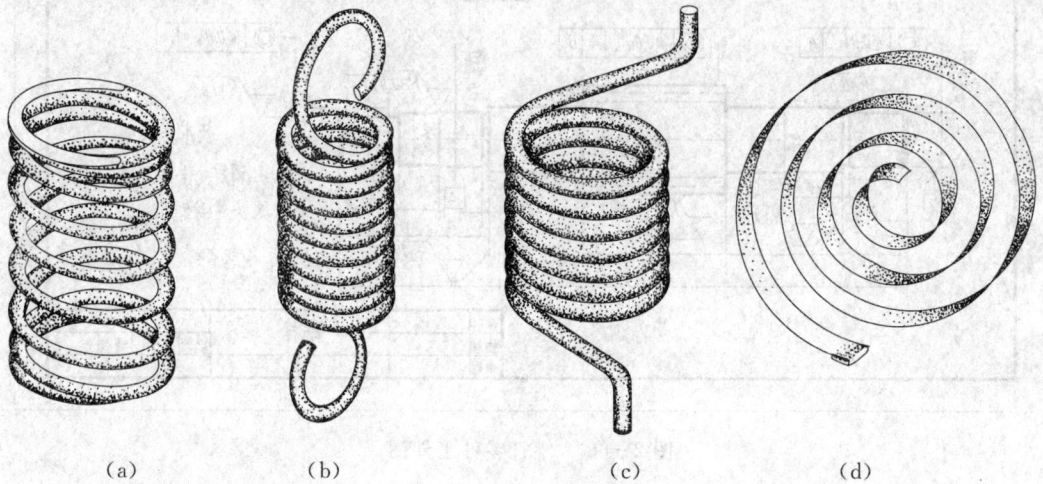

(a)　　　　　　(b)　　　　　　(c)　　　　　　(d)

图 2-70　常用弹簧

(a) 压缩弹簧；　(b) 拉伸弹簧；　(c) 扭转弹簧；　(d) 平面蜗卷弹簧

2.5.1　圆柱螺旋压缩弹簧的结构和名称

有关螺旋压缩弹簧参数、代号及相关尺寸计算如下（图 2-71）。

（1）簧丝直径 d：制造弹簧的钢丝直径（$0.5 \sim 50$ mm），按标准选取。

（2）弹簧中径 D：弹簧的平均直径，按标准选取。

弹簧内径 D_1：弹簧的最小直径，$D_1 = D - d$。

弹簧外径 D_2：弹簧的最大直径，$D_2 = D + d$。

（3）节距 t：除支撑圈外，两相邻有效圈截面中心线的轴向距离。

（4）有效圈数 n、支撑圈数 n_z 和总圈数 n_1：为了使螺旋压缩弹簧工作时受力均匀，要求支撑端面和轴线垂直，常使弹簧两

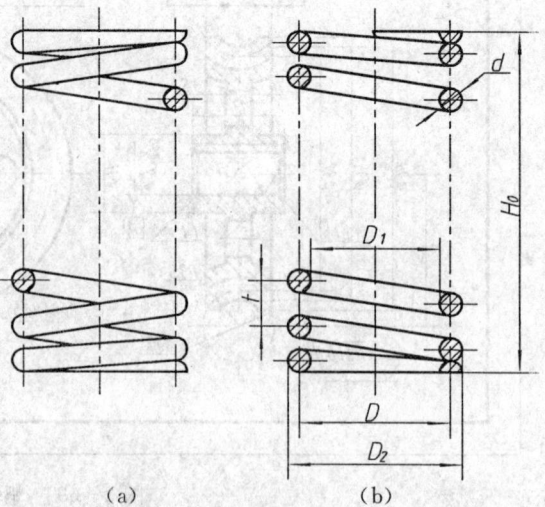

(a)　　　　　　(b)

图 2-71　圆柱螺旋弹簧的画法及尺寸代号

端并紧、磨平或制扁。这并紧、磨平或制扁的两部分在工作时仅起支撑作用,称为支撑圈。中间节距保持相等的圈数称为有效圈,按标准选取。支撑圈和有效圈的总和称为总圈数,即 $n_1 = n + n_z$。支撑圈数一般为 1.5,2,2.5。

(5) 自由高度 H_0:弹簧在不受外力时的高度(长度),按标准选取。$H_0 = nt + (n_z - 0.5)d$,其中 t 为弹簧不受外力时的节距。

(6) 工作高度 H:弹簧在工作状态下承受外力时的高度(长度)。$H = nt + (n_z - 0.5)d$,其中 t 为弹簧工作时的节距。

(7) 展开长度 L:制造弹簧时坯料的长度,$L \doteq n_1 \sqrt{(\pi D)^2 + t^2}$。

2.5.2　圆柱螺旋压缩弹簧的规定画法

GB/T4459.4—2003 规定了弹簧的画法,下面介绍螺旋压缩弹簧的画法。

(1) 弹簧在平行于轴线的投影面的视图上,其各圈的投影转向轮廓线应画成直线。如图 2-71 所示。

(2) 有效圈数 4 圈以上的弹簧,两端可画 1~2 圈有效圈,中间可省略。中间省略后,可适当缩短图形的长度,如图 2-71 所示。

(3) 弹簧无论左旋或右旋均可画成右旋,但左旋弹簧不论画成左旋或右旋,一律注出旋向"左"字。

(4) 在装配图中,被弹簧挡住部分的结构一般不画,可见部分应从弹簧的外轮廓线或从弹簧钢丝剖面的中心线画起,如图 2-72(a) 所示。

(5) 在装配图中,当剖切弹簧钢丝直径在图形上等于或小于 2 mm 时,可用涂黑来表示,如图 2-72(b) 所示;也可用示意性画法来绘制,如图 2-72(c) 所示。

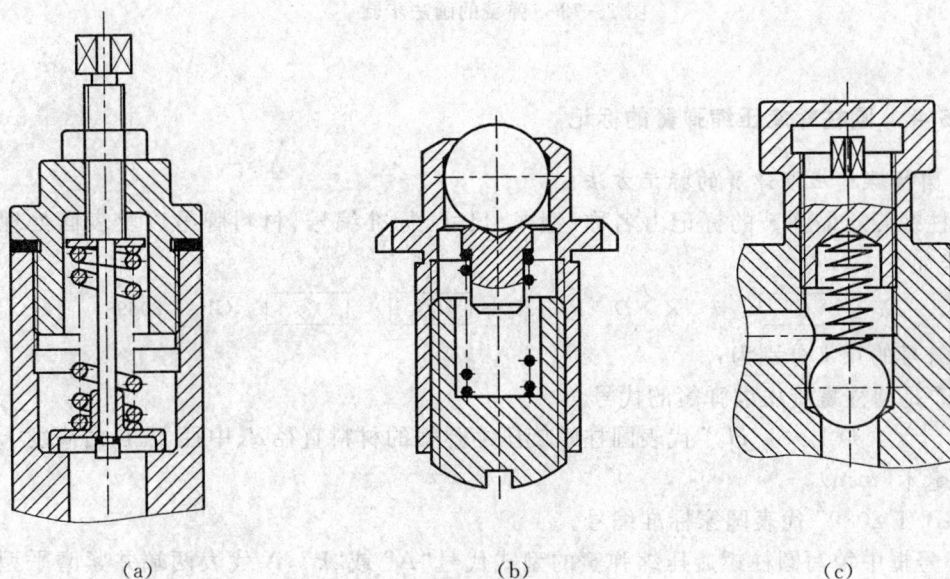

(a)　　　　　　　　　　(b)　　　　　　　　　　(c)

图 2-72　装配图中弹簧的规定画法

(a) 不画挡住部分的零件轮廓;　(b) 簧丝剖面涂黑;　(c) 簧丝示意画法

2.5.3 弹簧的画图步骤

对于两端并紧、磨平或制扁的压缩弹簧,不论其支撑圈数多少或并紧情况如何,均按支撑圈为 2.5 的形式来画,如图 2-73 所示;必要时也可按支撑圈的实际结构绘制。

(1) 根据弹簧中径 D 和自由高度 H_0 作出矩形线框,如图 2-73(a) 所示。

(2) 画出支撑圈部分的剖面轮廓(与簧丝直径相等的圆和半圆),如图 2-73(b) 所示。

(3) 根据节距,画出有效圈数的剖面轮廓(图中数字表示画圆顺序),如图 2-73(c) 所示。

(4) 按右旋方向作相应圆的公切线,再加上剖面线,加深,如图 2-73(d) 所示。

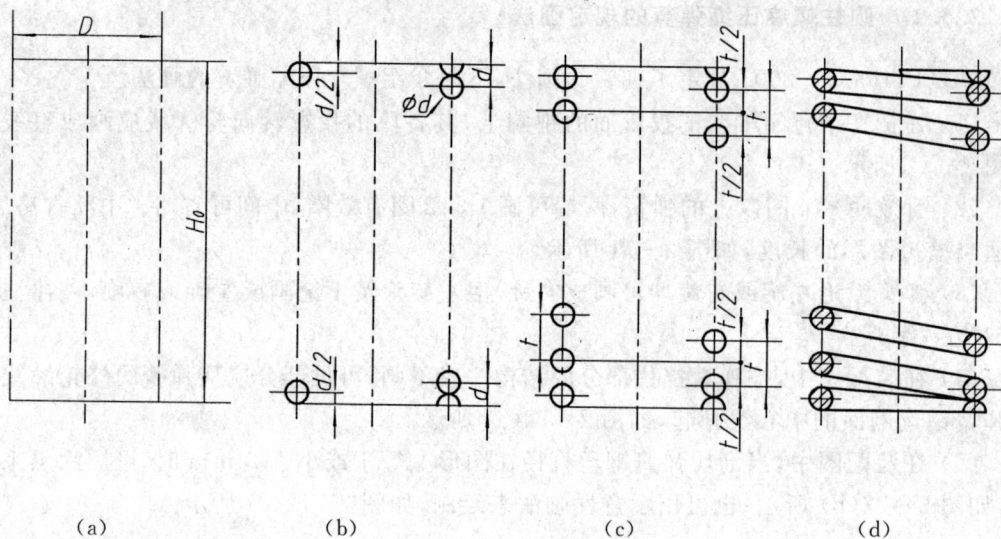

图 2-73　弹簧的画法步骤

2.5.4 圆柱螺旋压缩弹簧的标记

1. 圆柱螺旋压缩弹簧的标记方法

圆柱螺旋压缩弹簧的标记由名称、型式、尺寸、标准编号、材料牌号以及表面处理组成,规定如下:

$$Y \quad \boxed{①} \quad d \times D \times H_0 - \boxed{②} \quad \boxed{③} \quad GB/T\ 2089$$

各符号的意义分别为:

"Y"是圆柱螺旋压缩弹簧的代号。

"$d \times D \times H_0$"代表圆柱螺旋压缩弹簧的材料直径 d、中径 D、自由高度 H_0,单位为毫米(mm)。

"GB/T 2089"代表国家标准编号。

① 号框中填写圆柱螺旋压缩弹簧的型式代号"A"或"B",A 代表两端并紧磨平型的冷卷压缩弹簧,B 代表两端并紧制扁型的热卷压缩弹簧。

② 号框中填写圆柱螺旋压缩弹簧的制造精度等级,2 级制造精度应不表示,3 级应注

明"3"级。

③ 号框中填写圆柱螺旋压缩弹簧的旋向代号,左旋应注明"左",右旋不注出。

2. 圆柱螺旋压缩弹簧的标记示例

例 1 YA 型弹簧,材料直径为 1.2 mm,弹簧中径为 8 mm,自由高度为 40 mm,制造精度为 2 级,左旋的两端并紧磨平的冷卷压缩弹簧。

标记:YA 1.2×8×40 左 GB/T 2089

例 2 YB 型弹簧,材料直径为 30 mm,弹簧中径为 150 mm,自由高度为 300 mm,制造精度为 3 级,右旋的两端并紧制扁的热卷压缩弹簧。

标记:YB 30×150×300－3 GB/T 2089

表 2－36   圆柱螺旋压缩弹簧尺寸及参数(摘自 GB/T 2089—2009)

材料直径 d/mm	弹簧中径 D/mm	有效圈数 n/圈	自由高度 H_0/mm	材料直径 d/mm	弹簧中径 D/mm	有效圈数 n/圈	自由高度 H_0/mm
1.6	10	2.5	13	2	14	2.5	17
		4.5	20			4.5	26
		6.5	28			6.5	38
		8.5	35			8.5	50
	12	2.5	15		16	2.5	19
		4.5	24			4.5	30
		6.5	32			6.5	42
		8.5	42			8.5	55
	14	2.5	18		18	2.5	20
		4.5	28			4.5	30
		6.5	40			6.5	48
		8.5	50			8.5	58
	16	2.5	22	2.5	20	2.5	24
		4.5	36			4.5	38
		6.5	48			6.5	52
		8.5	60			8.5	65
2	10	2.5	13		22	2.5	26
		4.5	20			4.5	42
		6.5	28			6.5	58
		8.5	35			8.5	75
	12	2.5	15		25	2.5	30
		4.5	24			4.5	48
		6.5	32			6.5	70
		8.5	40			8.5	90

注:1. 表中只摘录了 GB/T 2089—2009 所列的少量弹簧部分主要尺寸和参数数值。不够应用时,请查阅 GB/T 2089—2009。

   2. 表中所列弹簧的支撑圈 $n_z = 2$ 圈。但是绘图时,两端的支撑圈仍按照 GB/T 4459.4—2003 规定,用 $n_z = 2.5$ 圈绘制。

2.5.5　圆柱螺旋压缩弹簧的零件图

　　圆柱螺旋压缩弹簧的工作图如图 2-74 所示,弹簧的参数应直接标注在图形上,若标注有困难,可在技术要求中说明。若需要可在零件图上方用图解的方式来表达弹簧的负荷与长度之间的变化关系。

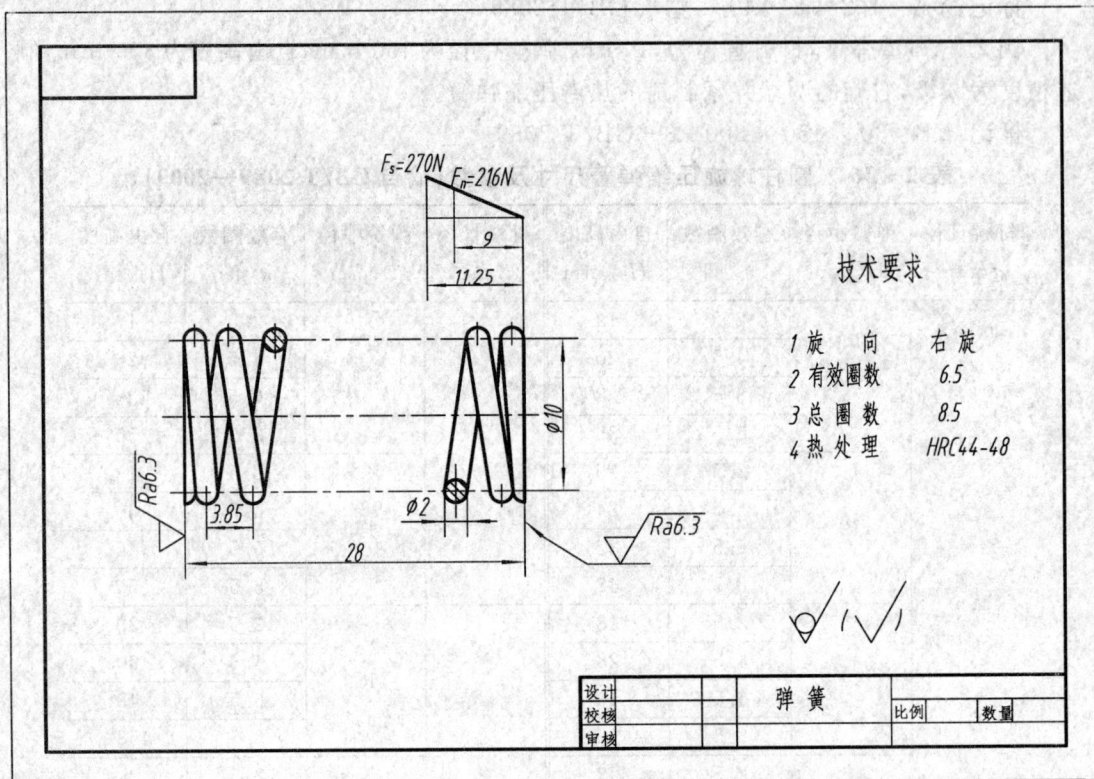

图 2-74　圆柱螺旋压缩弹簧零件图示例

第3章 零 件 图

任何一台机器或一个部件都是由一定数量、相互联系的零件按照一定的装配关系和要求装配而成的。由于零件的结构形状是复杂、多样的,因此习惯上根据零件在机器或部件中的作用,将零件分为 3 种类型。

1. 一般零件

一般零件如轴套类、盘盖类、叉架类、箱体类等,它们的结构形状、大小常根据其在机器或部件中的作用,按照机器或部件的性能和结构要求,以及零件制造的工艺要求进行设计。所以一般零件都要画出相应的零件图。

2. 传动零件

传动零件如齿轮、蜗轮、蜗杆等,它们在机器或部件中是起传递动力和改变运动方向的作用,其结构要素(如齿轮上的轮齿,带轮上的 V 形槽等)大多已经标准化,并且在国家标准中有其相应的规定画法。所以,在表达这类零件时,要按照规定画法画出它们的零件图。

3. 标准件

标准件如紧固件(螺钉、螺栓、螺柱、螺母、垫圈)、键、销、滚动轴承、油杯、螺塞等,它们在机器或部件中主要起零件间的连接、联结、支撑、密封等作用。对于标准件通常不必画出零件图,只要标注出它们的规定标记,按规定标记查阅有关的标准,便能得到相应零件的全部尺寸和相关技术要求等。

3.1 零件图的内容

表示零件结构、大小及技术要求的图样称为零件图,如图 3-1 所示的轴承底座零件图和图 3-2 所示的传动轴零件图。从中可以看出,一张完整的零件图一般应包括以下几项基本内容。

1. 一组视图

根据相关标准,用视图、剖视图、断面图以及其他规定画法,正确、完整、清晰地表达零件各部分的结构和形状。

2. 完整的尺寸

零件图中必须标注能够完整、正确、清晰、合理地表达零件制造和检验时所需要的全部尺寸。

3. 技术要求

在零件图中,常用规定的符号或汉字来说明零件在制造、检验或装配过程中应达到的各项要求。例如,用规定的符号标注出在视图上的表面粗糙度、尺寸公差、形状公差和位置公差等要求;用汉字说明视图上无法表达清楚或尚未表达清楚的各种要求(热处理、表面处理等)。

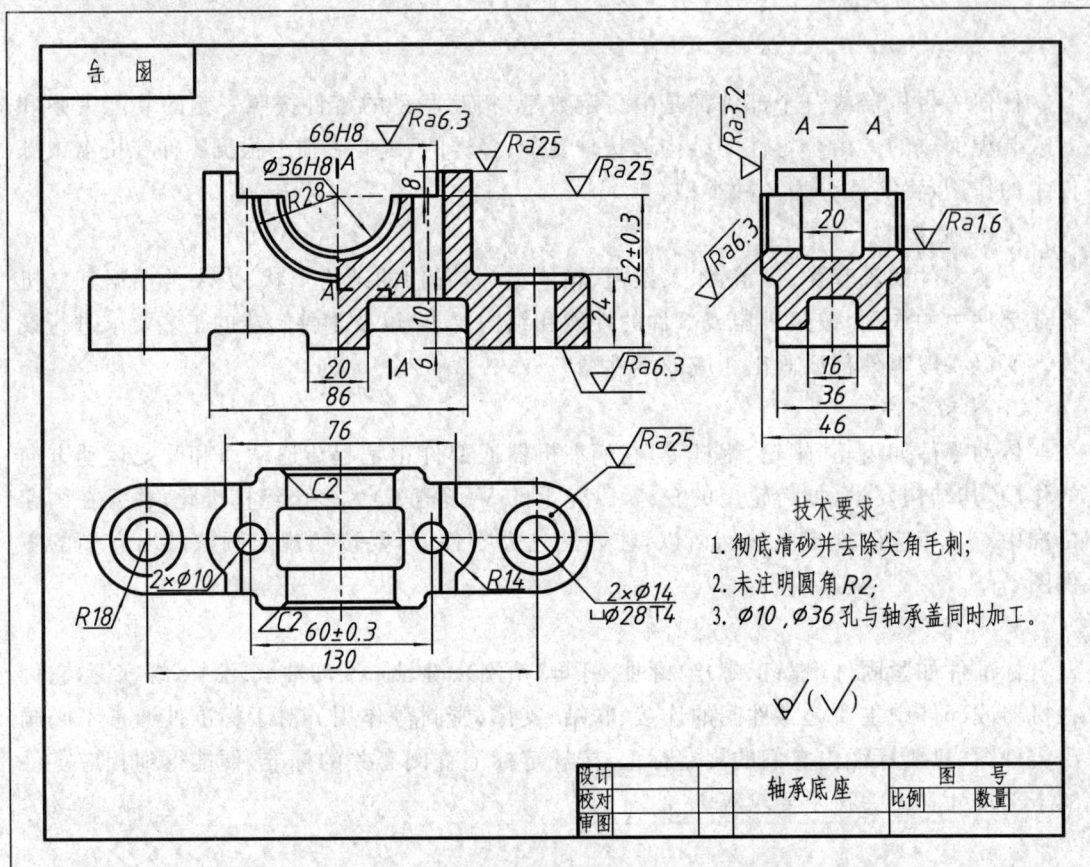

图 3-1　轴承底座零件图

4. 标题栏、号签

标题栏一般配置在图框的右下角,由更改区、签字区、其他区、名称及代号区组成,也可按实际需要增加或减少。标题栏内一般填写零件名称、材料、件数、比例、图号以及单位名称,设计者、制图人、审核人的签名和日期等内容。在图纸的左上角应有长 40 mm,高 15 mm 的号签,号签中填写与标题栏中相同的图号,但注写方向相反(由于标题栏中的内容较多,本书采用简易的标题栏形式)。

3.2 零件的视图选择

在零件图中,不但要将零件的内外结构形状正确地用一组视图完整、清晰地表达清楚,还要考虑读图和画图的方便。做到这些的关键在于详细分析零件的结构特点,选择好主视图的投射方向,并选用恰当的表达方法,力求详细、准确、精练地画出零件图。

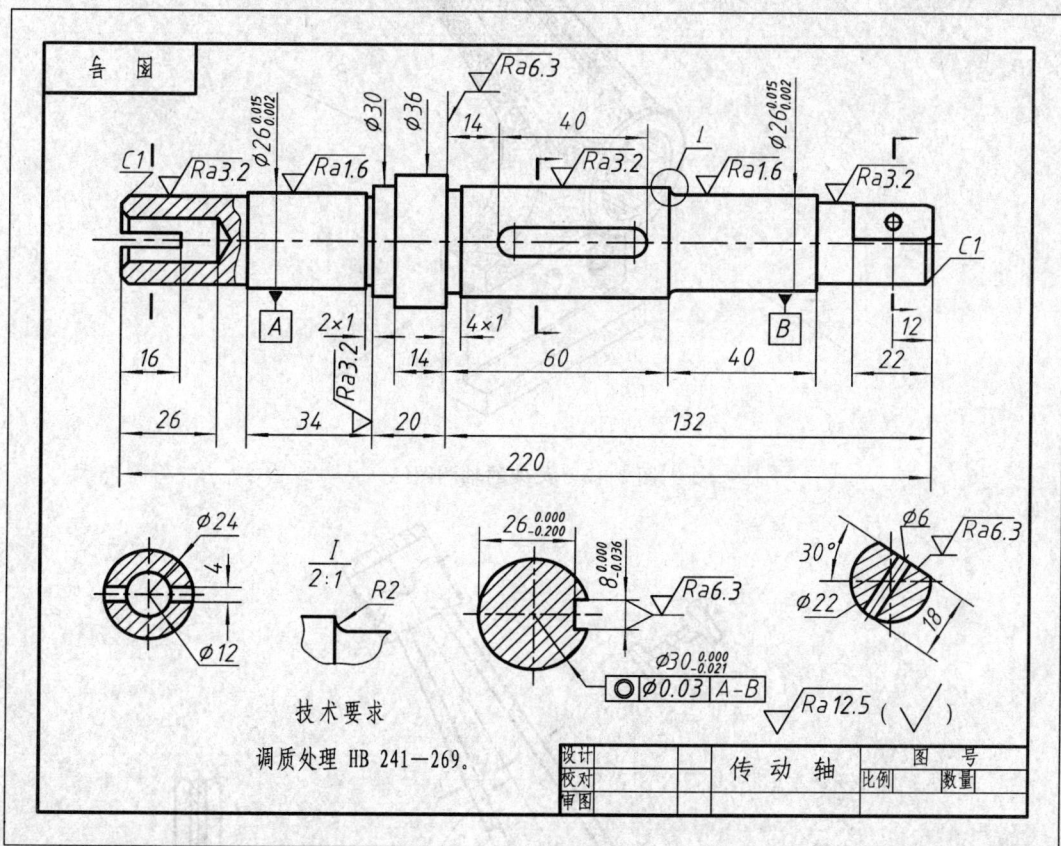

图 3-2 传动轴零件图

3.2.1 主视图的选择

主视图是零件图的核心,主视图的选择是否合理,直接影响着其他视图的数量和配置关系。因此,选择主视图时,应认真分析,仔细比较,这对画图和读图都是十分重要的。一般应满足以下两个要求。

1. 主视方向

为了使主视图能明显地反映零件的主要形状和结构特征,以及各组成部分的相对位置关系,应选择适当的主视方向。如图 3-3 所示的叉架,能够反映叉架主要形体特征的只有 A 向,而 B 向和 C 向都会感觉形体特征不明显或不足,所以 A 向相对 B,C 向较为合理。另外,为了能够把叉架中各部分宽度方向的相互位置关系也能表达清楚,又增加了局部视图和局部剖视图,如图 3-4 所示。

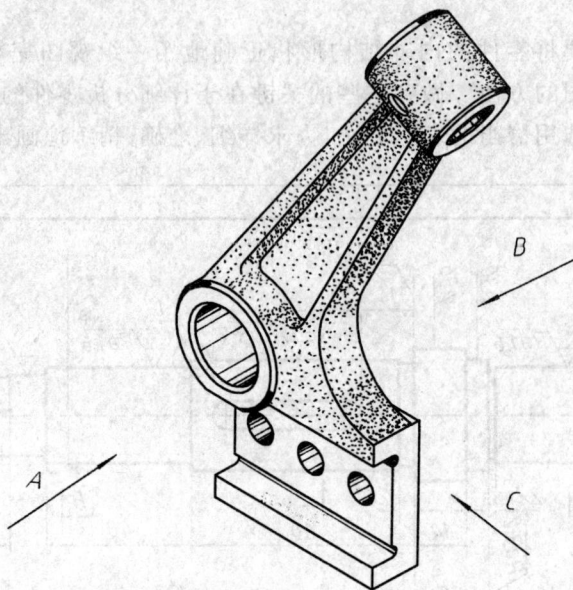

图 3-3　叉架的轴测图

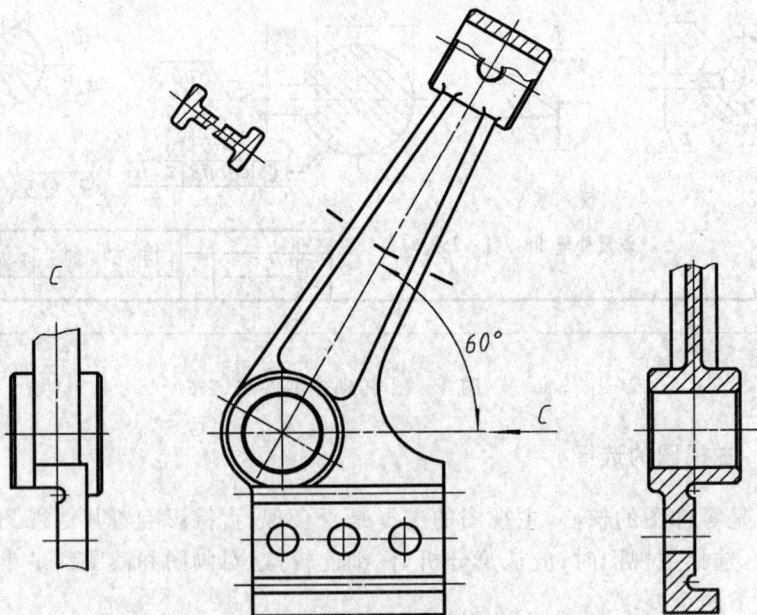

图 3-4　叉架的视图选择

2. 安放位置

为了便于零件的加工、装配和检验,画图时应尽量选择零件的主要加工位置和工作(安装)位置。

(1) 工作位置：零件中的叉架、箱体类零件往往需要在各种不同的机床上加工，且加工面多，加工时的装夹位置又各不相同，所以，常选择零件在部件中工作时的位置绘制主视图，便于加工、检验、装配和读图。如图 3－5 所示的轴承底座，它是以底面固定在水平安装面上的，以便支撑其他零件进行工作。若按其工作位置选择主视图有 A 向和 B 向，但 A 向更为理想，因为 A 向既能保证工作位置，又能反映其主要形体特征。为了能反映内部各形状位置关系，可以将 C 向按剖视图处理作为补充（图 3－6）。

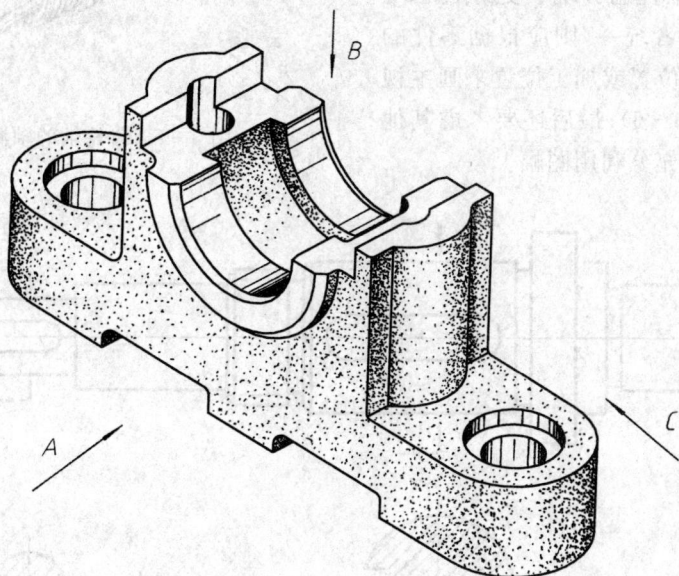

图 3－5 轴承底座的轴测图

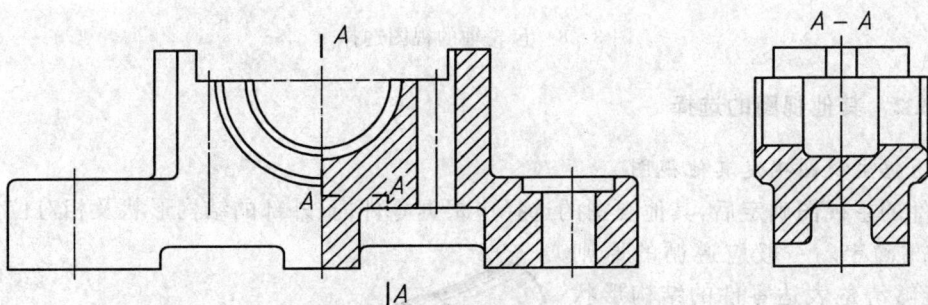

图 3－6 轴承底座的视图分析

(2) 加工位置：零件在机械加工时的主要加工工序的装夹位置。轴、套筒、盘盖类等零件主要加工工序是在车床上完成的，装夹时零件轴线水平放置。这类零件一般选择其加工位置绘制主视图，便于加工时看图与操作，提高生产效率。如图 3－7 所示齿轮轴，A 向和 B 向虽然其轴线都是水平放置，且都能反映出轴上的轴肩、退刀槽、倒角等结构，但 B 向能更明显地反映出键槽的形状特征，所以 B 向是最佳表达主视图的方案。同时，为了

能把键槽的深度表达出来,选用断面图作
为补充,如图3-8所示。

　　综上所述,主视图选择的原则是首先考
虑能反映零件的形状特征;其次是在满足形
状特征的前提下,考虑零件的安放位置,即
零件的工作位置和加工位置。如果零件的
工作位置和加工位置能够统一更好(图3-
8);如若不能将二者统一,则应根据零件的
具体情况,按工作位置或加工位置来画主视
图(图3-4和图3-6);最后还要考虑其他
视图的合理布置,充分利用图幅。

图3-7　齿轮轴的轴测图

图3-8　齿轮轴的视图选择

3.2.2　其他视图的选择

1. 根据主视图确定其他视图

　　零件的主视图确定后,其他视图的选择应根据零件内、外部的结构形状及相对位置的
表达情况确定。一般应遵循的原则
是,在能够清楚表达零件的结构形状
和便于看图的情况下,选择使用视图
量最少,各视图表达重点明确、位置配
置合理、简明清晰易懂。

　　如图3-9所示的传动轴,其左端
有开槽和轴向孔,中部有键槽、退刀槽,
右端有被铣去的平面及径向孔。根据
轴套类零件的特点,一般选择其轴线水
平放置(考虑加工位置为主)方向作为

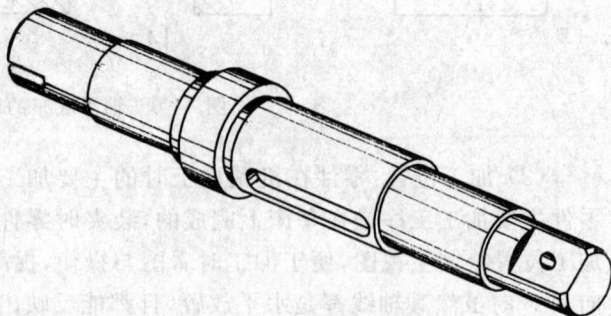

图3-9　传动轴的轴测图

主视图,并利用断面图和局部放大图的方法将其细部结构表达清楚(图 3 - 10)。

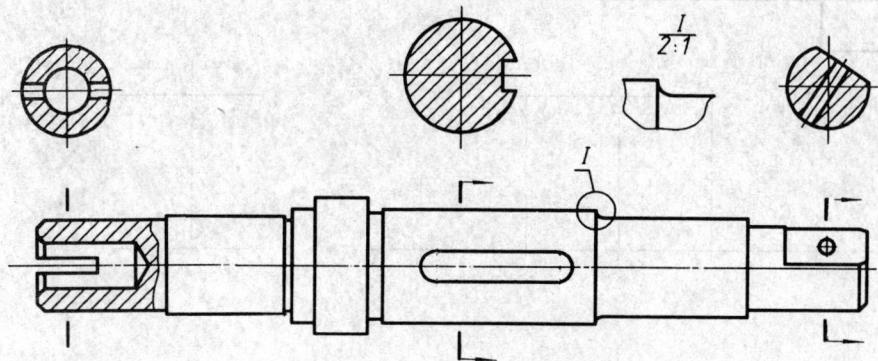

图 3 - 10　传动轴的视图选择

2.检查完善所选视图

根据零件的内、外结构,形状特点,检查视图是否把零件每一部分的形状、结构和相对位置关系都已表达清楚,视图之间的位置配置关系是否明确、合理,然后对每个视图进行分析、比较、调整和修改。

3.视图方案的确定

不同的零件具有不同的结构形状和功用,应根据零件的具体情况,通过对零件进行结构分析和形体分析,将表达方案进行多方面比较,力求正确合理,简练易懂,选择出最佳表达方案。

3.3　绘制零件图的步骤

现以轴承底座(图 3 - 5)为例来说明绘制零件图的一般步骤(图 3 - 11(a)~(d))。

(1) 确定视图表达方案:首先应根据零件的用途、结构特点和加工方法等方面因素,对零件进行结构、形体分析。再依据投射方向,选取主视图和其他视图,择优确定视图表达方案(图 3 - 6)。

(2) 选择图幅、比例:在确定了视图表达方案之后,选择图幅,再依据零件视图数目和实物大小来确定适当的比例,画出相应的图框线和标题栏。

(3) 绘制基准线:依据已确定的视图表达方案和比例,合理布置各视图的相应位置(要考虑视图在图幅内对图框线应留有一定的间隙,以及各视图之间要留有充分的标注尺寸的空间),画出各视图的主要中心线、轴线、基准线。

(4) 绘制视图:在已绘制出各视图的基准线、中心线、轴线的基础上,按视图表达方案先由主视图开始绘制,并根据各视图之间的投影关系,画出其他视图的主要轮廓线。

(5) 绘制细节:画出各视图上螺钉孔、销孔、倒角、圆角和剖面线等细节部分。

(6) 标注尺寸、公差、表面粗糙度。

(7) 填写技术要求和标题栏。

(8) 检查、完成:检查各视图的画法是否准确反映零件的结构、形体,以及尺寸标注是否完全、合理。没有错误之后,加深完成全图。

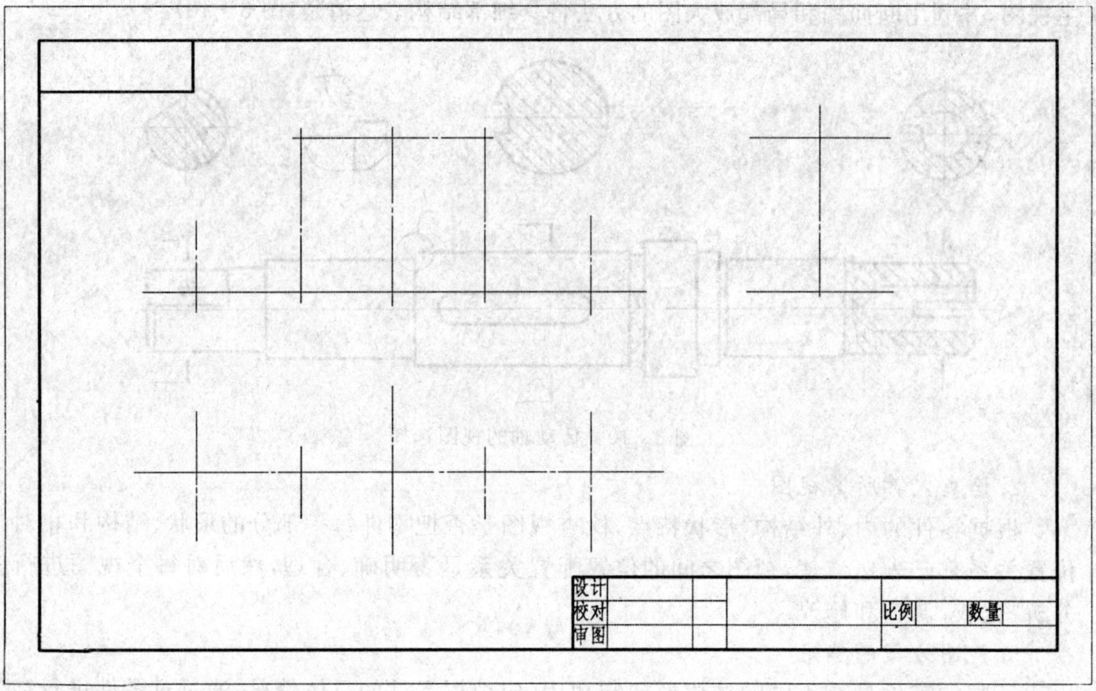

（a）

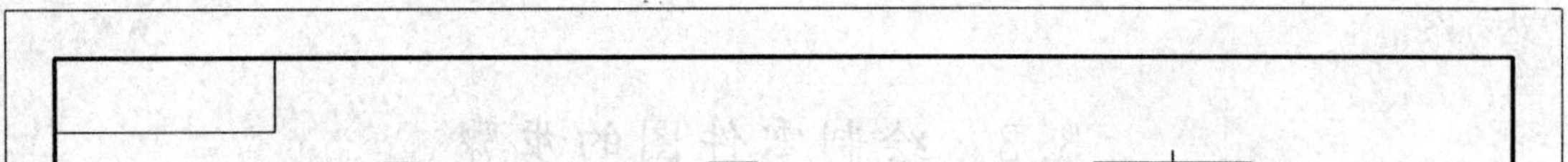

（b）

图 3 - 11　轴承底座的绘制步骤

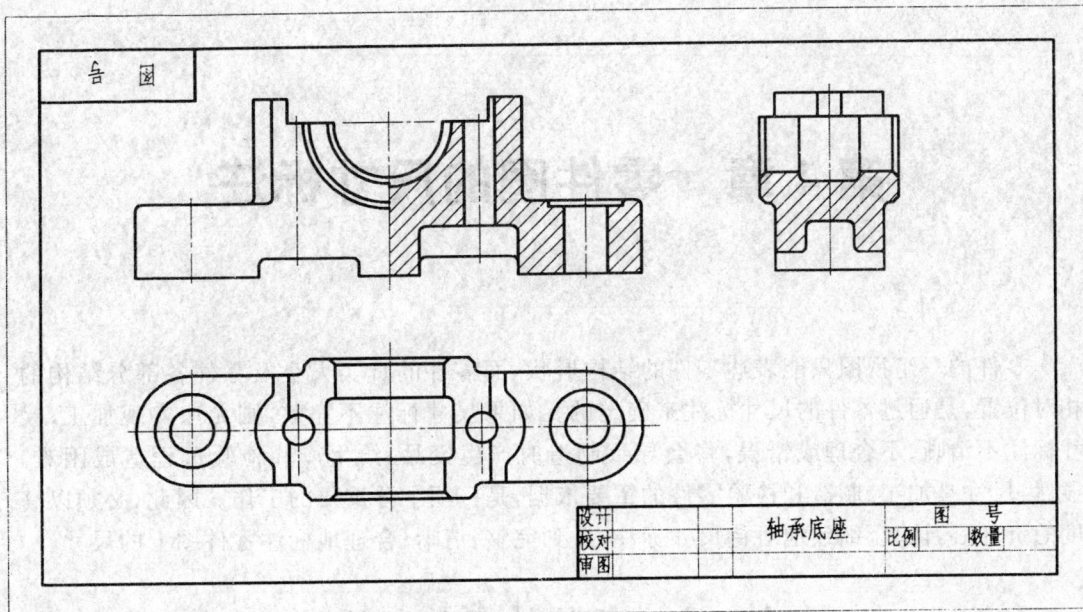

(c)

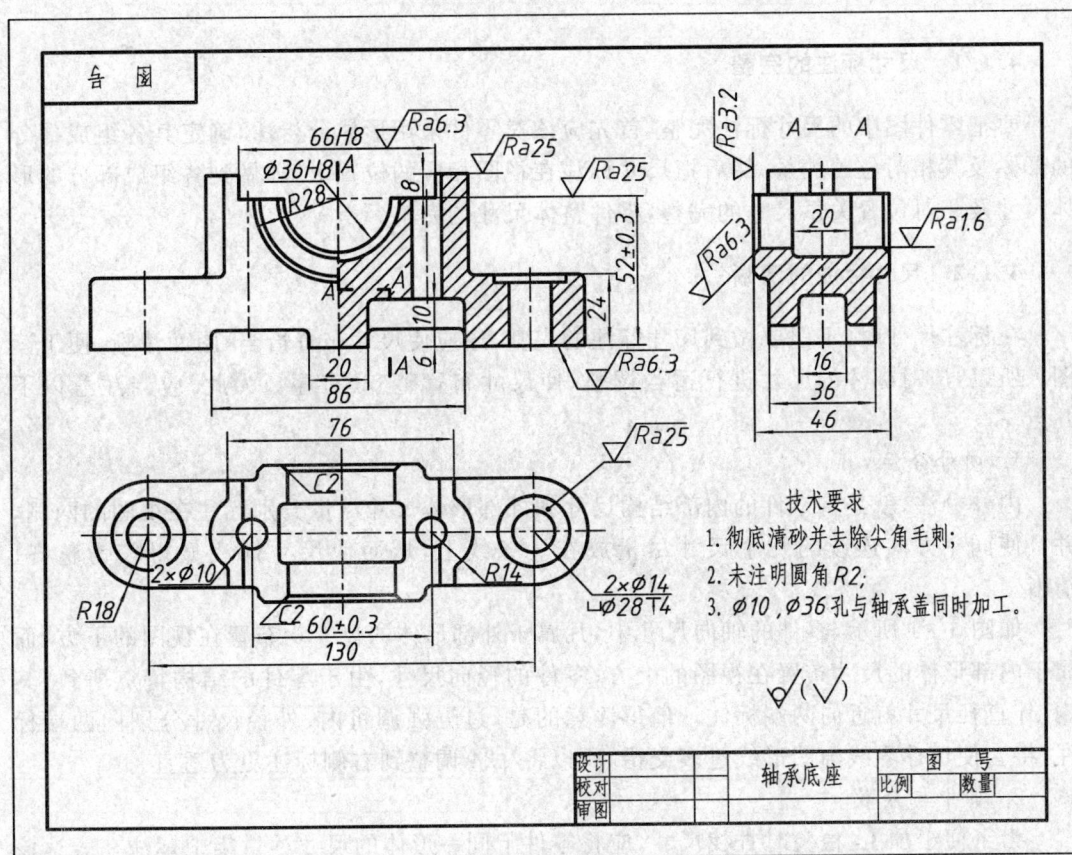

技术要求

1. 彻底清砂并去除尖角毛刺;

2. 未注明圆角 R2;

3. Ø10, Ø36 孔与轴承盖同时加工。

(d)

续图 3-11 轴承底座的绘制步骤

第4章　零件图的尺寸标注

零件的一组视图只能表达零件的结构形状,而零件的真实大小及零件各部分结构的相对位置,是通过零件的尺寸标注来确定的。如果尺寸标注不完整,则无法实现加工;尺寸标注不清晰、不合理或错误,将会导致制造时产生废品,给生产和检验过程造成困难。显然,尺寸是加工、制造和检验零件的重要依据,是一项十分重要的工作。因此,必须以高度的责任心,认真、细致地对待尺寸标注,做到完整、清晰、合理地标注零件图上的尺寸。

4.1　尺寸标注的完整与清晰

4.1.1　尺寸标注的完整

要把零件图中的尺寸标注完整,首先应该对零件采用形体分析法,确定其各组成部分的形体及其相对位置关系,然后把尺寸标注在视图相应的位置上,即做到各组成部分的形体尺寸及相对位置关系尺寸的完整,零件整体尺寸的完整。

4.1.2　尺寸标注的清晰

在标注尺寸时,不但要做到尺寸标注的完整,还应使尺寸布置恰当,图面清晰,便于读图。所以,应对标注的尺寸进行适当调整,使尺寸布置整齐、有序。为此,应当注意以下几点。

1. 内外分注

内外分注,就是将零件的内部结构尺寸和外部形体尺寸尽量分别标注在视图的两侧,并且使同一方向连续的几个尺寸尽量放在一条线上,从而使尺寸标注显得较为整齐、清晰。

如图 4-1 所示,零件的轴向尺寸中,凡属于外部形体的尺寸均布置在视图的下方,而属于内部形体的尺寸布置在视图的上方;零件的径向尺寸,由于零件的结构特点所致,其内、外直径尺寸就近向两端标注。值得注意的是,过分强调将内、外径尺寸分别向两端标注,将会使尺寸界线与图形线过多交错,所以将 φ24 调整到右侧标注更为适宜。

2. 集中与分散

为了便于加工、检验时查找尺寸,应将零件上同一形体的尺寸尽量集中标注在表达该形体特征最明显的视图上。但有时尺寸过于集中,会影响图面的清晰,这时应视具体情况把不同形体的尺寸适当分散标注,使集中标注与分散标注相结合。

图 4-1　尺寸的内外分注

如图 4-2 所示,图中的 2×φ8 与 24,18 集中在一个视图上标注,既清晰,又便于查找与 2×φ8 有关联的定位尺寸 24 和 18。同理,T 形槽的尺寸集中在俯视图上;板的厚度 12 和 8 则放在左视图中标注;总体尺寸的长、宽、高(48,32,28)放在主、俯视图标注。

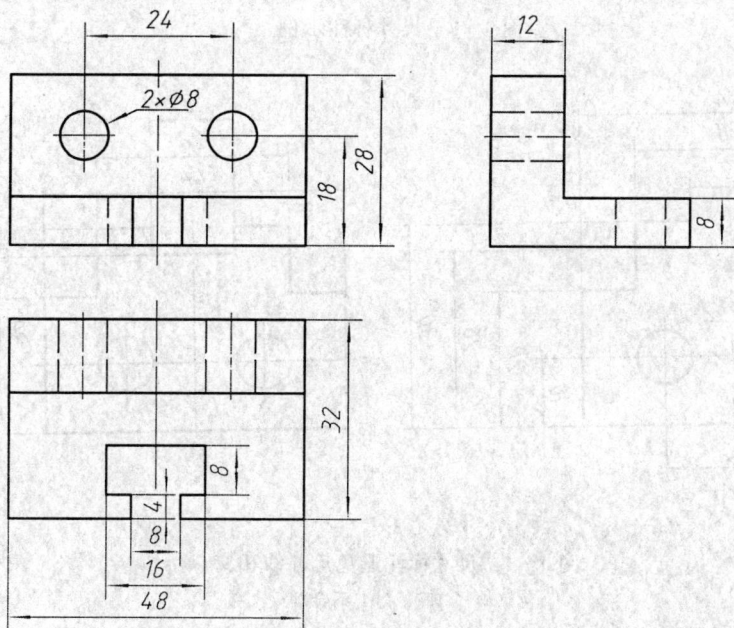

图 4-2　尺寸标注的集中与分散

3. 避免尺寸相交

在标注尺寸的过程中,应当注意尽量避免尺寸线与尺寸线、尺寸线或尺寸界线与图形轮廓线相交。通常将同一方向相互平行的尺寸,按大小排序,把小尺寸标注在靠近图形的位置,大尺寸放在小尺寸之外,并使尺寸线之间的间距适当。如图 4-3 所示轴承端盖的尺寸标注,其中 φ46 标注在右边的内侧,φ64 标注在右边的外侧,φ52 标注在二者之间,且尺寸线彼此之间间隔一致;其他方向的尺寸标注方法相同,而形体内部过小的尺寸 8 和 R4 可就近标注,以避免与形体线过多相交。又如图 4 - 4 所示,其中图 4 - 4(a)所示的尺寸线相交较少,清晰合理;图 4 - 4(b)尺寸线相交过多,不合理。

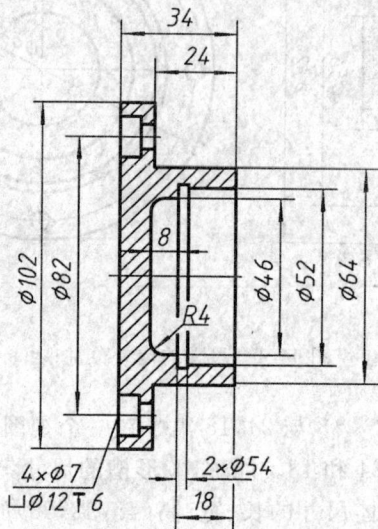

图 4 - 3　尺寸标注示例

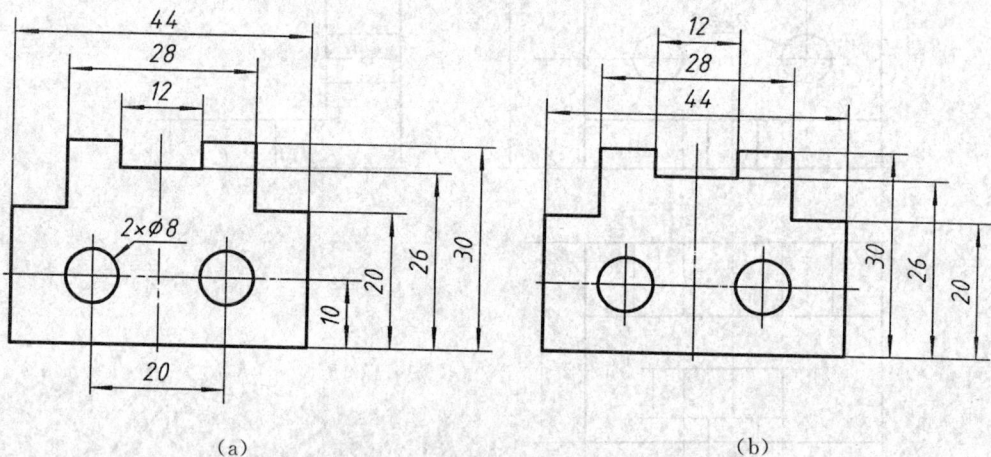

(a)　　　　　　　　　　　　(b)

图 4 - 4　尺寸标注避免尺寸线相交

(a) 合理;　(b) 不合理

　　以上 3 点,主要是为了正确处理尺寸和图形的相互关系,确保尺寸标注的清晰。通过前面的 4 个例子,可以看出,尺寸和图形是互相依赖和互相补充的。所以,在实际标注尺寸的时候,有时会经常出现不能兼顾以上各项要求的情况。为此,必须在保证尺寸完整、清晰的前提下,根据具体情况,合理布置。例如,如图 4 - 5 所示,同心圆的尺寸最好标注在非圆的视图上(如 φ16,φ24 及 φ7,φ14),可是 φ32 在主视图是无法标注的,故将其标注在俯视图上。另外,为了控制水平空心圆柱 $\phi14$ 的前后位置,将其定位尺寸 17 标注在俯视图上,与 $\phi14$ 和 $\phi7$ 更能体现相关尺寸的集中。对于肋板的定位尺寸 44 和其厚度尺寸 4 集中标注在俯视图上更为适宜。

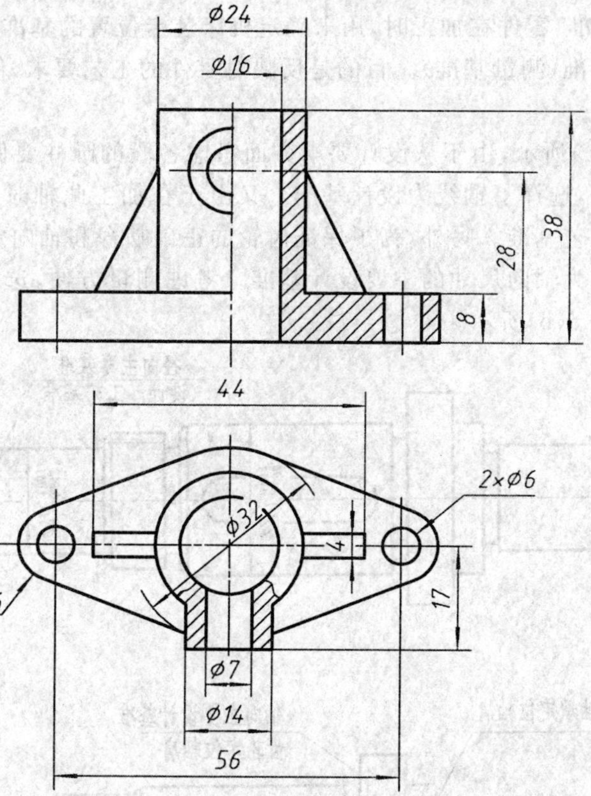

图 4-5　合理标注尺寸示例

4.2　尺寸基准的选择

在零件图的尺寸标注过程中,除了要保证尺寸标注的完整、清晰之外,还要考虑在零件的加工制造过程中,应能使尺寸的测量和检验方便可行,而要满足这些要求,就必须正确地选择尺寸基准。所谓尺寸基准就是度量尺寸的起点。

1. 尺寸基准

通常把标注尺寸的起点称为尺寸基准。一般零件需要标注长、宽、高 3 个方向的尺寸,在每个方向上应各有 1 个主要尺寸基准,有时为了设计、加工、测量的方便,除了主要基准之外,还要附加一些辅助尺寸基准。主要基准和辅助基准之间应有直接的尺寸联系。

通常选取重要的点、线、面作为尺寸基准。常用的基准线有:零件上回转面的轴线、中心线等。常用的基准面有:零件的对称面、端面、结合面、重要支撑面和底板的安装面等。

2. 合理选择尺寸基准

通过对零件的作用、结构特点和装配关系以及零件的加工、测量方法等诸方面情况进行具体分析,才能合理选择尺寸基准。也就是说,对零件结构的设计要求和零件的加工工艺要求都要统筹考虑。通常将尺寸基准分为设计基准和工艺基准两类。

（1）设计基准：根据零件的结构特点和设计要求所选定的基准为设计基准。目的是反映对零件的设计要求，保证零件在机器中的工作性能。

（2）工艺基准：零件在加工时，用来确定机床装卡位置的基准（定位基准）和测量零件尺寸时所用的基准（测量基准）。目的是反映对零件的工艺要求，便于零件的加工、制造和测量、检验。

如图 4-6（a）所示，由于从设计要求方面考虑各段的圆柱要保证在同一条轴线上，使齿轮轴转动平稳，选择了轴线为设计基准。又由于在加工此轴时，其两端是用顶尖支撑，所以轴线也是工艺基准。另外，为了保证齿轮的正确啮合和轴向定位准确，在轴向方向上选择了右轴肩作为轴向尺寸的主要设计基准。考虑测量方便，选择齿轮轴的左端面为测量基准，如图 4-6（b）所示。

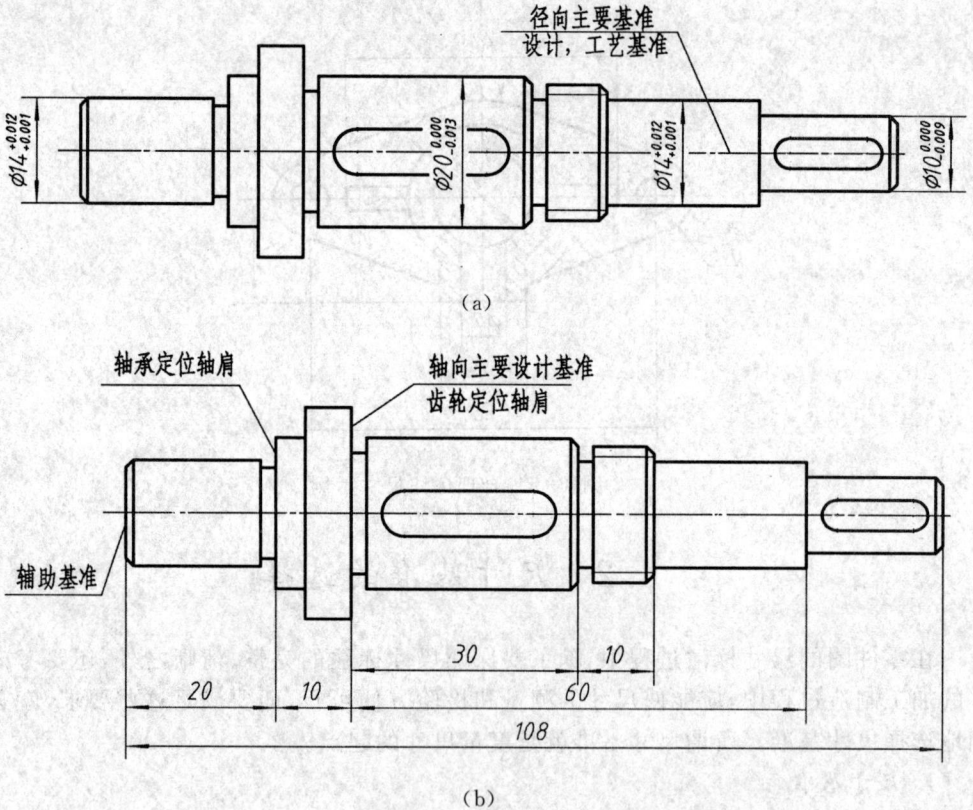

（a）

（b）

图 4-6　基准分析

如图 4-7 所示，考虑轴承孔的高度要保证，以及轴承支座的安装，其高度方向以安装底板的底面为设计基准；长度方向以其对称面的轴线为基准，目的是保证底板面上 $4 \times \phi 6$ 的 4 个孔的相对位置，以及对轴承孔的对称关系；宽度方向以其底板的后端部为基准，用以确定 $4 \times \phi 6$ 孔的宽度位置及轴承孔和肋板的位置。

合理选择尺寸基准是标注尺寸时应首要考虑的重要问题之一。一般在选择基准时最好把设计基准和工艺基准统一起来，这是最理想的尺寸基准（图 4-6（a）中的径向设计基准与工艺基准同为轴线)。但是,在实际的设计和制造过程中,是很难将二者统一的。所以,一般从设计基准出发标注出主要尺寸,以保证设计要求;而将其他尺寸从工艺基准出发,以方便加工和测量(图 4-7)。

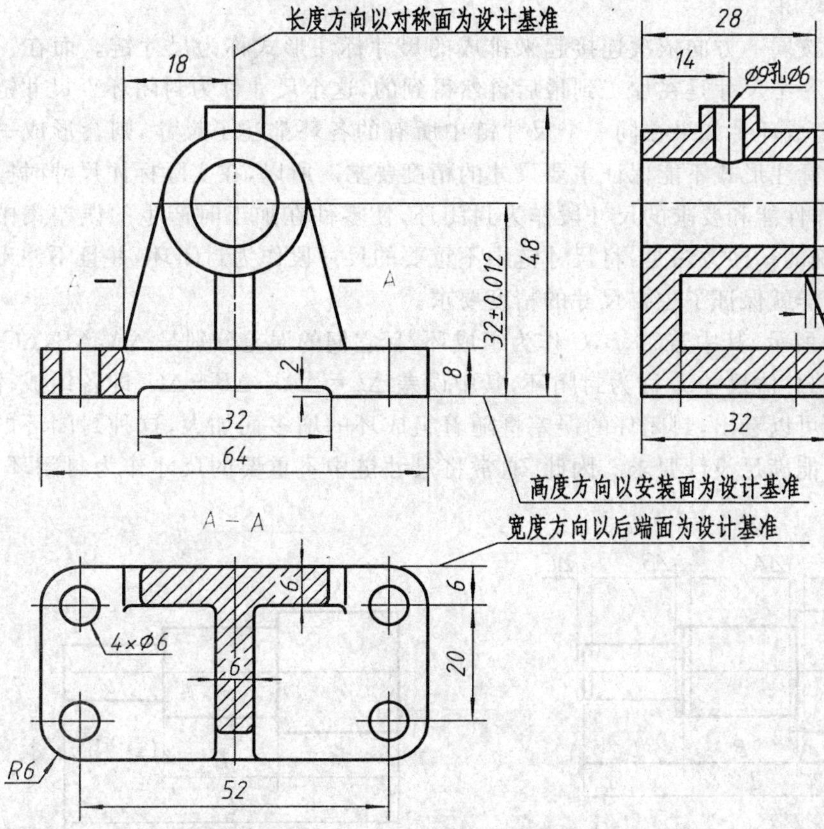

图 4-7　基准选择

　　应该指出,在机器的结构要求及装配要求决定之后,零件的设计基准是比较容易确定的。而零件的工艺基准则应视工艺流程不同而有所不同。在生产实践中,需要以设计基准出发标注的主要尺寸的数量是不多的,大多数尺寸都是从工艺基准的角度来进行标注的。

4.3　尺寸的合理标注

　　要在零件图上合理标注零件的尺寸,除了要满足尺寸完整,注写清晰,以及考虑零件的设计要求和工艺要求之外,还应正确选择标注尺寸的形式,并注意下面几个问题。

　　1. 主要尺寸

　　保证零件在机器中的正确位置和装配精度的尺寸属于主要尺寸。由于这类尺寸将直接影响机器的工作性能,一般在标注主要尺寸时应直接注出,并在尺寸数字之后注出极限偏差值,以保证尺寸精度要求。

在零件中常见的主要尺寸有:齿轮轴的中心距尺寸,轴与孔之间的配合尺寸等。如图 4-6(a)所示,齿轮轴上的与轴承配合的轴段 $\phi14$,安装齿轮的轴段 $\phi20$ 等。如图 4-7 所示,轴承支座中的轴承孔径 $\phi14$,轴承孔的中心对底板的高度 32。

2. 避免尺寸封闭

在零件图中,按同一方向依次连接起来排成的尺寸标注形式称为尺寸链。而在一个尺寸链中,总是有一个尺寸是在加工到最后自然得到的,这个尺寸称为封闭环。尺寸链中的其他尺寸称为组成环。如果在同一个尺寸链中所有的各环都注了尺寸,则会形成一个封闭尺寸链,这种标注形式不能保证主要尺寸的精度要求。所以,在实际标注尺寸时应留有一个不影响工作性能和要求的尺寸段作为封闭环,使零件在加工时产生的误差集中到该环上。一般正确的标注方法是:将尺寸链中不重要的尺寸段作为封闭环,并且不注出该封闭环的尺寸,这样就保证了主要尺寸的精度要求。

如图 4-8(a)所示,其中若 A,B,C 作为组成环,且它们的误差分别是 $\Delta A,\Delta B,\Delta C$,则加工后最后得到的总体尺寸 L 称为封闭环,其中误差 $\Delta L=\Delta A+\Delta B+\Delta C$(即各组成环的误差总和)。从中可以看出,封闭环的误差将随着组成环的增多而加大,这种封闭环的累积误差过大,将不能满足设计要求。因此,通常将尺寸链中不重要的尺寸作为封闭环,如图 4-8(b)所示。

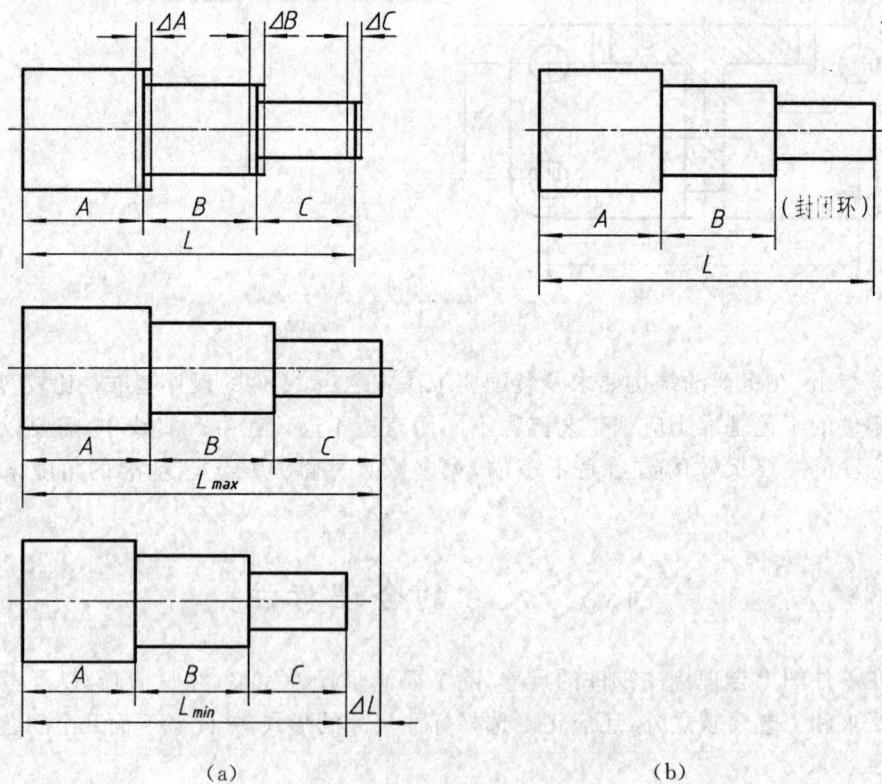

(a)　　　　　　　　　　　　　(b)

图 4-8　避免尺寸封闭的分析

3. 符合加工顺序

零件上同一方向各表面的加工是有一定的先后顺序的,在标注尺寸时应尽量与加工顺序一致,便于加工和测量。

如图 4-9 所示,其中⑤是按①,②,③,④的加工顺序而标注的尺寸,而⑥是没有按其加工顺序标注的。又如图 4-10 所示齿轮轴的加工过程,其标注形式如图 4-11 所示。

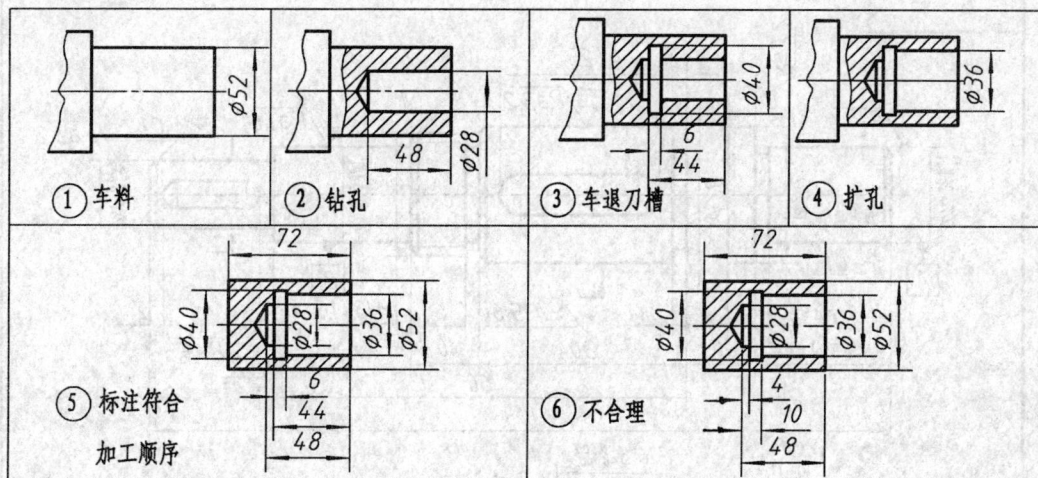

图 4-9　符合加工顺序的标注

图 4-10　齿轮轴的加工次序

4. 考虑测量方便

标注尺寸时,应考虑零件在实际制造、检验时的测量方便和可行性,尽量做到使用通

用量具就可进行直接测量,以减少使用专用测量工具,如图 4 - 12,图 4 - 13,图 4 - 14
所示。

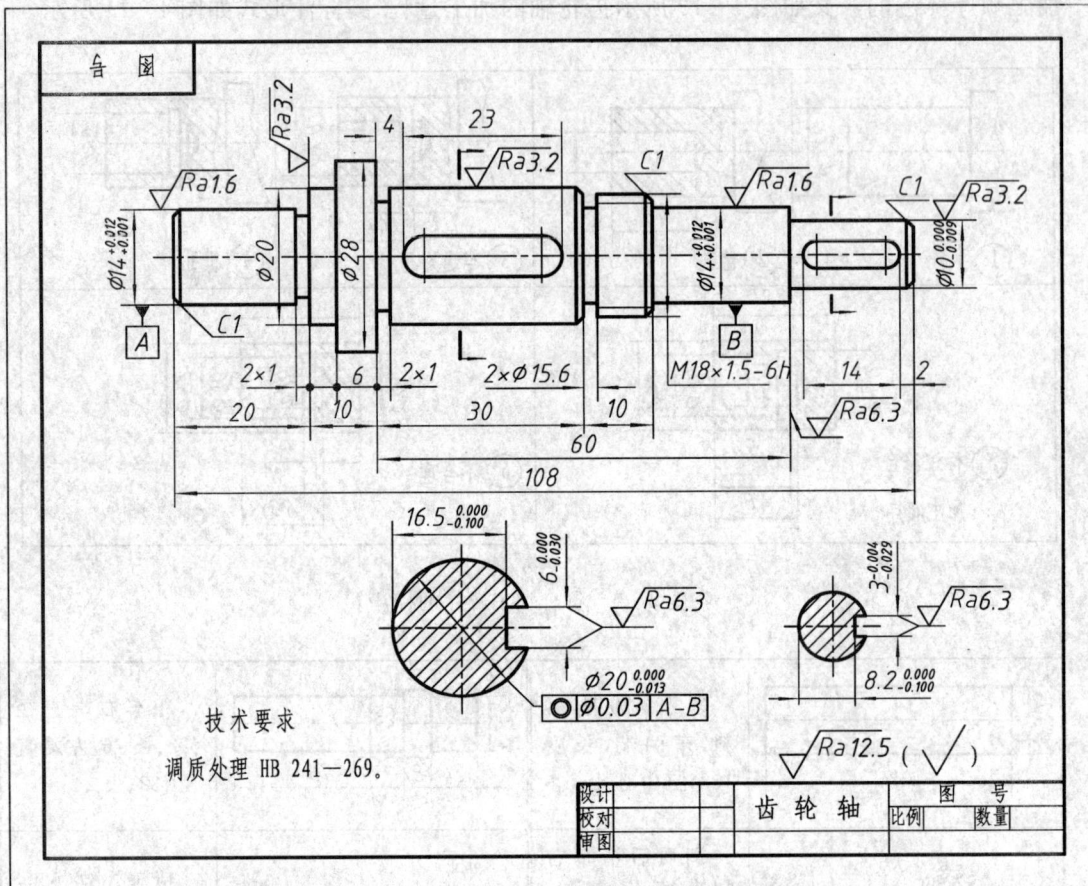

图 4 - 11　齿轮轴零件图

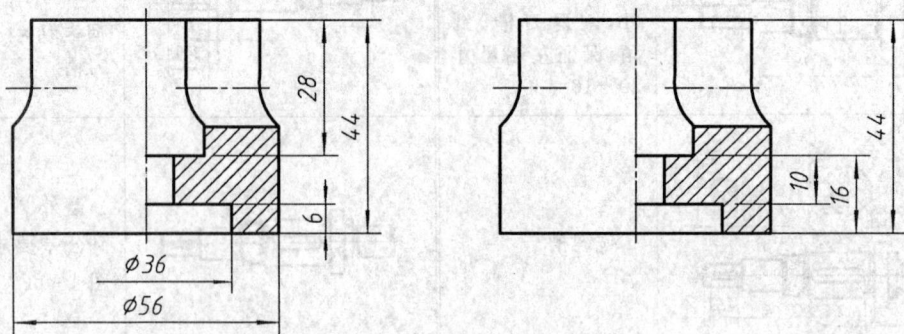

尺寸 28 和 6 便于加工和测量　　　　　　　　尺寸 16 和 10 不便于加工和测量

（a）　　　　　　　　　　　　　　　　　　（b）

图 4 - 12　尺寸标注的合理性(1)

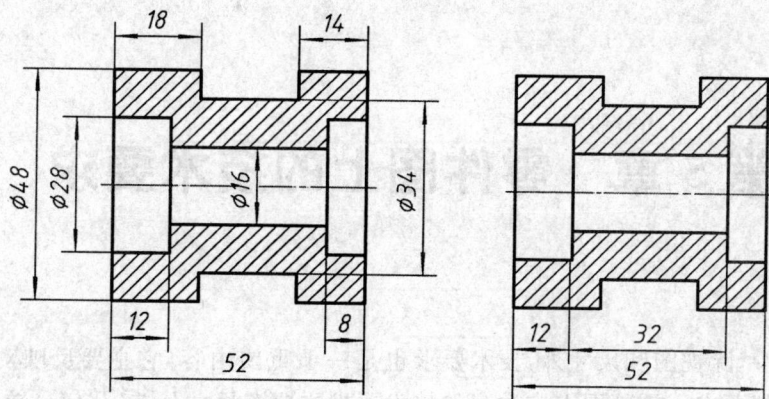

尺寸 12 和 8 便于加工和测量　　　　　　　尺寸 32 不便于加工和测量

（a）　　　　　　　　　　　　　　　　（b）

图 4-13　尺寸标注的合理性（2）

尺寸 39.3 便于测量　　　　　　　尺寸 A 不便于加工和测量

（a）　　　　　　　　　　　　（b）

图 4-14　尺寸标注的合理性（3）

第5章 零件图上的技术要求

在零件图中,除视图和尺寸外,技术要求也是一项重要内容,它主要反映对零件的技术性能和质量的要求。零件图上应注写的技术要求主要有尺寸公差、几何公差、零件的表面结构要求,零件的材料选用和要求,有关热处理和表面处理的说明等。

5.1 极限与配合

5.1.1 互换性

现代化的机械工业要求机器零件和部件具有互换性。所谓"互换性"是指在一批规格大小相同的零件(或部件)中任取一件,不经过任何挑选和修配,就可以顺利地装配成完全符合规定要求的产品。例如,常见的螺栓、螺母、滚动轴承以及自行车、手表上的零件均具有互换性。

机器零件具有互换性,不仅有利于装配和维修,而且可以简化设计,满足各生产部门之间的广泛协作,便于采用先进设备和工艺进行高效率的专业化生产。

5.1.2 极限与配合的基本概念

零件的互换性主要是通过规定零件的尺寸、尺寸公差、表面形状、位置公差及表面粗糙度要求来实现的。

互换性要求零件具有尺寸一致性,而在生产过程中,由于设备条件(如机床、刀具、量具、加工、测量等)等诸多因素和技术水平的影响,零件的尺寸不可能做得绝对准确,而且在使用中也无此必要。对于相互配合的零件,将零件尺寸控制在某一合理范围,既满足互换性要求,又在制造上经济合理,这就形成了极限与配合的概念。

"极限"平衡了机器零件使用要求与制造经济性之间的矛盾,"配合"则反映了零件结合时相互之间的关系。

"极限"与"配合"的标准化,将有利于机器的设计、制造、使用和维修,有利于保证产品精度、使用性能和寿命,也有利于刀具、量具、夹具、机床等工艺装备的标准化。

5.1.3 术语和定义

国家标准 GB/T 1800.1—2009 对极限与配合的相关术语作了如下定义。

1. 轴

轴通常是指工件的圆柱形外表面,也包括非圆柱形外表面(由两平行平面或切面形成的被包容面)。

2. 孔

孔通常是指工件的圆柱形内表面,也包括非圆柱形内表面(由两平行平面或切面形成的包容面)。

在齿轮和轴的配合中,齿轮内孔和键槽宽度即谓之孔;轴和键则谓之轴(图 5-1)。

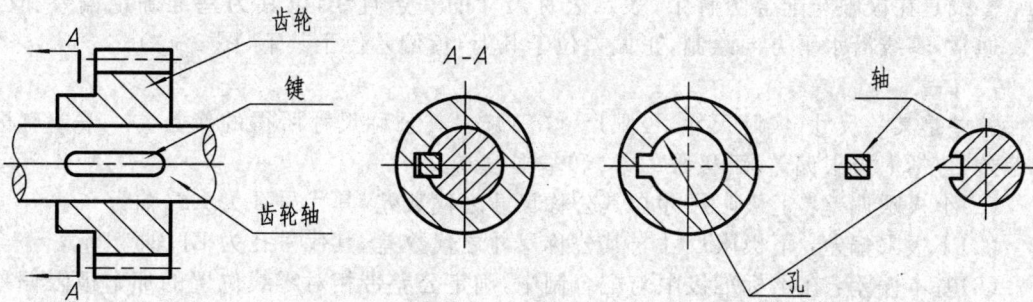

图 5-1　轴和孔的定义

3. 尺寸

尺寸通常是指以特定单位表示线性尺寸值的数值。以图 5-2 所示的孔为例,将有关尺寸公差的术语及定义介绍如下。

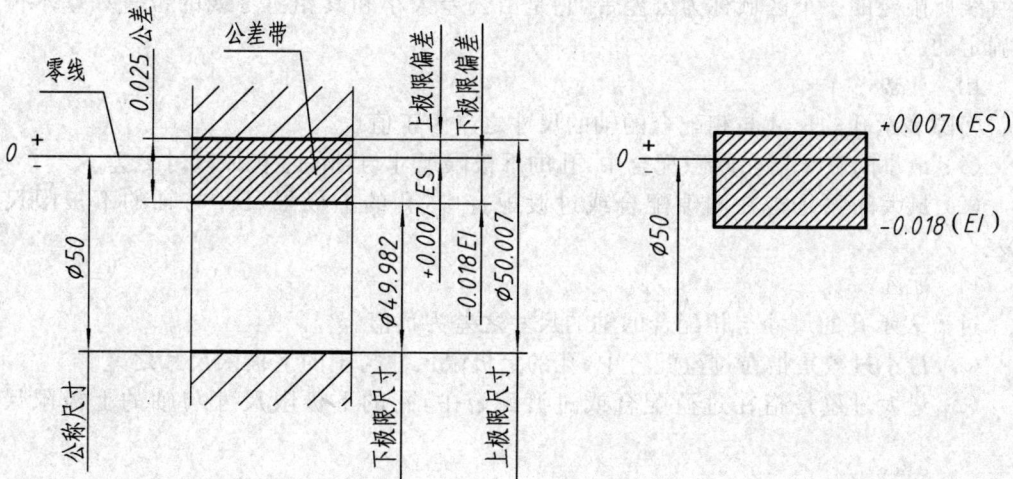

图 5-2　尺寸公差名词解释及公差带图

(1) 公称尺寸:由设计给定的尺寸。通过它应用上、下偏差可算出极限尺寸的尺寸。

(2) 实际尺寸:通过测量获得的某一孔、轴的尺寸。

4. 极限尺寸

极限尺寸指一个孔或轴允许的尺寸的两个极端。实际尺寸应位于其中,也可达到极限尺寸。

(1) 上极限尺寸:孔或轴允许的最大尺寸。

(2) 下极限尺寸:孔或轴允许的最小尺寸。

5. 极限制

极限制指经标准化的公差与偏差制度。

6. 零线

零线是在极限与配合图解中,表示公称尺寸的一条直线,以其为基准确定偏差和公差。通常,零线沿水平方向绘制,正偏差位于其上,负偏差位于其下(图 5-2)。

7. 偏差

偏差是某一尺寸(实际尺寸,极限尺寸等)减去其公称尺寸所得的代数差。偏差有极限偏差(包括上极限偏差、下极限偏差)和基本偏差。

(1) 上极限偏差:上极限尺寸与其公称尺寸之代数差,其代号孔为 ES,轴为 es。

(2) 下极限偏差:下极限尺寸与其公称尺寸之代数差,其代号孔为 EI,轴为 ei。

(3) 基本偏差:在本标准极限与配合制中,确定公差带相对零线位置的那个极限偏差(它可以是上极限偏差或下极限偏差,一般为靠近零线的那个偏差为基本偏差)。

8. 尺寸公差(简称公差)

公差是上极限尺寸与下极限尺寸之差或上极限偏差与下极限偏差之差,它是允许尺寸的变动量。尺寸公差是一个没有符号的绝对值。

9. 公差带

在公差带图解中,由代表上极限偏差和下极限偏差或上极限尺寸和下极限尺寸的两条直线所限定的一个区域称为公差带,它是由公差大小和其相对零线的位置如基本偏差来确定的。

10. 间隙

间隙表示孔的尺寸与相配合的轴的尺寸之差为正值。

(1) 最小间隙是指在间隙配合中,孔的下极限尺寸与轴的上极限尺寸之差。

(2) 最大间隙是指在间隙配合或过渡配合中,孔的上极限尺寸与轴的下极限尺寸之差。

11. 过盈

过盈表示孔的尺寸与相配合的轴的尺寸之差为负值。

(1) 最小过盈是指在过盈配合中,孔的上极限尺寸与轴的下极限尺寸之差。

(2) 最大过盈是指在过盈配合或过渡配合中,孔的下极限尺寸与轴的上极限尺寸之差。

5.1.4 标准公差和基本偏差

在公差带图中,公差带是由"公差带大小"和"公差带位置"两个要素组成的。"公差带大小"是由"标准公差"来确定的,"公差带位置"是由"基本偏差"确定的。

1. 标准公差

标准公差是本标准极限与配合制中,所规定的任一公差值。

标准公差分为 20 个等级,分别用 IT01,IT0,IT1,IT2,…,IT18 表示。IT 表示标准公差,阿拉伯数字表示公差等级代号。由 IT01～IT18,公差等级依次降低,亦即尺寸的精确程度依次降低,而公差数值则依次增大。同一公差等级因公称尺寸不同公差值也不相同。所以标准公差是由"公差等级"和"公称尺寸"确定的(表 5 - 1)。

表 5 - 1　标准公差数值(摘自 GB/T 1800. 1－2009)

公称尺寸 mm		标 准 公 差 等 级																			
大于	至	IT01	IT0	IT1	IT2	IT3	IT4	IT5	IT6	IT7	IT8	IT9	IT10	IT11	IT12	IT13	IT14	IT15	IT16	IT17	IT18
		μm													mm						
—	3	0.3	0.5	0.8	1.2	2	3	4	6	10	14	25	40	60	0.1	0.14	0.25	0.4	0.6	1	1.4
3	6	0.4	0.6	1	1.5	2.5	4	5	8	12	18	30	48	75	0.12	0.18	0.3	0.48	0.75	1.2	1.8
6	10	0.4	0.6	1	1.5	2.5	4	6	9	15	22	36	58	90	0.15	0.22	0.36	0.58	0.9	1.5	2.2
10	18	0.5	0.8	1.2	2	3	5	8	11	18	27	43	70	110	0.18	0.27	0.43	0.7	1.1	1.8	2.7
18	30	0.6	1	1.5	2.5	4	6	9	13	21	33	52	84	130	0.21	0.33	0.52	0.84	1.3	2.1	3.3
30	50	0.6	1	1.5	2.5	4	7	11	16	25	39	62	100	160	0.25	0.39	0.62	1	1.6	2.5	3.9
50	80	0.8	1.2	2	3	5	8	13	19	30	46	74	120	190	0.3	0.46	0.74	1.2	1.9	3	4.6
80	120	1	1.5	2.5	4	6	10	15	22	35	54	87	140	220	0.35	0.54	0.87	1.4	2.2	3.5	5.4
120	180	1.2	2	3.5	5	8	12	18	25	40	63	100	160	250	0.4	0.63	1	1.6	2.5	4	6.3
180	250	2	3	4.5	7	10	14	20	29	46	72	115	185	290	0.46	0.72	1.15	1.85	2.9	4.6	7.2
250	315	2.5	4	6	8	12	16	23	32	52	81	130	210	320	0.52	0.81	1.3	2.1	3.2	5.2	8.1
315	400	3	5	7	9	13	18	25	36	57	89	140	230	360	0.57	0.89	1.4	2.3	3.6	5.7	8.9
400	500	4	6	8	10	15	20	27	40	63	97	155	250	400	0.63	0.97	1.55	2.5	4	6.3	9.7

注:1. 公称尺寸大于 500 mm 的 IT1～IT5 的标准公差数值为试行的。

2. 公称尺寸小于或等于 1 mm 时,无 IT14～IT18。

2. 基本偏差

基本偏差是指在本标准极限与配合制中,确定公差带相对零线位置的那个极限偏差,它可以是上极限偏差或下极限偏差,一般为靠近零线的那个偏差。当公差带在零线上方时基本偏差为下极限偏差;反之则为上极限偏差。基本偏差共有 28 个,它的代号用拉丁字母表示,大写为孔,小写为轴(图 5 - 3)。

其中,A～H(a～h)用于间隙配合;J～ZC(j～zc)用于过渡配合和过盈配合。从基本偏差系列图中可以看到:孔的基本偏差 A～H 为下极限偏差,J～ZC 为上极限偏差;轴的基本偏差 a～h 为上极限偏差,j～zc 为下极限偏差;JS 和 js 的公差带对称分布于零线两边,孔和轴的上、下极限偏差分别都是＋IT/2,－IT/2。基本偏差系列图只表示公差带的位置,不表示公差带的大小,公差带一端是开口的,另一端由标准公差限定。因此,根据孔、轴的基本偏差(表 5 - 2 和表 5 - 3)和标准公差,就可以计算出孔、轴的另一个极限偏差。

孔的另一个极限偏差为:ES＝EI+IT 或 EI＝ES-IT;

轴的另一个极限偏差为:es＝ei+IT 或 ei＝es-IT。

图 5-3　基本偏差系列

孔和轴的公差带代号由基本偏差代号与公差等级代号组成。例如：

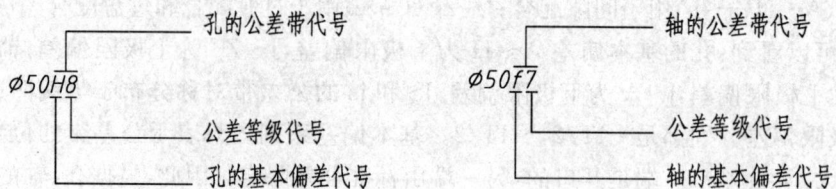

5.1.5 配合

公称尺寸相同的、相互结合的孔和轴公差带之间的关系,称为配合。

1. 配合的种类

根据使用要求的不同,孔和轴之间的配合分 3 类,即间隙配合、过盈配合、过渡配合。

(1) 间隙配合:具有间隙(包括最小间隙等于零)的配合。此时,孔的公差带在轴的公差带之上(图 5-4)。

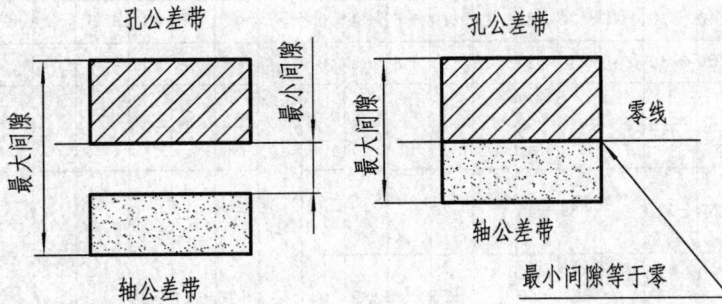

图 5-4 间隙配合

(2) 过盈配合:具有过盈(包括最小过盈等于零)的配合。此时,孔的公差带在轴的公差带之下(图 5-5)。

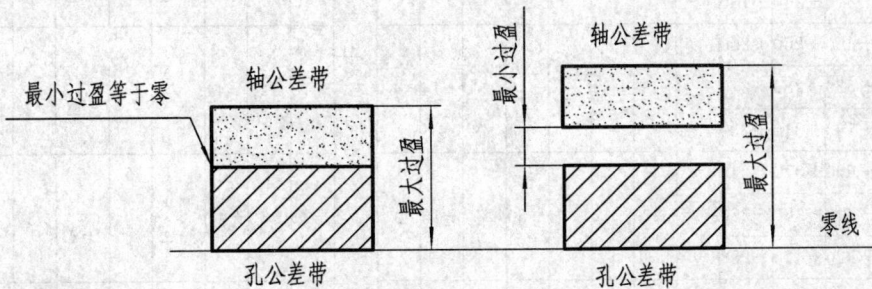

图 5-5 过盈配合

(3) 过渡配合:可能具有间隙或过盈的配合。此时,孔的公差带与轴的公差带互相交叠(图 5-6)。

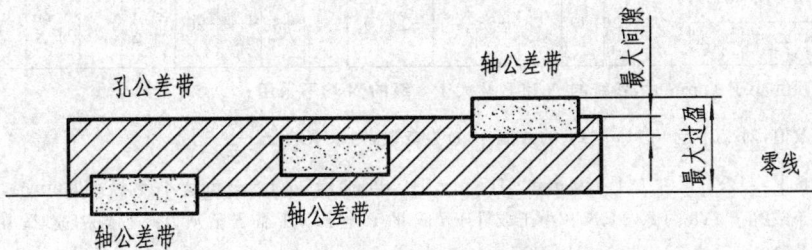

图 5-6 过渡配合

表 5-2　孔的基本

公称尺寸 mm		下极限偏差 EI　所有标准公差等级											JS	基本偏 J			K		M		N	
														IT6	IT7	IT8	≤IT8	>IT8	≤IT8	>IT8	≤IT8	>IT8
大于	至	A	B	C	CD	D	E	EF	F	FG	G	H		J			K		M		N	
—	3	+270	+140	+60	+34	+20	+14	+10	+6	+4	+2	0	偏差 = ±IT/2	+2	+4	+6	0	0	−2	−2	−4	−4
3	6	+270	+140	+70	+46	+30	+20	+14	+10	+6	+4	0		+5	+6	+10	−1+Δ		−4+Δ	−4	−8+Δ	0
6	10	+270	+150	+80	+56	+40	+25	+18	+13	+8	+5	0		+5	+8	+12	−1+Δ		−6+Δ	−6	−10+Δ	0
10	14	+290	+150	+95		+50	+32		+16		+6	0		+6	+10	+15	−1+Δ		−7+Δ	−7	−12+Δ	0
14	18																					
18	24	+300	+160	+110		+65	+40		+20		+7	0		+8	+12	+20	−2+Δ		−8+Δ	−8	−15+Δ	0
24	30																					
30	40	+310	+170	+120		+80	+50		+25		+9	0		+10	+14	+24	−2+Δ		−9+Δ	−9	−17+Δ	0
40	50	+320	+180	+130																		
50	65	+340	+190	+140		+100	+60		+30		+10	0		+13	+18	+28	−2+Δ		−11+Δ	−11	−20+Δ	0
65	80	+360	+200	+150																		
80	100	+380	+220	+170		+120	+72		+36		+12	0		+16	+22	+34	−3+Δ		−13+Δ	−13	−23+Δ	0
100	120	+410	+240	+180																		
120	140	+460	+260	+200		+145	+85		+43		+14	0		+18	+26	+41	−3+Δ		−15+Δ	−15	−27+Δ	0
140	160	+520	+280	+210																		
160	180	+580	+310	+230																		
180	200	+660	+310	+240		+170	+100		+50		+15	0		+22	+30	+47	−4+Δ		−17+Δ	−17	−31+Δ	0
200	225	+740	+380	+260																		
225	250	+820	+420	+280																		
250	280	+920	+480	+300		+190	+110		+56		+17	0		+25	+36	+55	−4+Δ		−20+Δ	−20	−34+Δ	0
280	315	+1050	+540	+330																		
315	355	+1200	+600	+360		+210	+125		+62		+18	0		+29	+39	+60	−4+Δ		−21+Δ	−21	−37+Δ	0
355	400	+1350	+680	+400																		
400	450	+1500	+760	+440		+230	+135		+68		+20	0		+33	+43	+66	−5+Δ		−23+Δ	−23	−40+Δ	0
450	500	+1650	+840	+480																		

注:1. 公称尺寸小于 1 mm 时,各级的 A 和 B 及大于 8 级的 N 均不采用。

2. JS 的数值,对 IT7 至 IT11,若 IT 的数值(μm)为奇数,则取 $JS=\pm\dfrac{IT-1}{2}$。

3. 特殊情况,当公称尺寸大于 250 mm～315 mm 时,M6 的 ES 等于 −9 mm(不等于 −11 mm)。

4. 对小于或等于 IT8 的 K、M、N 和小于或等于 IT7 的 P 至 ZC,所需 Δ 值从表内右侧栏选取。例如:大于 6 mm～10 mm 的 P6,Δ=3,所以 ES=(−15+3)μm=−12 μm。

偏差数值(摘自 GB/T 1800.1—2009)　　　　　　　　　　　　　　(单位:μm)

差　数　值												Δ值					
上　极　限　偏　差　ES																	
≤IT7	标准公差等级大于IT7											标准公差等级					
P~ZC	P	R	S	T	U	V	X	Y	Z	ZA	ZB	ZC	IT3	IT4	IT5	IT6	IT7	IT8
在大于IT7的相应数值上增加一个Δ值	−6	−10	−14		−18		−20		−26	−32	−40	−60	0	0	0	0	0	0
	−12	−15	−19		−23		−28		−35	−42	−50	−80	1	1.5	1	3	4	6
	−15	−19	−23		−28		−34		−42	−52	−67	−97	1	1.5	2	3	6	7
	−18	−23	−28	−33			−40		−50	−64	−90	−130	1	2	3	3	7	9
						−39	−45		−60	−77	−108	−150						
	−22	−28	−35		−41	−47	−54	−63	−73	−98	−136	−188	1.5	2	3	4	8	12
				−41	−48	−55	−64	−75	−88	−118	−160	−218						
	−26	−34	−43	−48	−60	−68	−80	−94	−112	−148	−200	−274	1.5	3	4	5	9	14
				−54	−70	−81	−97	−114	−136	−180	−242	−325						
	−32	−41	−53	−66	−87	−102	−122	−144	−172	−226	−300	−405	2	3	5	6	11	16
		−43	−59	−75	−102	−120	−146	−174	−210	−274	−360	−480						
	−37	−51	−71	−91	−124	−146	−178	−214	−258	−335	−445	−585	2	4	5	7	13	19
		−54	−79	−104	−144	−172	−210	−254	−310	−400	−525	−690						
	−43	−63	−92	−122	−170	−202	−248	−300	−365	−470	−620	−800	3	4	6	7	15	23
		−65	−100	−134	−190	−228	−280	−340	−415	−535	−700	−900						
		−68	−108	−146	−210	−252	−310	−380	−465	−600	−780	−1000						
	−50	−77	−122	−166	−236	−284	−350	−425	−520	−670	−880	−1150	3	4	6	9	17	26
		−80	−130	−180	−258	−310	−385	−470	−575	−740	−960	−1250						
		−84	−140	−196	−284	−340	−425	−520	−640	−820	−1050	−1350						
	−56	−94	−158	−218	−315	−385	−475	−580	−710	−920	−1200	−1550	4	4	7	9	20	29
		−98	−170	−240	−350	−425	−525	−650	−790	−1000	−1300	−1700						
	−62	−108	−190	−268	−390	−475	−590	−730	−900	−1150	−1500	−1900	4	5	7	11	21	32
		−114	−208	−294	−435	−530	−660	−820	−1000	−1300	−1650	−2100						
	−68	−126	−232	−330	−490	−595	−740	−920	−1100	−1450	−1850	−2400	5	5	7	13	23	34
		−132	−252	−360	−540	−660	−820	−1000	−1250	−1600	−2100	−2600						

表 5-3　轴的基本

基本偏

公称尺寸 mm 大于	至	上极限偏差 es （所有标准公差等级） a	b	c	cd	d	e	ef	f	fg	g	h	js	基本偏 j IT5,IT6	j IT7	j IT8	IT4~IT7
—	3	−270	−140	−60	−34	−20	−14	−10	−6	−4	−2	0		−2	−4	−6	0
3	6	−270	−140	−70	−46	−30	−20	−14	−10	−6	−4	0		−2	−4		+1
6	10	−280	−150	−80	−56	−40	−25	−18	−13	−8	−5	0		−2	−5		+1
10	14	−290	−150	−95		−50	−32		−16		−6	0		−3	−6		+1
14	18											0					
18	24	−300	−160	−110		−65	−40		−20		−7	0		−4	−8		+2
24	30											0					
30	40	−310	−170	−120		−80	−50		−25		−9	0		−5	−10		+2
40	50	−320	−180	−130								0					
50	65	−340	−190	−140		−100	−60		−30		−10	0		−7	−12		+2
65	80	−360	−200	−150								0					
80	100	−380	−220	−170		−120	−72		−36		−12	0		−9	−15		+3
100	120	−410	−240	−180								0					
120	140	−460	−260	−200		−145	−85		−43		−14	0	偏差=±$\frac{IT}{2}$	−11	−18		+3
140	160	−520	−280	−210								0					
160	180	−580	−310	−230								0					
180	200	−660	−340	−240		−170	−100		−50		−15	0		−13	−21		+4
200	225	−740	−380	−260								0					
225	250	−820	−420	−280								0					
250	280	−920	−480	−300		−190	−110		−56		−17	0		−16	−26		+4
280	315	−1050	−540	−330								0					
315	355	−1200	−600	−360		−210	−125		−62		−18	0		−18	−28		+4
355	400	−1350	−680	−400								0					
400	450	−1500	−760	−440		−230	−135		−68		−20	0		−20	−32		+5
450	500	−1650	−840	−480								0					

注：1. 公称尺寸小于或等于 1 mm 时，基本偏差 a 和 b 均不采用。

2. 公差带 js7~js11，若 IT 值是奇数，则取偏差=±$\frac{IT-1}{2}$。

偏差数值(摘自 GB/T 1800.1－2009)　　　　　　　　　　　　　　　　（单位:μm）

差　数　值

下　极　限　偏　差　ei

≤IT3 / >IT7　　　　所 有 标 准 公 差 等 级

k	m	n	p	r	s	t	u	v	x	y	z	za	zb	zc
0	+2	+4	+6	+10	+14		+18		+20		+26	+32	+40	+60
0	+4	+8	+12	+15	+19		+23		+28		+35	+42	+50	+80
0	+6	+10	+15	+19	+23		+28		+34		+42	+52	+67	+97
0	+7	+12	+18	+23	+28		+33		+40		+50	+64	+90	+130
							+39		+45		+60	+77	+108	+150
0	+8	+15	+22	+28	+35		+41	+47	+54	+63	+73	+98	+136	+188
						+41	+48	+55	+64	+75	+88	+118	+160	+218
0	+9	+17	+26	+34	+43	+48	+60	+68	+80	+94	+112	+148	+200	+274
						+54	+70	+81	+97	+114	+136	+180	+242	+325
0	+11	+20	+32	+41	+53	+66	+87	+102	+122	+144	+172	+226	+300	+405
				+43	+59	+75	+102	+120	+146	+174	+210	+274	+360	+480
0	+13	+23	+37	+51	+71	+91	+124	+146	+178	+214	+258	+335	+445	+585
				+54	+79	+104	+144	+172	+210	+254	+310	+400	+525	+690
0	+15	+27	+43	+63	+92	+122	+170	+202	+248	+300	+365	+470	+620	+800
				+65	+100	+134	+190	+228	+280	+340	+415	+535	+700	+900
				+68	+108	+146	+210	+252	+310	+380	+465	+600	+780	+1000
0	+17	+31	+50	+77	+122	+166	+236	+284	+350	+425	+520	+670	+880	+1150
				+80	+130	+180	+258	+310	+385	+470	+575	+740	+960	+1250
				+84	+140	+196	+284	+340	+425	+520	+640	+820	+1050	+1350
0	+20	+34	+56	+94	+158	+218	+315	+385	+475	+580	+710	+920	+1200	+1550
				+98	+170	+240	+350	+425	+525	+650	+790	+1000	+1300	+1700
0	+21	+37	+62	+108	+190	+268	+39	+475	+590	+730	+900	+1150	+1500	+1900
				+114	+208	+294	+435	+540	+660	+820	+1000	+1300	+1650	+2100
0	+23	+40	+68	+126	+232	+330	+490	+59	+740	+920	+1100	+1450	+1850	+2400
				+132	+252	+360	+540	+660	+820	+1000	+1250	+1600	+2100	+2600

2. 配合制

同一极限制的孔和轴组成配合的一种制度称为配合制。

（1）基孔制配合：基本偏差为一定的孔的公差带，与不同基本偏差的轴的公差带形成各种配合的一种制度。基孔制的孔称为基准孔，其基本偏差代号选用"H"。

对本标准极限与配合制而言，是孔的下极限尺寸与公称尺寸相等、孔的下偏差为零的一种配合制（图 5-7）。

（2）基轴制配合：基本偏差为一定的轴的公差带与不同基本偏差的孔的公差带形成各种配合的一种制度。基轴制的轴称为基准轴，其基本偏差代号选用"h"。

对本标准极限与配合制而言，是轴的上极限尺寸与公称尺寸相等、轴的上偏差为零的一种配合制（图 5-8）。

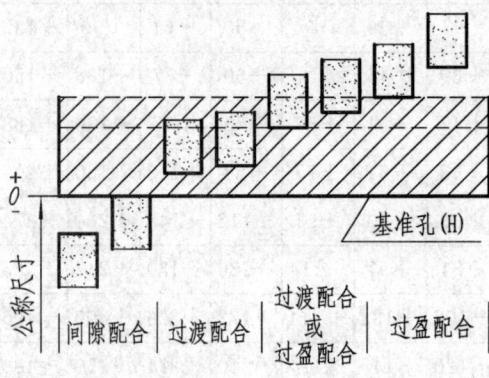

图 5-7　基孔制配合　　　　　　　　　图 5-8　基轴制配合

3. 优先常用配合

国家标准根据产品生产的实际情况，考虑各类产品的不同特点，制定了优先及常用公差带、优先及常用配合。表 5-4 和表 5-5 为孔的常用及优先公差带和轴的常用及优先公差带，表 5-6 和表 5-7 为基孔制及基轴制优先、常用配合。

表 5-4　孔的常用和优先公差带（尺寸≤500 mm）（摘自 GB/T 1801-2009）

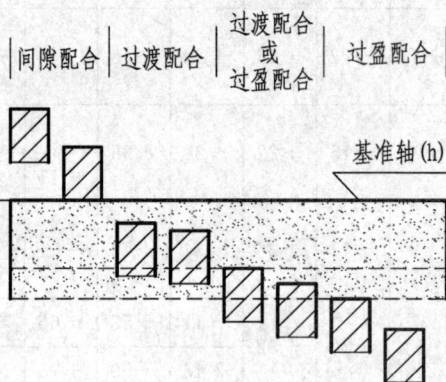

注：1. 孔的一般公差带，共 105 个（包括常用和优先），最后选用不带圆圈和方框中的公差带。

2. 带方框的为常用公差带，共 44 个（包括优先）。

3. 带圆圈的为优先公差带，共 13 个，应优先选用。

表 5-5　轴的常用和优先公差带(尺寸≤500 mm)(摘自 GB/T 1801-2009)

```
                                    h1   js1
                                    h2   js2
                                    h3   js3
                             g4     h4   js4  k4  m4  n4  p4  r4  s4
                      f5    g5    h5   j5  js5  k5  m5  n5  p5  r5  s5  t5  u5  v5  x5  y5  z5
                e6    f6   (g6)  (h6)  j6  js6 (k6) m6 (n6)(p6) r6 (s6) t6 (u6) v6  x6  y6  z6
          d7   e7   (f7)   g7   (h7)  j7  js7  k7  m7  n7  p7  r7  s7  t7  u7  v7  x7  y7  z7
    c8   d8   e8    f8    g8    h8       js8  k8  m8  n8  p8  r8  s8  t8  u8  v8  x8  y8  z8
a9  b9   c9  (d9)   e9    f9         (h9)  js9
a10 b10 c10  d10   e10               h10  js10
a11 b11 (c11) d11                   (h11) js11
a12 b12 c12                          h12  js12
a13 b13 c13                          h13  js13
```

注:1. 轴的一般公差带,共 119 个(包括常用和优先),最后选用不带圆圈和方框中的公差带。

　　2. 带方框的为常用公差带,共 59 个(包括优先)。

　　3. 带圆圈的为优先公差带,共 13 个应优先选用。

　　为了使用方便,国家标准对所规定的孔、轴公差带列有极限偏差表,其中常用及优先选用的轴、孔极限偏差如表 5-8 和表 5-9 所示。

表 5-6　基孔制优先、常用配合(摘自 GB/T 1801-2009)

基准孔	轴																				
	a	b	c	d	e	f	g	h	js	k	m	n	p	r	s	t	u	v	x	y	z
	间隙配合								过渡配合			过盈配合									
H6						$\frac{H6}{f5}$	$\frac{H6}{g5}$	$\frac{H6}{h5}$	$\frac{H6}{js5}$	$\frac{H6}{k5}$	$\frac{H6}{m5}$	$\frac{H6}{n5}$	$\frac{H6}{p5}$	$\frac{H6}{r5}$	$\frac{H6}{s5}$	$\frac{H6}{t5}$					
H7						$\frac{H7}{f6}$	$\frac{H7}{g6}$	$\frac{H7}{h6}$	$\frac{H7}{js6}$	$\frac{H7}{k6}$	$\frac{H7}{m6}$	$\frac{H7}{n6}$	$\frac{H7}{p6}$	$\frac{H7}{r6}$	$\frac{H7}{s6}$	$\frac{H7}{t6}$	$\frac{H7}{u6}$	$\frac{H7}{v6}$	$\frac{H7}{x6}$	$\frac{H7}{y6}$	$\frac{H7}{z6}$
H8					$\frac{H8}{e7}$	$\frac{H8}{f7}$	$\frac{H8}{g7}$	$\frac{H8}{h7}$	$\frac{H8}{js7}$	$\frac{H8}{k7}$	$\frac{H8}{m7}$	$\frac{H8}{n7}$	$\frac{H8}{p7}$	$\frac{H8}{r7}$	$\frac{H8}{s7}$	$\frac{H8}{t7}$	$\frac{H8}{u7}$				
				$\frac{H8}{d8}$	$\frac{H8}{e8}$	$\frac{H8}{f8}$		$\frac{H8}{h8}$													
H9			$\frac{H9}{c9}$	$\frac{H9}{d9}$	$\frac{H9}{e9}$	$\frac{H9}{f9}$		$\frac{H9}{h9}$													

续 表

基准孔	轴																				
	a	b	c	d	e	f	g	h	js	k	m	n	p	r	s	t	u	v	x	y	z
	间隙配合								过渡配合				过盈配合								
H10			$\frac{H10}{c10}$	$\frac{H10}{d10}$				$\frac{H10}{h10}$													
H11	$\frac{H11}{a11}$	$\frac{H11}{b11}$	$\frac{H11}{c11}$	$\frac{H1}{d11}$				$\frac{H11}{h11}$													
H12		$\frac{H12}{b12}$						$\frac{H12}{h12}$													

注:1. $\frac{H6}{n5}$,$\frac{H7}{p6}$在公称尺寸小于或等于 3 mm 和 $\frac{H8}{r7}$ 在公称尺寸小于或等于 100 mm 时,为过渡配合。

　　2. 标注▼的配合为优先配合。

表 5-7　基轴制优先、常用配合(摘自 GB/T 1801—2009)

基准轴	孔																				
	A	B	C	D	E	F	G	H	JS	K	M	N	P	R	S	T	U	V	X	Y	Z
	间隙配合								过渡配合				过盈配合								
h5						$\frac{F6}{h5}$	$\frac{G6}{h5}$	$\frac{H6}{h5}$	$\frac{JS6}{h5}$	$\frac{K6}{h5}$	$\frac{M6}{h5}$	$\frac{N6}{h5}$	$\frac{P6}{h5}$	$\frac{R6}{h5}$	$\frac{S6}{h5}$	$\frac{T6}{h5}$					
h6						$\frac{F7}{h6}$	$\frac{G7}{h6}$	$\frac{H7}{h6}$	$\frac{JS7}{h6}$	$\frac{K7}{h6}$	$\frac{M7}{h6}$	$\frac{N7}{h6}$	$\frac{P7}{h6}$	$\frac{R7}{h6}$	$\frac{S7}{h6}$	$\frac{T7}{h6}$	$\frac{U7}{h6}$				
h7					$\frac{E8}{h7}$	$\frac{F8}{h7}$		$\frac{H8}{h7}$	$\frac{JS8}{h7}$	$\frac{K8}{h7}$	$\frac{M8}{h7}$	$\frac{N8}{h7}$									
h8				$\frac{D8}{h8}$	$\frac{E8}{h8}$	$\frac{F8}{h8}$		$\frac{H8}{h8}$													
h9				$\frac{D9}{h9}$	$\frac{E9}{h9}$	$\frac{F9}{h9}$		$\frac{H9}{h9}$													
h10				$\frac{D10}{h10}$				$\frac{H10}{h10}$													
h11	$\frac{A11}{h11}$	$\frac{B11}{h11}$	$\frac{C11}{h11}$	$\frac{D11}{h11}$				$\frac{H11}{h11}$													
h12		$\frac{B12}{h12}$						$\frac{H12}{h12}$													

注:标注▼的配合为优先配合。

4. 极限与配合的选用

在实际生产中,选用基孔制还是基轴制,主要从机器结构、工艺要求和经济性等方面来考虑。

已知公称尺寸,在选择配合制、配合种类、标准公差等级时,应以机械产品的使用价值与制造成本的综合经济效益为原则。

(1) 配合制的选择:主要考虑工艺的经济性和结构的合理性。一般情况下,优先采用基孔制,因为加工相同等级的孔和轴时,孔的加工比轴要困难些。

基轴制通常用于具有明显经济效果的场合。例如,直接使用冷拔圆钢做的轴,或同一轴上装有不同配合要求的几个零件,当采用基轴制时,轴就可不必另行机械加工或分段要求了。

若与标准件配合时,则应按标准件确定配合制。例如,与滚动轴承内圈孔配合的轴颈,应采用基孔制配合;而与其外圈配合的孔,则应采用基轴制。

(2) 标准公差等级的选择:标准公差等级的高低直接影响产品的使用性能和加工的经济性。一般使用的配合尺寸的标准公差等级范围为 IT5～IT11。

在孔与轴的配合中,考虑到加工孔较加工轴困难些。因此,选用标准公差等级时,一般为孔比轴低一级。

5. 极限与配合的标注

(1) 在装配图中的标注:根据国家标准规定,在两配合零件的公称尺寸后面标注配合代号。配合代号由孔、轴公差带代号组合表示,写成分数形式,分子为孔的公差带代号,分母为轴的公差带代号。标注的形式为

$$公称尺寸\frac{孔的公差带代号}{轴的公差带代号}$$

如图 5-9 所示为装配图上公差带代号的标注。

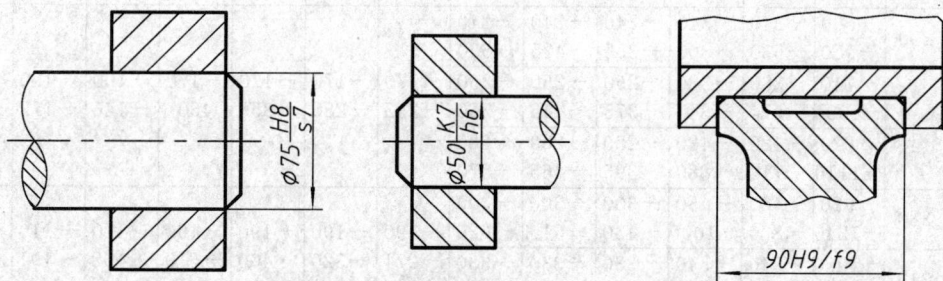

图 5-9　装配图上公差代号的标注

(2) 在零件图中的标注(图 5-10):

1) 在公称尺寸的后面只注公差带代号,代号字体的大小与尺寸数字字体的相同。

2) 在公称尺寸后面注出上、下极限偏差数值,上极限偏差注在右上角,下极限偏差注在右下角,单位用毫米(mm)。极限偏差数值的字体比尺寸数字的小一号。当某极限偏差为零时,仍应注出。对不为零的极限偏差,应注出正、负号。

表5-8　常用及优先轴极限

公称尺寸 mm		a	b		c			d				e		
大于	至	11	11	12	9	10	⑪	8	⑨	10	11	7	8	9
—	3	-270 -330	-140 -200	-140 -240	-60 -85	-60 -100	-60 -120	-20 -34	-20 -45	-20 -60	-20 -80	-14 -24	-14 -28	-14 -39
3	6	-280 -345	-140 -215	-140 -260	-70 -100	-70 -118	-70 -145	-30 -48	-30 -60	-30 -78	-30 -150	-20 -32	-20 -38	-20 -50
6	10	-280 -370	-150 -240	-150 -300	-80 -116	-80 -138	-80 -170	-40 -62	-40 -76	-40 -98	-40 -130	-25 -40	-25 -47	-25 -61
10	14	-290 -400	-150 -260	-150 -330	-95 -138	-95 -165	-95 -205	-50 -77	-50 -93	-50 -120	-50 -160	-32 -50	-32 -59	-32 -75
14	18													
18	24	-300 -430	-160 -290	-160 -370	-110 -162	-110 -194	-110 -240	-65 -98	-65 -117	-65 -149	-65 -195	-40 -61	-40 -73	-40 -92
24	30													
30	40	-310 -470	-170 -330	-170 -420	-120 -182	-120 -220	-120 -280	-80 -119	-80 -142	-80 -180	-80 -240	-50 -75	-50 -89	-50 -112
40	50	-320 -480	-180 -340	-180 -430	-130 -192	-130 -230	-130 -290							
50	60	-340 -530	-190 -380	-190 -490	-140 -214	-140 -260	-140 -330	-100 -146	-100 -174	-100 -220	-100 -290	-60 -90	-60 -106	-60 -134
65	80	-360 -550	-200 -390	-200 -500	-150 -224	-150 -270	-150 -340							
80	100	-380 -600	-220 -440	-220 -570	-170 -257	-170 -310	-170 -390	-120 -174	-120 -207	-120 -260	-120 -340	-72 -107	-72 -126	-72 -159
100	120	-410 -630	-240 -460	-240 -590	-180 -267	-180 -320	-180 -400							
120	140	-460 -710	-260 -510	-260 -660	-200 -300	-200 -360	-200 -450	-145 -208	-145 -245	-145 -305	-145 -395	-85 -125	-85 -148	-85 -158
140	160	-520 -770	-280 -530	-280 -680	-210 -310	-210 -370	-210 -460							
160	180	-580 -830	-310 -560	-310 -710	-230 -330	-230 -390	-230 -480							
180	200	-660 -950	-340 -630	-340 -800	-240 -355	-240 -425	-240 -530	-170 -242	-170 -285	-170 -355	-170 460	-100 -146	-100 -172	-100 -215
200	225	-740 -1030	-380 -670	-380 -840	-260 -375	-260 -445	-260 -550							
225	250	-820 -1110	-420 -710	-420 -880	-280 -395	-280 -465	-280 -570							
250	280	-920 -1240	-480 -800	-480 -1000	-300 -430	-300 -510	-300 -620	-190 -271	-190 -320	-190 -400	-190 -510	-110 -162	-110 -191	-110 -240
280	315	-1050 -1370	-540 -860	-540 -1060	-330 -460	-330 -540	-330 -650							
315	355	-1200 -1560	-600 -960	-600 -1170	-360 -500	-360 -590	-360 -720	-210 -299	-210 -350	-210 -440	-210 -570	-125 -182	-125 -214	-125 -265
355	400	-1350 -1710	-680 -1040	-680 -1250	-400 -540	-400 -630	-400 -760							
400	450	-1500 -1900	-760 -1160	-760 -1390	-440 -595	-440 -690	-440 -940	-230 -327	-230 -385	-230 -480	-230 -630	-135 -198	-135 -232	-135 -290
450	500	-1650 -2050	-840 1240	-840 -1470	-480 -635	-480 -730	-480 -880							

注：公称尺寸小于1mm时，各级的a和b均不采用。

偏差(摘自 GB/T 1801－2009)　　　　　　　　　　(单位:μm)

(带圈者为优先公差带)

f					g			h							
5	6	⑦	8	9	5	⑥	7	5	⑥	⑦	8	⑨	10	⑪	12
−6	−6	−6	−6	−6	−2	−2	−2	0	0	0	0	0	0	0	0
−10	−12	−16	−20	−31	−6	−8	−12	−4	−6	−10	−14	−25	−40	−60	−100
−10	−10	−10	−10	−10	−4	−4	−4	0	0	0	0	0	0	0	0
−15	−18	−22	−28	−40	−9	−12	−16	−5	−8	−12	−18	−30	−48	−75	−120
−13	−13	−13	−13	−13	−5	−5	−5	0	0	0	0	0	0	0	0
−19	−22	−28	−35	−49	−11	−14	−20	−6	−9	−15	−22	−36	−58	−90	−150
−16	−16	−16	−16	−16	−6	−6	−6	0	0	0	0	0	0	0	0
−24	−27	−34	−43	−59	−14	−17	−24	−8	−11	−18	−27	−43	−70	−100	−180
−20	−20	−20	−20	−20	−7	−7	−7	0	0	0	0	0	0	0	0
−29	−33	−41	−53	−72	−16	−20	−28	−9	−13	−21	−33	−52	−84	−130	−210
−25	−25	−25	−25	−25	−9	−9	−9	0	0	0	0	0	0	0	0
−36	−41	−50	−64	−87	−20	−25	−34	−11	−16	−25	−39	−62	−100	−160	−250
−30	−30	−30	−30	−30	−10	−10	−10	0	0	0	0	0	0	0	0
−43	−49	−60	−76	−104	−23	−29	−40	−13	−19	−30	−46	−74	−120	−190	−300
−36	−36	−36	−36	−36	−12	−12	−12	0	0	0	0	0	0	0	0
−51	−58	−71	−90	−123	−27	−34	−47	−15	−22	−35	−54	−87	−140	−200	−350
−43	−43	−43	−43	−43	−14	−14	−14	0	0	0	0	0	0	0	0
−61	−68	−83	−106	−143	−32	−39	−54	−18	−25	−40	−63	−100	−160	−250	−400
−50	−50	−50	−50	−50	−15	−15	−15	0	0	0	0	0	0	0	0
−70	−79	−96	−122	−165	−35	−44	−61	−20	−29	−46	−72	−115	−185	−290	−460
−56	−56	−56	−56	−56	−17	−17	−17	0	0	0	0	0	0	0	0
−79	−88	−108	−137	−186	−40	−49	−69	−23	−32	−52	−81	−130	−210	−320	−520
−62	−62	−62	−62	−62	−18	−18	−18	0	0	0	0	0	0	0	0
−87	−98	−119	−151	−202	−43	−54	−75	−25	−36	−57	−89	−140	−230	−360	−570
−68	−68	−68	−68	−68	−20	−20	−20	0	0	0	0	0	0	0	0
−95	−108	−131	−165	−223	−47	−60	−83	−27	−40	−63	−97	−155	−250	−400	−630

续 表

公称尺寸 mm		常用及优先公差带														
		js			k			m			n			p		
大于	至	5	6	7	5	⑥	7	5	6	7	5	⑥	7	5	⑥	7
—	3	±2	±3	±5	+4 0	+6 0	+10 0	+6 +2	+8 +2	+12 +2	+8 +4	+10 +4	+14 +4	+10 +6	+12 +6	+16 +6
3	6	±2.5	±4	±6	+6 +1	+9 +1	+13 +1	+9 +4	+12 +4	+16 +4	+13 +8	+16 +8	+20 +8	+17 +12	+20 +12	+24 +12
6	10	±3	±4.5	±7	+7 +1	+10 +1	+16 +1	+12 +6	+15 +6	+21 +6	+16 +10	+19 +10	+25 +10	+21 +15	+24 +15	+30 +15
10	14	±4	±5.5	±9	+9 +1	+12 +1	+19 +1	+15 +7	+18 +7	+25 +7	+20 +12	+23 +12	+30 +12	+26 +18	+29 +18	+36 +18
14	18															
18	24	±4.5	±6.5	±10	+11 +2	+15 +2	+23 +2	+17 +8	+21 +8	+29 +8	+24 +15	+28 +15	+36 +15	+31 +22	+35 +22	+43 +22
24	30															
30	40	±5.5	±8	±12	+13 +2	+27 +2	+20 +9	+25 +9	+34 +9	+28 +17	+33 +17	+42 +17	+37 +26	+42 +26	+51 +26	
40	50															
50	65	±6.5	±9.5	±15	+15 +2	+21 +2	+32 +2	+24 +11	+30 +11	+41 +11	+33 +20	+39 +20	+50 +20	+45 +32	+51 +32	+62 +32
65	80															
80	100	±7.5	±11	±17	+18 +3	+25 +3	+38 +3	+28 +13	+35 +13	+48 +13	+38 +23	+45 +23	+58 +23	+52 +37	+59 +37	+72 +37
100	120															
120	140	±9	±12.5	±20	+21 +3	+28 +3	+43 +3	+33 +15	+40 +15	+55 +15	+45 +27	+52 +27	+67 +27	+61 +43	+68 +43	+83 +43
140	160															
160	180															
180	200	±10	±14.5	±23	+24 +4	+33 +4	+50 +4	+37 +17	+46 +17	+63 +17	+54 +31	+60 +31	+77 +31	+70 +50	+79 +50	+96 +50
200	225															
225	250															
250	280	±11.5	±16	±26	+27 +4	+36 +4	+56 +4	+43 +20	+52 +20	+72 +20	+57 +34	+66 +34	+86 +34	+79 +56	+88 +567	+108 +56
280	315															
315	355	±12.5	±18	±28	+29 +4	+40 +4	+61 +4	+46 +21	+57 +21	+78 +21	+62 +37	+73 +37	+94 +37	+87 +62	+98 +62	+119 +62
355	400															
400	450	±13.5	±20	±31	+32 +5	+45 +5	+68 +5	+50 +23	+63 +23	+86 +23	+67 +40	+80 +40	+103 +40	+95 +68	+108 +68	+131 +68
450	500															

（带 圈 者 为 优 先 公 差 带）

r			s			t			u		v	x	y	z
5	6	7	5	⑥	7	5	6	7	⑥	7	6	6	6	6
+14	+16	+20	+18	+20	+24	—	—	—	+24	+28	—	+26	—	+32
+10	+10	+10	+14	+14	+14				+18	+18		+20		+26
+20	+23	+27	+24	+27	+31	—	—	—	+31	+35	—	+36	—	+43
+15	+15	+15	+19	+19	+19				+23	+23		+28		+35
+25	+28	+34	+29	+32	+38	—	—	—	+37	+43	—	+43	—	+51
+19	+19	+19	+23	+23	+23				+28	+28		+34		+42
+31	+34	+41	+36	+39	+46	—	—	—	+44	+51		+51		+61
												+40		+50
+23	+23	+23	+28	+28	+28	—	—	—	+33	+33	+50	+56	—	+71
											+39	+45		+60
+37	+41	+49	+44	+48	+56	—	—	—	+54	+62	+60	+67	+76	+86
									+41	+41	+47	+54	+63	+73
+28	+28	+28	+35	+35	+35	+50	+54	+62	+61	+69	+68	+77	+88	+101
						+41	+41	+41	+43	+48	+55	+64	+75	+88
+45	+50	+59	+54	+59	+68	+59	+64	+73	+76	+85	+84	+96	+110	+128
						+48	+48	+48	+60	+60	+68	+80	+94	+112
+34	+34	+34	+43	+43	+43	+65	+70	+79	+86	+95	+97	+113	+130	+152
						+54	+54	+54	+70	+70	+81	+97	+114	+136
+54	+60	+71	+66	+72	+83	+79	+85	+96	+106	+117	+121	+141	+163	+191
+41	+41	+41	+53	+53	+53	+66	+66	+66	+87	+87	+102	+122	+144	+172
+56	+62	+73	+72	+78	+89	+88	+94	+105	+121	+132	+139	+165	+193	+229
+43	+43	+43	+59	+59	+59	+75	+75	+75	+102	+102	+120	+146	+174	+210
+66	+73	+86	+86	+93	+106	+106	+113	+126	+146	+159	+168	+200	+236	+280
+51	+51	+51	+71	+71	+71	+91	+91	+91	+124	+124	+146	+178	+214	+258
+69	+76	+89	+94	+101	+114	+110	+126	+139	+166	+179	+194	+232	+276	+332
+54	+54	+54	+79	+79	+79	+104	+104	+104	+144	+144	+172	+210	+254	+310
+81	+88	+103	+110	+117	+132	+140	+147	+162	+195	+210	+227	+273	+325	+390
+63	+63	+63	+92	+92	+92	+122	+122	+122	+170	+170	+202	+248	+300	+365
+83	+90	+105	+118	+125	+140	+152	+159	+174	+215	+230	+253	+305	+365	+440
+65	+65	+65	+100	+100	+100	+134	+134	+134	+190	+190	+228	+280	+340	+415
+86	+93	+108	+126	+133	+148	+164	+171	+186	+235	+250	+277	+335	+405	+490
+68	+68	+68	+108	+108	+108	+146	+146	+146	+210	+210	+252	+310	+380	+465
+97	+106	+123	+142	+151	+168	+186	+195	+212	+265	+282	+313	+379	+454	+549
+77	+77	+77	+122	+122	+122	+166	+166	+166	+236	+236	+284	+350	+425	+520
+100	+109	+126	+150	+159	+176	+200	+209	+226	+287	+304	+339	+414	+499	+604
+80	+80	+80	+130	+130	+130	+180	+180	+180	+258	+258	+310	+385	+470	+575
+104	+113	+130	+160	+169	+186	+216	+225	+242	+313	+330	+369	+454	+549	+669
+84	+84	+84	+140	+140	+140	+196	+196	+196	+284	+284	+340	+425	+520	+640
+117	+126	+146	+181	+190	+210	+241	+250	+270	+347	+367	+417	+507	+612	+742
+94	+94	+94	+158	+158	+158	+218	+218	+218	+315	+315	+385	+475	+580	+710
+121	+130	+150	+193	+202	+222	+263	+272	+292	+382	+402	+457	+557	+682	+322
+98	+98	+98	+170	+170	+170	+240	+240	+240	+350	+350	+425	+525	+650	+790
+133	+144	+165	+215	+226	+247	+293	+304	+325	+426	+447	+511	+626	+766	+936
+108	+108	+108	+190	+190	+190	+268	+268	+268	+390	+390	+475	+590	+730	+900
+139	+150	+171	+233	+244	+265	+319	+330	+351	+471	+492	+566	+696	+856	+1036
+144	+144	+114	+208	+208	+208	+294	+294	+294	+435	+435	+530	+660	+820	+1000
+153	+166	+189	+259	+272	+295	+357	+370	+393	+530	+553	+635	+780	+960	+1140
+126	+126	+126	+232	+232	+232	+330	+330	+330	+390	+490	+595	+740	+920	+1100
+159	+172	+195	+279	+292	+315	+387	+400	+423	+580	+603	+700	+860	+1040	+1290
+132	+132	+132	+252	+252	+252	+360	+360	+360	+540	+540	+660	+820	+1000	+1250

表 5-9 常用及优先

常用及优先公差带

公称尺寸 mm 大于	至	A 11	B 11	B 12	C ⑪	D 8	D ⑨	D 10	D 11	E 8	E 9	F 6	F 7	F ⑧	F 9
—	3	+330/+270	+200/+140	+240/+140	+120/+60	+34/+20	+45/+20	+60/+20	+80/+20	+28/+14	+39/+14	+12/+6	+16/+6	+20/+6	+31/+6
3	6	+345/+270	+215/+140	+260/+140	+145/+70	+48/+30	+60/+30	+78/+30	+105/+30	+38/+20	+50/+20	+18/+10	+22/+10	+28/+10	+40/+10
6	10	+370/+280	+240/+150	+300/+150	+170/+80	+62/+40	+76/+40	+98/+40	+130/+40	+47/+25	+61/+25	+22/+13	+28/+13	+35/+13	+49/+13
10	14	+400/+290	+260/+150	+330/+150	+205/+95	+77/+50	+93/+50	+120/+50	+160/+50	+59/+32	+75/+32	+27/+16	+34/+16	+43/+16	+59/+16
14	18	+400/+290	+260/+150	+330/+150	+205/+95	+77/+50	+93/+50	+120/+50	+160/+50	+59/+32	+75/+32	+27/+16	+34/+16	+43/+16	+59/+16
18	24	+430/+300	+290/+160	+370/+160	+240/+110	+98/+65	+117/+65	+149/+65	+195/+65	+73/+40	+92/+40	+33/+20	+41/+20	+53/+20	+72/+20
24	30	+430/+300	+290/+160	+370/+160	+240/+110	+98/+65	+117/+65	+149/+65	+195/+65	+73/+40	+92/+40	+33/+20	+41/+20	+53/+20	+72/+20
30	40	+470/+310	+330/+170	+420/+170	+280/+120	+119/+80	+142/+80	+180/+80	+240/+80	+89/+50	+112/+50	+41/+25	+50/+25	+64/+25	+87/+25
40	50	+480/+320	+340/+180	+430/+180	+290/+130	+119/+80	+142/+80	+180/+80	+240/+80	+89/+50	+112/+50	+41/+25	+50/+25	+64/+25	+87/+25
50	65	+530/+340	+380/+190	+490/+190	+330/+140	+146/+100	+170/+100	+220/+100	+290/+100	+106/+60	+134/+60	+49/+30	+60/+30	+76/+30	+104/+30
65	80	+550/+360	+390/+200	+500/+200	+340/+150	+146/+100	+170/+100	+220/+100	+290/+100	+106/+60	+134/+60	+49/+30	+60/+30	+76/+30	+104/+30
80	100	+600/+380	+440/+220	+570/+220	+390/+170	+174/+120	+207/+120	+260/+120	+340/+120	+126/+72	+159/+72	+58/+36	+71/+36	+90/+36	+123/+36
100	120	+630/+410	+460/+240	+590/+240	+400/+180	+174/+120	+207/+120	+260/+120	+340/+120	+126/+72	+159/+72	+58/+36	+71/+36	+90/+36	+123/+36
120	140	+710/+460	+510/+260	+660/+260	+450/+200	+208/+145	+245/+145	+305/+145	+395/+145	+148/+85	+185/+85	+68/+43	+83/+43	+106/+43	+143/+43
140	160	+770/+520	+530/+280	+680/+280	+460/+210	+208/+145	+245/+145	+305/+145	+395/+145	+148/+85	+185/+85	+68/+43	+83/+43	+106/+43	+143/+43
160	180	+830/+580	+560/+310	+710/+310	+480/+230	+208/+145	+245/+145	+305/+145	+395/+145	+148/+85	+185/+85	+68/+43	+83/+43	+106/+43	+143/+43
180	200	+950/+660	+630/+340	+800/+340	+530/+240	+242/+170	+285/+170	+355/+170	+460/+170	+172/+100	+215/+100	+79/+50	+96/+50	+122/+50	+165/+50
200	225	+1030/+740	+670/+380	+840/+380	+550/+260	+242/+170	+285/+170	+355/+170	+460/+170	+172/+100	+215/+100	+79/+50	+96/+50	+122/+50	+165/+50
225	250	+1110/+820	+710/+420	+880/+420	+570/+280	+242/+170	+285/+170	+355/+170	+460/+170	+172/+100	+215/+100	+79/+50	+96/+50	+122/+50	+165/+50
250	280	+1240/+920	+800/+480	+1000/+480	+620/+300	+271/+190	+320/+190	+400/+190	+510/+190	+191/+110	+240/+110	+88/+56	+108/+56	+137/+56	+186/+56
280	315	+1370/+1050	+860/+540	+1060/+540	+650/+330	+271/+190	+320/+190	+400/+190	+510/+190	+191/+110	+240/+110	+88/+56	+108/+56	+137/+56	+186/+56
315	355	+1560/+1200	+960/+600	+1170/+600	+720/+360	+299/+210	+350/+210	+440/+210	+570/+210	+214/+125	+265/+125	+98/+62	+119/+62	+151/+62	+202/+62
355	400	+1710/+1350	+1040/+680	+1250/+680	+760/+400	+299/+210	+350/+210	+440/+210	+570/+210	+214/+125	+265/+125	+98/+62	+119/+62	+151/+62	+202/+62
400	450	+1900/+1500	+1160/+760	+1390/+760	+840/+440	+327/+230	+385/+230	+480/+230	+630/+230	+232/+135	+290/+135	+108/+68	+131/+68	+165/+68	+223/+68
450	500	+2050/+1650	+1240/+840	+1470/+840	+880/+480	+327/+230	+385/+230	+480/+230	+630/+230	+232/+135	+290/+135	+108/+68	+131/+68	+165/+68	+223/+68

注：公称尺寸小于 1 mm 时,各级的 A 和 B 均不采用。

孔极限偏差(摘自 GB/T 1801—2009)　　　　　　　　　　　(单位:μm)

（带圈者为优先公差带）

G		H							Js			K			M		
6	⑦	6	⑦	⑧	⑨	10	⑪	12	6	7	8	6	⑦	8	6	7	8
+8 +2	+12 +2	+6 0	+10 0	+14 0	+25 0	+40 0	+60 0	+100 0	±3	±5	±7	0 -6	0 -10	0 -14	-2 -8	-2 -12	-2 -16
+12 +4	+16 +4	+8 0	+12 0	+18 0	+30 0	+48 0	+75 0	+120 0	±4	±6	±9	+2 -6	+3 -9	+5 -13	-1 -9	0 -12	+2 -16
+14 +5	+20 +5	+9 0	+15 0	+22 0	+36 0	+58 0	+90 0	+150 0	±4.5	±7	±11	+2 -7	+5 -10	+6 -16	-3 -12	0 -15	+1 -21
+17 +6	+24 +6	+11 0	+18 0	+27 0	+43 0	+70 0	+110 0	+180 0	±5.5	±9	±13	+2 -9	+6 -12	+8 -19	-4 -15	0 -18	+2 -25
+20 +7	+28 +7	+13 0	+21 0	+33 0	+52 0	+84 0	+130 0	+210 0	±6.5	±10	±16	+2 -11	+6 -15	+10 -23	-4 -17	0 -21	+4 -29
+25 +9	+34 +9	+16 0	+25 0	+39 0	+62 0	+100 0	+160 0	+250 0	±8	±12	±19	+3 -13	+7 -18	+12 -27	-4 -20	0 -25	+5 -34
+29 +10	+40 +10	+19 0	+30 0	+46 0	+84 0	+120 0	+190 0	+300 0	±9.5	±15	±23	+4 -15	+9 -21	+14 -32	-5 -24	0 -30	+5 -41
+34 +12	+47 +12	+22 0	+35 0	+54 0	+87 0	+140 0	+220 0	+350 0	±11	±17	±27	+4 -18	+10 -25	+16 -38	-6 -28	0 -35	+6 -48
+39 +14	+54 +14	+25 0	+40 0	+63 0	+100 0	+160 0	+250 0	+400 0	±12.5	±20	±31	+4 -21	+12 -28	+20 -43	-8 -33	0 -40	+8 -55
+44 +15	+61 +15	+29 0	+46 0	+72 0	+115 0	+185 0	+290 0	+460 0	±14.5	±23	±36	+5 -24	+13 -33	+22 -50	-8 -37	0 -46	+9 -63
+49 +17	+69 +17	+32 0	+52 0	+81 0	+130 0	+210 0	+320 0	+520 0	±16	±26	±40	+5 -27	+16 -36	+25 -56	-9 -41	0 -52	+9 -72
+54 +18	+75 +18	+36 0	+57 0	+89 0	+140 0	+230 0	+360 0	+570 0	±18	±28	±44	+7 -29	+17 -40	+28 -61	-10 -46	0 -57	+11 -78
+60 +20	+83 +20	+40 0	+63 0	+97 0	+155 0	+250 0	+400 0	+630 0	±20	±31	±48	+8 -32	+18 -45	+29 -68	-10 -50	0 -63	+11 -86

续 表

公差带（带圈者为优先公差带）

公称尺寸 mm 大于	至	N 6	⑦	8	P 6	⑦	R 6	7	S 6	⑦	T 6	7	U ⑦
—	3	−4 −10	−4 −14	−4 −18	−6 −12	−6 −16	−10 −16	−10 −20	−14 −20	−14 −24	—	—	−18 −28
3	6	−5 −13	−4 −16	−2 −20	−9 −17	−8 −20	−12 −20	−11 −23	−16 −24	−15 −27	—	—	−19 −31
6	10	−7 −16	−4 −19	−3 −25	−12 21	−9 −24	−16 −25	−13 −28	−20 −29	−17 −32	—	—	−22 −37
10	14	−9 −20	−5 −23	−3 −30	−15 −26	−11 −29	−20 −31	−16 −34	−25 −36	−21 −39	—	—	−26 −44
14	18	−9 −20	−5 −23	−3 −30	−15 −26	−11 −29	−20 −31	−16 −34	−25 −36	−21 −39	—	—	−26 −44
18	24	−11 −24	−7 −28	−3 −36	−18 −31	−14 −35	−24 −37	−20 −41	−31 −44	−27 −48	—	—	−33 −54
24	30	−11 −24	−7 −28	−3 −36	−18 −31	−14 −35	−24 −37	−20 −41	−31 −44	−27 −48	−37 −50	−33 −54	−40 −61
30	40	−12 −28	−8 −33	−3 −42	−21 −37	−17 −42	−29 −45	−25 −50	−38 −54	−34 −59	−43 −59	−39 −64	−51 −76
40	50	−12 −28	−8 −33	−3 −42	−21 −37	−17 −42	−29 −45	−25 −50	−38 −54	−34 −59	−49 −65	−45 −70	−61 −86
50	65	−14 −33	−9 −39	−4 −50	−26 −45	−21 −51	−35 −54	−30 −60	−47 −66	−42 −72	−60 −79	−55 −85	−76 −106
65	80	−14 −33	−9 −39	−4 −50	−26 −45	−21 −51	−37 −56	−32 −62	−53 −72	−48 −78	−69 −88	−64 −94	−91 −121
80	100	−16 −38	−10 −45	−4 −58	−30 −52	−24 −59	−44 −66	−38 −73	−64 −86	−58 −93	−84 −106	−78 −113	−111 −146
100	120	−16 −38	−10 −45	−4 −58	−30 −52	−24 −59	−47 −69	−41 −76	−72 −94	−66 −101	−97 −119	−91 −126	−131 −166
120	140	−20 −45	−12 −52	−4 −67	−36 −61	−28 −68	−56 −81	−48 −88	−85 −110	−77 −117	−115 −140	−107 −147	−155 −195
140	160	−20 −45	−12 −52	−4 −67	−36 −61	−28 −68	−58 −83	−50 −90	−93 −118	−85 −125	−127 −152	−119 −159	−175 −215
160	180	−20 −45	−12 −52	−4 −67	−36 −61	−28 −68	−61 −86	−53 93	−101 −126	−93 −133	−139 −164	−131 −171	−195 −235
180	200	−22 −51	−14 −60	−5 −77	−41 −70	−33 −79	−68 −97	−60 −106	−113 −142	−105 −151	−157 −186	−149 −195	−219 −265
200	225	−22 −51	−14 −60	−5 −77	−41 −70	−33 −79	−71 −100	−63 −109	−121 −150	−113 −159	−171 −200	−163 −209	−241 −287
225	250	−22 −51	−14 −60	−5 −77	−41 −70	−33 −79	−75 −104	−67 −113	−131 −160	−123 −169	−187 −216	−179 −225	−267 −313
250	280	−25 −57	−14 −66	−5 −86	−47 −79	−36 −88	−85 −117	−74 −126	−149 −181	−138 −190	−209 −241	−198 −250	−295 −347
280	315	−25 −57	−14 −66	−5 −86	−47 −79	−36 −88	−89 −121	−78 −130	−161 −193	−150 −202	−231 −263	−220 −272	−330 −382
315	355	−26 −62	−16 −73	−5 −94	−51 −87	−41 −98	−87 −133	−87 −144	−179 −215	−169 −226	−257 −293	−247 −304	−369 −426
355	400	−26 −62	−16 −73	−5 −94	−51 −87	−41 −98	−103 −139	−93 −150	−197 −233	−187 −244	−283 −319	−273 −330	−414 −471
400	450	−27 −67	−17 −80	−6 −103	−55 −95	−45 −108	−113 −153	−103 −166	−219 −259	−209 −272	−317 −357	−307 −370	−467 −530
450	500	−27 −67	−17 −80	−6 −103	−55 −95	−45 −108	−119 −159	−109 −172	−239 −279	−229 −292	−347 −387	−337 −400	−517 −580

3) 在公称尺寸后面同时注出公差带代号和上、下极限偏差数值,这时应将极限偏差数值加上括号。

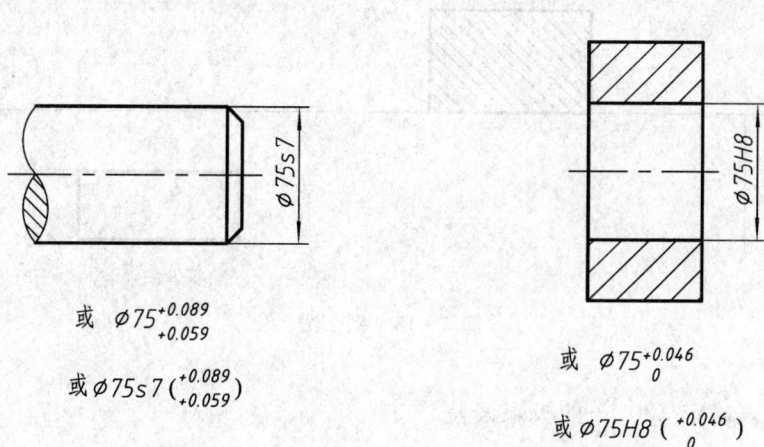

　　或　$\varnothing 75^{+0.089}_{+0.059}$

　　或 $\varnothing 75 s7 \left(^{+0.089}_{+0.059}\right)$

　　或　$\varnothing 75^{+0.046}_{0}$

　　或 $\varnothing 75 H8 \left(^{+0.046}_{0}\right)$

图 5-10　零件图上公差代号的标注示例(1)

　　若上、下极限偏差数值相同而符号相反,则在公称尺寸后面加上"±"号,再填写一个极限偏差数值,其数字大小与公称尺寸数字的相同,如图 5-11 所示。

　　当同一公称尺寸所确定的表面具有不同的配合要求时,应采用细实线分开,并在各段表面上分别注出其公称尺寸和相应的公差带代号或极限偏差数值,如图 5-12 所示。

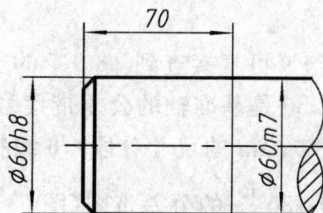

图 5-11　零件图上公差代号的
标注示例(2)

图 5-12　零件图上公差代号的
标注示例(3)

6. 查表举例

例 1　查表确定 $\phi 18 \dfrac{H8}{f7}$ 的极限偏差。

　　解　(1) 表示公称尺寸为 $\phi 18$,基孔制优先间隙配合,孔公差等级 8 级,轴公差等级 7 级(表 5-6)。

　　(2) 分子 H8 是基准孔的公差带代号,由表 5-9 可知,当公称尺寸为 18 mm(属于大于 14 mm 至 18 mm 的尺寸分段),8 级精度时,孔 $\phi 18 H8$ 的上、下极限偏差为 $^{+0.027}_{0}$。

　　(3) 分母 f7 是轴的公差带代号,由表 5-8 可知,当公称尺寸为 18 mm,7 级精度时,轴 $\phi 18 f7$ 的上、下极限偏差为 $^{-0.016}_{-0.034}$。

　　(4) 绘制 $\phi 18 \dfrac{H8}{f7}$ 的公差带图(图 5-13)。

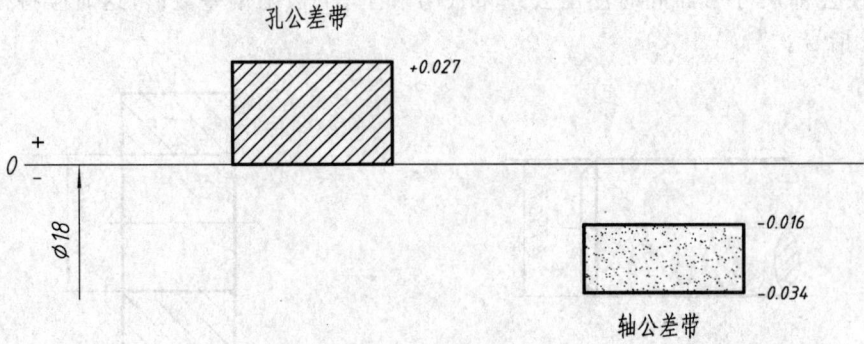

孔公差带

$+0.027$

$\varnothing 18$

-0.016

-0.034

轴公差带

图 5 - 13　例 1 图

例 2　查表确定 $\phi 80 \dfrac{R7}{h6}$ 的极限偏差。

解　(1)表示公称尺寸为 $\phi 80$，基轴制常用过盈配合。孔公差等级 7 级，轴公差等级 6 级(表 5 - 7)。

(2)分子 R7 是孔的公差带代号，由表 5 - 1 可知，当公称尺寸为 80 mm(属于大于 50 mm 至 80 mm 的尺寸分段)，7 级精度时，标准公差为 0.030 mm。由表 5 - 2 可知，当公称尺寸为 80 mm(属于大于 65 mm 至 80 mm 的尺寸分段)，基本偏差为 $\phi 80$R7 的上极限偏差 ES＝－0.043＋Δ＝－0.043＋0.011＝－0.032 mm，从而由公式 IT＝ES－EI 可得下极限偏差 EI＝ES－IT＝－0.032－0.030＝－0.062 mm，所以 $\phi 80$R7 的上、下极限偏差为 $^{-0.032}_{-0.062}$。

或从表 5 - 9 可直接查到 $\phi 80$R7 的上、下极限偏差为 $^{-0.032}_{-0.062}$。

(3)分母 h6 是基准轴的公差带代号，由表 5 - 8 可知，当公称尺寸为 80 mm(属于大于 65 mm 至 80 mm 的尺寸分段)，6 级精度时，轴 $\phi 80$h6 的上、下极限偏差为 $^{0}_{-0.019}$。

(4)绘制 $\phi 80 \dfrac{R7}{h6}$ 的公差带图(图 5 - 14)。

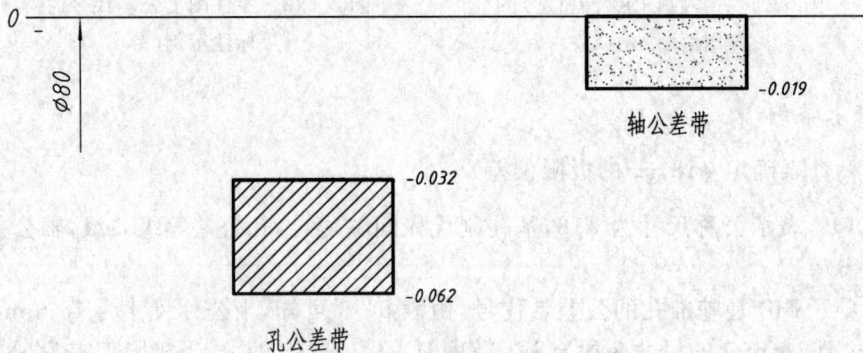

$\varnothing 80$

-0.019

轴公差带

-0.032

-0.062

孔公差带

图 5 - 14　例 2 图

5.1.6　几何公差

凡构成机器零件几何特征的点、线、面称为要素,它是构成零件几何形体的基本单元。几何公差是指零件的实际要素相对于其几何理想要素的偏离情况,包括尺寸的偏离、要素形状和相对位置的偏离等。几何误差包括形状、方向、位置和跳动误差。为了实现零件的互换性,保证机器和零件的质量,必须限制零件几何误差的最大变动量,该最大变动量称为几何公差,允许变动量的值称为公差值。

零件表面的实际形状对理想形状所允许的变动量称为形状公差。

零件表面或轴线的实际位置对基准所允许的变动量称为位置公差。

图样上几何公差的标注方式有两种:一种是用框格的方式标注,主要针对精度要求高的要素;另一种是将国家标准规定的未注几何公差值在图样的技术要求中说明,未注几何公差值是工厂中常用设备能保证的精度值。

国家标准对几何公差的基本概念、术语及定义、符号及标注方法和公差值等都做了规定。下面摘要介绍 GB/T 1182—2008 中规定的几何公差的标注方法。

1. 几何公差的几何特征和符号

几何公差分类、几何特征名称及符号如表 5 - 10 所示。

表 5 - 10　几何公差的分类与符号

公差类别	几何特征	符号	公差类别	几何特征	符号
形状公差	直线度	──	位置公差	定向 平行度	//
	平面度	▱		垂直度	⊥
	圆度	○		倾斜度	∠
	圆柱度	⌭		定位 同轴度	◎
	线轮廓度	⌒		对称度	═
	面轮廓度	⌓		位置度	⊕
				跳动 圆跳动	↗
				全跳动	↗↗

2. 几何公差的框格标注

(1)公差框格和基准符号。

1)被测要素和公差框格。

在工程图样中,表达几何公差要求的公差框格如图 5 - 15(a)所示。框格用细实线绘制,框格中的文字、数字与尺寸数字同高。框格分为两格或多格,第一格为正方形,其后各格视需要而定。框格中从左到右依次填写几何特征符号、公差值及附加符号。第三格及以后各格填写基准字母和附加符号。如果没有基准，则只有前两格。

公差值的单位为毫米，在框格中不注写，公差带为圆形、圆柱形时，公差值前面加"φ"，为球形时加"Sφ"。公差值按国家标准规定，可查阅有关资料。

附加符号有很多，其含义和注法可查阅国家标准。

公差框格用带箭头的指引线与被测要素的轮廓线或其延长线相连，指引线可引自框格的任意一侧；箭头指向公差带宽度方向，应垂直于被测要素。

2)基准符号。

基准符号由大写英文字母、正方形框格、连接线和三角形组成。其中大写英文字母表示与被测要素相关的基准，注写在框格内；连接线连接框格和涂黑的或空白的三角形。框格、连接线、三角形均用细实线绘制，如图 5-15(b)所示。

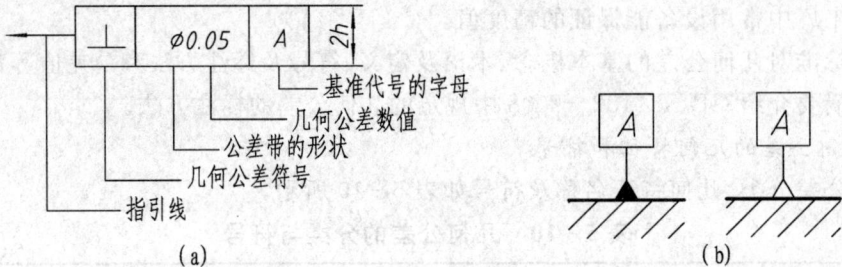

图 5-15
(a)框格标注方法；　(b)基准符号

(2)被测要素标注方法。

1)当公差涉及轮廓线或轮廓面时，箭头指向该要素的轮廓线，也可指向轮廓线的延长线，但必须与尺寸线明显错开，如图 5-16 所示。

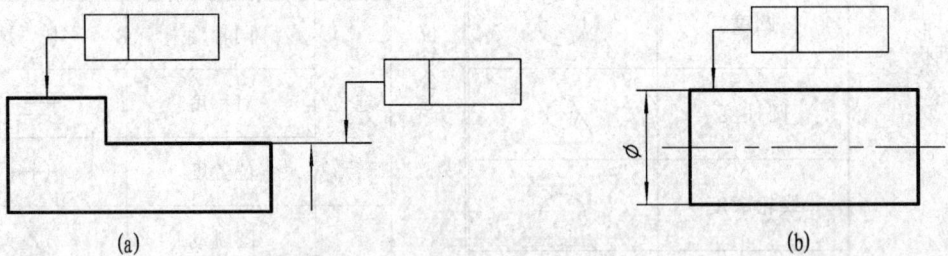

图 5-16　被测要素标注示例(1)

2)当公差涉及要素的中心线、中心面或中心点时，箭头应位于相应尺寸线的延长线上，被测要素指引线的箭头可代替一个尺寸箭头，如图 5-17 所示。

(3)基准要素的标注方法。

1)当基准要素是轮廓线或轮廓面时，基准三角形放置在要素的轮廓线或其延长线上，必须与尺寸线明显错开，如图 5-18(a)所示。

2)当基准是尺寸要素确定的轴线、中心平面或中心点时，基准三角形放置在该尺寸线的延长线上，如图 5-18(b)所示。

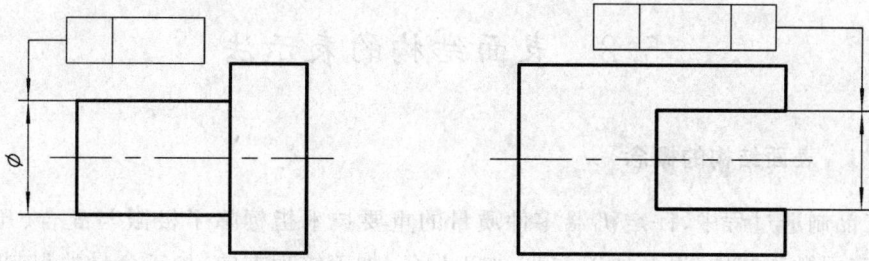

图 5-17　被测要素标注示例(2)

(a)　　　　　　　　　　　　　　　　(b)

图 5-18　基准要素的标注

3. 几何公差标注示例

几何公差的标注示例如图 5-19 所示。

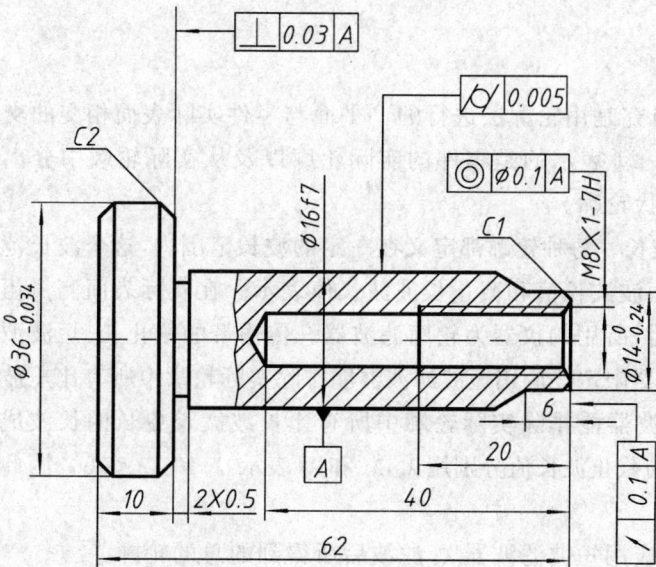

标注示例说明：

以 φ16f7 圆柱的轴心线为基准

以 φ16f7 圆柱面的圆柱度为 0.005mm

M8×1-7H 对基准 A 的同轴度公差为 φ0.1mm

$φ36_{-0.034}^{0}$ 的右端面对基准 A 垂直度公差为 0.03mm

$φ14_{-0.24}^{0}$ 的端面对基准 A 的端面间跳动公差为 0.1mm

图 5-19　几何公差标注示例

5.2　表面结构的表示法

5.2.1　表面结构的概念

在产品制造过程中,评定机器零件质量的重要技术指标除了极限与配合、几何公差外,还有表面微观结构,以及加工方法、加工设备、加工纹理方向、加工余量的限制、表面热处理等因素所影响到表面的情况,其中以表面微观结构为其主要部分。用表面微观结构可以较全面地反映零件的表面质量。

1. 基本概念

经过机械加工的零件,看起来表面很光滑,但在放大镜下观察时,则可见其表面具有微小的谷峰(图5-20)。这种情况是由于加工过程中,刀具从零件表面上分离材料时伴随的塑性变形、机械振动、刀具与被加工表面的摩擦等因素的影响而产生的,因其起伏甚微称微观不平度,这种微观几何特征对零件的摩擦、磨损、抗疲劳、抗腐蚀以及

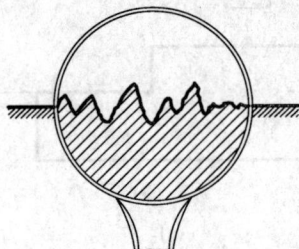

图 5-20　零件表面的微观几何形状

零件间的配合性质等有很大的影响,因此,在零件图或技术产品文件中必须对其提出要求。

2. 表面结构术语及定义(摘自 GB/T 3505—2009)

(1)一般述语及定义。

1)三种轮廓和传输带。

对实际表面微观几何特征的研究是用轮廓法进行的。平面与零件实际表面相交的交线称为实际轮廓或表面轮廓,图 5-21 表示的是零件的实际轮廓以及从实际轮廓中分离出来的粗糙度轮廓、波纹轮廓和形状轮廓。

划分零件表面轮廓的基础是波长。每种轮廓都定义在一定的波长范围内,这个波长范围被称为该轮廓的传输带,用截止短波波长值和截止长波波长值表示。在实际表面测量粗糙度、波纹度和原始轮廓参数数值时,所用的仪器为轮廓滤波器。传输带的截止长、短波波长值分别由长波滤波器和短波滤波器限定。应用短波滤波器能排除实际轮廓中所有比短波波长更短的短波成分,应用长波滤波器能排除实际轮廓中所有比长波波长更长的长波成分。供测量用的滤波器有三种,它的截止波长值分别用 λ_s、λ_c 和 λ_f 表示,$\lambda_s < \lambda_c < \lambda_f$。因此零件表面的三种轮廓定义为:

原始轮廓 —— 表面实际轮廓应用短波滤波器 λ_s 滤波后所得到的总的轮廓。

粗糙度轮廓 —— 是对原始轮廓应用 λ_c 滤波器抑制长波成分后形成的轮廓。

(a) 实际轮廓

(b) 粗糙度轮廓

(c) 波纹度轮廓

(d) 形状轮廓

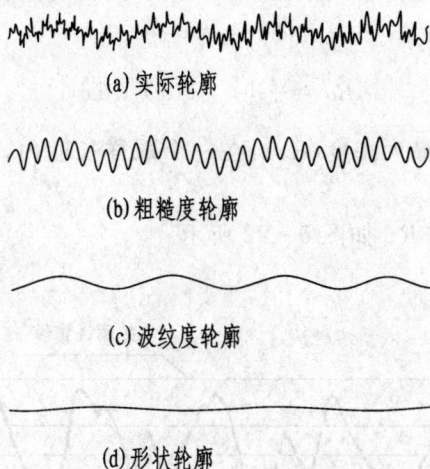

图 5 - 21　几种轮廓示意图

波纹度轮廓 —— 是对原始轮廓连续应用 λ_f 和 λ_c 两个滤波器后形成的轮廓。采用 λ_f 滤波器抑制长波成分,而采用 λ_c 滤波器抑制短波成分。

粗糙度轮廓、波纹度轮廓以及原始轮廓构成了零件的表面特征,称为表面结构。国家标准以这三种轮廓为基础,建立了一系列参数,定量地描述了对零件表面结构的要求,这些参数可用专用仪器进行测量,以评定零件的实际表面是否合格。

2) 中线。具有几何轮廓形状,并划分轮廓的基准线。实际上中线就是轮廓坐标系的 x 坐标轴,与之垂直的是轮廓高度 z 轴方向。三种轮廓各自都有其中线。

3) 取样长度。在 x 轴方向判别被评定轮廓的不规则特征的长度。l_r、l_w 及 l_p 分别表示粗糙度轮廓、波纹度轮廓和原始轮廓的取样长度。

4) 评定长度。用于评定被评定轮廓的 x 轴方向上的长度。它包含一个或几个取样长度。

(2) 表面轮廓参数术语及定义。表示零件表面微观几何特征时要用表面结构参数。国家标准把三种轮廓分别称为 R 轮廓、W 轮廓和 P 轮廓,从这三种轮廓上计算所得的参数分别称为 R 参数、W 参数和 P 参数,其中:

R 参数(粗糙度参数)指从粗糙度轮廓上计算所得的参数。

W 参数(波纹度参数)指从波纹度轮廓上计算所得的参数。

P 参数(原始轮廓参数)指从原始轮廓上计算所得的参数。

三种表面结构轮廓构成几乎所有表面结构参数的基础。表面结构参数分为三类:轮廓参数、图形参数和支撑率曲线参数,每类参数由不同的评定方法进行评定。表示表面类型的代号称为参数代号。本节主要介绍采用轮廓法确定表面结构的参数中,粗糙度参数常用的 Ra 和 Rz。其他方法可参阅有关标准。

1）表面粗糙度轮廓的算术平均偏差（Ra）：在取样长度内轮廓高度 $z(x)$ 绝对值的算术平均值

$$Ra = \frac{1}{l_r} \int_0^{l_r} |z(x)| \, \mathrm{d}x$$

2）表面粗糙度轮廓的最大高度（Rz）：在一个取样长度内，最大轮廓峰高和最大轮廓谷深之间的高度。

表面粗糙度参数 Ra 和 Rz 如图 5-22 所示。

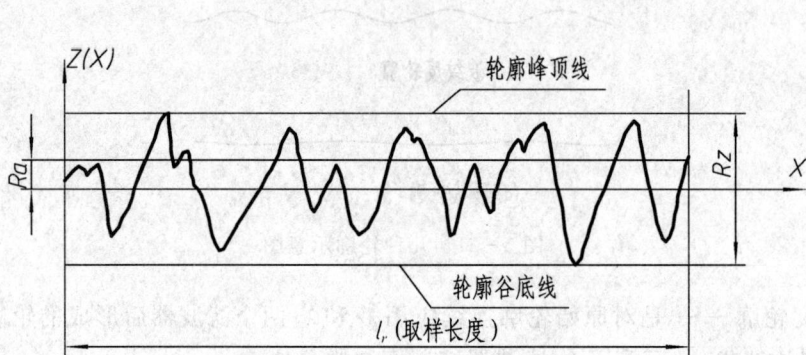

图 5-22　表面粗糙度轮廓的算术平均偏差和最大高度

Ra 和 Rz 是常用的表面结构参数，国家标准给出了两者的系列值和取样长度。

表 5-11 为国家标准（GB/T 1031-2009）规定的 Ra 的系列值。

表 5-11　Ra 系列值（摘自 GB/T 1031-2009）

Ra	0.012	0.2	3.2	50
	0.025	0.4	6.3	100
	0.05	0.8	12.5	
	0.1	1.6	25	

表 5-12 为国家标准规定的 Ra 值对应的取样长度 l_r 值。

表 5-12　Ra 对应的取样长度 l_r 值（摘自 GB/T 1031-2009）

$Ra/\mu m$	l_R/mm	$Ra/\mu m$	l_R/mm
≥0.008～0.02	0.08	>2.0～10.0	2.5
>0.02～0.1	0.25	>10.0～80.0	8.0
>0.1～2.0	0.8		

表 5-13 为不同加工方法所对应的 Ra 值。

表 5 – 13　常用 *Ra* 值的表面特征、加工方法及应用举例

Ra/μm	表面	表面特征	加工方法	应用举例
100	毛面	除净毛口	铸、锻、轧制等经清理的表面	如机床床身、主轴箱、溜板箱、尾座体等未加工表面
50	粗加工面	明显可见刀痕	毛坯经粗车、粗刨、粗铣等加工方法所获得的表面	较少使用
25		可见刀痕		一般的钻孔表面、倒角、要求较低的非接触面
12.5		微见刀痕		
6.3	半精加工面	可见加工痕迹	精车、精刨、精铣、刮研和粗磨	支架、箱体和盖等的非接触表面,螺栓支撑面
3.2		微见加工痕迹		箱、盖、套筒要求紧贴的表面,键和键槽的工作表面
1.6		看不见加工痕迹		要求有不精确定心及配合特性的表面,如支架孔、衬套、胶带轮工作面
0.8	精加工面	可辨加工痕迹方向	金刚石车刀精车、精铰、拉刀和压刀加工、精磨、研磨、抛光	要求保证定心及配合特性的表面,如轴承配合表面、锥孔等
0.4		微辨加工痕迹方向		要求能保证规定的配合特性的零件配合表面,工作时受交变载荷的零件表面,高精度导轨表面等
0.2		不可辨加工痕迹方向		精密机床主轴的定位锥孔,要求气密的表面和支撑面

5.2.2　表面结构的图形符号及代号

1. 表面结构图形符号及含义(表 5 – 14)

表 5 – 14　表面结构图形符号及含义(摘自 GB/T 131—2006)

符　　号	含　　义
✓	基本图形符号。未指定工艺方法的表面,当通过一个注释解释时可单独使用
▽	扩展图形符号。用去除材料方法获得的表面;仅当其含义是"被加工表面"时可单独使用
✓○	扩展图形符号。用不去除材料获得的表面,也可用于保持上道工序形成的表面,不管这种状况是通过去除材料或不去除材料形成的

续表

符　号	含　义
	完整图形符号。当要求标注表面结构特征的补充信息时，应在基本图形符号或扩展图形符号的长边上加一横线
	工件轮廓各表面的图形符号。当在某个视图上组成封闭轮廓的各表面有相同的表面结构要求时，应在完整图形符号上加一圆圈，标注在图样中工件的封闭轮廓线上

图 5-23 给出了标准规定的表面结构图形符号的画法，其中 d'，H_1，H_2 的尺寸可查阅 GB/T 131—2006。

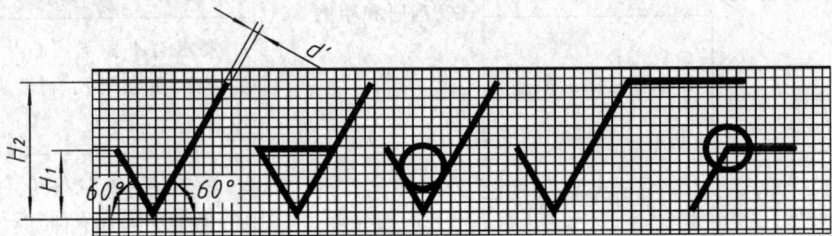

图 5-23　图形符号的画法

2. 表面结构完整图形符号的组成

(1)概述。为了明确表面结构要求，除了标注表面结构参数和数值外，必要时应标注补充要求。补充要求包括传输带、取样长度、加工工艺、表面纹理方向、加工余量等。为了保证表面的功能特征，应对表面结构参数规定不同要求。

(2)表面结构补充要求的注写位置。在完整符号中，对表面结构的单一要求和补充要求应注写在图 5-24 所示的指定位置。

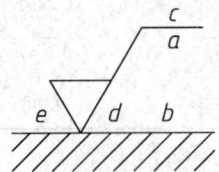

图 5-24　表面结构要求的
注写位置
(a~e)

a——注写表面结构的单一要求，包括参数代号、极限值和传输带或取样长度。为了避免误解，在参数代号和极限值间应插入空格。传输带或取样长度后应有一斜线"/"，之后是参数代号，最后是数值。例如 $0.002-0.8/Rz\ 6.3$。

a 和 b——注写两个或多个表面结构要求，位置 a 注写第一个表面结构要求，位置 b 注写第二个表面结构要求。

c——注写加工方法、表面处理、涂层或其他加工工艺要求等，如车、磨、镀等加工表面。

d——注写所要求的表面纹理和纹理的方向，如"＝""×""M"。

e——注写加工余量，以毫米为单位给出数值。

3. 标准定义的 R 轮廓参数的标注

给出表面结构要求时,应标注其参数代号和极限值,并包括要求解释这两项元素所涉及的重要信息:传输带、评定长度或满足评定长度要求的取样长度个数和极限值判断规则。为了简化标注,对这些信息定义了默认值,当其中某一项采用默认定义时,则不需注写。

标注表面结构参数时应使用完整符号。在完整符号中注写了参数代号、极限值等要求后成为表面结构代号。下面举例说明 R 轮廓参数的标注(表 5 - 15),其他类型参数的标注与之类似,参阅 GB/T 131—2006。

(1)参数代号的标注。参数代号由字母和数字组成,例如 Ra,$Ra3$,Ra max,$Ra3$ max。代号中的大小写字母和数字都属于同一字号。

(2)评定长度(l_n)的标注。评定长度用它所包含的取样长度的个数表示。国家标准中默认的评定长度为 5 个取样长度,则在 Ra 之后不标注取样长度个数;若评定长度不是默认值,参数代号后应标注取样长度的个数。

(3)极限值判断规则的标注。表面结构要求中给定极限值的判断规则有 16％规则和最大规则。16％规则是测量某个表面结构参数的数值时,所有实测值中超过极限值的个数少于总数的 16％为合格;最大规则就是所有实测值都不超过极限值。

16％规则为默认规则;采用最大规则时参数代号中应加注"max",例如 Rzmax,$Ra3$max。

(4)传输带和取样长度的标注。传输带的标注用长、短滤波器的截止波长(单位:mm)表示,短波波长在前,长波波长在后,并用连字符"-"隔开,例如 0.008 - 0.8。

如果采用默认传输带,则在参数代号前不标注传输带。如果两个截止波长中有一个为默认值,则只标注另一个,且应保留连字号,例如 - 0.8,表示短波波长为默认值。

(5)单向极限或双向极限的标注。标注表面结构要求时,必须明确所标注的表面结构参数是上极限值还是下极限值;上、下极限值都标注的称双向极限,只标注上极限值或下极限值的称为单向极限。

1)表面结构参数的双向极限。在完整符号中表示双向极限时应在参数代号前标注上、下极限代号,上限值在上方用 U 表示,下限值在下方用 L 表示。上、下极限值是 16％规则或最大规则的极限值。如果同一参数具有双向极限要求,在不引起歧义的情况下,可以不加 U,L。

上、下极限值可以用不同的参数代号和传输带表达。

2)表面结构参数的单向极限。当只标注参数代号、参数值和传输带时,它们应默认为参数的上限值(16％规则或最大规则的极限值);如果是单项下限值(16％规则或最大规则的极限值),则参数代号前应加 L。

表 5 - 15　表面结构代号的注写

序号	代　号	含义/解释
1	$\sqrt{}$ Ra 3.2	表示采用去除材料的方法获得的表面,单向上限值(默认),默认传输带,R 轮廓,粗糙度算术平均偏差极限值 $3.2\ \mu m$,评定长度为 5 个取样长度(默认),"16%"规则;表面纹理没有要求
2	$\sqrt{}$ Rzmax 3.2	表示采用不去除材料的方法获得的表面,单向上限值(默认),粗糙度最大高度极限值为 $3.2\ \mu m$,"最大规则",其余参数采用默认设置
3	$\sqrt{}$ Ra3 3.2	表示采用去除材料的方法获得的表面,评定长度为 3 个取样长度,其余参数设置同序号 1
4	$\sqrt{}$ 0.08-0.8/Ra 3.2	表示采用去除材料的方法获得的表面,单向上限值(默认),传输带 0.08 - 0.8 mm,粗糙度算术平均偏差极限值为 $3.2\ \mu m$,其余参数均采用默认设置
5	$\sqrt{}$ -0.8/Ra3 3.2	表示采用去除材料的方法获得的表面,单向上限值(默认),取样长度等于传输带的长波波长值,为 0.8 mm;传输带的短波波长值为默认值(0.002 5 mm),其余参数设置同序号 3
6	$\sqrt{}$ U Rz 0.8 / L Ra 3.2	表示采用去除材料的方法获得的表面,双向极限值,上限值为 Rz 0.8,下限值为 Ra 0.2,极限值都是"16%规则"
7	$\sqrt{}$ Ra 1.6 / -2.5/Rzmax 6.3	表示用磨削加工获得的表面,两个单向上限值: (1) Ra1.6 (2) -2.5/Rzmax 6.3

5.2.3　表面结构要求在图样中的注法

1. 概述

表面结构要求对每一表面一般只标注一次,并尽可能注在相应的尺寸及其公差的同一视图上。除非另有说明,所标注的表面结构要求是对完工零件表面的要求。

2. 表面结构符号、代号的标注位置与方向

(1)标注原则。表面结构要求标注总的原则是根据 GB/T 4458.4 的规定,使表面结构的注写和读取方向一致,如图5-25所示。注写在水平线上时,代、符号的尖端应向下;注写在竖直线上时,代、符号的尖端应向右;注写在倾斜线上时,代、符号的尖端应向下倾斜。

(2)标注在轮廓线上或指引线上。表面结构要求可标注在轮廓线上,其符号应从材料外指向并接触表面。必要时,表面结构符号也可用带箭头或黑点的指引线引出标注,如图5-26 和图 5-27 所示。

(3)标注在特征尺寸的尺寸线上。在不会引起误解时,表面结构要求可以标注在给定的尺寸线上,如图 5-28 所示。

图 5 - 25　表面结构要求的注写方向

图 5 - 26　表面结构要求在轮廓线上的标注

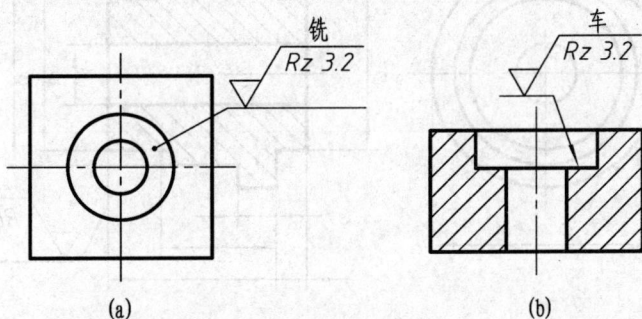

图 5 - 27　用指引线引出标注

(a)用带黑点的指引线引出标注；(b)用带箭头的指引线引出标注

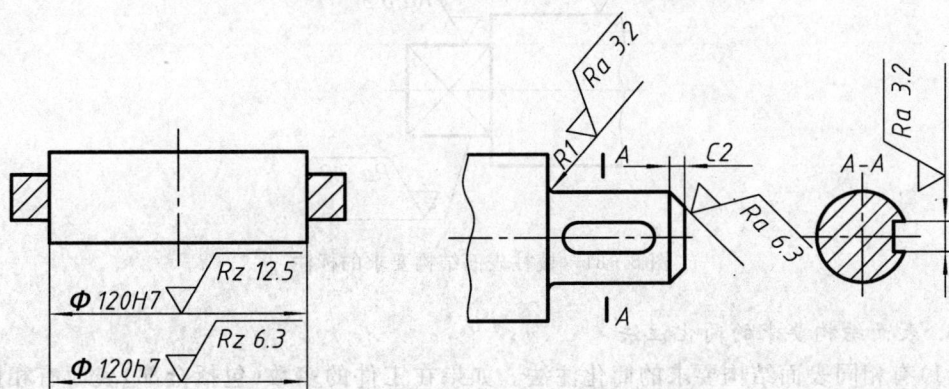

图 5 - 28　表面结构要求标注在尺寸线上

(4)标注在形位公差框格的上方,如图 5 - 29 所示。

(5)直接标注在延长线上或用带箭头的指引线引出标注,如图 5 - 26 和图 5 - 30 所示。

(6)标注在圆柱和棱柱表面上。圆柱和棱柱表面的表面结构要求只标一次,如图 5 - 30 所示。如果每个棱柱表面有不同的表面结构要求,则应分别单独标注,如图 5 - 31 所示。

图 5-29　表面结构要求标注在形位公差框格的上方

图 5-30　圆柱表面结构要求的标注

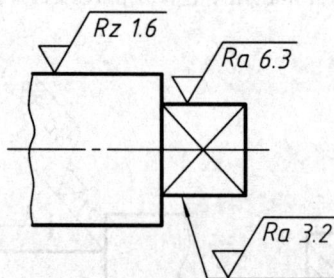

图 5-31　棱柱表面结构要求的标注

3. 表面结构要求的简化注法

(1)有相同表面结构要求的简化注法。如果在工件的多数(包括全部)表面有相同的表面结构要求,则其表面要求可统一标注在图样的标题栏附近。此时(除全部表面有相同要求的情况外),表面结构要求的符号后面应有:

——在圆括号内给出无任何其他标注的基本符号,如图 5-32 所示。

——在圆括号内给出不同的表面结构要求,如图 5-33 所示。

(2)多个表面有共同要求的注法。当多个表面具有相同的表面结构要求或图纸空间有限时,可以采用简化注法。

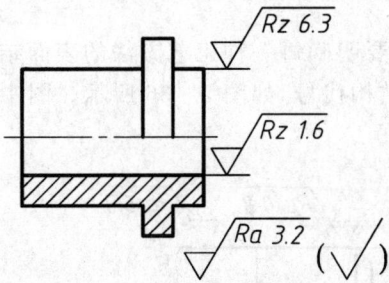

图 5-32　大多数表面有相同表面
结构要求的简化注法(1)

图 5-33　大多数表面有相同表面
结构要求的简化注法(2)

1)用带字母的完整符号的简化注法。可用带字母的完整符号,以等式的形式,在图形或标题栏附近,对有相同表面结构要求的表面进行简化标注,如图 5-34 所示。

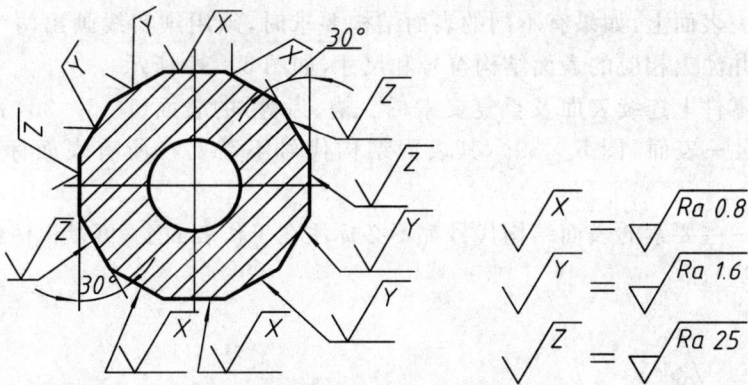

图 5-34　用带字母的完整符号对有相同表面结构要求的表面采用简化注法

2)只用表面结构符号的简化注法。根据被标注表面所用工艺方法的不同,相应地使用基本图形符号、去除材料或不去除材料的扩展图形符号在图中进行标注,并在标题栏附近以等式的形式给出多个表面共同的表面结构要求,如图 5-35 所示。

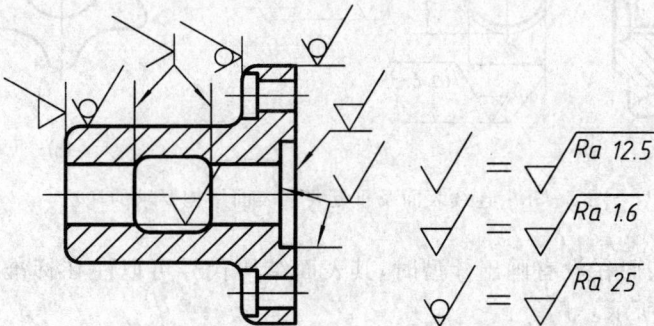

图 5-35　只用基本图形符号和扩展图形符号的简化注法

4. 表面结构的其他标注

（1）由几种不同的工艺方法获得的同一表面，当需要明确每一种工艺方法的表面结构要求时，可在国家标准规定的图线上标注相应的表面结构代号，如图 5－36 所示。图中同时给出了镀覆前后的表面结构要求的注法。

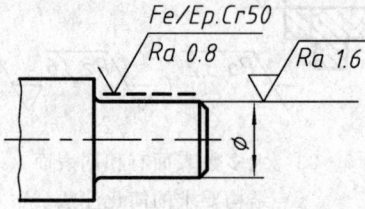

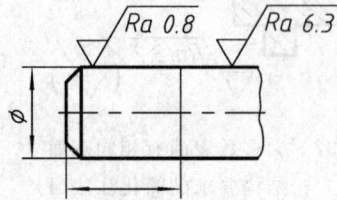

图 5－36　同时给出镀覆前后的　　　　　图 5－37　同一表面有不同的
　　　　　表面结构要求的注法　　　　　　　　　　表面结构要求的注法

（2）在同一表面上，如果有不同的表面结构要求时，须用细实线画出两个不同要求部分的分界线，并注出相应的表面结构符号和尺寸，如图 5－37 所示。

（3）对于零件上连续表面及重复要素（孔、槽、齿等）的表面（图 5－38）和用细实线连接不连续的同一表面（图 5－39），其表面结构代号不需要在所有表面标注，只需标注一次。

（4）下述一些要素的表面结构代号都不必标注在工作表面上，可以标注在其他表示这些工作面的线上。

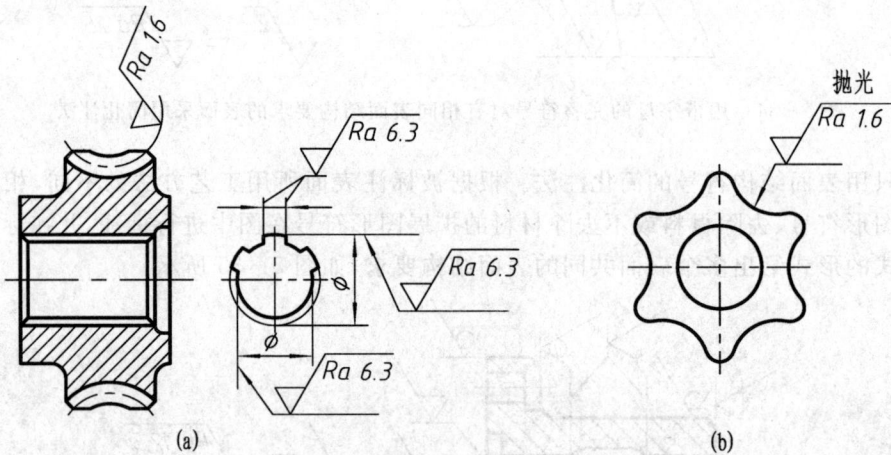

图 5－38　连续表面及重复要素表面结构要求的注法

螺纹的工作表面在没有画出牙型时，其表面结构代号可以注在标准螺纹代号的指引线上，如图 5－40 所示。

齿轮、花键等零件的工作表面在没有画出齿形时，其表面结构代号应注在分度线上，如图 5－41 所示。

图 5-39 不连续的同一表面表面结构要求的注法

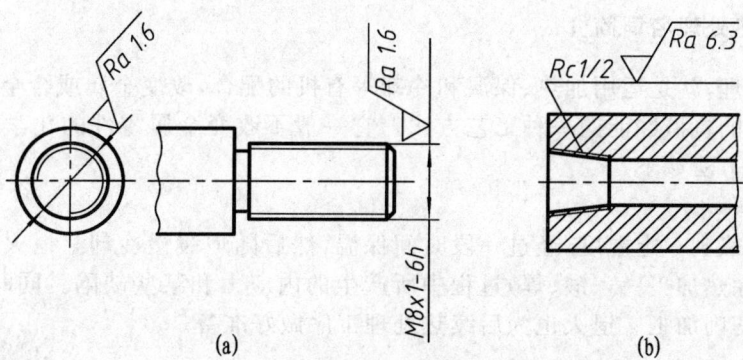

图 5-40 螺纹的表面结构要求的注法

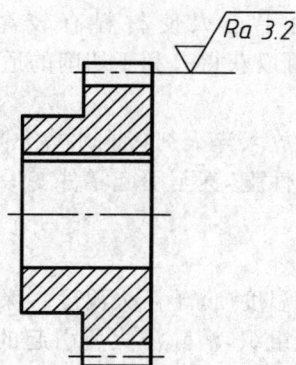

图 5-41 齿轮的表面结构要求的注法

5.3　其他技术要求简介

5.3.1　硬度

图纸上关于硬度的要求,多指金属材料的抗压凹、磨蚀或机械加工的性能。它是金属材料的一项带有综合性的性能指标,通常用材料表面抵抗硬物压入的能力来表示,即在压头的作用下,形成压坑的大小和深浅数值。由于测试硬度的方法不同,常用的硬度表示法有布氏硬度和洛氏硬度两种。

HB 布氏硬度符号:如图纸上常注有"HB262~286"字样,它表示在 3 000 kg 荷重下,将钢球压入金属表面时所达到的硬度值(压痕直径约为 3.75~3.60 mm)。布氏硬度一般适用于表示低硬度(HB<450)值,常用来表示不淬火钢、铸铁和有色金属的硬度。

HRC(或 RC)洛氏硬度符号:硬度机的测头用金钢钻锥体(代替钢球)在 150 kg 荷重条件下,压入金属表面所得到的压痕深度的一种标志。例如 HRC27~30,此时所表达的硬度与上述 HB262~286 的硬度值相当。

5.3.2　热处理名词简介

所谓热处理,就是运用加热、保温和冷却等有机的配合,改变金属或合金的内部组织,从而获得更好的机械性能的一种工艺方法。它一般不改变金属零件的化学成分或形状。常用的热处理方法如下。

1. 退火(焖火)

将钢件加热到一定温度,经过一段时间保温,然后随炉缓慢冷却。退火使晶粒细化,组织均匀;消除热加工(铸、锻、焊)过程中所产生的内应力和某些缺陷。同时还能降低钢的硬度,便于切削加工。退火也为后续热处理工序做好准备。

2. 正火

正火是退火的一种特殊形式,其加热和保温与退火相同,不同之处在于冷却是在空气中进行的,速度较快,因而有较高的强度和硬度。在消除应力和缺陷方面,正火与退火相同,但在改善切削性能方面,由于正火使材料有较高的硬度,故它适用于含碳量(<0.45%)较低的钢材,这样就可以获得有利于切削的适当硬度。

3. 淬火

淬火是钢材经加热、保温后,放入淬火剂(油、水等)中急剧冷却。淬火后可提高零件硬度和耐磨性,但组织很不稳定,性脆,甚至引起零件变形或开裂,因此淬火后必须给予回火处理。

4. 回火

将淬火后的零件加热到适当温度(低于淬火温度),保温一段时间后,一般再在空气中冷却。回火可以改善工件的金相组织,消除淬火所引起的内应力,并提高材料的韧性,减少脆性和硬度,以达到所需的机械性能,并使内部组织稳定。

5. 调质

淬火后随即进行高温(300~700℃)回火的热处理操作称为调质。调质处理后的零件有较好的综合机械性能,主要用于中碳钢及中碳合金钢零件。

5.3.3　化学热处理名词简介

化学热处理就是把零件加热到高温状态,再将其他元素渗入其表层,以改变零件表层的化学成分,从而引起表层组织性能变化的一种热处理工艺。通过这种处理一般可以获得"外硬内韧"的性能。常用的化学热处理方法如下。

1. 渗碳

将碳原子渗入低碳(或中碳)钢件的某些工作表面,增高其表层含碳量,再予以淬火处理,就可提高工作表面的硬度和耐磨性,而工件的材料中心层仍保持原有韧性。一些受冲击载荷的零件(如齿轮等)的啮合面,均要求渗碳。

同一零件上不需渗碳的表面,可用余量法、镀铜法或堵塞法等避免渗碳。

2. 渗氮

渗氮利用渗氮剂(氨)在 500～600℃温度下分解时所产生的活性氮原子渗入零件表层,形成铁氮合金,从而改变表层机械性能和理化性质的一种处理过程。

渗氮适用于含有铬、钼、铝等元素的合金钢,因为这些元素的氮化物强度很高,且在高温下也很难分解,故提高了零件的耐磨性、耐蚀性和疲劳强度。

3. 氮化

将碳和氮原子同时渗入工件表层的方法称为氮化。它对钢件的作用和效能与渗氮类似。

5.3.4　金属的表面处理

表面处理是在金属表面增设保护层的工艺方法。它起着防蚀、装饰和改善表面的机械物理性能(耐磨、导电、绝缘、反光等方面的能力)等作用。

1. 钢零件的保护层

(1)镀锌。镀锌零件在空气中有良好的耐蚀性,且其费用低廉,应用广泛。为了避免使钢件直接与铝、镁或铜合金接触,也使用镀锌法保护。锌本色日久变暗,故不作装饰之用。

(2)镀镉。镀镉件比镀锌件稳定,在海水及其蒸汽中有很强的耐蚀性。镉层柔软,且有弹性,对零件贴合封严极为有利,但不耐磨。镉盐有毒且稀少,宜慎用。

(3)镀铬。铬层耐蚀并耐磨,外观美,能耐潮湿大气、碱、硝酸和多种气体的腐蚀作用。镀铬层孔隙大,故单层镀铬可靠性差。因此,镀铬前一般先以镀铜或镀镍作为底层。

(4)镀镍。镍在大气、海水,尤其在碱中有良好的抗蚀性。镍层抛光后外表美观。

(5)发蓝(发黑)。使钢件表面形成一层氧化膜。发蓝主要用于良好大气条件下工作的零件,涂油可提高其防护性能。氧化膜极薄,对粗糙度和尺寸精度影响很小,常用于尺寸精确或需黑色表面的零件。

2. 铝、镁合金保扩层

铝、镁合金进行表面处理的主要方法是阳极化,即将零件作为直流电路的阳极,进行氧化处理。阳极化可提高铝、镁合金的防蚀和耐磨能力。由于这样处理时,还可将氧化膜染成黄、黑、蓝、红、绿或紫色,所以它也是带有装饰性的处理方法。

3. 铜合金的保护层

铜合金保护层基本上与钢相似,可以镀锌、镉、铬、镍或锡等,还可予以钝化处理,使铜合金表面形成氧化膜。

5.3.5　常用金属材料简介

1. 常用黑色金属材料如表 5-16 所示。

表 5-16　常用黑色金属材料简介

标准	名称		牌号	特性及应用举例	牌号说明
GB700—2006	碳素结构钢		Q195	金属结构构件中受轻载荷的机件,如垫片、垫圈、铆钉、螺钉、水管、气管、外壳等	"Q"钢材屈服点"屈"字汉语拼音首位字母。数字表示钢材厚度≤16 mm时的屈服点值不小于 235 MPa。质量等级符号有 A,B,C,D 四个级别
			Q215—A	焊制或渗碳机件,如轴、轮、凸轮,管子和受力不大的螺钉等	
			Q235—A Q255—A	有较好的强度、硬度和韧性,用途较广,是一般机器制造上的主要材料。用于制造一般的轮轴、轴与齿轮、连杆、销、螺栓、螺母、垫圈、钩、楔等	
			Q275	强度要求较高的零件,如重要的螺钉、拉杆、楔、连杆、轮轴、轴和齿轮等	
GB699—1999	优质碳素钢	普通含锰量钢	15	塑性、韧性、焊接性能和冷冲性能均极良好,但强度较低,用于受力不大、韧性要求较高的零件、紧固件、冲模锻件及不要热处理的低负荷零件,如螺栓、螺钉、拉条、法兰盘及化工贮器,蒸汽锅炉等	
			35	有好的塑性和相当的强度,用于制造锻造的高韧性机件,如曲轴、连杆、杠杆以及横梁、圆盘、套筒、钩环、螺钉、螺母等。一般木作焊接件	牌号的两位数字表示平均含碳量的万分数,如"45"表示平均含碳量为 0.45%。较高含锰量的优质碳素钢,在牌号尾部加"Mn"
			45	强度较高,韧性中等,通常在调质或正火状态下使用。用于制造齿轮、齿条、离合器、轴、活塞销、丝杆、花键轴、键、汽轮机的叶轮、压缩机及泵的零件	
		较高含锰量钢	15Mn	高锰低碳渗碳钢,性能与 15 号钢相似,但其淬透性、强度和塑性比 15 号钢都高些。可制造凸轮轴、齿轮、联轴器、铰链、拖杆等。焊接性好	
			45Mn	用于受磨损的零件,如转轴、心轴、叉、啮合杆及载荷较大的零件,如离合器盘、花键轴、万向接头、曲轴、汽车后轴、双头螺柱、地脚螺栓等。焊接性较差	
			65Mn	强度、硬度均高,淬透性大,脱碳倾向小,但有过热敏感性,易产生淬火裂纹,并有回火脆性。适宜作高强度、高耐磨、高弹性零件,如机床主轴、弹簧卡头、弹簧垫圈、大尺寸的各种扁、圆弹簧以及经受摩擦的农机零件,如犁、切刀等	

续 表

标准	名称	牌 号	特性及应用举例	牌号说明
GB4357—1989	碳素弹簧钢丝	B级 C级 D级	有较好的弹性和较高强度,制造在冷状态下缠绕成形而不经淬火的小型螺旋弹簧。供航空工业用的钢丝,表面刮伤深度有严格要求者在订货合同内注明	B级用于低应力弹簧; C级用于中等应力弹簧; D级用于高应力弹簧
GB3077—1999	合金结构钢 锰钢	20Mn2	对于截面较小的零件,相当于20Cr钢,可作渗碳小齿轮、小轴、活塞销、柴油机套筒、气门推杆、钢套等	钢中加入一定数量的合金元素,能提高钢的机械性能和耐磨性,也提高了钢的淬透性,保证金属在较大截面上获得高机械性能。合金元素用国际化学元素符号表示,元素前面数字表示平均含碳量的万分数,元素后面数字表示平均合金元素含量的百分数,平均合金含量小于1.5%时,一般不予标注。高级优质合金结构钢在牌号尾部加"A"
	锰钢	45Mn2	用于制造在较高应力与磨损条件下的零件。在直径≤60 mm时,与40Cr相当,可作万向接头、齿轮、蜗杆、曲轴等	
	硅锰钢	35SiMn 42SiMn	除要求低温(-20℃)、冲击韧性很高时,可全面代替40Cr钢作调质零件,亦可部分代替40CrNi钢。此钢耐磨、耐疲劳性均佳,适用于作轴、齿轮及在430℃以下的重要紧固件。42SiMn与35SiMn同,但适于作表面淬火件	
	铬钢	40Cr	用于承受交变负荷、中等速度、中等负荷、强烈磨损而无大冲击的重要零件,如汽车万向节、连杆、螺栓、进汽阀、重要齿轮、轴等	
	铬锰硅钢	25CrMnSi	用于要求表面硬度高、耐磨、心部有较高强度、韧性的零件,如渗碳齿轮、凸轮等,可以焊接	
	铬锰硅钢	30CrMnSiA	是航空制造业中常用的一种调质钢,用于制造重要锻件、机械加工件和焊接件,如起落架零件、天窗盖、冷气瓶、涡轮喷气机、压气机转子的叶片盘和中机匣导向叶片等	
GB9439—2010	灰铸铁	HT100	低强度铸铁。用于盖子、手轮、手把、支架、罩壳、座板等不重要零件	"HT"是灰铁二字汉语拼音的第一个字母。后面的数字代表最低抗拉强度(N/mm²)的平均值
	灰铸铁	HT200 HT250	高强度铸铁,并能保持气密性。用于较重要的铸件,如机床床身、汽缸、齿轮、中等压力的油缸、泵体和阀体	
	灰铸铁	HT300 HT350	高强度、高耐磨铸铁,并能保持高气密性。用于重要铸件,如重型机床床身、齿轮、凸轮、曲轴、汽缸体、缸套、高压油缸、液压筒、泵体、阀体等	

2. 常用有色金属材料如表 5-17 所示。

表 5-17　常用有色金属材料简介

标准	名称		牌号	特性及应用举例	牌号说明
GB4424—1984	普通黄铜		H62	黄铜为铜锌合金。H62 用于散热器、垫圈、弹簧、各种网、螺钉及其他零件	H 表示黄铜,数字表示含铜量(%),其余为锌
GB1176—1987	铸造黄铜	铅黄铜	ZCuZn40Pb2	各种化工、造船用零件,如阀门、轴承、垫圈等	"Z"为铸字汉语拼音第一个字母,化学元素符号为主要添加元素,并以此分组,其后数字组为该合金的成分数字组
		锰黄铜	ZCuZn38Mn2Pb2	强度高、耐磨性及铸造性好。用于制造轴瓦、轴套和其他耐磨零件	
GB1176—1987	铸造青铜	锡青铜	ZCuSnl0Pbl	硬度适中,热稳定性好,适于离心浇铸,用于重要的耐磨、耐冲击零件,如齿圈、蜗轮、螺母及主轴轴承等	"Z"为铸字汉语拼音第一个字母,化学元素符号为主要添加元素,并以此分组,其后数字组为该合金的成分数字组
		铝青铜	ZCuAl10Fe3	制造要求耐磨的、硬度高、强度好的零件和蜗轮、螺母、轴套及防锈零件	
GB/T1173—1995	铸造铝合金	铝硅合金	ZL101 ZL101A	铸造性好,有足够高的机械性能和抗蚀性,用途广泛。用于形状复杂的、承受中等负荷的飞机发动机零件,如附件壳体	"ZL"为铸铝二字汉语拼音第一个字母,其后第一位数字为合金分组号,第二、三位数字为顺序号
			ZL102	压铸件、仪表壳及低负荷飞机附件、气缸、活塞以及高温工作的形状复杂的零件	
		铝铜合金	ZL203	热强性好,宜高温用,铸造性差,抗蚀性低。在高温下工作并要求较高塑性的零件,中等负荷、形状简单的零件	
		铝镁合金	ZL301	抗蚀性高,机械性能高,铸造性差,热强性低。用于高负荷、高耐腐蚀、高温下工作的零件	
		铝锌合金	ZL401	铸造工艺性好,比重大,抗蚀性差。用于制造形状复杂的、大型薄壁零件以及高温下工作的中等负荷零件	

第6章 典型零件

一般机器零件按其结构形状的不同,大致可分为轴套、盘盖、叉架及箱体等类型。零件的结构形状、大小都必须按照零件在机器中的作用和它的制造工艺进行构形设计,并完成零件工作图的绘制以供制造。

在零件的设计过程中,首先要保证零件能够实现预定功能,并具有足够的强度、刚度和稳定性。第二要考虑材料的选择和使用。第三要考虑零件的结构形状,要易于加工、装配、调整和维修。最后还要考虑零件的实用、美观和零件成本的经济性。

各类零件有其不同的结构特点和加工工艺。本章主要介绍典型零件的结构特点、工艺性和视图表达,为零件的构形设计打好基础。

6.1 典型零件的结构要素及工艺性

典型零件一般要通过铸造、锻造和机械加工制成。零件的加工工艺对零件结构的设计有一定要求。本节对典型零件的结构要素及工艺性做一介绍。

6.1.1 铸造件结构

盘盖、叉架、箱体类零件中大部分都是铸造件。铸件一般是浇铸成型的。为了起模方便和消除缩孔、夹砂等铸造缺陷。铸件上须考虑起模斜度、铸造圆角等结构(表6-1)。

表6-1 铸件结构

工 艺 结 构	图 例
起模斜度:为了起模方便,铸件的内、外壁沿起模方向应带有斜度,一般为1°左右。因斜度较小,在图上可以不必画出(图(a))。若斜度较大时,则应画出(图(b))	 (a)　　　　　　(b)

续表

工 艺 结 构	图 例
铸造圆角：在铸件转角处应做成圆角图((a))，否则砂型在尖角处容易落砂，在金属冷却过程中易产生裂纹或缩孔	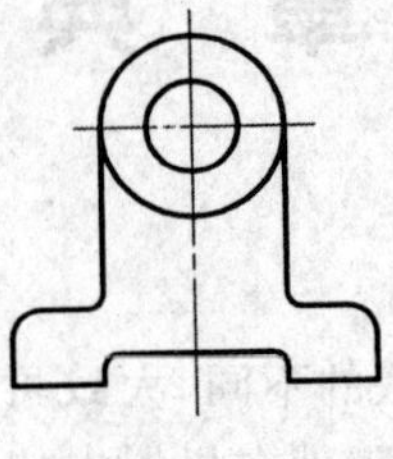 (a) 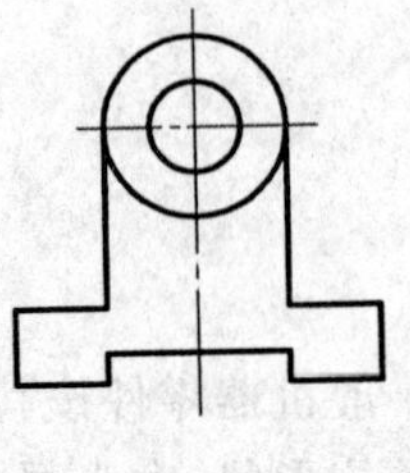　　　　　　　(b)
壁厚均匀：空心铸件应尽量保持壁厚均匀(图(a))，壁厚不同时应逐渐过渡(图(b))，避免局部肥大(图(c))或突变(图(d))，以防金属冷却时产生裂纹或缩孔	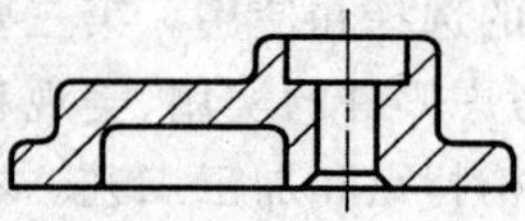 (a) 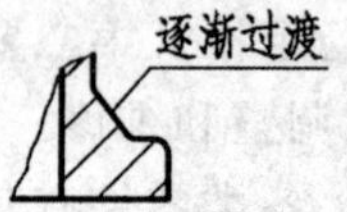　　　　　　　(b) 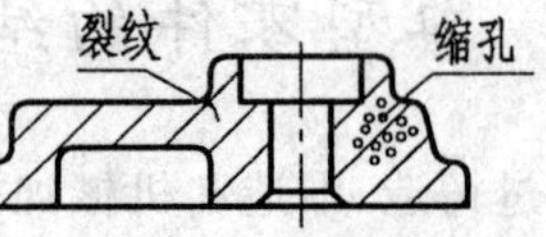 (c) 　　　　　　　(d)

6.1.2　锻造件结构

锻件一般是金属在锻模中挤压成型的。叉架类零件中的连杆、拨叉等零件一般采用模锻件毛坯。为方便从锻模中取出锻件和避免应力集中等现象，模锻件上也应有斜度、圆角等结构(表6-2)。

表 6-2　模锻结构

工 艺 结 构	图 例
模锻斜度：模锻斜度是便于将零件从锻模中取出而做出的，一般外模锻斜度α应小于内模锻斜度β，最常用的模锻斜度为7°～10°	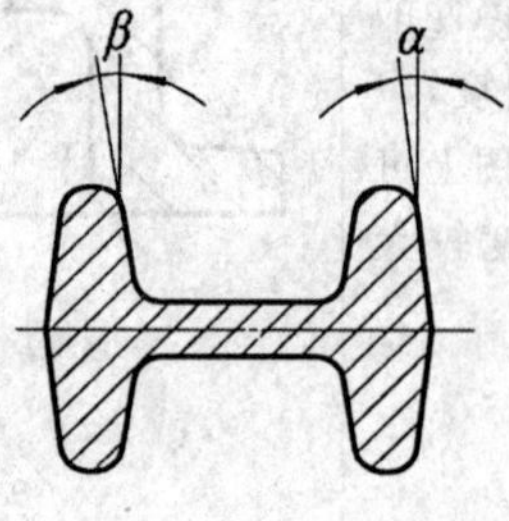 (a) 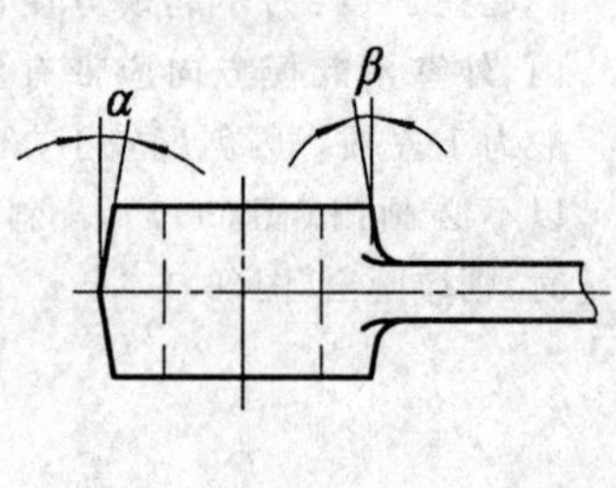　　　　　　　(b)

续 表

工 艺 结 构	图 例
模锻圆角:模锻零件表面转角处必须有模锻圆角,通常 $R > R1$。一般 $R = 3 \sim 5$,$R1 = 1.5 \sim 3$	(a)　　　　　　(b)
模锻剖面:模锻件的剖面应避免突然变化(图(a)),否则加热的坯料流动慢,不易填满模腔。图(b)为不正确的形状	(a)　　　　　(b)

6.1.3　机械切削加工件结构

机械切削加工是利用切削刀具从零件毛坯上去除多余金属,加工制成符合设计要求的零件的工艺,常用的加工方法有车、镗、铣、刨、磨、钻等。为便于加工、减少加工量、避免应力集中,金属切削件上应制出倒角、凸台、退刀槽等结构(表 6 - 3)。

表 6-3　机械加工结构

工 艺 结 构	图 例
倒角:为便于装配和操作安全,常在零件上加工出倒角。倒角的尺寸注法如图所示。尺寸 C 的大小参照表 6-4、表 6-5 和表 6-6	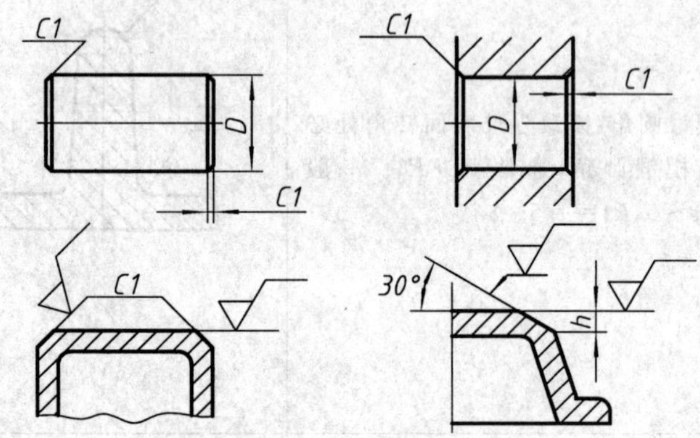
倒圆:为防止应力集中,常在阶梯轴的转向处加工出倒圆 R。R 的尺寸参照表 6-4、表 6-5 和表 6-6	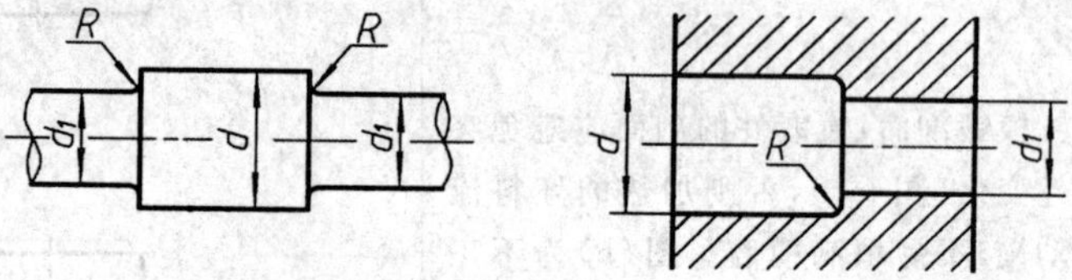
凸台与凹槽:为保证零件接触面间的装配或安装质量,并减少加工面,可在铸造件上制出凸台(图(a))或凹槽(图(b))	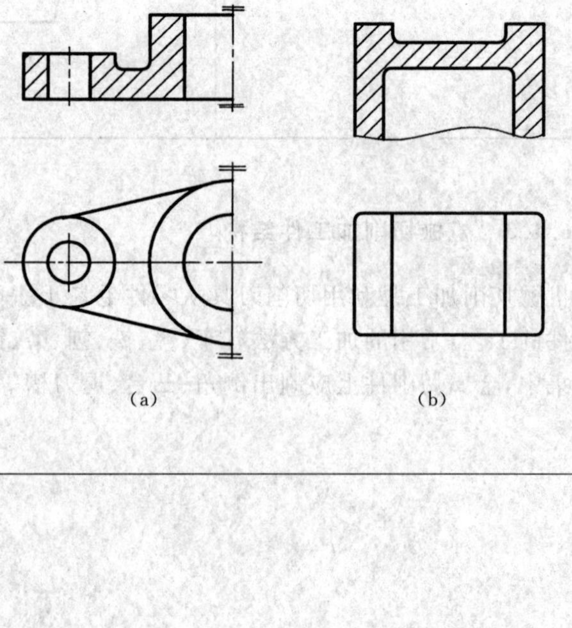 (a)　　　　　　(b)

续表

工 艺 结 构	图 例
砂轮越程槽:加工时为了便于退出刀具,常在未加工面末端预先加工出退刀槽(图(a))或砂轮越程槽(图(b)),其结构尺寸参照表 6-7	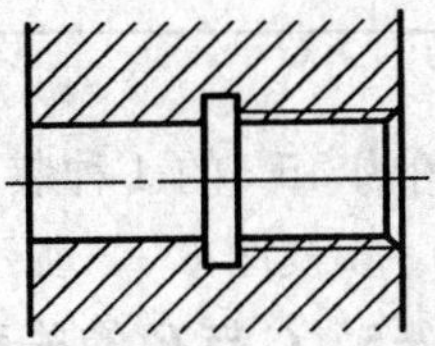 (a) 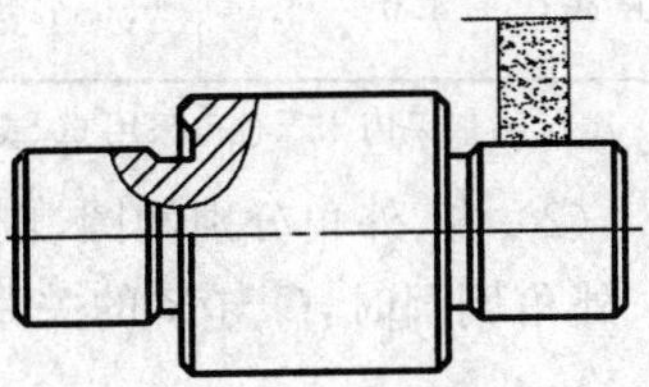　　　　　　　　(b)
钻孔:加工孔时,应尽量使钻头垂直于被钻孔的表面,尽量避免钻头沿铸造斜面或单边进行加工。以改善刀具的工作条件	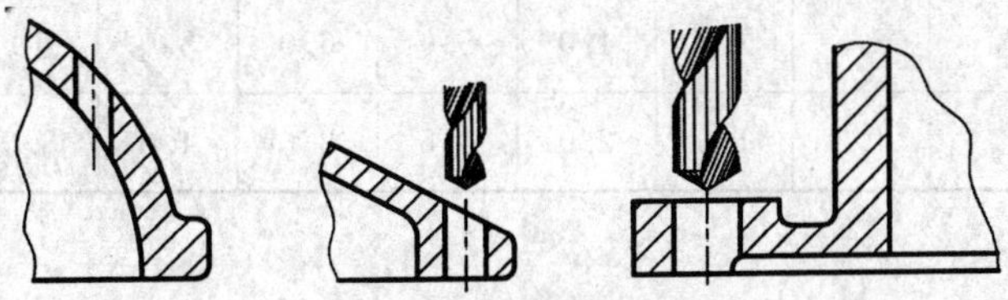 不合理结构 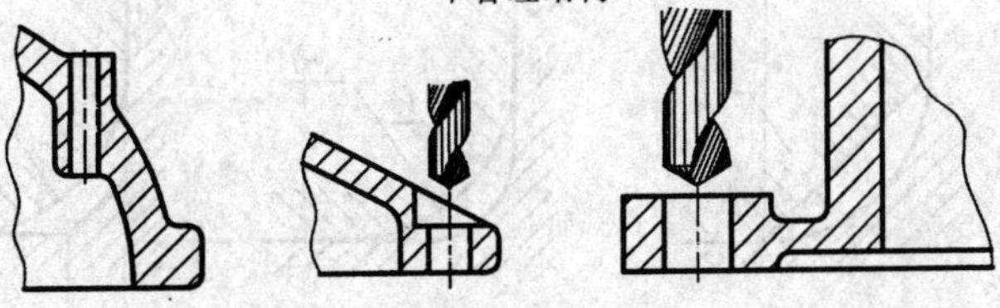 合理结构

6.1.4　零件倒圆与倒角

一般机械切削加工零件上常见的结构要素有倒圆和倒角。其形式和尺寸按 GB 6403.4—2008 执行。

(1) 倒圆、倒角形式如图 6-1 所示,其尺寸系列值如表 6-4 所示。

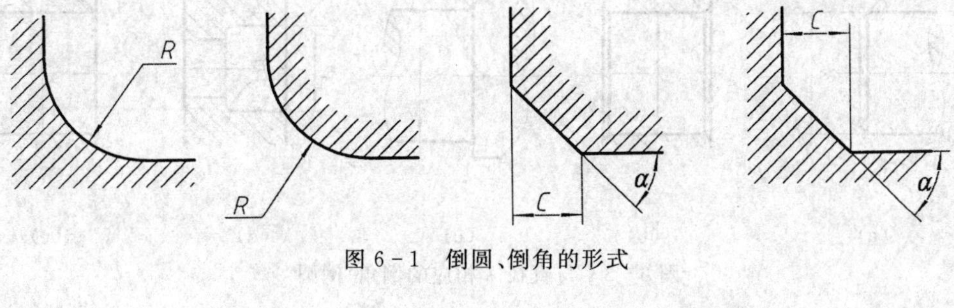

图 6-1　倒圆、倒角的形式

表 6 - 4　倒圆、倒角的尺寸系列　　　　　　（单位：mm）

R 或 C	0.1	0.2	0.3	0.4	0.5	0.6	0.8	1.0	1.2	1.6	2.0	2.5	3.0
R 或 C	4.0	5.0	6.0	8.0	10	12	16	20	25	32	40	50	

注：α 一般采用 45°，也可采用 60°或 30°。

（2）内、外角分别倒圆、倒角（倒角为 45°）的 4 种装配方式如图 6 - 2 所示。当内角倒角、外角倒圆时，C 与 R 的关系如表 6 - 5 及图 6 - 2 所示。

表 6 - 5　C 与 R 的关系　　　　　　（单位：mm）

R_1	0.1	0.2	0.3	0.4	0.5	0.6	0.8	1.0	1.2	1.6	2.0
C_{max}		0.1	0.1	0.2	0.2	0.3	0.4	0.5	0.6	0.8	1.0
R_1	2.5	3.0	4.0	5.0	6.0	8.0	10	12	16	20	25
C_{max}	1.2	1.6	2.0	2.5	3.0	4.0	5.0	6.0	8.0	10	12

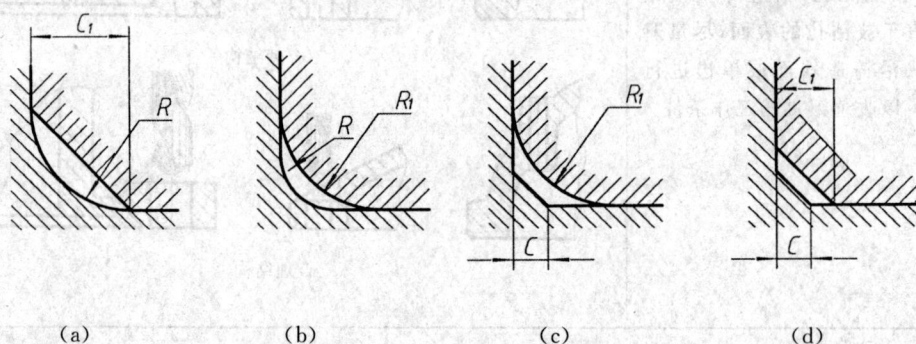

（a）　　　　　（b）　　　　　（c）　　　　　（d）

图 6 - 2　倒圆、倒角的装配方式

（3）与直径 φ 相应的倒角、倒圆如图 6 - 3 所示，其推荐值如表 6 - 6 所示。

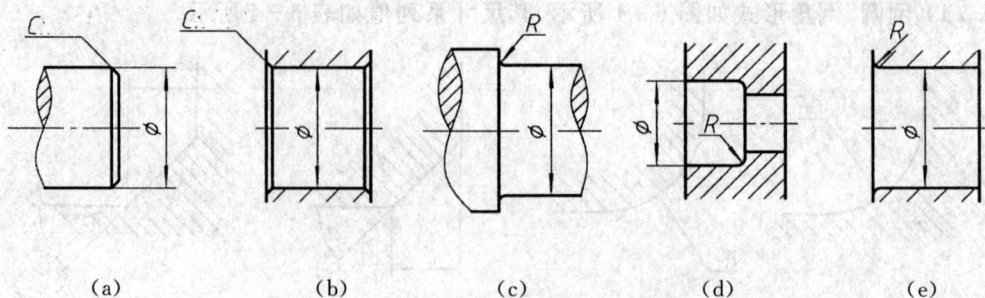

（a）　　　　（b）　　　　（c）　　　　（d）　　　　（e）

图 6 - 3　与直径 φ 相应的倒角、倒圆

表 6 - 6 倒角、倒圆（单位：mm）

ϕ	～3	>3～6	>6～10	>10～18	>18～30	>30～50	>50～80	>80～120	>120～180
C 或 R	0.2	0.4	0.6	0.8	1.0	1.6	2.0	2.5	3.0
ϕ	>180 ～150	>250 ～320	>320 ～400	>400 ～500	>500 ～630	>630 ～800	>800 ～1000	>1000 ～1250	>1250 ～1600
C 或 R	4.0	5.0	6.0	8.0	10	12	16	20	25

6.1.5 砂轮越程槽

磨削加工零件时，一般要有砂轮越程槽结构，其形式和尺寸按 GB 6403.5—2008 执行。

（1）回转面及端面砂轮越程槽的形式如图 6-4 所示，其尺寸系列值如表 6-7 所示。

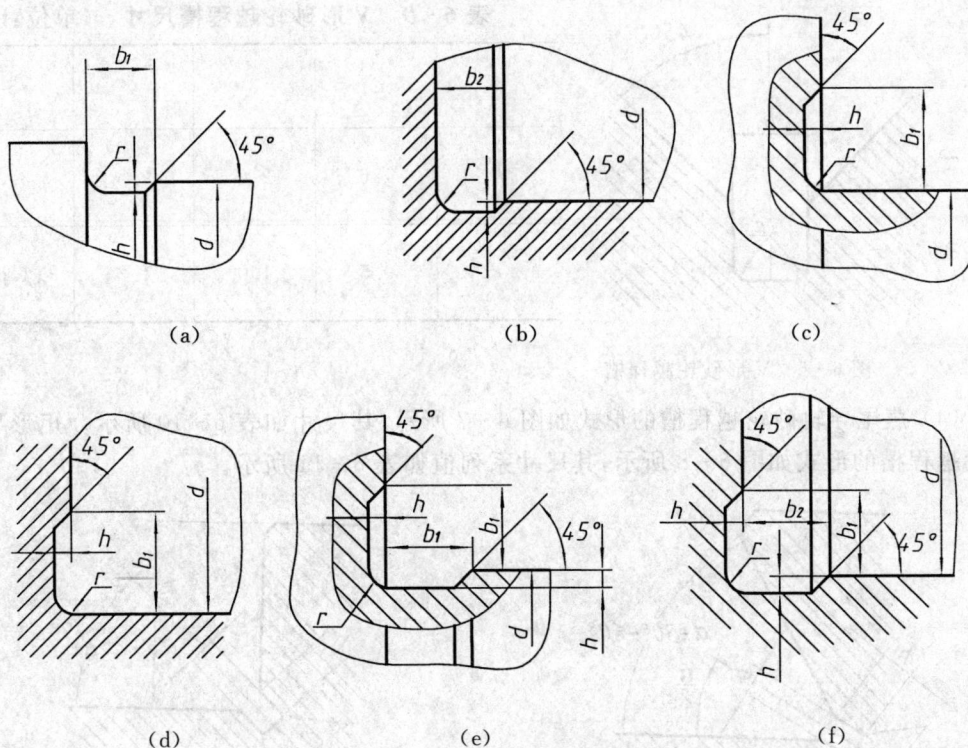

（a）　　　　　　　　（b）　　　　　　　　（c）

（d）　　　　　　　　（e）　　　　　　　　（f）

图 6-4 回转面及端面砂轮越程槽的形式

（a）磨外圆；（b）磨内圆；（c）磨外端面；（d）磨内端面；（e）磨外圆及端面；（f）磨内圆及端面

表 6-7 回转面及端面砂轮越程槽尺寸（单位：mm）

b_1	0.6	1.0	1.6	2.0	3.0	4.0	5.0	8.0	10
b_2	2.0	3.0		4.0			5.0	8.0	10
h	0.1	0.2		0.3		0.4		0.6	0.8	1.2
r	0.2	0.5		0.8		1.0		1.6	2.0	3.0
d	～10			>10～50		>50～100		>100	

注：磨削具有数个直径的工件时，可使用统一规格的越程槽；直径 d 大的零件允许选择小规格越程槽。

（2）平面砂轮越程槽的形式如图 6-5 所示，其尺寸系列值如表 6-8 所示。

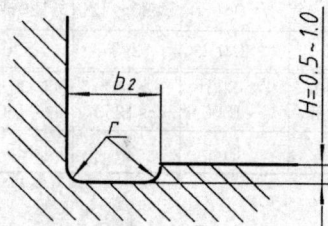

图 6-5 平面砂轮越程槽

表 6-8 平面砂轮越程槽尺寸 （单位：mm）

b	2	3	4	5
r	0.5	1.0	1.2	1.6

（3）V 形砂轮越程槽的形式如图 6-6 所示，其尺寸系列值如表 6-9 所示。

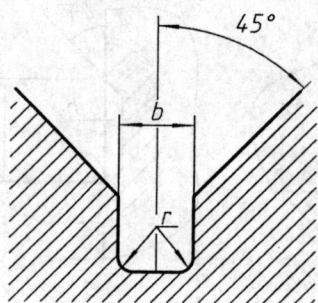

图 6-6 V 形砂轮越程槽

表 6-9 V 形砂轮越程槽尺寸 （单位：mm）

b	2	3	4	5
h	1.6	2.0	2.5	3.0
r	0.5	1.0	1.2	1.6

（4）燕尾导轨砂轮越程槽的形式如图 6-7 所示，其尺寸如表 6-10 所示。矩形导轨砂轮越程槽的形式如图 6-8 所示，其尺寸系列值如表 6-11 所示。

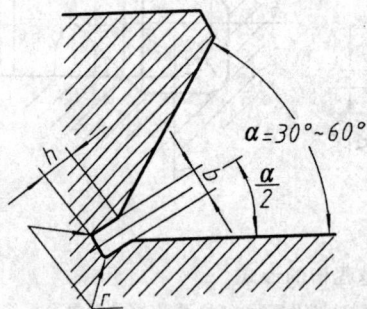

图 6-7 燕尾导轨砂轮越程槽

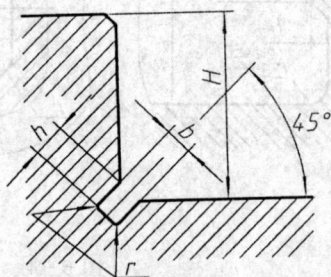

图 6-8 矩形砂轮越程槽

表 6-10 燕尾导轨砂轮越程槽尺寸 （单位：mm）

H	≤5	6	8	10	12	16	20	25	32	40	50	63	80
b	1	2		3				4			5		6
h													
r	0.5	0.5		1.0				1.6			1.6		2.0

表 6 - 11　矩形导轨砂轮越程槽　　（单位:mm）

H	8	10	12	16	20	25	32	40	50	63	80	100
b	2				3				5		8	
h	1.6				2.0				3.0		5.0	
r	0.5				1.0				1.6		2.0	

6.2　轴、套类零件

轴套类零件多用于传递动力或支撑其他零件,如轴、套筒、套管、螺套等。在做轴的构形设计时要根据轴的功能考虑轴的主体结构、局部功能结构及工艺结构。

6.2.1　轴、套类零件的结构特点和视图选择

1. 轴、套类零件的结构特点

轴、套类零件的主体结构一般由直径和长度不同的若干个同轴轴段组成,其轴向尺寸远大于径向尺寸。零件上常见的工艺结构有倒角、倒圆、砂轮越程槽、中心孔。功能结构有螺纹和螺纹退刀槽、键槽、花键、销孔、凹坑及结构平面等(表 6 - 12)。

表 6 - 12　轴、套类零件常见结构

结　　构	图　　例
中心孔:轴的两端常打有中心孔。用于轴在加工、检验时的定位与装夹。中心孔的形式可根据需要按 GB/T 145—2001 选用。图(a)为中心孔的表示法(摘自 GB/T 4459.5—1999),图(b)为 A 型中心孔的形式及标记说明 倒角、倒圆和砂轮越程槽参见表6 - 3	 *GB/T 4459.5-A4/8.5* (a) 标记说明: 　采用 A 型中心孔 $D=4$, $D_1=8.5$ 在完工的零件上是否保留中心孔都可以 (b)

续表

结　　　构	图　　　例
螺纹和螺纹退刀槽:为锁紧轴上零件,轴上常使用螺纹,螺纹根部有螺纹退刀槽,以保证加工和安装方便。其结构尺寸均已标准化(GB/T 3—1997)	
键槽:连接轴和轴上的传动件常使用键和键槽结构。键槽的形式和尺寸均已标准化(GB 1096—2003)	
花键:当轴上装有滑动齿轮时,常用花键结构。花键结构尺寸已标准化(GB 1144—2001)	
结构平面、孔和凹坑:轴上的结构平面是供安装零件时使用的。轴上的孔多为定位销孔。凹坑一般是安装紧定螺钉用的	

2. 轴、套类零件的视图选择

轴、套类零件用一个轴线水平放置的主视图和数量适当的断面图、局部放大图来表达。主视图轴线水平放置既符合零件视图选择的特征原则,也与其工作位置和加工位置一致。轴上的孔或凹坑等结构,可用局部剖来表示。轴上的键槽、孔、结构平面等结构,需要用移出断面图来表示(图 6-9)。实心轴一般不剖切,套类零件则需要用剖视表达它的内部结构。外部形状简单的可采用全剖视(图 6-10),形状复杂的可采用半剖视图。

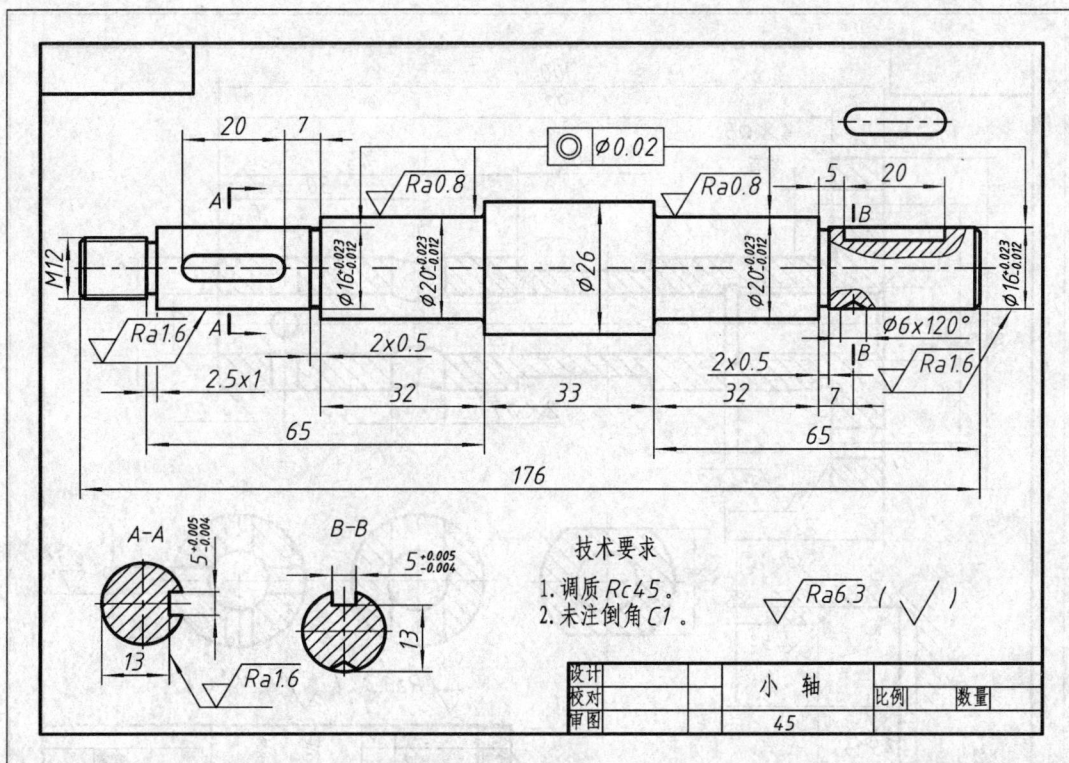

图 6-9 轴

6.2.2 轴、套类零件的尺寸标注

轴、套类零件需要标注径向尺寸和轴向尺寸。

轴、套类零件的径向尺寸标注,一般以主视图中的轴线为基准,各轴段的直径均应直接注出,如图 6-9 中的 $\phi 26$，$\phi 20^{+0.023}_{-0.012}$ 等。

轴、套类零件的轴向尺寸标注,要根据零件的作用、装配关系和工艺要求选择重要的端面、接触表面作为尺寸基准,如图 6-9 中的 65，32 等。

为使尺寸标注清晰,在剖视图上的内、外结构应分开标注,如图 6-10 中的 22，92 等。零件上的标准结构应按国家标准所规定的形式和尺寸标注,如图 6-9 和图 6-10 中所示的退刀槽、键槽的尺寸。

6.2.3 轴、套类零件的技术要求

轴、套类零件上标注的公差主要有轴的径向尺寸公差、轴向尺寸公差等。

与其他零件的孔配合的地方,均应注出尺寸公差,如图 6-9 所示。

只有重要的设计尺寸才需要标注轴向尺寸公差,一般尺寸不标注。标准结构公差,如平键、花键等,其公差配合可由标准 GB 1096—2003 查出。

轴、套类零件的表面粗糙度应与其配合等级相适应。

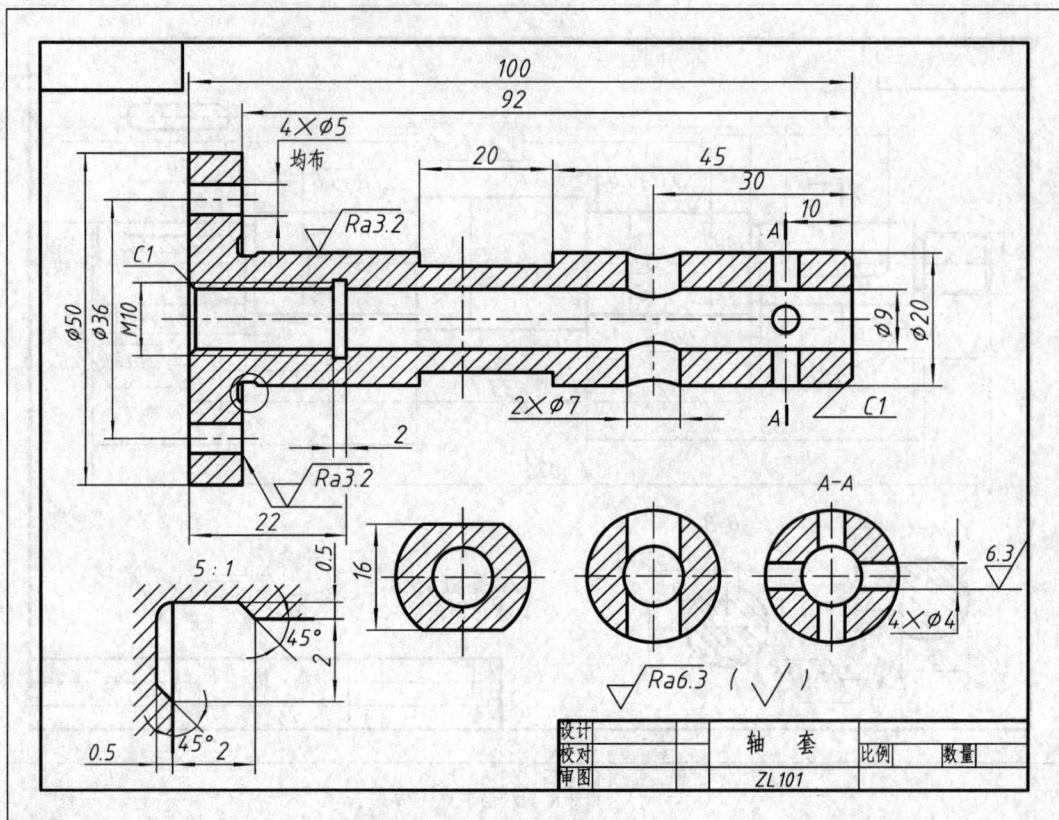

图 6-10　轴套

6.3　盘、盖类零件

盘、盖类零件包括端盖、法兰盘、手轮、皮带轮等形状扁平的盘状零件。轮类零件一般传递动力,盖类主要起支撑、轴向定位、密封等作用。

6.3.1　盘、盖类零件上的结构特点和视图选择

1. 结构特点

盘、盖类零件的主体部分多为同轴回转体,也有主体为方形和其他形状的,且径向尺寸较大,轴向尺寸较小。零件上常有轴孔、沿圆周分布的孔、肋板、槽和齿等结构,如图6-11所示。

2. 视图选择

盘、盖类零件通常用两个基本视图来表达,主视图为通过轴线的全剖视图,轴线水平放置,符合其加工位置(图6-11)。对有些不以车床加工为主的零件,主视图可按其形状特征和工作位置确定。

盘、盖类零件的另一基本视图主要表达盘、盖上的槽、孔等结构在圆周上的分布情况。视图具有对称面时可采用半剖视图。

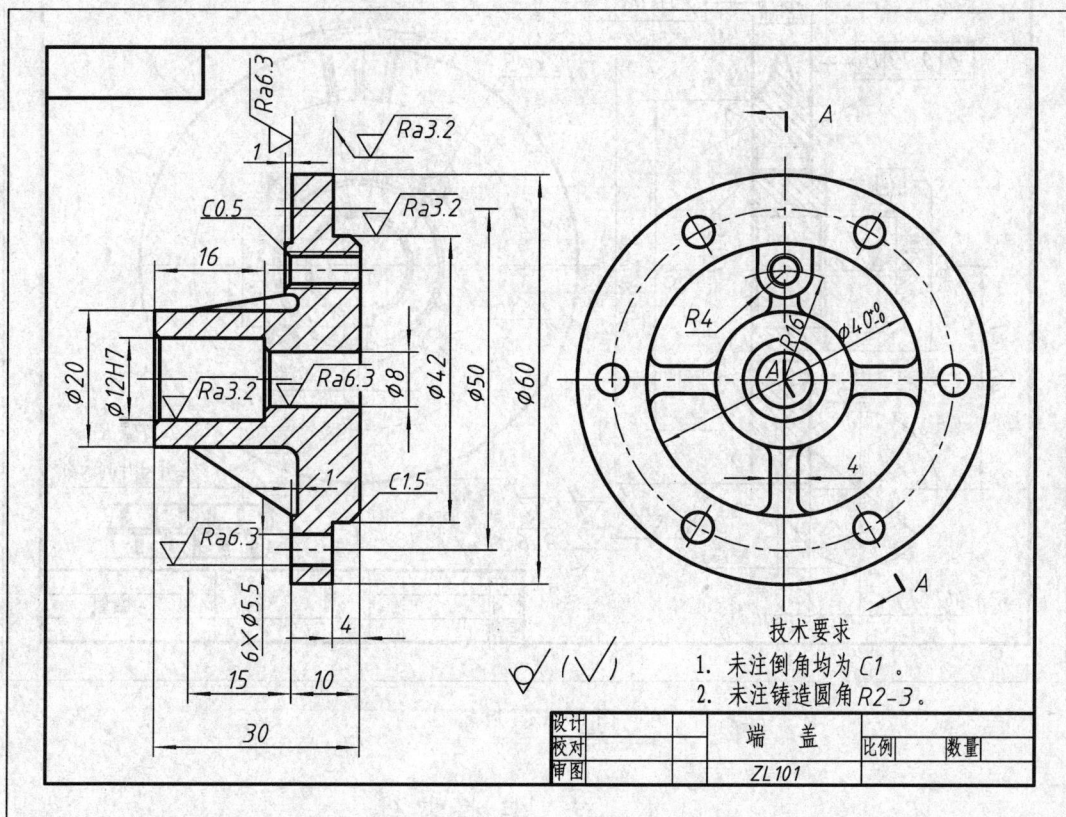

图 6－11　端盖

6.3.2　盘、盖类零件的尺寸标注

与轴类零件尺寸注法类似,盘、盖类零件也需要标注径向尺寸和轴向尺寸。

径向尺寸的主要基准一般为主视图中的轴线,这些尺寸多注在非圆的视图上。如图 6－11 中的 $\phi8,\phi42$ 等。

轴向尺寸标注,常以重要的端面、接触面为尺寸基准。如图 6－11 中的 30,10 均以端面为基准。

零件上的均布孔、肋板等结构应分别注出其定形和定位尺寸。

6.3.3　盘、盖类零件的技术要求

盘、盖类零件也是根据装配关系和工作要求来确定极限、配合和表面粗糙度的。如图 6－12 中孔 $\phi20^{+0.023}_{0}$ 与齿轮轴轴端配合,公差等级为 7 级,Ra 值选为 3.2。

在图 6－12 中,为保证齿轮便于装配、减少振动和安装后不发生歪斜,要求叶轮对轴孔的跳动不大于 0.03。

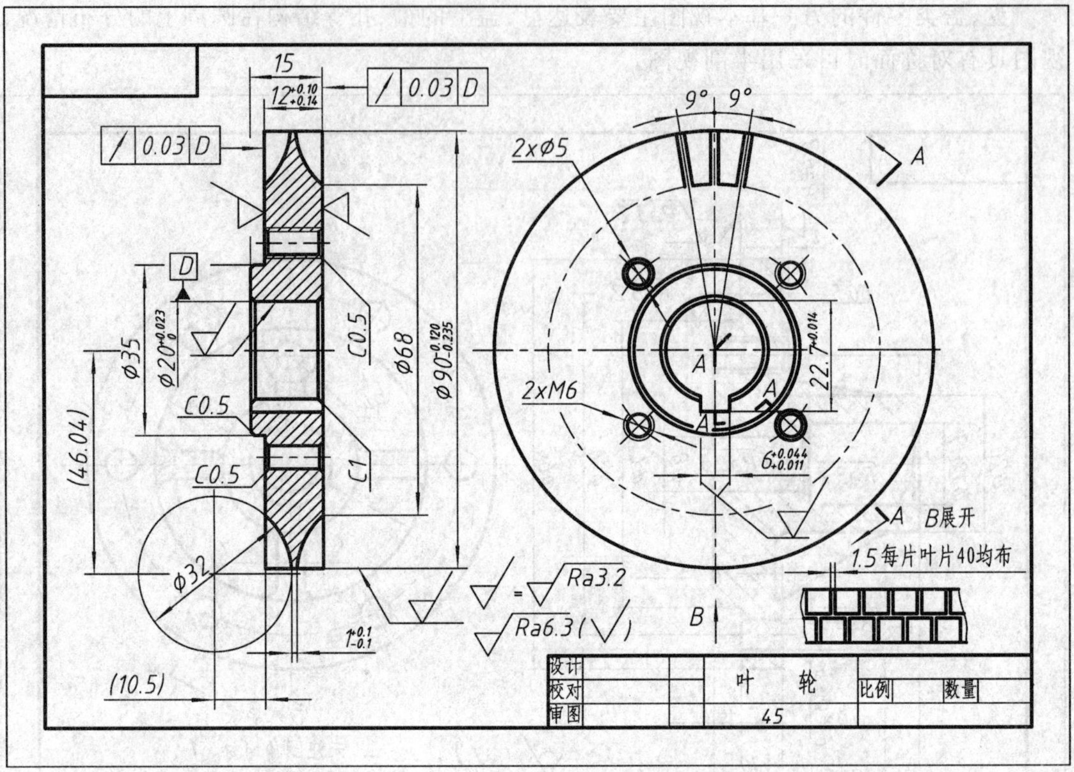

图 6 - 12　叶轮

6.4　叉、架类零件

叉、架类零件包括各种用途的拨叉、支架(图 6 - 13)、连杆(图 6 - 14)等。拨叉、连杆、拉杆主要用于机器操纵系统等各种机构中,支架主要起支撑和连接作用。这类零件的毛坯多为铸造件或锻造件。

6.4.1　叉、架类零件的结构特点和视图选择

1. 结构特点

多数叉、架类零件均由工作部分、安装部分和连接部分组成。工作部分一般是对相关零件施加作用的部分,如支架上的空心圆柱部分(图 6 - 13 中长圆孔)。支架的矩形的安装底板上有安装孔,用来进行支架的定位和连接。支架上倾斜的支撑板和肋板将支架的工作部分和安装部分连接起来。在叉、架类零件的构形设计时,一般先构造出零件的工作部分和安装部分,再添加连接部分。

2. 视图选择

叉、架类零件结构形状复杂,加工方法多样,加工位置很难分出主次。在选择主视图时主要考虑其形状特征和工作位置。叉、架类零件通常需要两个以上的基本视图,并且常选用斜视图、局部视图、断面图等来表达零件的细部结构。对某些较小的结构也可采用局

部放大图。

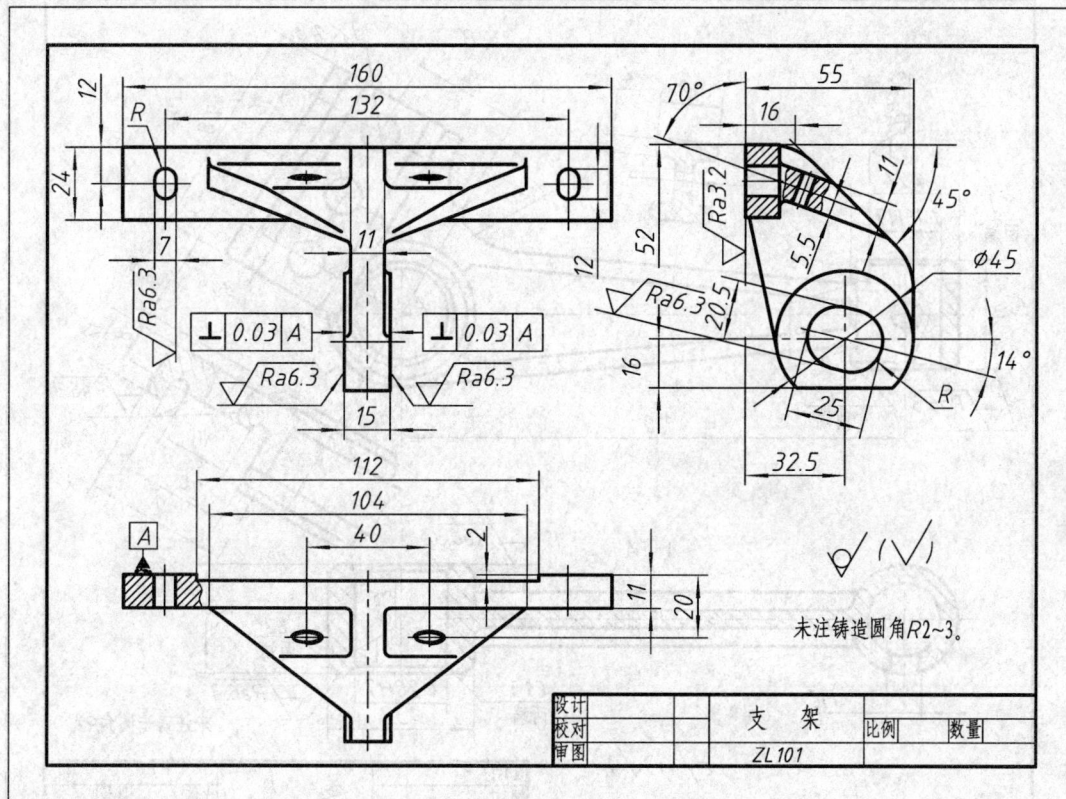

图 6-13 支架

6.4.2 叉、架类零件的尺寸标注

叉、架类零件形体之间的相对位置较复杂,所以定位基准的选择和定位尺寸的标注就很重要。零件在长、宽、高 3 个方向上的基准一般为孔的中心线、轴线、对称平面和运动时的工作面。由于定位尺寸较多,标注时要注意保证设计要求的定位精度。

例如,支架(图 6-13)以长圆孔的中心线和底板外侧作为零件在高度方向的主要定位基准,标注尺寸 52,16 等。长度方向的主要基准为零件的左右对称面,分别注出尺寸 40,132,160 等。在宽度方向以中心线 I 和安装底板的底面为基准,标注尺寸 32.5,55,20 等。

6.4.3 叉、架类零件的技术要求

叉、架类零件的表面粗糙度、尺寸公差、形位公差一般没有特殊的要求,通常以零件的工作部分和固定部分为主来提要求。例如,图 6-13 中支架长圆孔的端面对底板基准面 A 的垂直度不大于 0.03,表面粗糙度 Ra 值为 6.3。

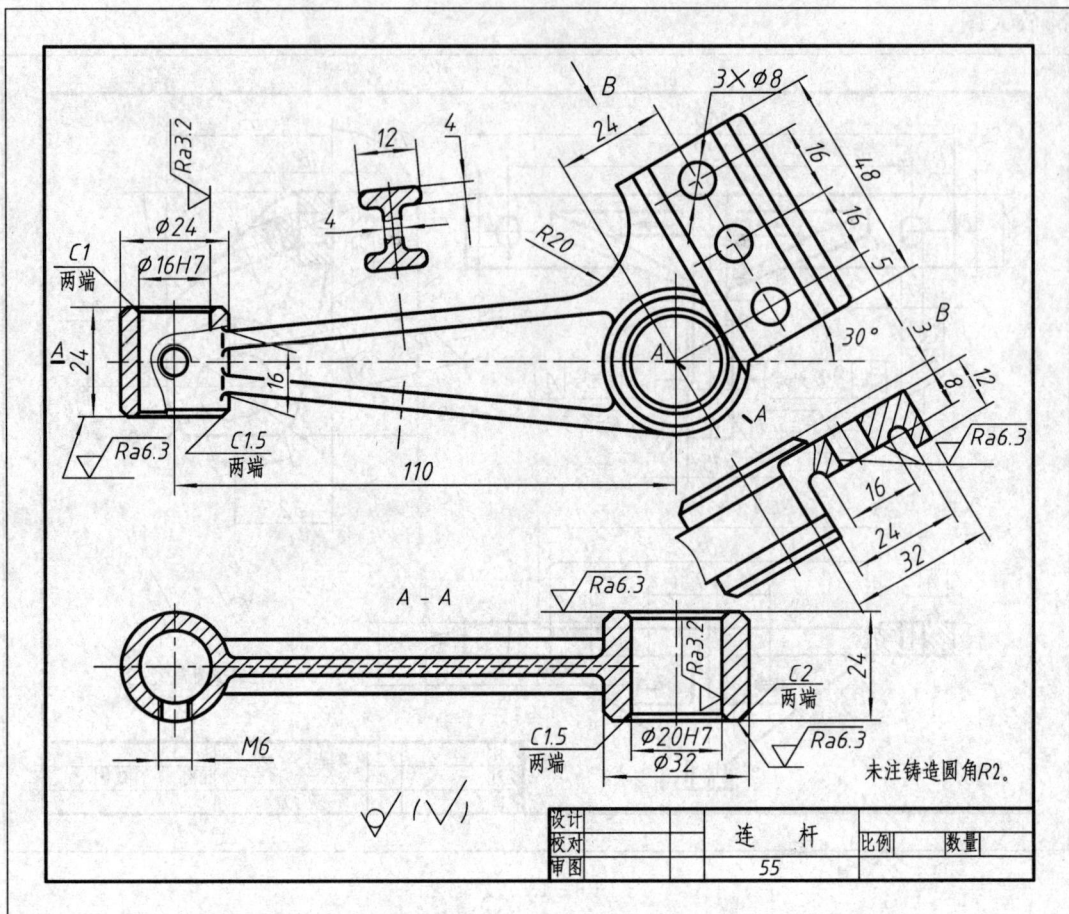

图 6 - 14　连杆

6.5　箱体类零件

箱体类零件多为铸造件,是组成机器或部件的主要零件,通常起支撑、容纳、定位和密封等作用。

6.5.1　箱体类零件上的结构特点和视图选择

1. 结构特点

箱体类零件的主体结构差异很大,但多是中空壳体,具有较大的内腔,内腔的形状要根据箱体所包容零件的形状和运动轨迹来确定。箱体上运动件的支撑部分是轴承孔,在轴承孔的端面有安装端盖的平面和螺孔等局部功能结构。为与基座或部件上其他零件连接,箱体上要构造底板和安装平面,平面上一般有定位销孔和连接螺孔。为加强局部强度,箱体上常有肋板等结构。考虑到运动部件的润滑,箱体上常有加油孔、放油孔及安装油标等结构的平面和孔(图 6 - 15)。

在进行箱体类零件的构形设计时,一般先构造出零件的主体结构,再添加局部功能结构和工艺结构。

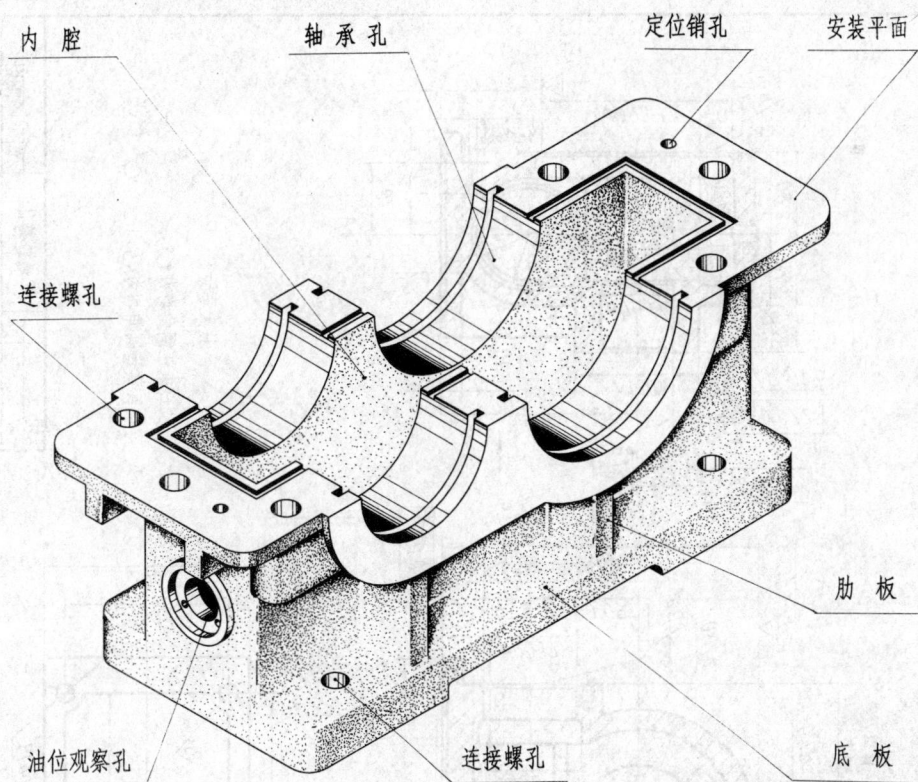

图 6-15　减速箱体轴测图

2. 视图选择

箱体类零件结构形状复杂,加工工序复杂,每个工序加工位置不尽相同。在选择主视图时一般按其工作位置和形状特征来确定。为表示出箱体复杂的内部形状和外部形状,要有足够数量的剖视图和外形图。细部结构可用局部视图和局部放大图来补充表示。

图 6-16 是蜗轮箱体零件图。箱体是左右对称的,主体部分有包容蜗轮、蜗杆的内腔。箱体端面有轴线垂直交叉的轴承孔,轴承孔端面有均布螺孔,下部是安装底板。箱体的表达采用了 3 个基本视图和 2 个局部视图。

主视图的选择主要考虑零件的形状特征,采用 A—A 半剖视图表达箱体内部结构、箱体外形及蜗轮大轴承孔端面上的螺孔分布。

左视图是沿零件左右对称面剖切的全剖视图,表达蜗轮轴线剖切后的箱体内部结构。

B 向视图主要表示了底板的形状、底板上的安装孔及为减少加工面而做的凹坑。

C 向视图主要表达了肋板结构。

D 向视图主要表示蜗轮轴轴孔端面上的螺孔分布。

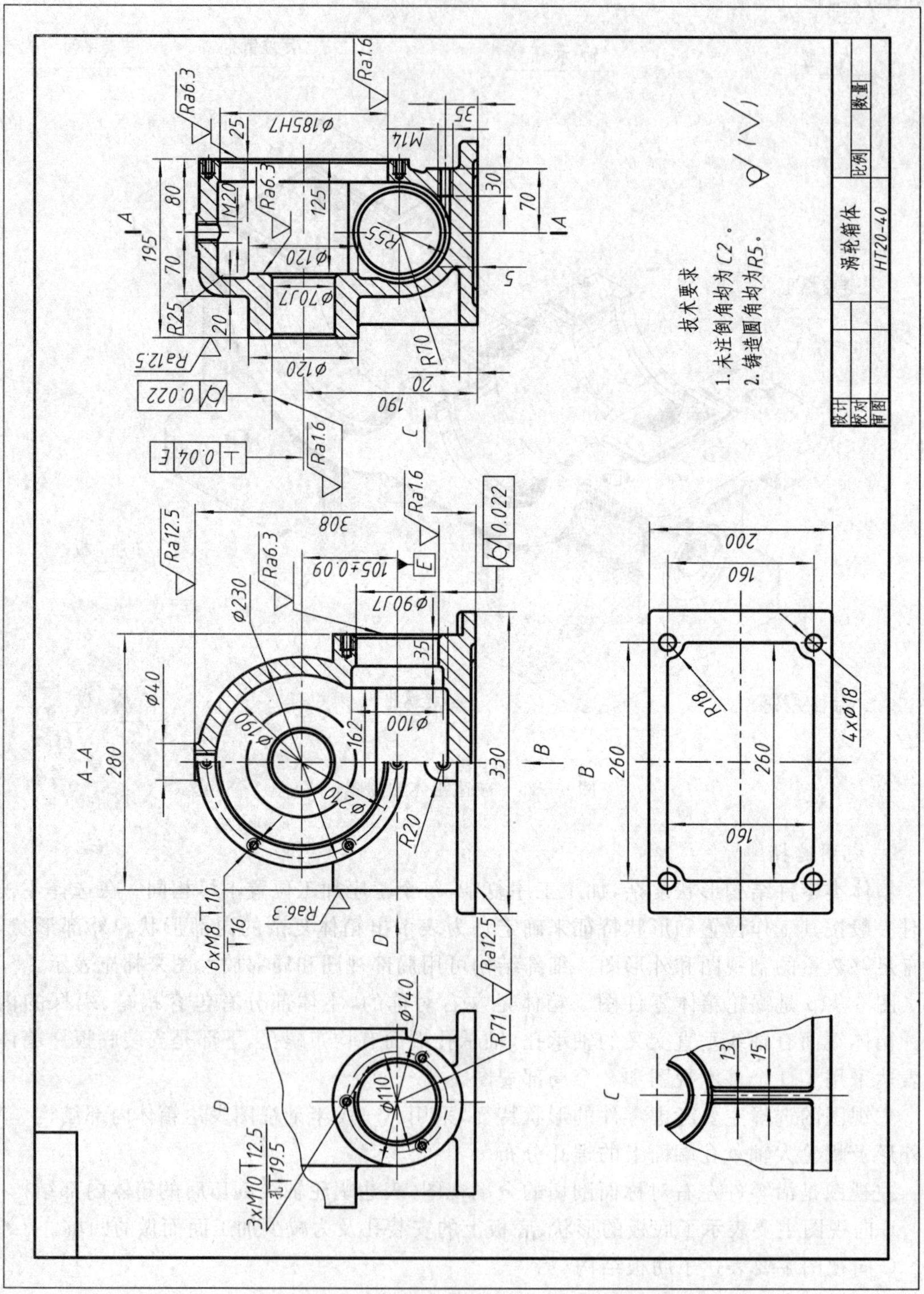

技术要求
1. 未注倒角均为C2。
2. 铸造圆角均为R5。

涡轮箱体

HT20-40

设计
校对
审图

比例　　　数量

图6-16　涡轮箱体

6.5.2 箱体类零件的尺寸标注

箱体类零件需要标注的尺寸很多,因此,要仔细进行形体分析,确定零件在长、宽、高3 个方向上的主要基准,标注各结构的定形尺寸和定位尺寸。

例如图 6-16 中,蜗轮箱体以蜗轮轴的水平轴线和底板的底面作为高度方向上的主要尺寸基准,要标注轴承孔中心距 105 ± 0.09,主要尺寸 190,308 等。

长度方向,选择零件左右对称平面为主要尺寸基准,应在主视图和 B 向视图上注出主要尺寸 330,280,260 等。

宽度方向选择蜗轮轴的轴线为主要基准,注出 80,70 等尺寸。

6.5.3 箱体类零件的技术要求

箱体零件要按设计要求标注尺寸公差、表面粗糙度及形位公差。主要考虑箱体上安装轴承的孔的尺寸公差、表面粗糙度;各轴承孔的轴线与箱体基面的相对位置;各轴承孔的轴线之间的相对位置;轴承孔的安装面与轴线的相对位置。

例如,箱体上蜗轮及蜗轮轴轴承孔的配合尺寸 $\phi185H7$,$\phi70J7$,$\phi90J7$ 等。表面粗糙度 Ra 值选为 1.6,两轴承孔中心距为 105 ± 0.09。

蜗轮蜗杆减速箱用于传递两交叉轴之间的运动,所以对箱体两轴承孔有形位公差要求。$\phi70J7$ 和 $\phi90J7$ 的圆柱度不大于 0.022,$\phi70J7$ 孔轴线、$\phi90J7$ 孔轴线的垂直度误差不大于 0.04。

6.6 零件图的阅读

在设计和制造过程中,经常需要阅读零件图。例如在设计零件时,需要参考同类零件的图纸,研究改进零件结构的合理性;在制造零件时首先要看懂图纸,选用适当的加工方法和工艺过程,以满足设计要求,保证产品质量。

6.6.1 零件图阅读的方法和步骤

1. 概括了解

根据标题栏了解零件名称、材料、编号及图形的比例大小。必要时还要结合装配图或其他设计资料,了解零件在什么机器上使用,大致了解其功用和形状。

2. 视图分析

找出主视图,确定各视图之间的关系,找出剖视、断面的剖切位置和投影方向等,再研究各视图的表达重点。

3. 形体分析

根据零件的功用和视图特征,从图上对零件进行形体分析,把它分解成几个部分。按照所分的部分,一个一个地分析。从主视图入手,利用投影规律,结合相关视图、剖视、断面图,找出有关该部分的图形,特别是找出反映它形状特征和位置特征的图形,再把这些图形联系起来,利用结构分析和投影分析得出其空间形状,然后综合各部分形状及他们之间的相对位置,确定零件的整体形状。

看图的一般顺序应是:先看整体和主要部分的形状,分析并看懂零件总体的"外部"由哪些几何体组成,"内部"有哪些结构形状;再看零件次要部分及细节。零件的倒角、圆角、孔、槽等结构可视为零件细节,不必单独分析。

4. 尺寸分析

根据零件图上尺寸标注的原则来分析尺寸。先找出图上各个方向的主要尺寸基准,了解哪些是重要的设计尺寸,了解各结构形状的定位尺寸和定形尺寸及总体尺寸。

5. 了解技术要求

首先了解零件的加工精度、尺寸公差、表面粗糙度及形位公差,再分析零件图中所写的其他技术要求和说明。

6.6.2　读图实例

以柱塞泵泵体零件图为例读图(图 6 - 17)。

1. 概括了解

根据标题栏了解到零件名称、材料、编号及图形的比例大小。必要时还要结合装配图或其他设计资料,了解零件在什么机器上使用,大致了解其功用和形状。

2. 视图分析

柱塞泵体零件图由主、俯、左和 B 向 4 个基本视图以及局部剖视图 A—A 组成。

柱塞泵是通用部件,其安装位置在不同的机器上也有所不同。所以其主视图的选择主要考虑零件的形状特征。主视图采用局部剖视,剖切位置通过零件前后对称面,主要表达主体的内部结构形状。在俯视图中已表达了柱塞孔是一个通孔,所以主视图中保留了左边的部分外形,以便清楚表达螺孔和沉孔的位置及左端 $\phi54$ 的凸台。

俯视图采用局部剖视,剖切位置通过横向柱塞孔的轴线,保留的部分外形主要表达上部的凸台及螺孔。

左视图主要表达零件外形,反映出主体为两个大小不同的方箱结构和左端凸台上螺纹孔的分布。

B 向视图主要表示了底板的形状及底板上的凹坑、沉孔、锥销孔的情况。

A—A 局部剖视主要表示了轴承盖孔和箱壁间的几个凹坑(主视图中的虚线部分)。

3. 形体分析

通过视图分析可以看出,泵体由主体和底板两部分组成,它是柱塞泵的主要零件。主体为两个大小不同的方箱,内部结构主要分布在轴线 Ⅰ,Ⅱ 上,沿轴线 Ⅰ 有孔 $\phi42,\phi50$ 与柱塞泵衬套相配合;右侧方形腔体上的 M10 螺纹孔用来安装油杯,上方均布 4 个螺孔;沿轴线 Ⅱ 有柱塞孔 $\phi30$ 与衬套配合;泵体左端凸台上均布 3 个螺孔用螺钉与柱塞连接;左侧方形腔体上的 M14 螺纹孔用来安装单向阀门。

底板为带圆角的长方板,板上有定位销孔、安装连接螺钉的沉孔以及为减少加工面做的凹坑。根据以上分析可以确定泵体的整体结构形状(图 6 - 18)。

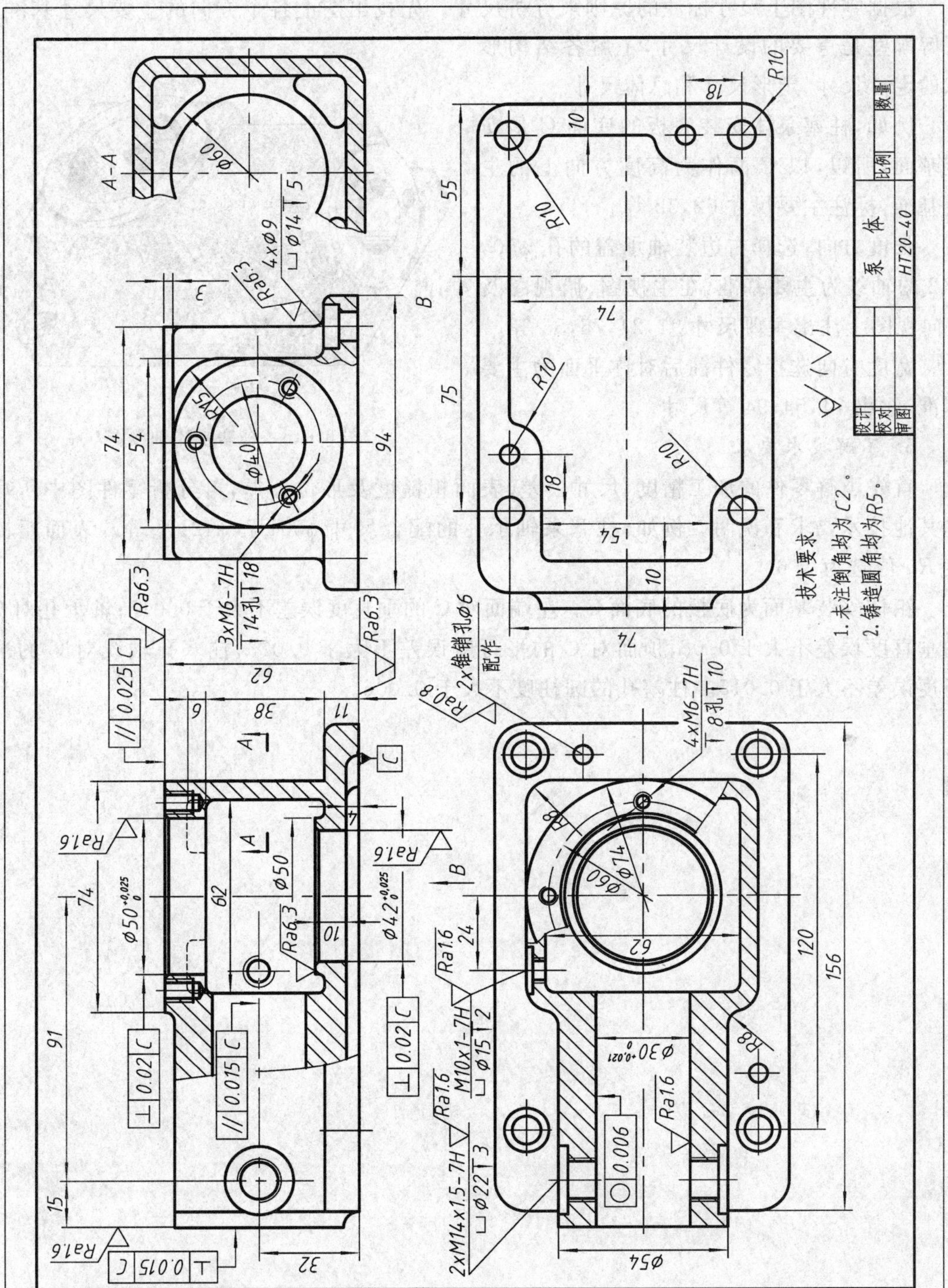

技术要求
1. 未注倒角均为C2。
2. 铸造圆角均为R5。

图6-17　泵体

4.尺寸分析

根据零件图上尺寸标注的原则来分析尺寸。先找出图上各个方向的主要尺寸基准，了解哪些是重要的设计尺寸，了解各结构形状的定位尺寸、定形尺寸和总体尺寸。

例如，柱塞泵体安装底板的底面 C 是安装基面，所以，以 C 面作为高度方向上的主要基准，标注主要尺寸 62,32 等。

长度方向，选择右边装轴承盖的孔 $\phi50$，$\phi42$ 的轴线为主要基准，在主视图、俯视图及 B 向视图上注出主要尺寸 91,24,75,55 等。

宽度方向选择零件前后对称平面为主要基准，注出 74,54,94 等尺寸。

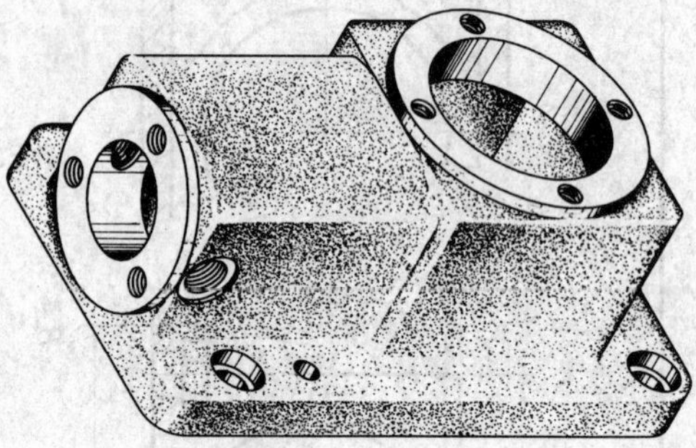

图 6-18　柱塞泵体轴测图

5. 了解技术要求

首先了解零件的加工精度、尺寸公差、表面粗糙度及形位公差，再分析零件图中所写的其他技术要求和说明。例如，柱塞泵轴承孔的配合尺寸 $\phi50H7,\phi42H7$ 等。表面粗糙度 Ra 值选为 1.6。

箱体安装基面为底板的底面 C。左端面对 C 的垂直度误差不大于 0.015；轴承孔对 C 的垂直度误差不大于 0.02；顶面对 C 的平行度误差不大于 0.025；柱塞孔轴线对 C 的平行度误差不大于 0.015。柱塞孔的圆柱度不大于 0.006。

第 7 章　装配图的绘制和阅读

　　表示产品及其组成部分的连接、装配关系的图样称为装配图（GB/T 13361—1992）。常见的装配图有装配总图、装配原理图（示意图）、部件装配图等。装配总图是主要表示产品及其组成部分的概况和基本性能的图样，如表示一座建筑所处的地理位置和环境的建筑总平面图，一架飞机或一台机器的总装配图等。装配原理图是表示系统、设备的工作原理及其组成部分相互关系的简图。部件装配图表示装配在一起的小部分，即由若干零件以可拆或不可拆的形式组成的部分，或具有一种独立结构，且能单独表示某种用途的成品。图 7-1 所示是截止阀部件轴测装配图，图 7-2 所示就是该截止阀的装配图。本章主要讨论部件装配图的绘制和阅读。

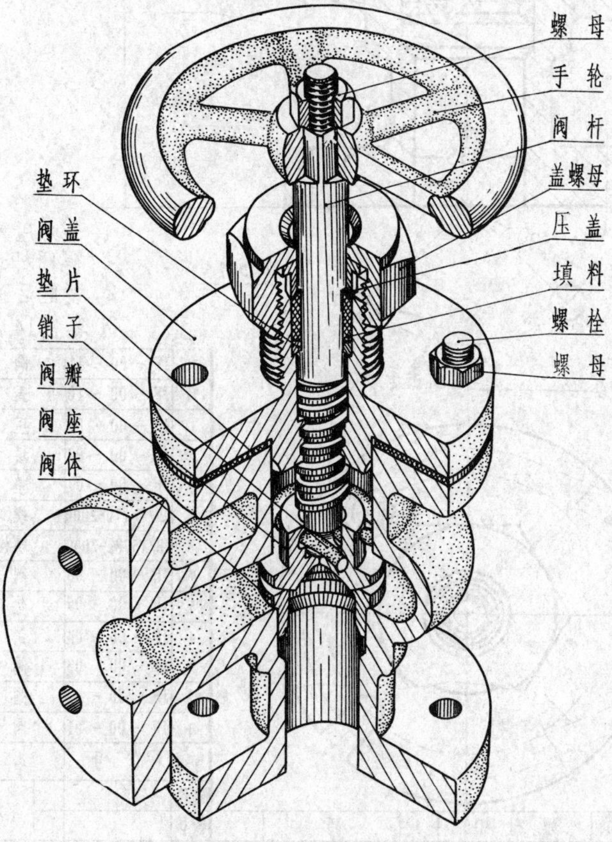

图 7-1　截止阀部件轴测装配图

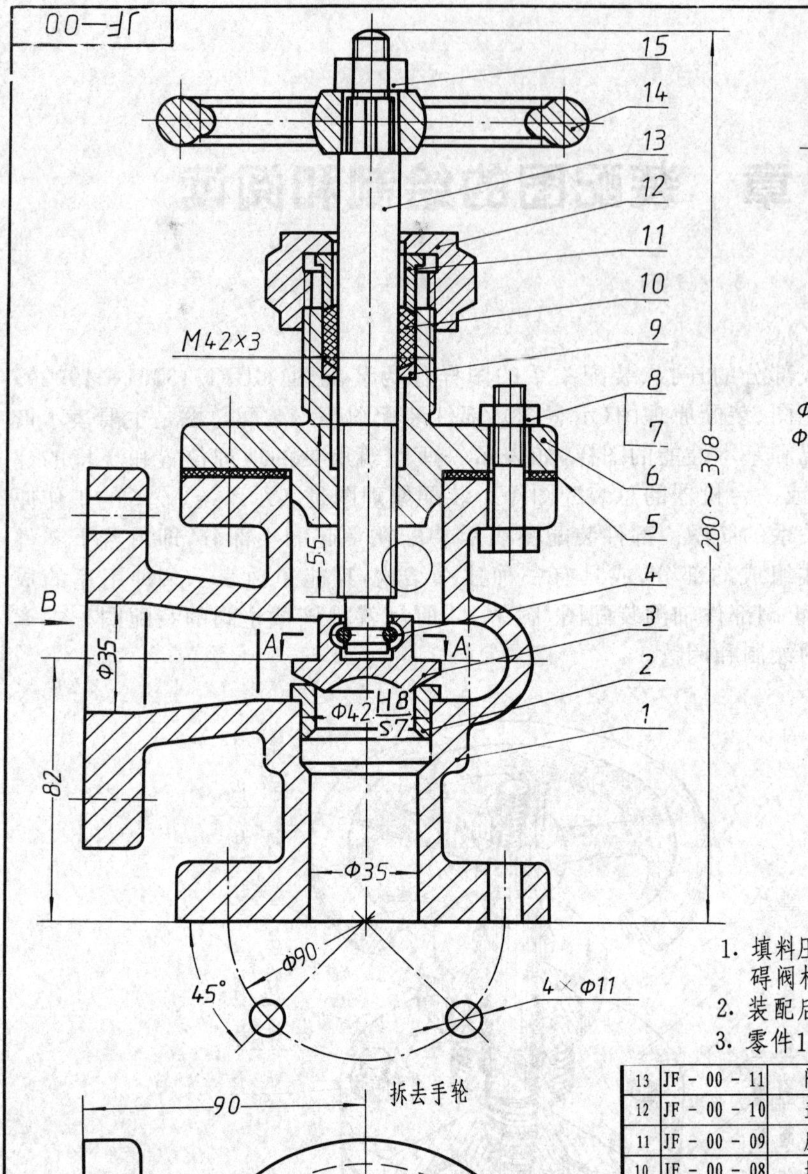
JF—00
15
14
13
12
11
10
9
8
7
6
5
4
3
2
1
M42×3
55
280～308
B
Φ35
A
A
Φ42 H8/s7
82
Φ35
Φ90
45°
4×Φ11
拆去手轮

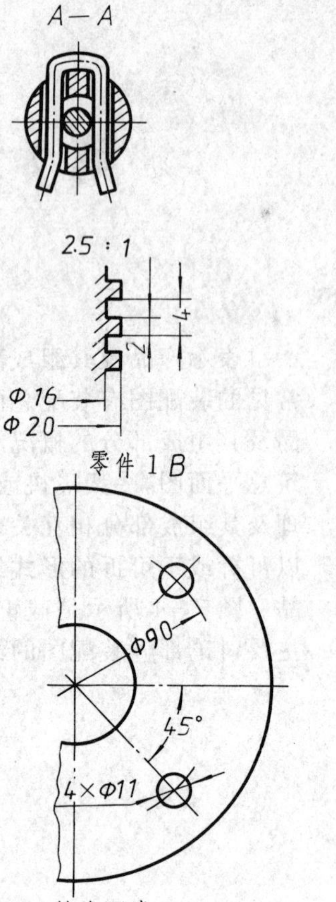
A—A
2.5：1
4
2
Φ16
Φ20
零件 1 B
Φ90
45°
4×Φ11

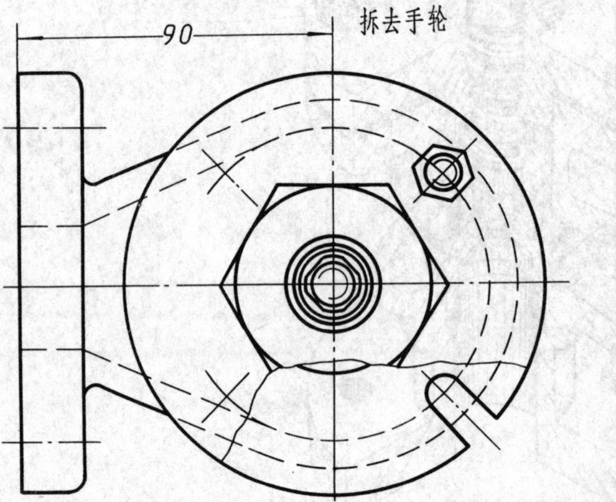
90

技术要求

1. 填料压入后应保证密封，同时不妨碍阀杆运动；
2. 装配后进行水压试验两分钟不渗漏；
3. 零件14 涂红漆，其余表面涂黑漆。

序号	代号	名称	数量	材料	附注
13	JF－00－11	阀杆	1	35	
12	JF－00－10	盖螺母	1	45	
11	JF－00－09	压盖	1	45	
10	JF－00－08	填料	1	石棉	
9	JF－00－07	垫环	1	ZQZn6-6-3	
8	GB/T6170-2000	螺母 M8	4	35	
7	GB/T5782-2000	螺栓M8×45	4	35	
6	JF－00－06	阀盖	1	HT200	
5	JF－00－05	垫片	1	橡胶	
4	JF－00－04	销子	1	45	
3	JF－00－03	阀瓣	1	ZQZn6-6-3	
2	JF－00－02	阀座	1	ZQZn6-6-3	
1	JF－00－01	阀体	1	HT250	

15	GB/T6170-2000	螺母 M10	1	35	
14	JF－00－12	手轮	1	HT200	

制图		截止阀	JF－00－00	
校核			比例	数量
审核		装配图		

图 7－2　截止阀装配图　　　　图7-2标题栏

7.1 装配图的作用和内容

7.1.1 装配图的作用

在设计产品时,一般先画出装配图,然后按照装配图,设计并拆画零件图;在制造产品时,按照装配图进行装配、检查和试验等工作;在使用产品时,装配图是了解产品结构、正确使用、调试、维修产品的重要依据。

7.1.2 装配图的内容

一张完整的部件装配图,大致包括以下几个方面的内容(图 7-2)。

1. 一组视图

包括视图、剖视、断面等,用以表示各组成件之间的装配关系、产品或部件的结构特点和工作原理。必要时,还应表示主要零件的结构形状。例如,截止阀装配图采用了下述的一组视图:

基本视图:主视图,采用全剖视,表示此阀的主要装配关系;俯视图,反映了螺栓连接的分布情况。

局部视图:B 向视图,表示法兰盘上连接孔的结构及分布情况。

A—A 断面:表示使用销子连接阀杆和阀瓣的装配情况。

局部放大图:表示主要零件之一——阀杆上非标准螺纹的结构形式。

2. 必要的尺寸

表示产品或部件的规格、性能、装配、连接、安装等方面的尺寸,如截止阀装配图中的尺寸 $\phi35$,$\phi42(H8/s7)$,$M42\times3$,$\phi90$,$4\times\phi11$ 和 $280\sim308$ 等。

3. 技术要求

用文字或代号在装配图上说明对产品或部件的装配、试验、运输、包装和使用等方面的要求,如图 7-2 所示,右侧的文字说明和主视图上的 $H8/s7$ 等。

4. 序号、标题栏、明细栏及号签

如图 7-2 所示,产品或部件及其各个组成部分,均应按有关规定编写序号和代号,并应填写标题栏、明细栏和号签。

7.2 装配图的视图选择

恰当地选择装配图的视图表达方案,对清晰而确切地表明产品或部件的装配关系和工作原理极为重要。因此,在选择装配图的视图之前,应尽可能熟悉产品或部件的内外结构,了解其装配情况和工作原理,为正确选择视图提供必备的条件。现以截止阀(参阅图 7-1、图 7-2、图 7-3)为例,讨论装配图的视图选择。

在讨论视图选择以前,应先了解其装配情况和工作原理。截止阀的作用是控制流体的通道。当逆时针方向转动手轮 14 时,通过阀杆 13、销子 4,即可开启阀瓣 3,从而使流体经阀体 1 下部的垂直通道进入阀体,再从水平通道流出。当顺时针方向转动手轮时,则阀瓣下落,当它完全落到阀座 2 上时,即可截断流体通道。阀盖 6 通过 4 组螺栓 7、螺母 8 与阀体连接。盖螺母 12、压盖 11、填料 10、垫环 9 是一套密封装置。外接管道用螺栓、螺母与阀体的两法兰盘连接。

7.2.1　主视图选择

一般情况下,应选择能清楚地表达部件主要装配关系的方向,作为装配图中主视图的投影方向。如果能在这一投影方向上兼顾表达工作原理,则更为理想。主视图的安放位置应尽可能符合部件的实际工作位置,也可按习惯位置放置。与此同时,还应考虑主视图的这种安放位置可能对其他视图产生的影响。

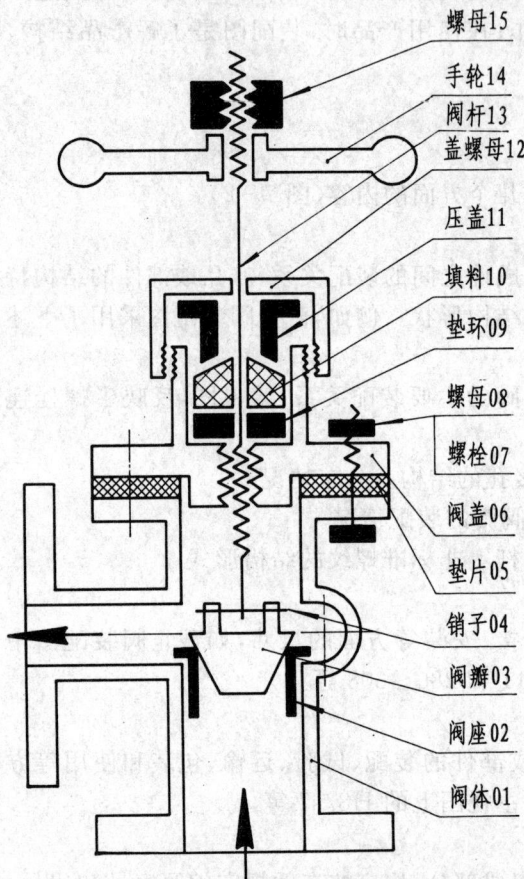

图 7-3　截止阀装配示意图

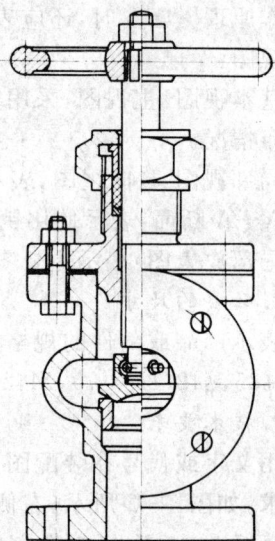

图 7-4　截止阀主视图的另一方案

例如,图 7-2 所示截止阀的主视图,既能清楚地表达沿阀杆轴线的主要装配关系,又能清楚地表达该部件的工作原理,其投影方向和安放位置都是最佳方案。如果用图 7-4 所示的图形作为主视图,虽然对装配关系的表达基本相同,但对工作原理的表达就不如图 7-2 表示的清楚了。

7.2.2　其他视图的选择

在主视图确定之后,选择其他视图的原则是首先补充表达装配关系,其次补充表达工作原理,如有需要,还应考虑表达主要零件的结构形状。在图 7-2 所示截止阀的装配图中,用俯视图补充表达螺栓连接的分布情况;A—A 断面图用于补充表达销子、阀杆和阀瓣的装配情况;B 向视图和局部放大图则表达了主要零件阀体和阀杆的结构形状。

7.3　装配图的表达方法

装配图的表达方法和零件图基本相同,都是通过各种视图、剖视和断面图等来表示的。所以零件图视图中应用的各种表达方法,都适用于装配图。此外,装配图还有一些特殊的表达方法。

7.3.1　沿结合面剖切和拆卸画法

在装配图中,还可以假想沿某些零件的结合面进行剖切,如图 7 - 2 所示的俯视图。为了清楚显示零件 1 阀体上圆形缺口的形状,沿着零件 5 和零件 1 的结合面进行了剖切。此时剖切并没剖到零件实体,故在零件结合面上不画剖面符号。

在装配图中,可以假想将某些零件拆卸后绘制视图,这种表达方法称为拆卸画法。拆卸画法一般不加标注,如需说明时,可以标注"拆去××等"。例如,在图 7 - 2 的俯视图中,如果画出零件 14 手轮,则将影响一些其他零件的表达,故将零件 14 手轮和零件 15 螺母拆卸掉,再绘制俯视图,并注明"拆去手轮等"。

7.3.2　夸大画法

在装配图中,对于尺寸很小的厚度、直径、间隙、锥度和斜度等,往往不易表达清楚,因而需要适当地夸大绘制,这种表达方法称为夸大画法。例如,如图 7 - 2 所示零件 5 垫片的厚度和零件 7 螺栓与通孔之间的间隙,都采用了夸大画法。

7.3.3　辅助用的相邻部分表示法

画装配图时,如果需要将与所画部件有密切关系的相邻部件表示出来,以作为辅助说明时,则可用双点画线画出其轮廓。例如在普通模具和夹具图中,常用这种方法表明被加工件的轮廓(图 7 - 5)。

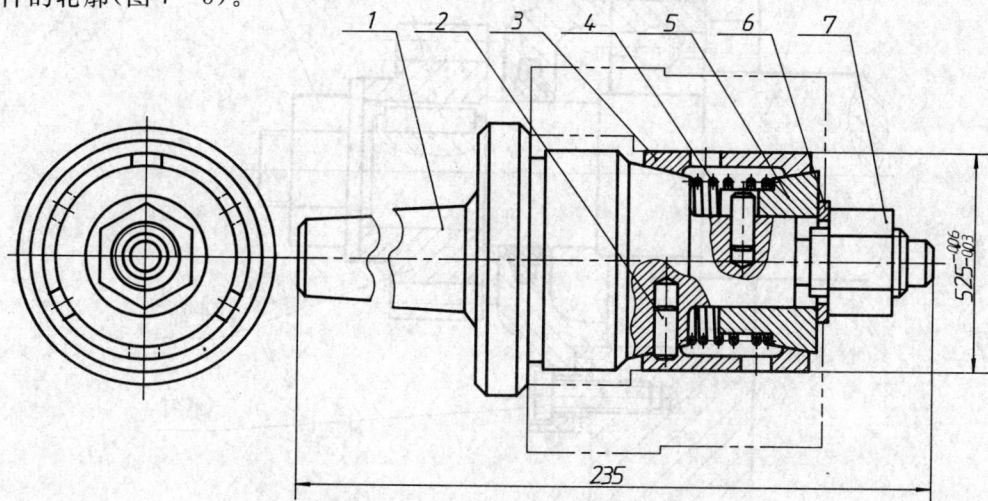

图 7 - 5　车床夹具

7.3.4 规定画法

为了在装配图中区分不同零件,必须遵守装配图画法的基本规定。

(1) 相邻两零件接触表面或配合表面只画一条轮廓线,不接触表面或非配合表面仍应画两条轮廓线。

(2) 相邻两零件的剖面线方向应相反,或方向相同但间距不等。但必须注意,在装配图的所有剖视图、断面图中同一零件的剖面线方向和间距必须保持一致。

(3) 在装配图中,当剖切平面通过标准件和实心杆件的基本轴线时,这些零件均按不剖绘制。如需特别表明这些零件上的结构,如凹槽、键槽、销孔等,则可采用局部剖视。例如,如图7-2所示主视图表示的螺母、螺栓、阀杆等均按不剖绘制,但为了表示如图7-5所示芯棒上的销孔,则采用了局部剖视。

7.3.5 简化画法

(1) 对于装配图中若干相同零件或组件的投影,可以只详细地画出一处或几处,其余用点画线表示其中心位置或轴线位置。例如,在图7-2中只画出了一组螺栓连接的两个投影,其余仅表示了它们的装配位置。

(2) 在装配图中,零件的细小工艺结构,如小圆角(铸造圆角除外)、倒角、退刀槽等可以省略不画(图7-6)。

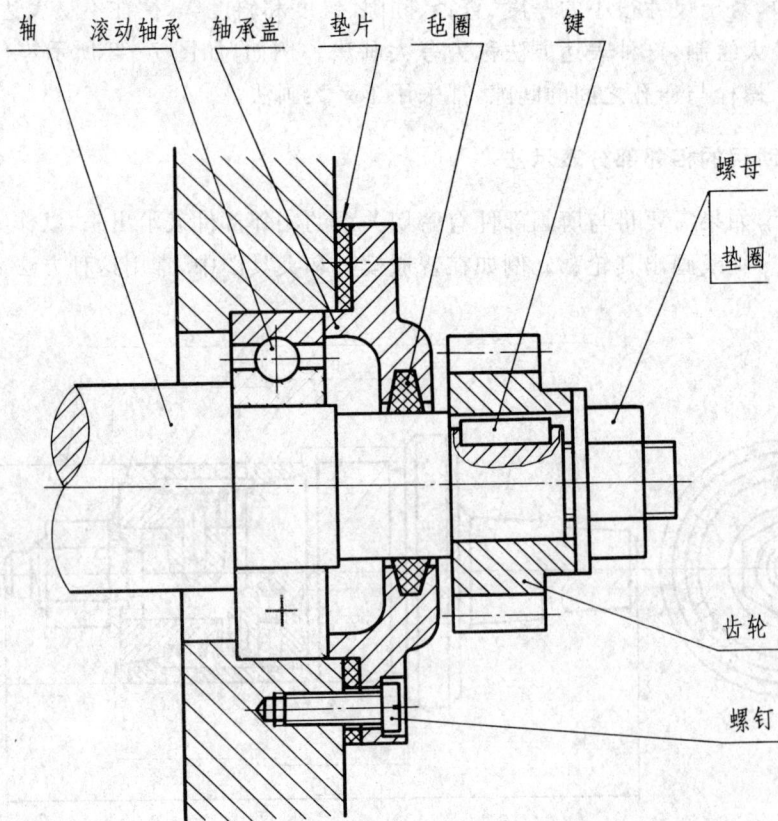

图7-6 简化画法

装配图中滚动轴承剖开后,仅须详细画出一半,另一半可采用图 7－6 所示的简化画法。

7.3.6　单个零件视图画法

在装配图中,当个别零件的某些结构没有表示清楚而又需要表示时,可以单独画出该零件的视图,但必须在所画视图的上方注出零件和视图的名称,在相应视图的附近,用箭头指明投影方向并注上相同字母。例如,如图 7－2 所示零件 1 的 B 向视图,即为表示单个零件——阀体上法兰盘——形状的局部视图,在该视图的上方可以写上"零件 1B"。

7.3.7　展开画法

如图 7－7 所示的车床三星齿轮传动机构的 A—A 展开图,是为了清楚地表示传动系统的传递顺序和装配关系,避免各传动件的投影互相重叠,将空间处于平行关系的几根传动轴,依次剖切并按顺序展开,画在同一平面上所得到的剖视图。

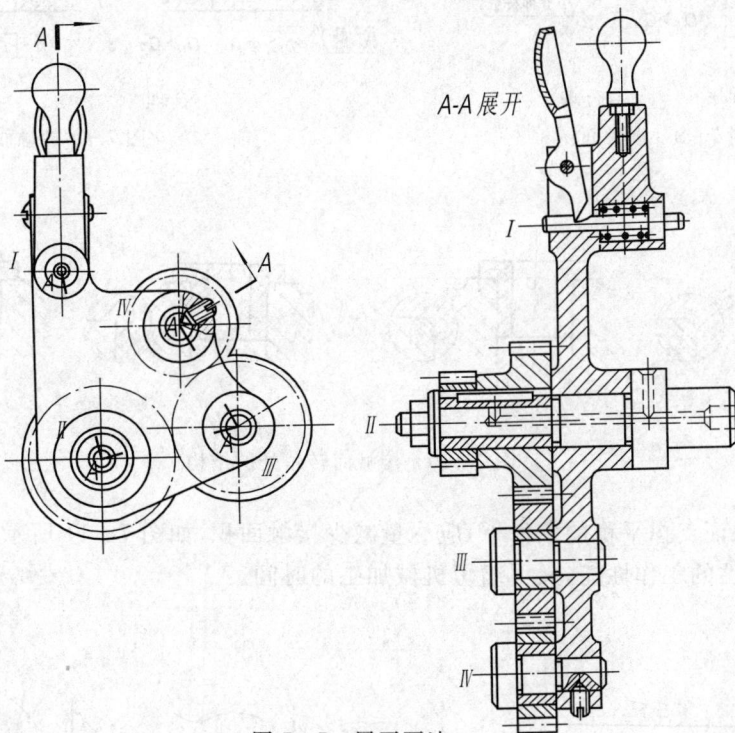

图 7－7　展开画法

7.4　装配结构简介

设计产品或部件装配结构时,既要考虑保证部件的使用性能,又要考虑加工和装配是否方便可行。装配结构选择不合理,不仅会给装配工作带来困难,而且会造成生产上的浪费现象,甚至影响正常生产。因此本节在讨论画装配图之前,结合图例,介绍几点选择合理的装配结构的原则。

1. 装配接触面的合理配置

（1）同一方向上接触面的数量：两零件之间，在同一方向上接触面的数量，一般不得多于1个。因为，要使同一方向上的两对表面同时接触是很困难的，这不仅要严格保证各表面的加工精度，而且会给装配工作带来不便，如图7-8和图7-9所示。

（2）接触面转角处的形式：互相配合的两零件，在其接触面的转角处，不应设计成形状和尺寸相同的倒角、倒圆和尖角，以免影响接触面间紧密地接触。绘制时，应参照如图7-10所示的几种结构形式，使转角处留有一定的空隙，保证两平面接触平稳可靠。

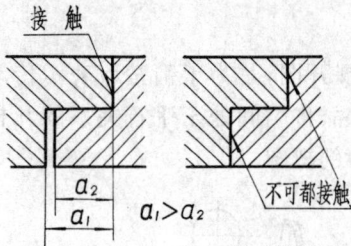

图7-8　接触面例1

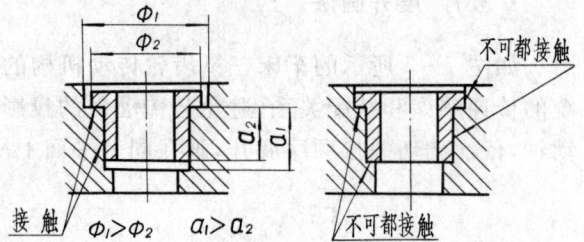

图7-9 接触面例2

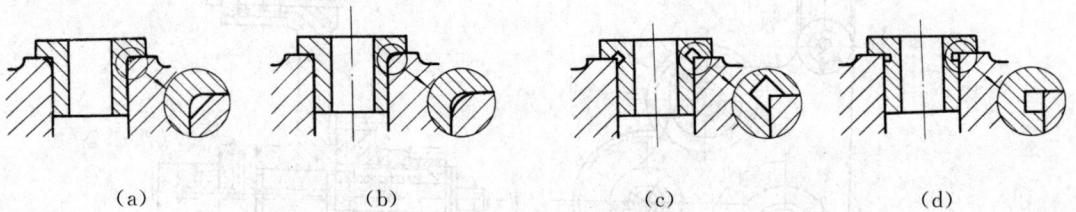

图7-10　接触面转角处的结构

（3）在保证支撑平稳的条件下，应尽量减少接触面积，如图7-11所示。减少接触面，既不影响零件的工作性能，又可缩短机械加工的时间。

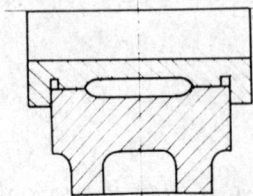

图7-11　减少接触面

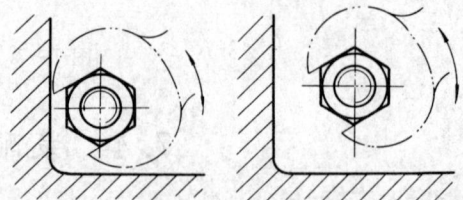

图7-12　扳手活动空间

2.便于装拆的合理结构

(1) 保证有足够的装拆空间:图 7-12 和图 7-13 表明设计装配结构时,就应考虑装拆工具(如扳手等)的活动空间。

(2) 保证加工和装拆的可能性:图 7-14 表明了保证加工和装拆的可能性与结构设计之间的关系。从图中可以看出,如欲加工螺孔和装拆紧定螺钉,应在轮缘上设计出工艺孔。

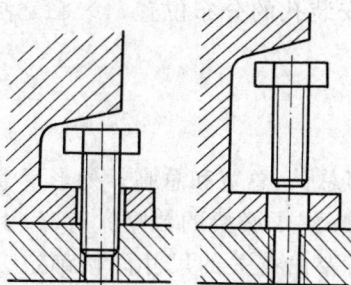

不合理   合理   不合理   合理

图 7-13   螺钉的装拆空间   图 7-14   加工和装拆的可能性

7.5   装配图的尺寸注法

如前所述,装配图是用以表示产品或部件的工作原理及各组成部分(零件或组件)之间的装配关系,而不是用做加工零件的直接依据。因此,装配图上没有必要注出各组成部分的全部尺寸,而是根据装配图的使用场合,标注以下几个方面的尺寸。

7.5.1   性能(规格)尺寸

表示产品或部件的性能或规格的尺寸。例如,自行车轮子的直径、电视机荧光屏的尺寸、阀或泵的通道直径等。如图 7-2 所示的法兰盘上的孔径 $\phi35$,图 7-30 所示铣床分度头顶尖架的中心高 160,均属于这类尺寸。

7.5.2   装配尺寸

装配尺寸是表示产品或部件内部各组成部分之间装配情况的尺寸,这类尺寸一般可分为以下几种。

1.配合尺寸

表示两零件间配合性质的尺寸,如图 7-2 所示主视图上的尺寸 $\phi42H8/s7$。

2.装配位置尺寸

表示产品或部件各组成部分之间相对位置的尺寸,一般注在两组成部分(零件或组件)之间,如图 7-28(d)所示左视图上的尺寸 28.76±0.02。

3.装配连接尺寸

表示产品或部件各组成部分之间的主要连接情况的尺寸,如图7-2所示主视图上的 M42×3等。标准紧固件的尺寸一般填写在明细栏内,因而没有必要在视图中重复标注。

7.5.3 安装尺寸

表示产品或部件与外部结构连接时安装情况的尺寸,通常包括与安装位置有关的尺寸,以及安装结构要素(孔、槽等)的分布位置和形状、大小。如图7-2所示主视图上的尺寸82,是与截止阀安装位置有关的尺寸,$\phi90$ 和 45°表示安装孔的分布位置,$4×\phi11$ 表示安装孔的数量、大小。

7.5.4 外形尺寸

表示产品或部件在长、宽、高3个方向的轮廓尺寸,即总长、总宽和总高。外形尺寸确定部件所占空间的大小,为部件的安装、包装、运输、库存提供了必要的数据。有时,由于部件的结构特点,某一方向的外形尺寸不宜直接注出,需要由有关的尺寸间接确定。例如,如图7-28(d)所示的总长尺寸118,总宽尺寸85和总高尺寸95。

7.5.5 极限位置尺寸

表示产品或部件中某些运动件的活动范围的尺寸。这里所谓的运动件,仅指那些因位置变动直接影响部件所占空间大小的零件。例如,如图7-2所示主视图上的尺寸280～308,为截止阀断流和开启时的极限位置尺寸。

7.6 装配图中的序号、代号和明细栏

由于读图、画图、图样管理和生产工作的需要,装配图中各组成部分(零件或组件)应进行编号,并应绘制和填写包括各组成部分的编号、名称、数量、材料等内容的明细栏。现分述如下。

7.6.1 序号和代号

1.序号和代号的编排

装配图中各组成部分的编号分为序号和代号两种。序号是按组成部分在装配图上的顺序所编排的号码,其先后顺序的编排,尽可能考虑到装配的次序或组成部分的重要性。序号可按顺时针或逆时针的方向,按大小顺序排列成水平或垂直的整齐行列,若在整张图上无法连续时,可只在每个水平或垂直方向顺序排列。如图7-28(d)所示,从序号1～17是按顺时针方向顺序排列的。

代号是表明各组成件对产品从属关系的编号。例如,如图7-2所示,序号为13的阀杆,其代号为JF-00-11;如图7-28(d)所示,序号为6的泵体,其代号为CB-06。

2.序号和代号的标注法

(1) 在同一装配图中,相同的组成部分,一般只编一个序号,而且只标注一次,若有必

要,对于图中多次出现的相同组成部分,可以重复标注,其序号填写在明细栏内。

(2) 标注序号时,可选取图 7 - 15(a),(b),(c)所示的 3 种形式之一。当用 7 - 15(a)或(b)形式时,编号号码可以用比尺寸数字字号大一号的数字或者大两号的数字,注写在水平线之上(图 7 - 15(a))或圆圈之内(图 7 - 15(b));当用 7 - 15(c)形式时,编号号码必须用比尺寸数字字号大两号的数字,注写在指引线附近。国家标准规定,水平线、圆圈和指引线,全部用细实线绘制,其末端均必须画一小圆点。指引线应由所指部分的可见轮廓之内引出,如果所指部分为很薄的零件或涂黑的剖面,其末端不宜画小圆点时则可改画箭头,并指向该部分的轮廓,如图 7 - 15(d)所示。

当需要在装配图上直接标注出各组成件的代号时,则只宜使用图 7 - 15(a)所示的水平线形式。此时一般不再编序号了。

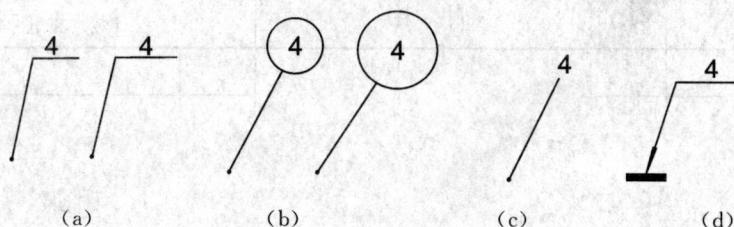

图 7 - 15 序号的标注法(1)

(3) 指引线不能相交。当其通过画有剖面线的区域时,指引线应尽量不要与剖面线平行。必要时,指引线可以画成折线,但只能曲折一次。一组紧固件或装配关系明确的一组零件,允许采用一条共同的指引线,如图 7 - 16 所示。

(4) 在同一装配图中,标注序号的形式应一致。

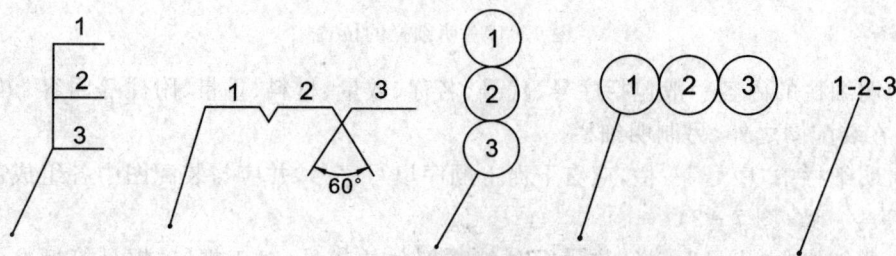

图 7 - 16 序号的标注法(2)

7.6.2 明细栏

(1)明细栏的格式应按 GB 10609.2—2009 执行。但考虑其格式包含的内容广泛,所占幅面较大,在学生作业中建议采用图 7 - 17(a)给出的形式,明细栏紧接在标题栏的上方。若明细栏在标题栏上方放置不下或因视图布置的关系不宜放在标题栏上方时,可以在左方接着编写(图 7 - 17(b))。

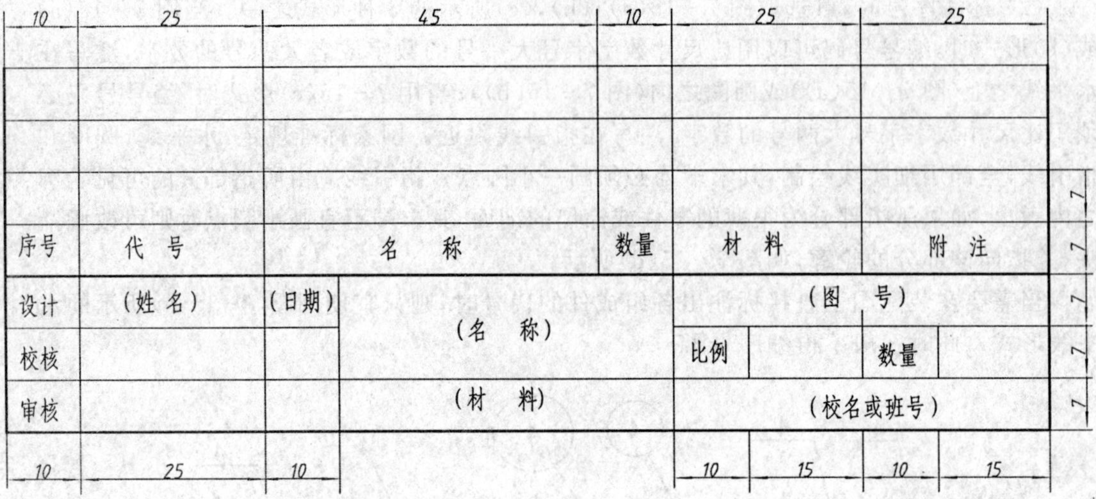

10	25	45	10	25	25

序号	代号	名　称	数量	材　料	附　注
设计	(姓名)	(日期)	(名　称)	(图　号)	
校核				比例	数量
审核			(材　料)	(校名或班号)	

10　25　10　　　10　15　10　15

(a)

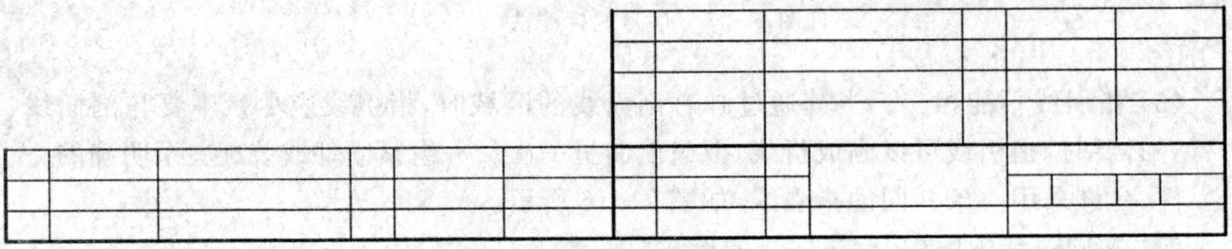

(b)

图 7 - 17　明细栏的位置

（2）明细栏的内容一般包括序号、代号、名称、数量、材料、重量、附注等内容。如有必要，可以在装配图之外，另制明细栏。

（3）明细栏中"序号"一栏，应自下而上顺序填写序号，并应与装配图中各组成部分所引出的序号一致（图 7-2）。

（4）明细栏中"代号"一栏，应填写各组成部分的代号，对于螺钉、螺母等标准件可填写标准号，如图 7-2 所示螺栓 M8×45 的"代号"一格内填写标准号"GB/T 5782—2000"。

（5）明细栏中"名称"一栏，对于一些标准件和外购件等，除填写名称外，还应填写型号与规格，如图 7-2 所示螺栓的"名称"一栏内填写"螺栓 M8×45"。

7.7　装配图中的技术要求

在装配图中除了视图、尺寸和编号之外，还应注明部件的性能、装配、试验和验收等方面有关的技术要求，以保证产品在交付使用前，能达到设计上预期的性能要求和质量指标。

7.7.1　技术要求的一般内容

技术要求的内容,应简明扼要,通顺易懂,一般包括下列几个方面:

(1) 对部件基本性能和质量方面的要求:如对阀的流量和压力的有关规定,对机器的噪声、耐振性、自动控制等要求。

(2) 对装配工艺方面的要求:如应保证的装配间隙、过盈,特殊的装拆方法和顺序,个别结构要素的特殊要求以及润滑、密封和清洗等方面的有关要求和说明。

(3) 有关试验方面的规定:对试验条件、项目和方法的规定以及对校准、调整的要求等。

(4) 其他必要的说明和要求:如修饰、油封和装运等方面的要求或注意事项以及有关验收标准和使用说明等。

7.7.2　技术要求的注写

(1) 技术要求的内容,如不能在视图中用数字或代号直接注出时,应在"技术要求"的标题下用文字说明,其位置尽量放在明细栏和标题栏的上方或左方,如图 7-2 所示。若装配图画在几张图纸上时,技术要求应注写在第一页图纸上。

(2) 技术要求不止一项时,应编顺序号;仅有一条时,不必编号;项目很多,不便在图上注写时,可另行编写专门技术文件。

(3) 技术要求中列举明细栏的零、部件时,允许只写序号或者代号。

(4) 技术要求中引用各类标准、规范、专用技术条件以及试验方法与验收规则等文件时,应注明引用文件的编号和名称,也可只注明编号。

7.8　画装配图

机器或部件是由各种零件组成的,根据所给零件图(零件图是由测绘或设计得到的技术图样)可以拼画出装配图。本节以齿轮油泵为例,讨论画装配图的方法。

7.8.1　了解部件的装配关系和工作原理

根据齿轮油泵轴测装配图和装配示意图(图 7-18)可知,齿轮油泵为输送润滑油的一个部件,共由 17 种零件构成。泵体 6 是齿轮油泵中的主要零件之一,它的内腔可以容纳一对吸油和压油的齿轮。将齿轮轴 2、传动齿轮 3 装入泵体后,两侧由左端盖 1 和右端盖 7 支撑一对齿轮轴的旋转运动。用销 4 将端盖与泵体定位后,再用螺钉 15 将端盖与泵体连成整体。为了防止泵体与端盖结合处及传动齿轮轴 3 伸出端漏油,分别用垫片 5 及密封圈 8、轴套 9、压紧螺母 10 密封。

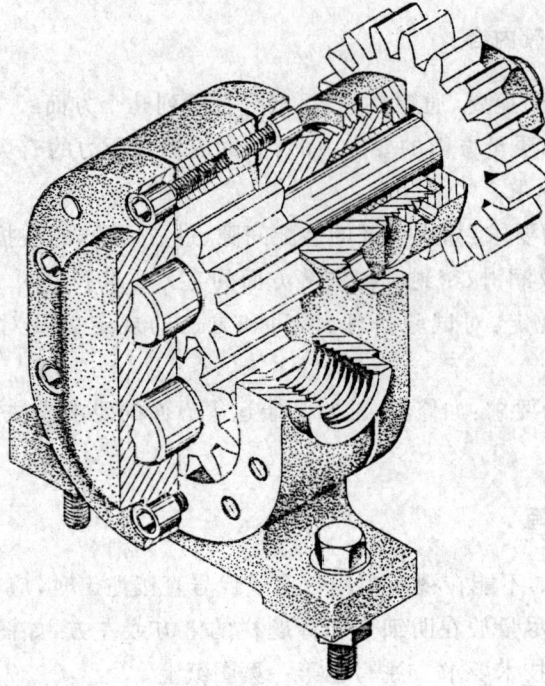

(a)

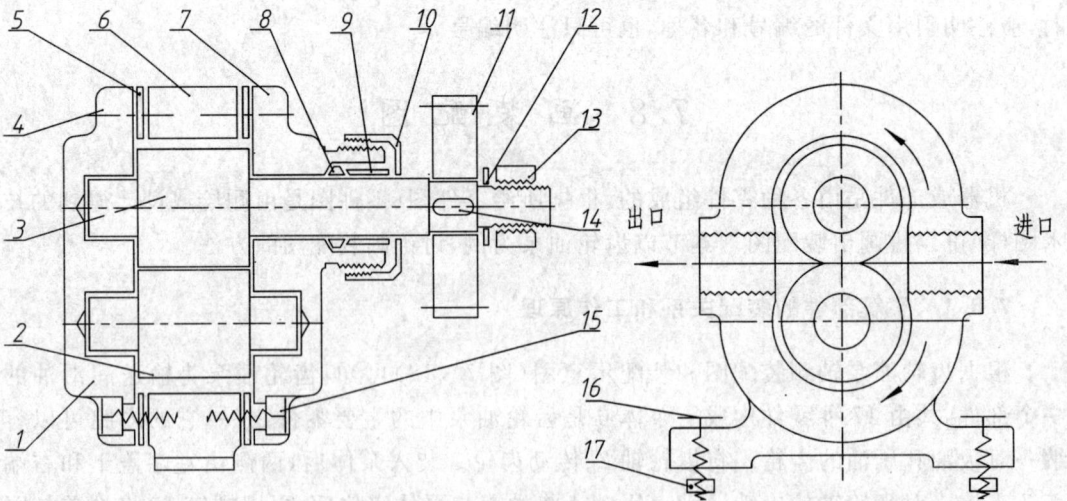

(b)

图 7-18　齿轮油泵轴测装配图和示意图

(a)齿轮油泵轴测装配图；　(b)齿轮油泵装配示意图

齿轮轴 2、传动齿轮轴 3、齿轮 11 是油泵中的运动零件,当齿轮 11 按逆时针方向转动时,通过键 14,将扭矩传递给传动齿轮轴 3,经过齿轮啮合带动齿轮轴 2,从而使后者作顺时针方向转动。当一对齿轮在泵体内作啮合传动时,啮合区内右边压力降低而产生局部真空,油池内的油在大气压力作用下进入油泵低压区内的吸油口,随着齿轮的转动,齿槽中的油不断沿箭头方向被带至左边的压油口把油压出,送至机器中需要润滑的部分。

7.8.2　视图选择

1. 主视图选择

通常以机器或部件的工作位置,有时也考虑其安放位置,以选用能清楚反映部件的主要结构和较多零件间的相对位置,以及装配、连接关系的方向作为主视图的投影方向,尽量兼顾表达工作原理。如图 7 - 28(d)所示的主视图,它清楚地显示了齿轮油泵各个零件间的装配关系,也对工作原理进行了部分说明。

2. 其他视图的选择

在如图 7 - 28(d)所示的主视图中,对齿轮油泵的连接关系、工作原理进行了主要的表达,但销子、螺钉在长圆周是如何分布的,一对齿轮是怎样将油吸入和压出的,表达的不够清楚。于是选取沿结合面半剖的左视图进行了补充说明。

7.8.3　画装配图的步骤

(1)根据确定的视图表达方案,选取适当比例,在图纸上安排各视图的位置。要注意留有编写零、部件序号,明细栏和标题栏,以及注写尺寸和技术要求的位置。

(2)画图时,应先画出各视图的主要轴线、对称中心线及作图基准线(某些零件的基面或端面)。由主视图开始,几个视图配合进行。画剖视图时,以主要干线为准,由内向外逐个画出各个零件,或视情况由外向内画。如图 7 - 19~图 7 - 27 所示是齿轮油泵主要零件的零件图。图 7 - 28(a)~(d)显示了装配图的画法和步骤。

7.9　阅读装配图、拆画零件图

在设计、制造产品或部件以及进行技术革新等工作中,为了熟悉产品或部件结构、性能和工作原理,常常需要阅读装配图。本节结合例图介绍阅读装配图的要求、方法和步骤以及如何根据装配图拆画零件工作图。

7.9.1　读装配图的要求

(1)了解部件的用途、性能和工作原理;

(2)了解各组成部分之间的装配关系,其中包括相对位置、连接方式、配合种类与传动情况等;

(3)了解每个零件的功用及其主要的结构形状。

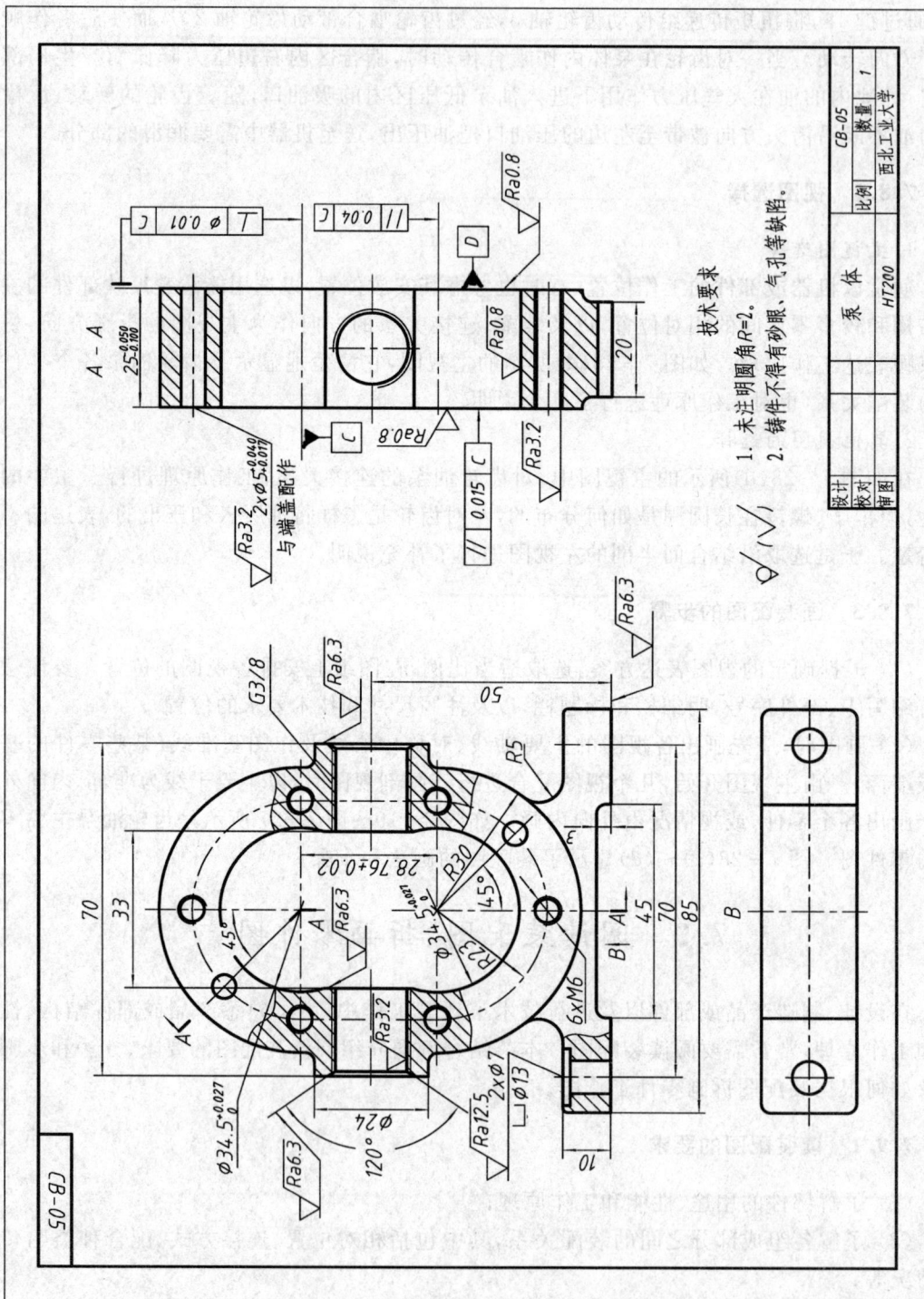

图7—19 泵体零件图

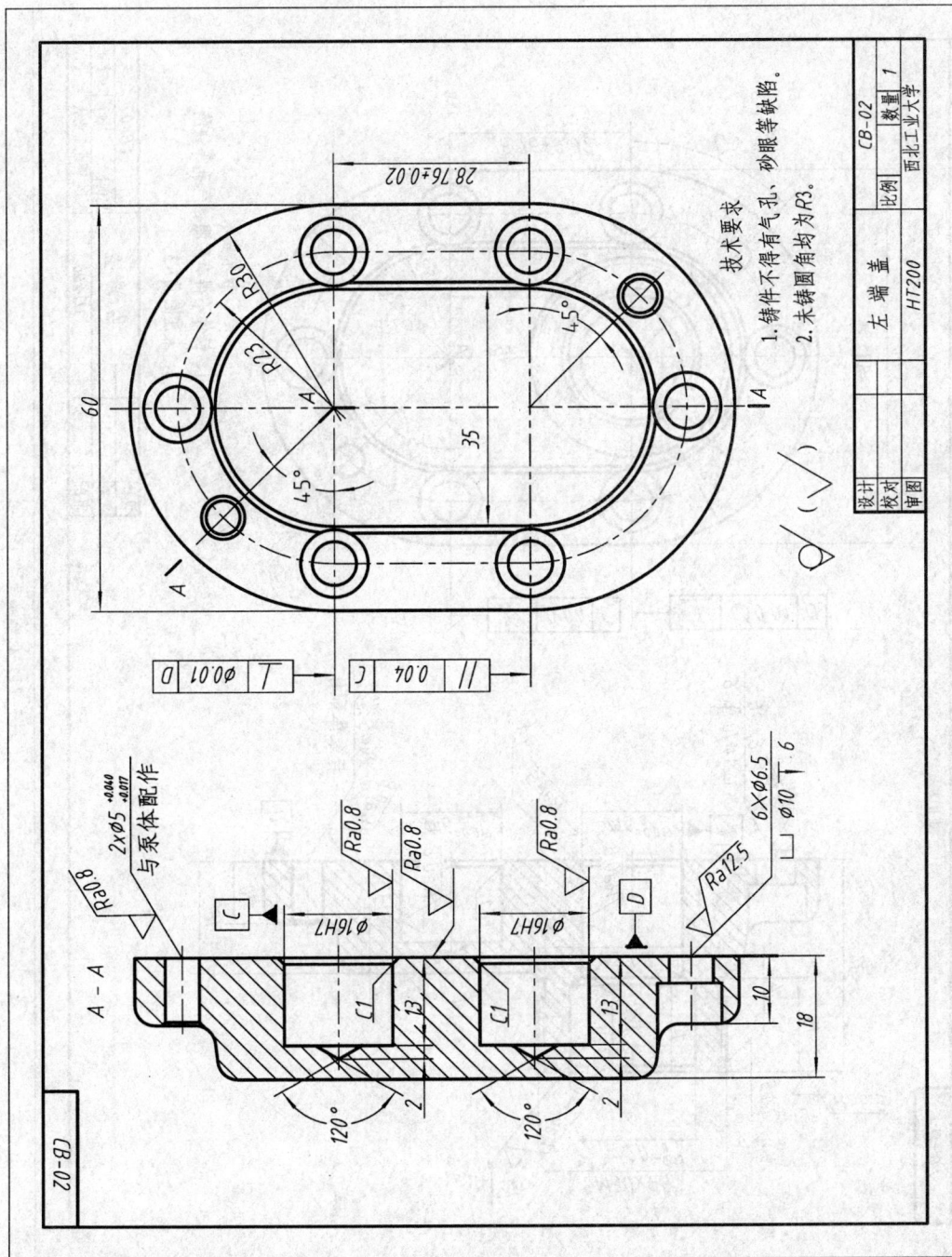

图7-20　左端盖零件图

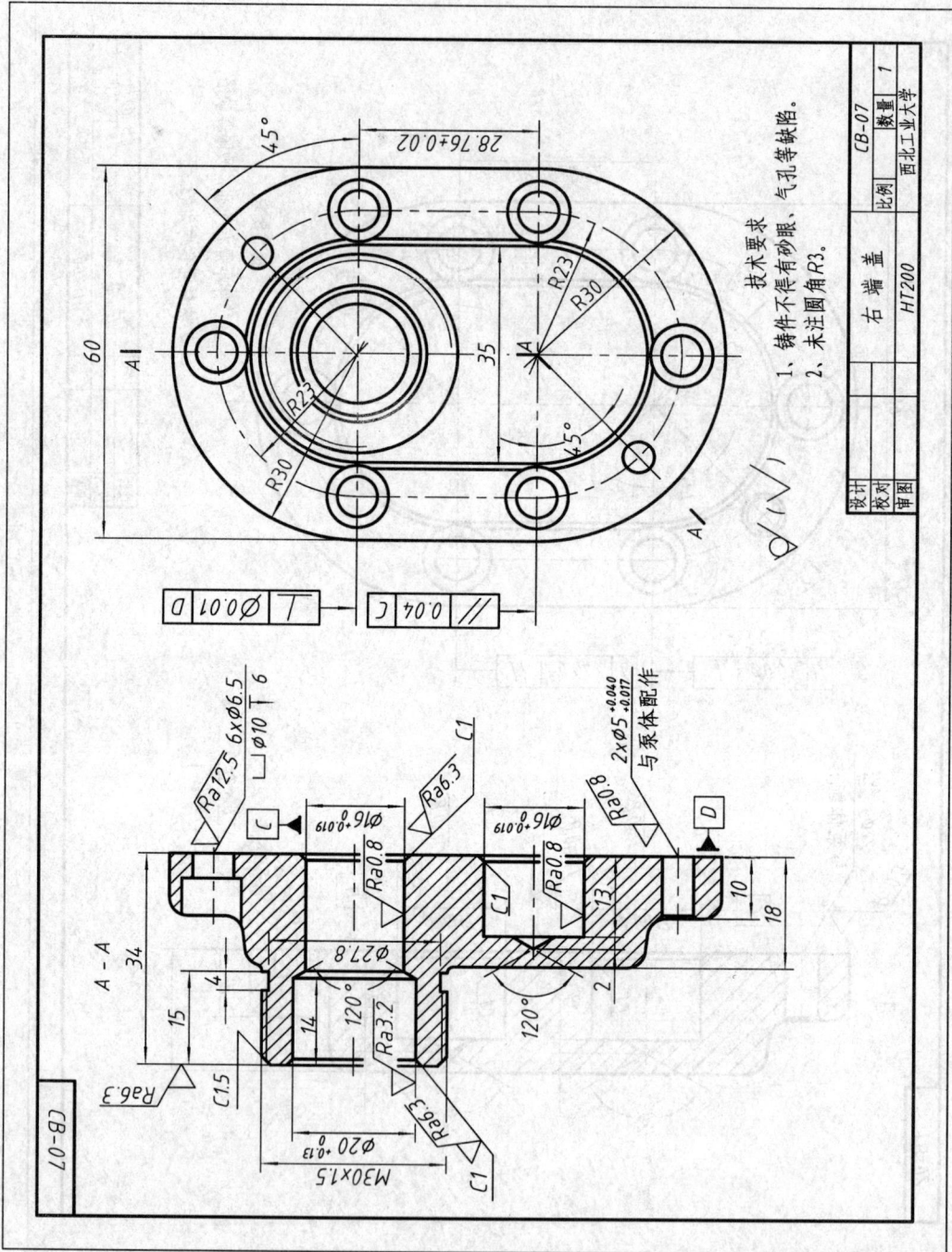

技术要求
1. 铸件不得有砂眼、气孔等缺陷。
2. 未注圆角R3。

图7-21　右端盖零件图

CB-07

右端盖

HT200

CB-07

比例　数量　1

西北工业大学

设计
校对
审图

A - A

模　数	m	3
齿　数	z	9
压 力 角	α	20°
变 位 系 数		0.357
精 度 等 级		8-Dc

$\sqrt{Ra1.6}$

$\phi14^{0}_{-0.011}$

GB/T 4459.5-A4/8.5

2-中心孔

M12×1.5

1×45°

II

2.5

30

12

$9^{+0.014}_{-0.002}$

I

II

A

A

$\phi16^{0}_{-0.011}$

1

$\sqrt{Ra0.8}$

$\sqrt{Ra0.8}$

$\phi27$

2

$\sqrt{Ra0.8}$

112

$\sqrt{Ra1.6}$

II
2.5:1

R0.75

45°

$\phi9.7$

$\sqrt{Ra1.6}$

$\sqrt{Ra1.6}$

A—A

$4^{0}_{-0.060}$

$11.5^{0}_{-0.120}$

$25^{-0.020}_{-0.040}$

$\sqrt{Ra0.8}$

R0.8

$\phi16^{0}_{-0.011}$

C1

2

$\phi34.5^{-0.025}_{-0.050}$

12

I
2.5:1

0.3

45°

R0.8

技术要求

1. 齿在粗加工后进行调质处理HB220-250。
2. 各圆柱表面之椭圆度不大于直径公差之半。

$\sqrt{Ra6.3}$　$(\sqrt{})$

设计						CB-03	
校对			传动齿轮轴			数量	1
审图			比例				
						西北工业大学	
			45				

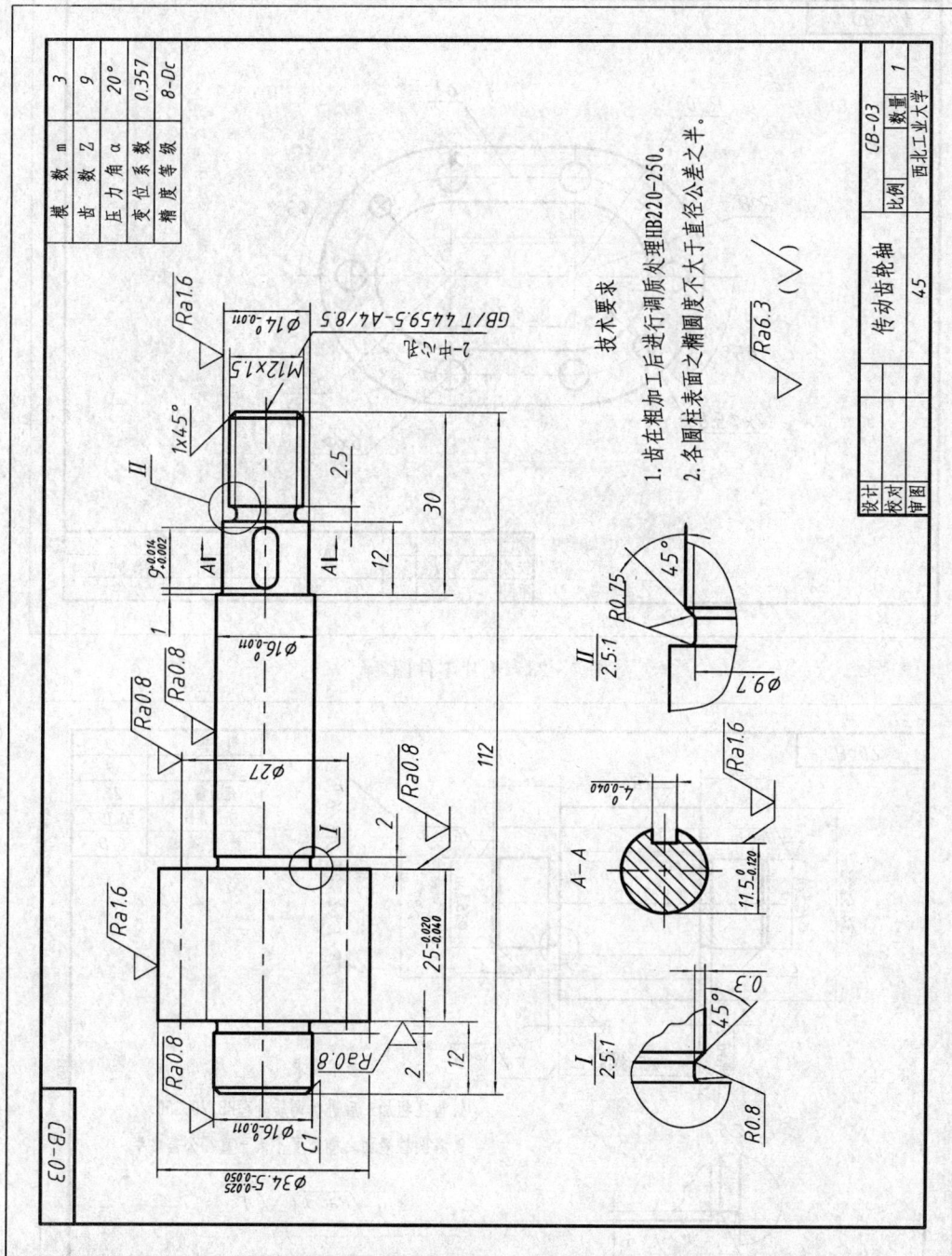

图7-22　传动齿轮轴零件工作图

CB-03

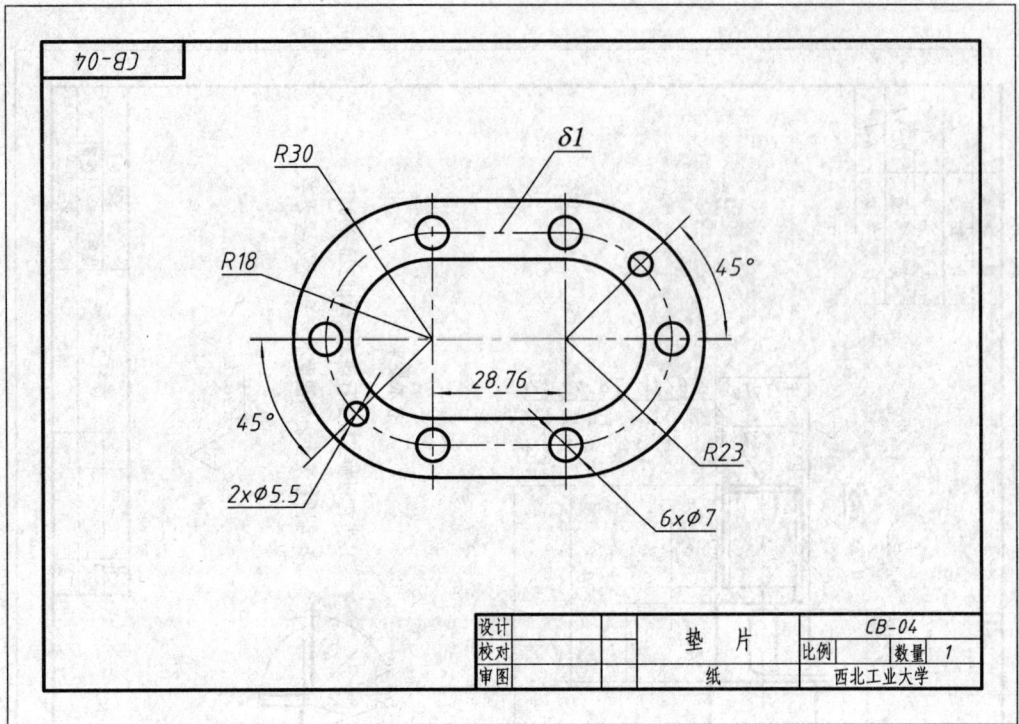

图 7 - 23　垫片零件图

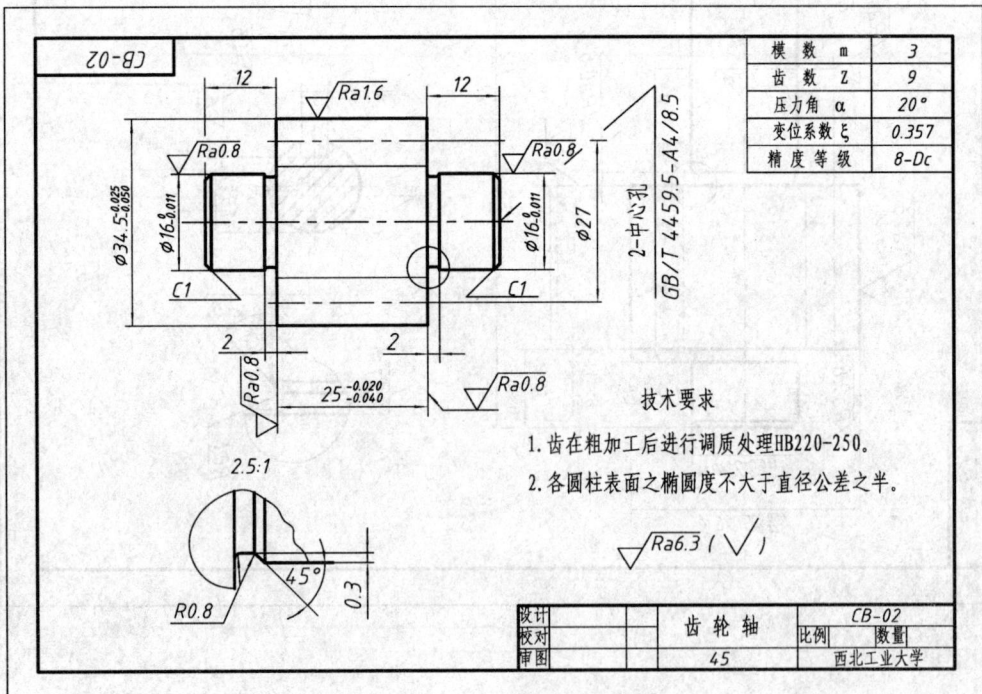

图 7 - 24　齿轮轴零件图

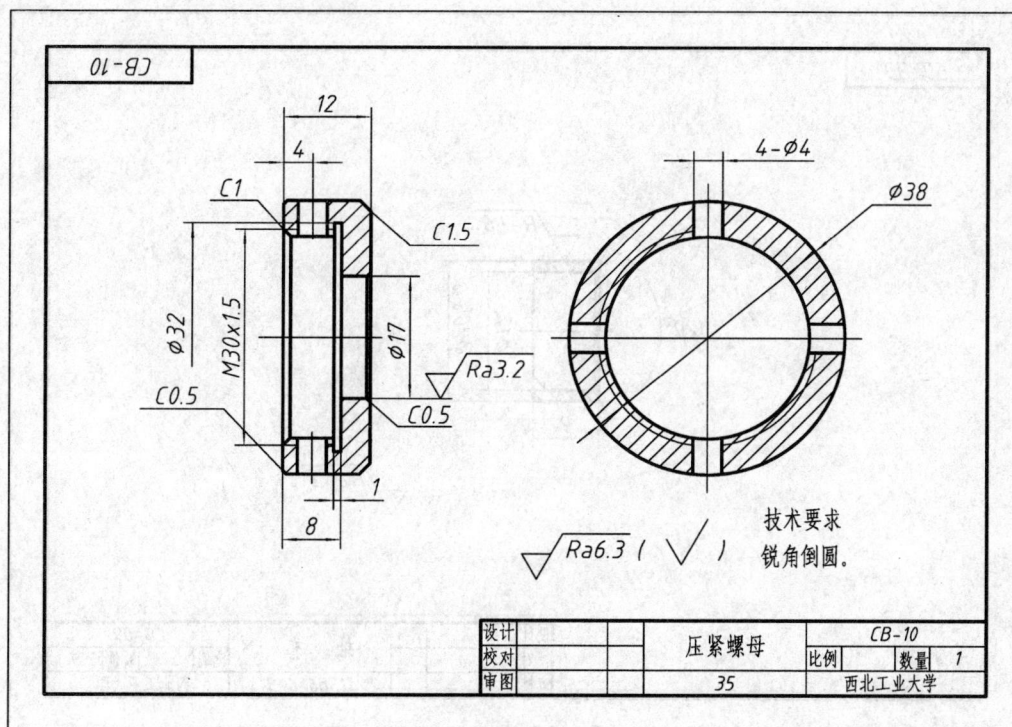

图 7－25　压紧螺母零件图

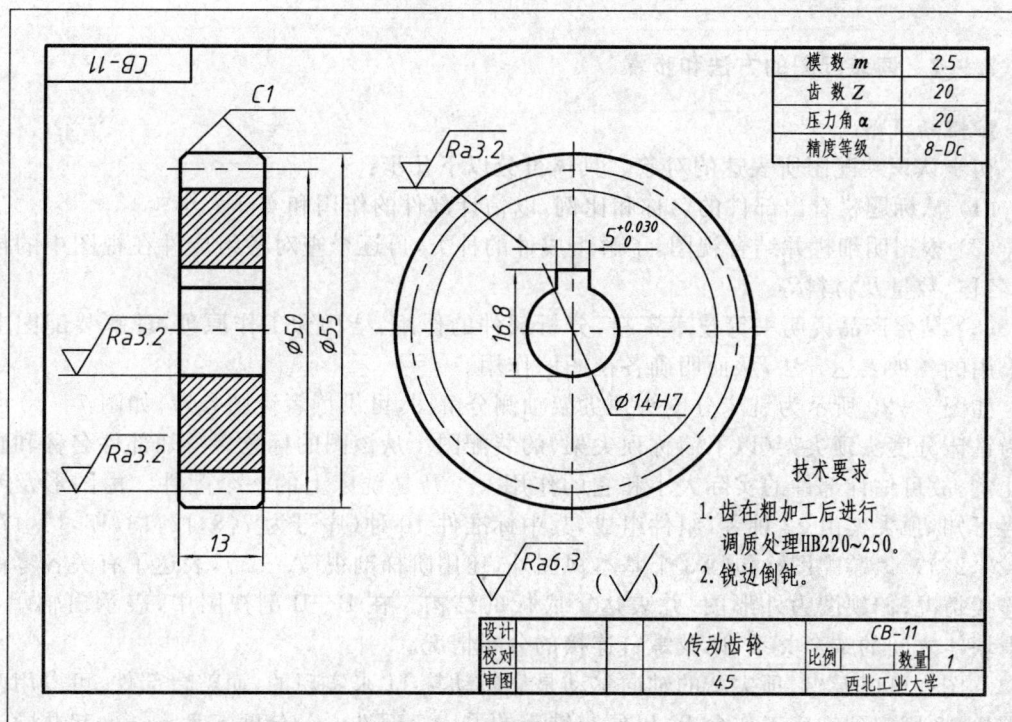

图 7－26　传动齿轮零件图

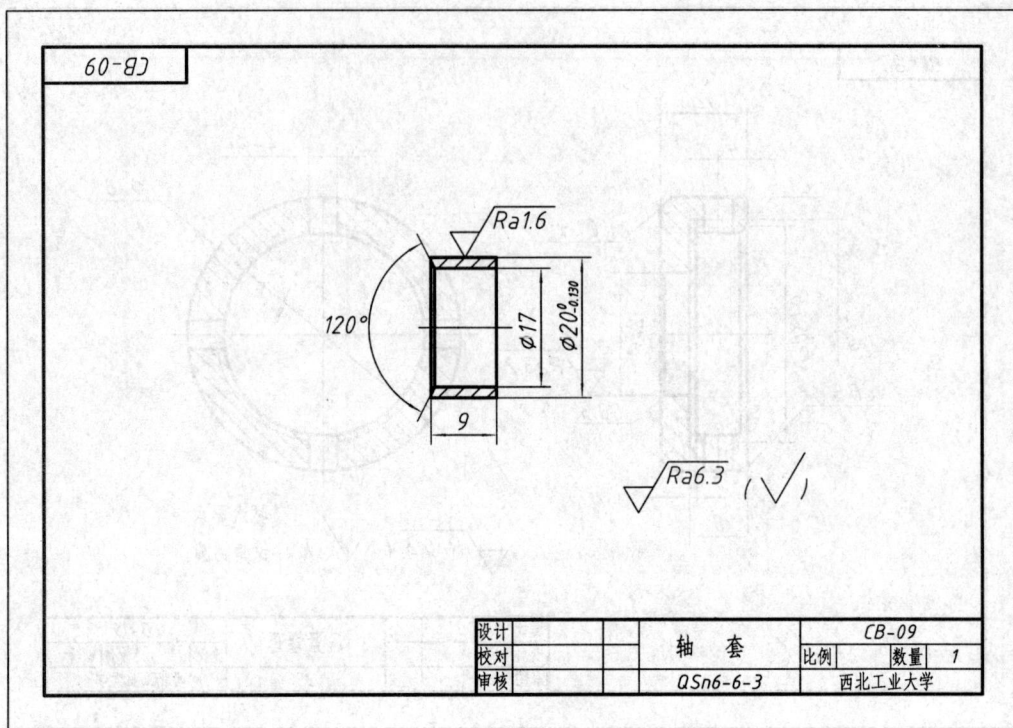

图 7-27　轴套零件图

7.9.2　读装配图的方法和步骤

1.概括了解

初步认识装配图所表达的对象。具体可分以下几步：

（1）从标题栏看出部件的名称和比例，以估计部件的作用和实际大小；

（2）根据明细栏并结合视图，了解组成件的种类，再逐个查对各组成件在视图中的位置、名称、数量及材料等。

（3）结合产品说明书等技术资料，分析部件的作用、结构和工作原理，理解装配图上所采用的各种表达方法，从而明确各视图的作用。

如图 7-29 所示为铣床分度头顶尖架轴测分解图，可供读者读图参考，如图 7-30 所示为铣床分度头顶尖架（以下简称顶尖架）的装配图。从该图的标题栏得知部件名称和画图比例，故可估计部件的实际大小和它的作用——乃是铣床上的一个配件。由图形及明细栏可知，顶尖架由 22 种零、组件组成，其中标准件 10 种（序号为 7,8,12,13,15,16,17,18,20,22）。该装配图除包括 3 个基本视图外，还用阶梯剖视（A—A），表达了有关各零件的连接情况；俯视图为外形图，并表达了底板的结构。在 B—B 剖视图中，表示出轴承 9 和滑块 4 之间的结合关系，以及螺钉连接的分布情况。

从图中可以看出，顶尖 2 的轴向移动是靠转动轮 11 来实现的，而整台部件，可以用两个螺栓 17 固定到铣床工作台上，以便与铣床的另一个部件——分度卡盘——一起共同支撑被加工工件。

（明细栏）

（标题栏）

（明细栏）

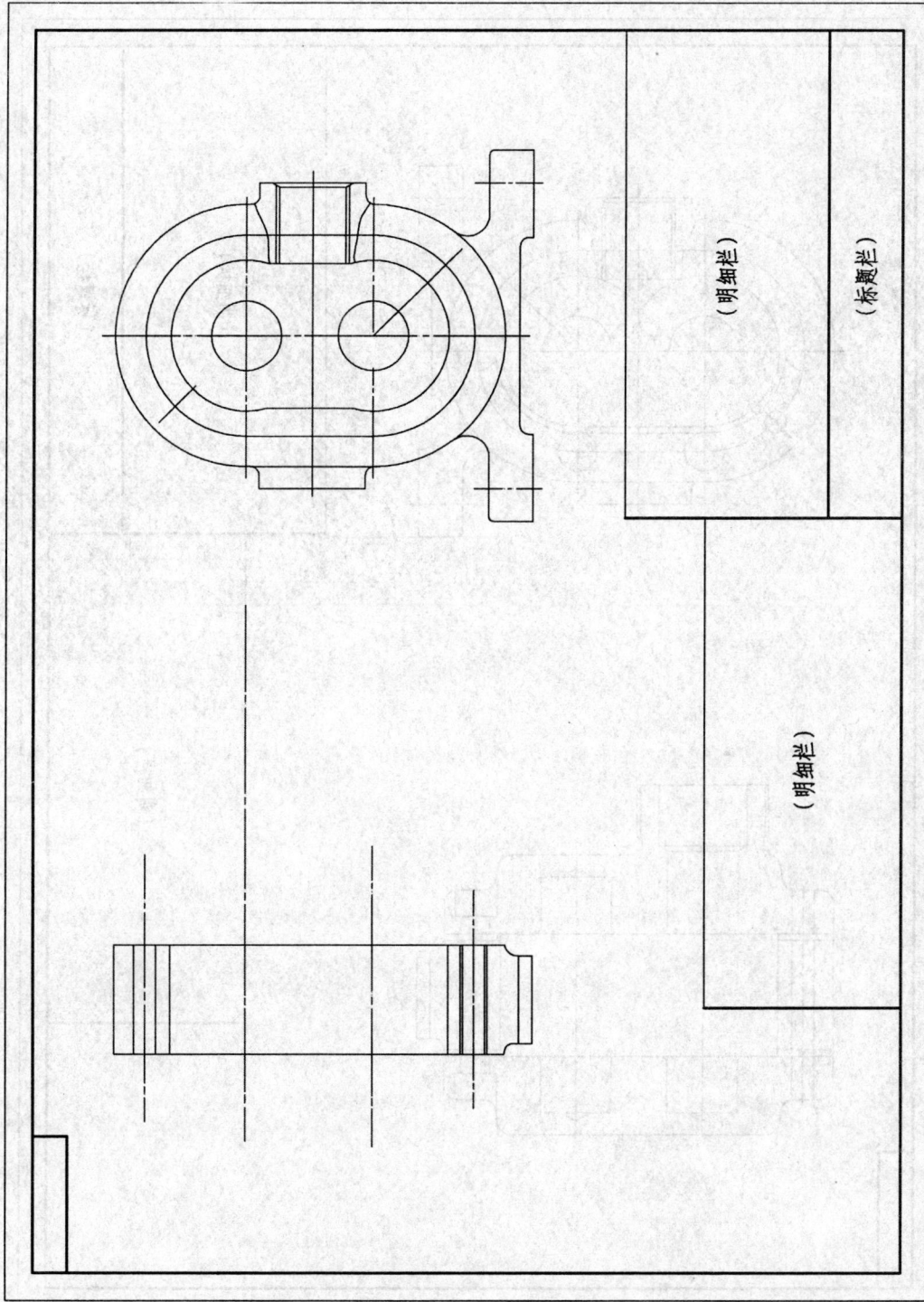

图7-28(a)　绘制齿轮油泵的主要轴线及泵体零件的主要轮廓

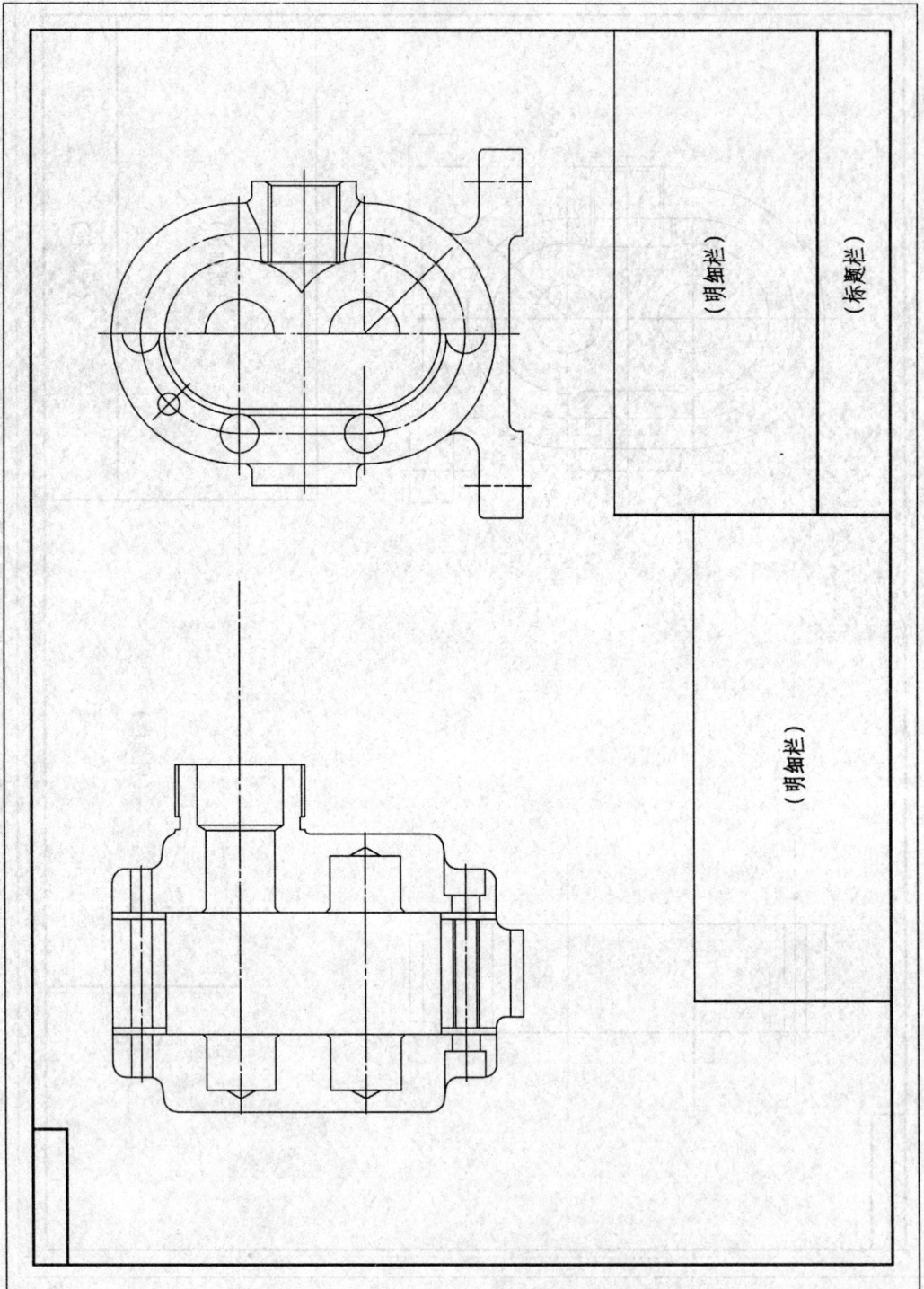

图 7 - 28(b)　绘制出左端盖和右端盖的主要轮廓

（明细栏）

（标题栏）

（明细栏）

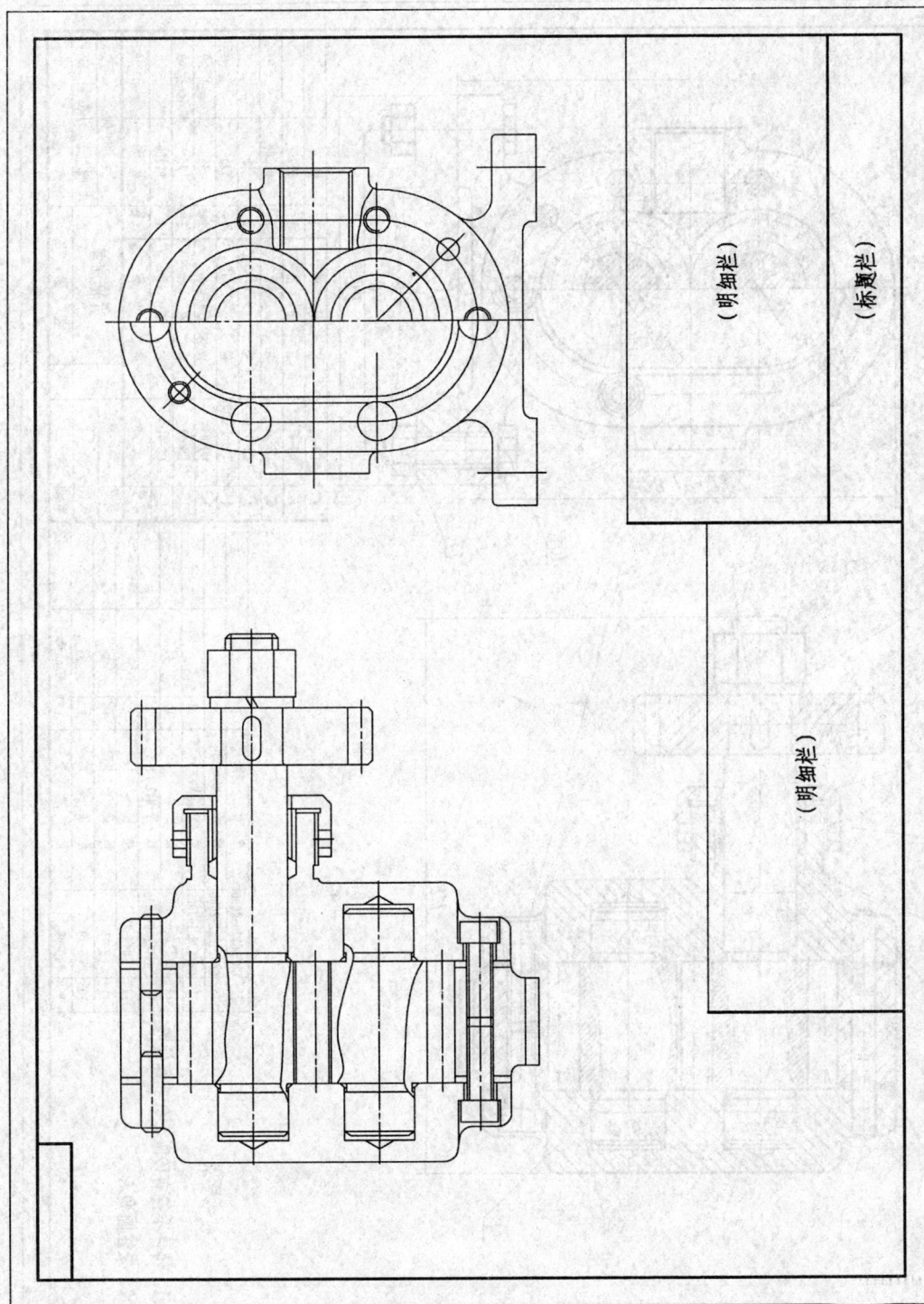

图7-28(c)　绘制凸轮轴、传动凸轮轴的其余零件的主要轮廓

图7-28(d)　绘制齿轮油泵的主要轴线及泵体零件的主要轮廓

技术要求
1. 铸件不得有砂眼、气孔等缺陷。
2. 未注圆角 R3。

A - A

17	GB/T6170-2000	螺　母	M6	2		
16	GB/T5782-2000	螺　栓	M6×30	2		
15	GB/T70.1-2008	螺　钉	M6×16	12		
14	GB/T1096-2003	键	5×10	1	45	
13	GB/T6170-2000	螺　母	M12×1.5	1	45	
12	GB93-87	垫　圈	12	1		
11	CB-11	传动齿轮		1	45	m=3, z=9
10	CB-10	压紧螺母		1	35	
9	CB-09	轴　套		1	QSn6-6-3	

8	CB-08	密封圈		1	橡胶	
7	CB-07	右泵盖		1	HT200	
6	CB-06	泵　体		1	HT200	
5	CB-05	垫　片		2	纸	
4	GB/T119.1-2000	销	A5×18	4	45	
3	CB-03	传动齿轮轴		1	45	m=3, z=9
2	CB-02	齿　轮　轴		1	45	m=3, z=9
1	CB-01	左泵盖		1	HT200	
序号	代　号	名　称		数量	材　料	附　注

齿轮油泵			CB-00	
制图			比例	数量
校核		装配图		
审核				

滑　块

沉头螺钉

滑　座

螺　柱

垫　圈

球形螺母

手　柄

顶　尖

螺　母

压配油环

圆锥销

底　座

手　轮

圆柱头螺钉

轴　承

丝　杆

圆柱销

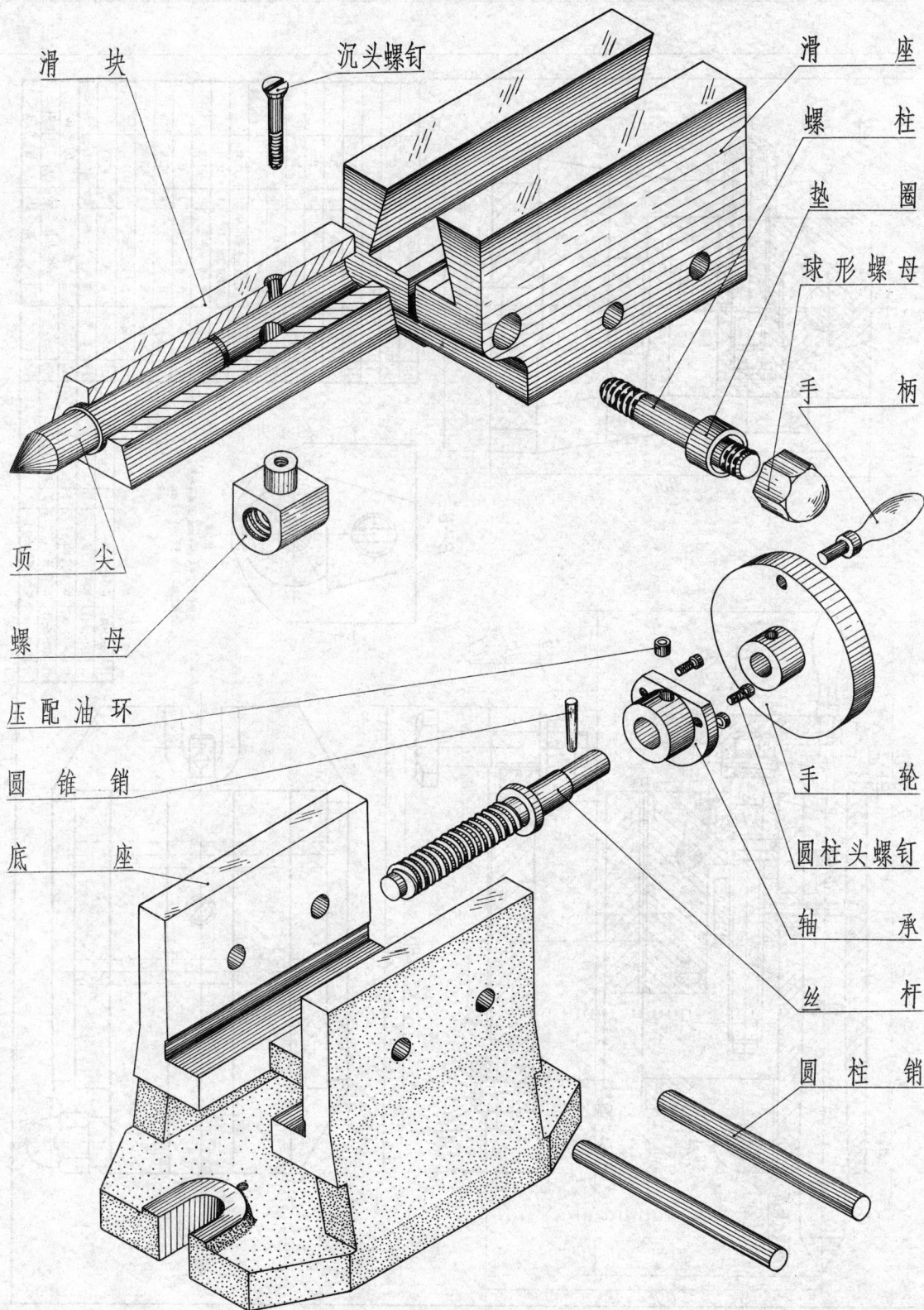

图 7 - 29　铣床分度头顶尖架轴测分解图

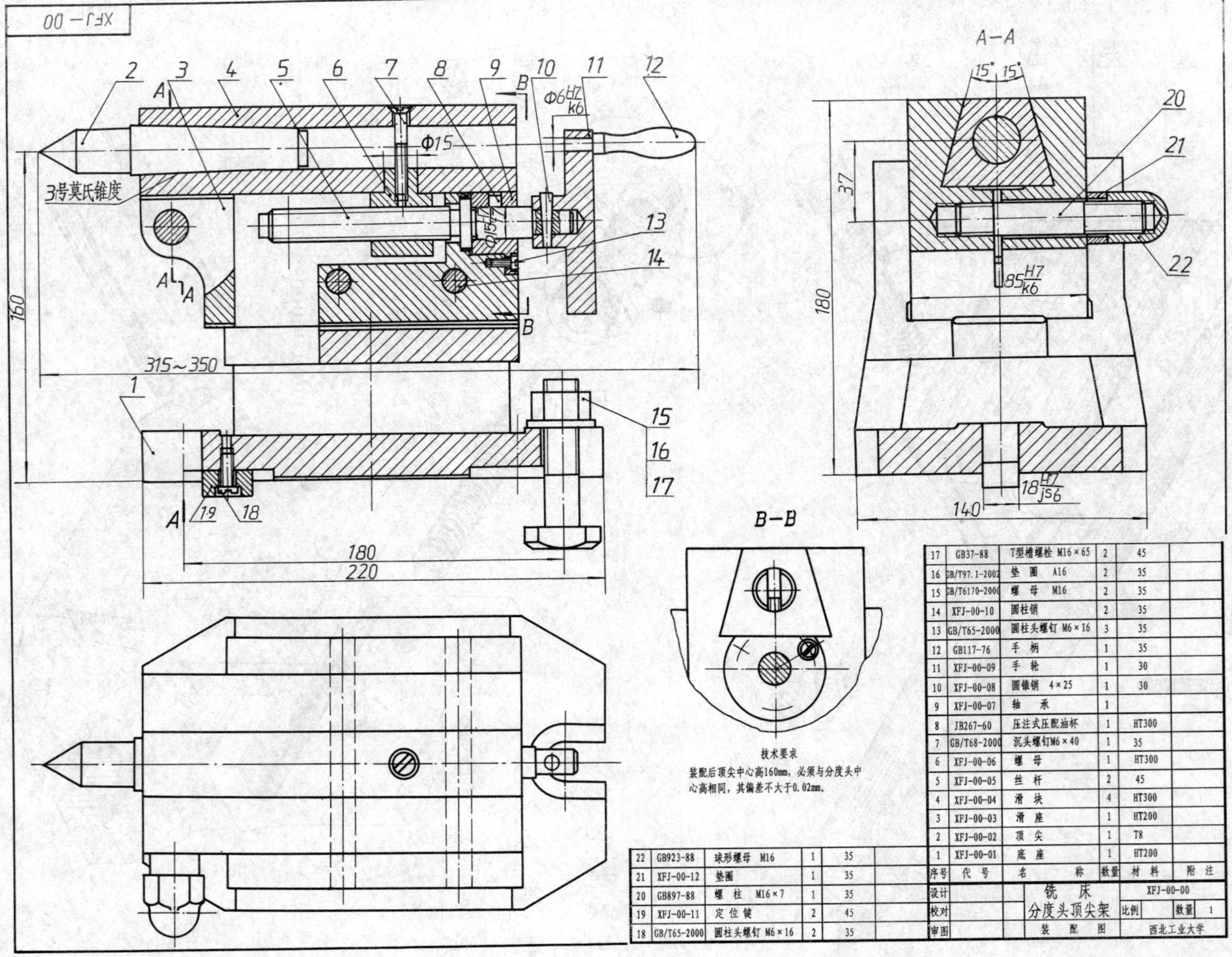

图7-30　铣床小üü头分度顶尖架装配图

17	GB37-88	T型槽螺栓 M16×65	2	45	
16	JB/T97.1-200£	垫圈 A16	2	35	
15	JB/T63.170-200£	螺 母 M16	2	35	
14	XFJ-00-10	圆柱销	2	35	
13	GB/T65-2000	圆柱头螺钉 M6×16	3	35	
12	GB117-76	手 柄	1	35	
11	XFJ-00-09	手 轮	1	30	
10	XFJ-00-08	圆螺母 4×25	1	30	
9	XFJ-00-07	轴 承	1	HT300	
8	JB26/7-60	压注式配油杯	1	35	
7	GB/T68-2000	沉头螺钉M6×40	1	HT300	
6	XFJ-00-06	螺 母	2	45	
5	XFJ-00-05	丝 杆	4	HT300	
4	XFJ-00-04	滑 块	1	HT200	
3	XFJ-00-03	滑座架	1	T8	
2	XFJ-00-02	顶尖座	1	HT200	
1	XFJ-00-01	底 座			
序号	代 号	名 称	数量	材 料	附 注

22	GB921-88	成形螺母 M16	1	35
21	XFJ-00-12	垫圈	1	35
20	GB897-88	螺 柱 M16×7	1	35
19	XFJ-00-11	定位键	2	45
18	GB/T65-2000	圆柱头螺钉 M6×16	2	35

铣 床
分度头顶尖架
XFJ-00
设计　比例　数量　1
校对　　　　西北工业大学
审图

技术要求
装配后顶尖中心离160mm，必须与分度头中
心高相同，其偏差不大于0.02mm。

通过上述分析,便可对顶尖架有一个概括的认识。

2. 深入分析

这一步是整个读图过程的关键,主要是通过分析研究,详细了解整个部件的装配关系、工作原理以及主要零件的形状和结构。

对于比较复杂的装配图,可采用"化整为零"的方法,分成若干部分,逐个看懂。看图时,可以从部件的动力来源入手,一一弄清装配线上每个零件的作用和形状。分析零件形状时,往往需要涉及有关的相邻零件。因此,看图时不能只孤立地看一个零件,这是读装配图时应注意的问题。

例如,顶尖架的装配关系主要是在移动顶尖的一条装配线上,其工作零件是顶尖。这条装配线上各零件的轴测图和名称如图 7-29 所示,结合装配图可以清楚地看出顶尖架的工作情况如下:

转动手柄 12→手轮 11→丝杆 5→移动螺母 6→带动滑块 4→使顶尖 2 左右移动(伸进或后退)。

然后再分析这条主要装配线上各主要零件的使用,以及它们的连接情况:

顶尖 2——工作件。通过锥面配合,与滑块 4 连成一体。

滑块 4——移动件。它由螺母 6 带动,使其在滑座 3 内滑动,从而带动顶尖 2。滑块的锁紧(结合阅读 A—A 剖视图)是靠球形螺母 22、垫圈 21 和螺栓 20 来实现的。

螺母 6——移动件。通过螺钉 7 固定在滑块 4 的 $\phi 15$ 孔内。当螺母移动时,必然带动滑块一起移动。

丝杆 5——转动件。其作用是将手轮 11 的旋转运动转化为螺母 6 的直线运动。这种转化的传递,是由圆锥销 10 来完成的。丝杆由轴承 9 支撑,并与滑座 3 配合,限制其轴向位置,而该轴承又是用 3 个圆柱头螺钉 13 紧固在滑座上(结合阅读 B—B 剖视图)的。

手柄 12——原动件。因为运动全靠操纵它才能实现。

主要装配关系看懂后,还应弄清图中每个细节的结构和作用。例如,轴承上的压注式压配油杯 8,是用以加注润滑丝杆旋转配合的润滑油而设的。该油杯为标准件,故在图上仅画外形。除此之外,在底座和滑座之间还有两个连接用的圆柱销 14。

前面已述及,当使用这台顶尖架时,可以用底座 1 上的两个 T 形槽螺栓 17(图中只画出一个,省略了重复投影),将其固定到铣床工作台上去,为了保证固定时相对位置的准确性,底座 1 的下方,设有两个定位键 19,以起定位作用。这两个定位键分别用一个螺钉 18固定在底座上。如果需要调节顶尖架在铣床工作台上的位置,则可以松开 T 形槽螺栓,将此部件推移到所需位置,然后再拧紧即可,这时,定位键又可起导向作用。由此可知,这台顶尖架在铣床工作台上的位置是可以在较大范围内进行调节的。

3. 归纳总结

在分别读懂部分装配关系之后,可通过总结归纳以下几个问题,以便全面地读懂装配图。

(1) 部件的工作原理;

(2) 装配图中各视图的作用;

(3) 零件间的配合、连接方式及零件的拆装顺序;

（4）装配图上每个尺寸所属的种类；

（5）各主要零件的形状。

7.9.3　根据装配图拆画零件工作图

在产品设计过程中，可先画出部件装配图，然后根据装配图拆画零件工作图。下面介绍拆画零件图时应考虑的几个问题。

1. 零件视图的选择

在某些情况下，有些零件的视图与装配图中该零件的视图表达方案基本一致。如图7-31、图7-32、图7-37、图7-38所示零件1（底座）、零件2（顶尖）、零件9（轴承）及零件11（手轮）等就是如此。这是因为，在按照装配图（图7-30所示的视图表达方案）确定零件图的主视图时，多数零件在装配图上既表现了形状特征，又符合工作位置原则。因此在画这些零件时，只要补足被其零件遮盖的投影线，甚至完全可以照抄零件在装配图上的图形，如图7-32所示顶尖的视图。

有一些零件，如滑块、滑座等，只须参照装配图稍加变动，即可画出零件图。例如，图7-33所示滑块的零件图，只是将装配图上的剖切平面 A—A 改为从螺钉通过孔（$\phi 7$）处剖切，即可画出零件图。对于图7-34所示的滑座零件图，可结合图7-30自行分析。

除了上述两种情况外，有些零件的视图与装配图比较，变动较大，这是因为，装配图的视图选择乃从整体出发，不可能兼顾所有零件，尤其是对于比较复杂的装配图更为突出。因此，在拆画零件图时，对这些零件视图的选择问题，就需要重新考虑。

2. 确定零件的未定形状

在拆画零件图时，有时需要确定零件的未定形状，这一问题具有零件结构设计的性质。下面举例说明一般的考虑方法。

在如图7-30所示中，螺母6在整个装配图上只有一个视图，因而其外部形状未表达清楚，画零件图时，必须增加视图，以确定其形状。已知螺母材料为铸铁，所以毛坯为铸件，因此，其左视图的外形一般可画成如图7-39所示的3种形式。但按螺母在部件中的作用，并且考虑到加工的方便，以选择第三方案（图7-39(c)）为好。

又如图7-30所示的定位键（零件19），尽管已有两个视图，但表达的形状像一个简单的四棱柱。如果进一步深入分析，就可知道它的下端应与铣床工作台面上的 T 形槽相配，所有的配合侧面均应磨削加工，故定位键的视图表面应如图7-40所示的形状。

拆画零件图时，除了应确定未表示清楚（不完整）的形状外，还要把画装配图时省略或简化了的一些结构要素（如倒角、倒圆、圆角、退刀槽及锪平结构……）一一画出。如画定位键的零件图，就应详尽地补画出倒角和退刀槽。

对于零件上某些特殊的结构要素，如齿型、螺纹牙型（一般是非标准），还应在零件图上画出局部放大图。

拆图时，如遇到标准件（如顶尖架中的球形螺母、T 形螺栓、双头螺柱……），或标准部件、组件（如压注油杯）时，不必画出零件图，因为标准零、组、部件可根据明细栏列出的清单外购，或按有关标准生产。

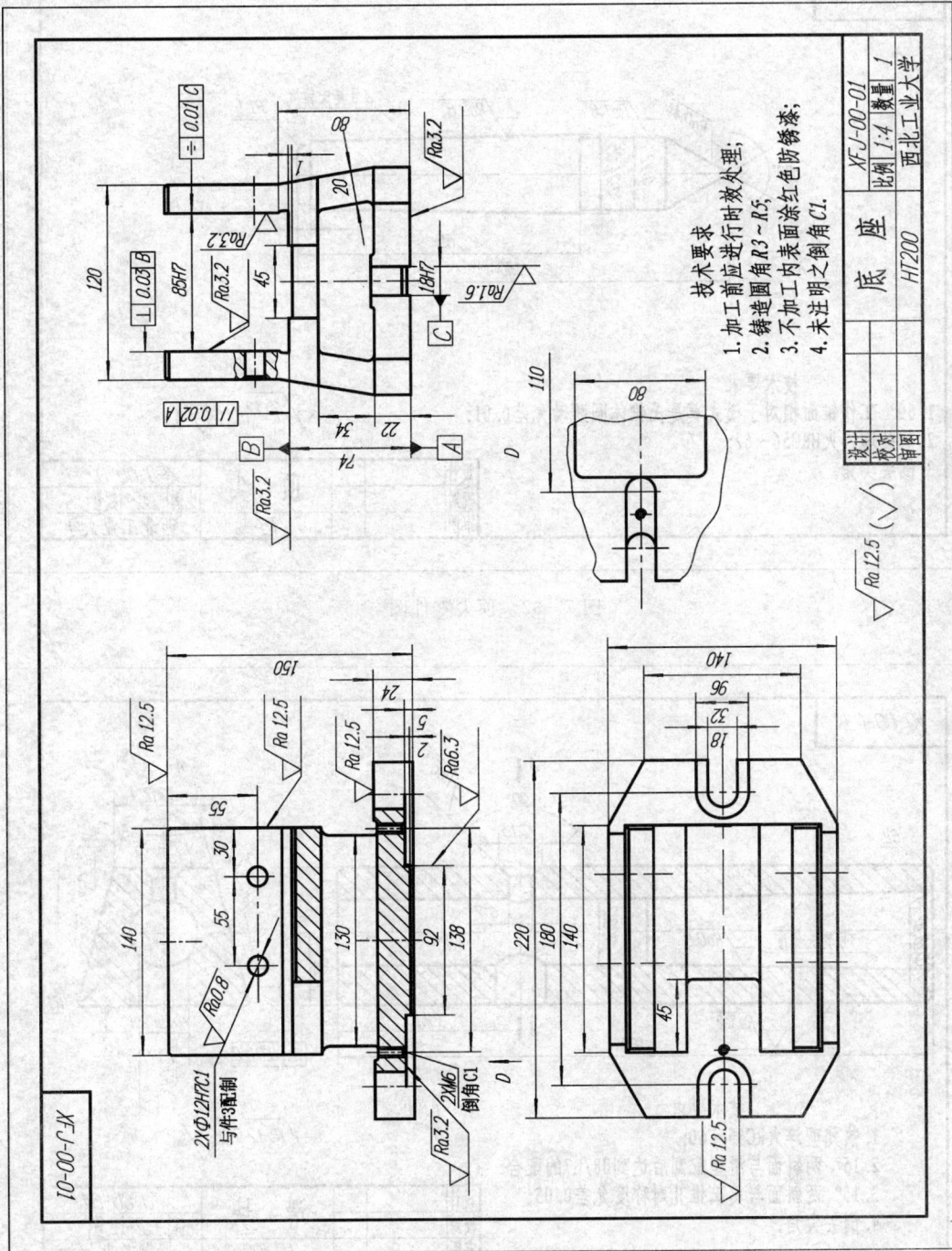

图7-31 底座零件图

技术要求
1. 加工前应进行时效处理；
2. 铸造圆角 R3～R5；
3. 不加工内表面涂红色防锈漆；
4. 未注明之倒角 C1.

底 座

HT200

XFJ-00-01 比例 1:4 数量 1

西北工业大学

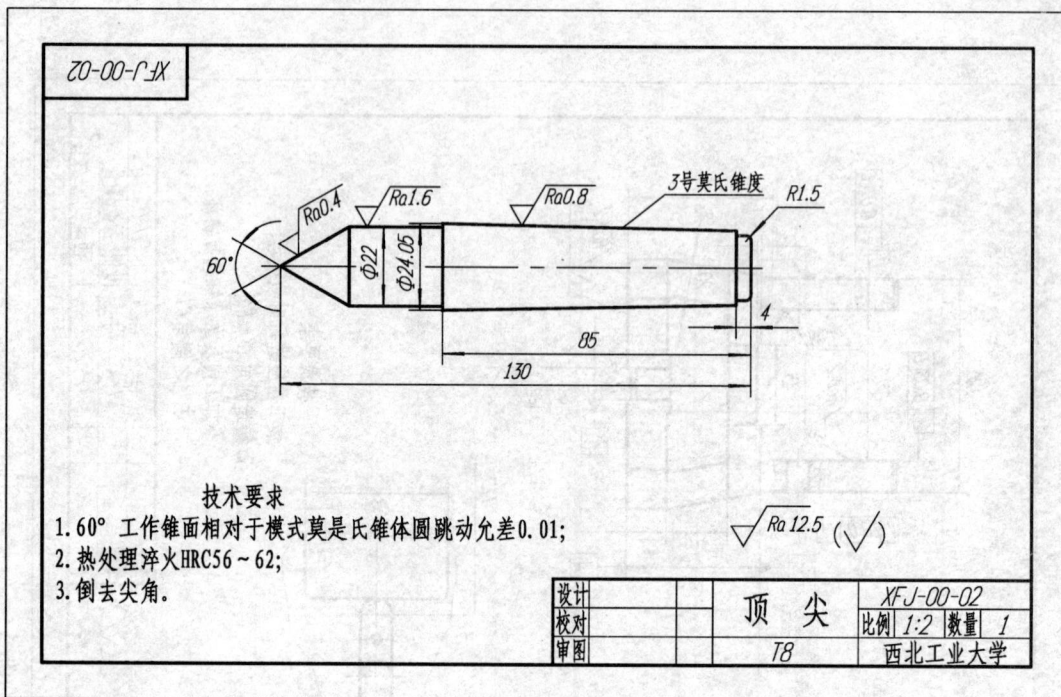

技术要求
1. 60° 工作锥面相对于模式莫是氏锥体圆跳动允差0.01;
2. 热处理淬火HRC56～62;
3. 倒去尖角。

设计			顶　尖	XFJ-00-02
校对				比例 1:2　数量 1
审图		T8		西北工业大学

图 7-32　顶尖零件图

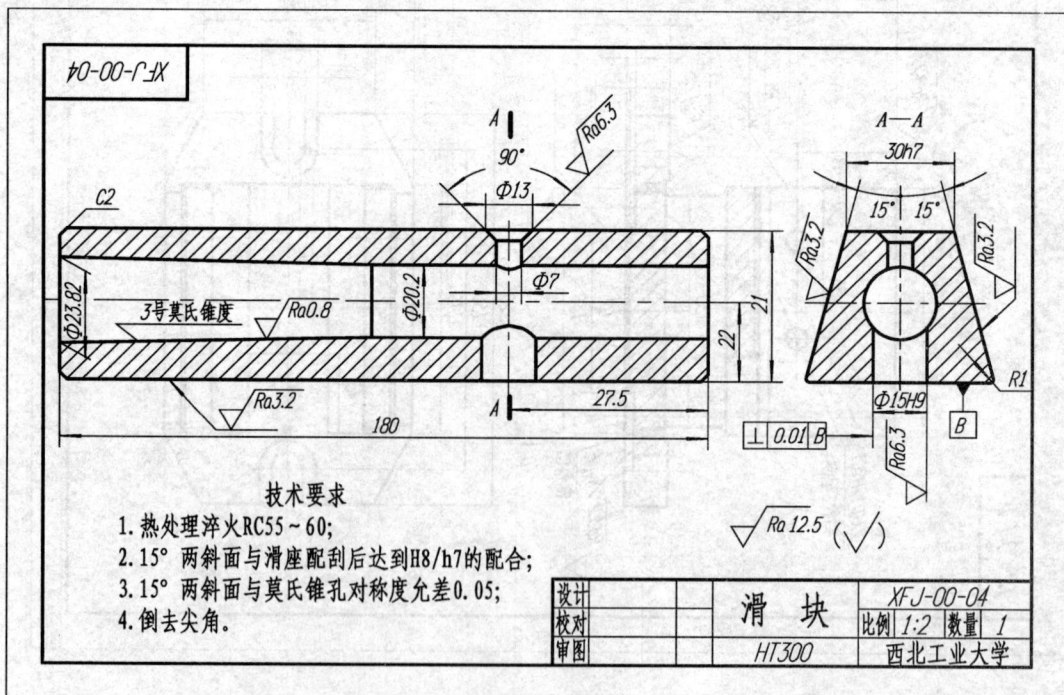

技术要求
1. 热处理淬火RC55～60;
2. 15° 两斜面与滑座配刮后达到H8/h7的配合;
3. 15° 两斜面与莫氏锥孔对称度允差0.05;
4. 倒去尖角。

设计			滑　块	XFJ-00-04
校对				比例 1:2　数量 1
审图		HT300		西北工业大学

图 7-33　滑块零件图

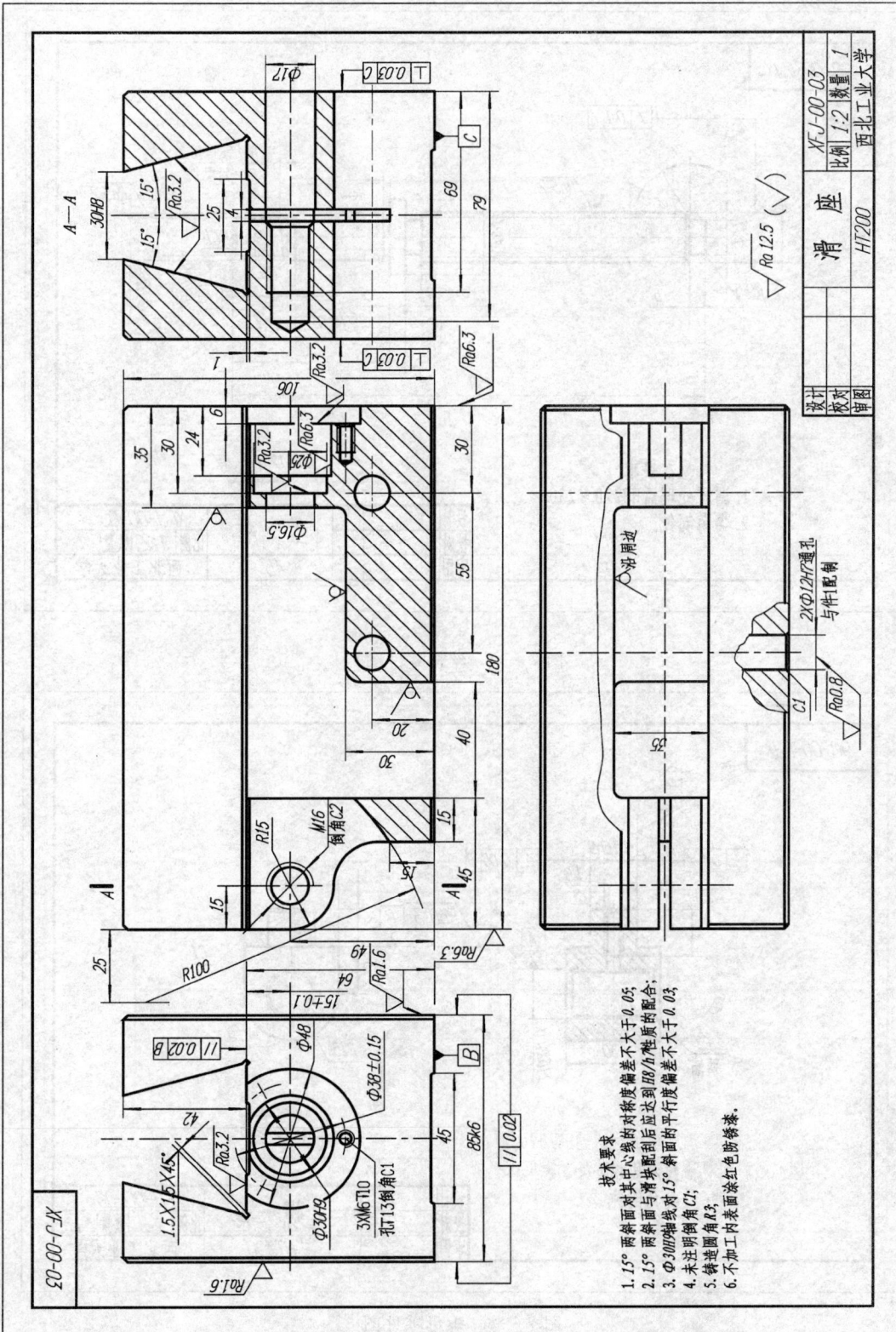

技术要求
1. 15°两斜面对其中心线的对称度偏差不大于0.05;
2. 15°两斜面与滑块配制时后应达到H8/h7准面的配合;
3. Φ30H9轴线对15°斜面的平行度偏差不大于0.03;
4. 未注明倒角C1;
5. 铸造圆角R3;
6. 不加工内表面涂红色防锈漆。

图7-34　滑座零件图

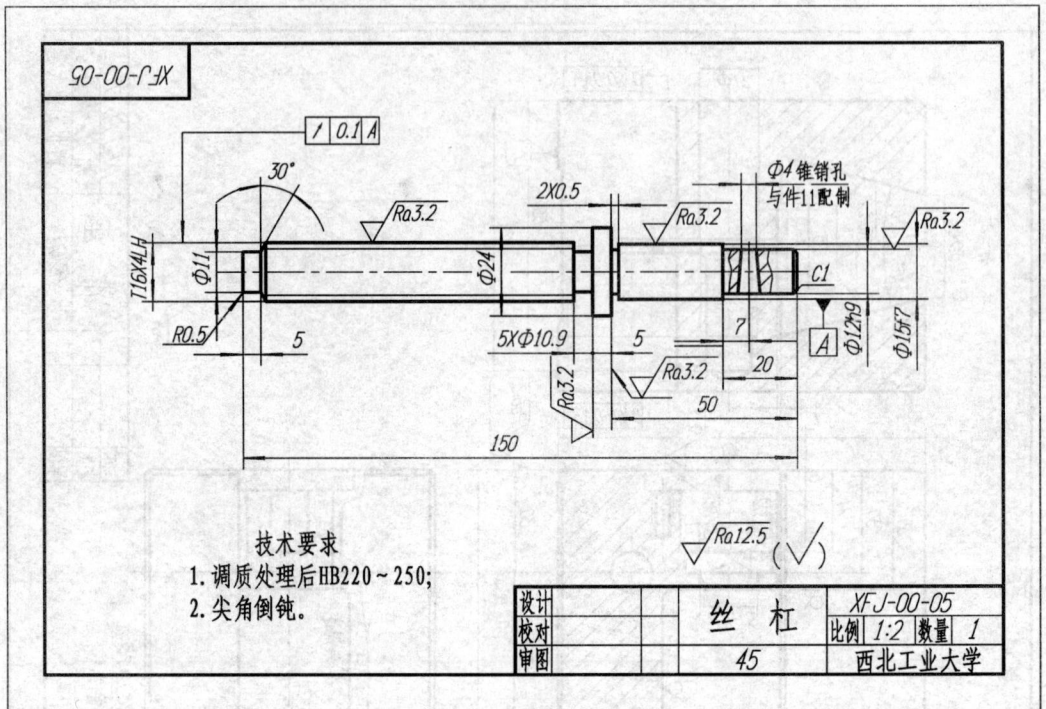

技术要求
1. 调质处理后HB220～250;
2. 尖角倒钝。

设计		丝　杠	XFJ-00-05
校对			比例 1:2 数量 1
审图		45	西北工业大学

图 7 - 35　丝杆零件图

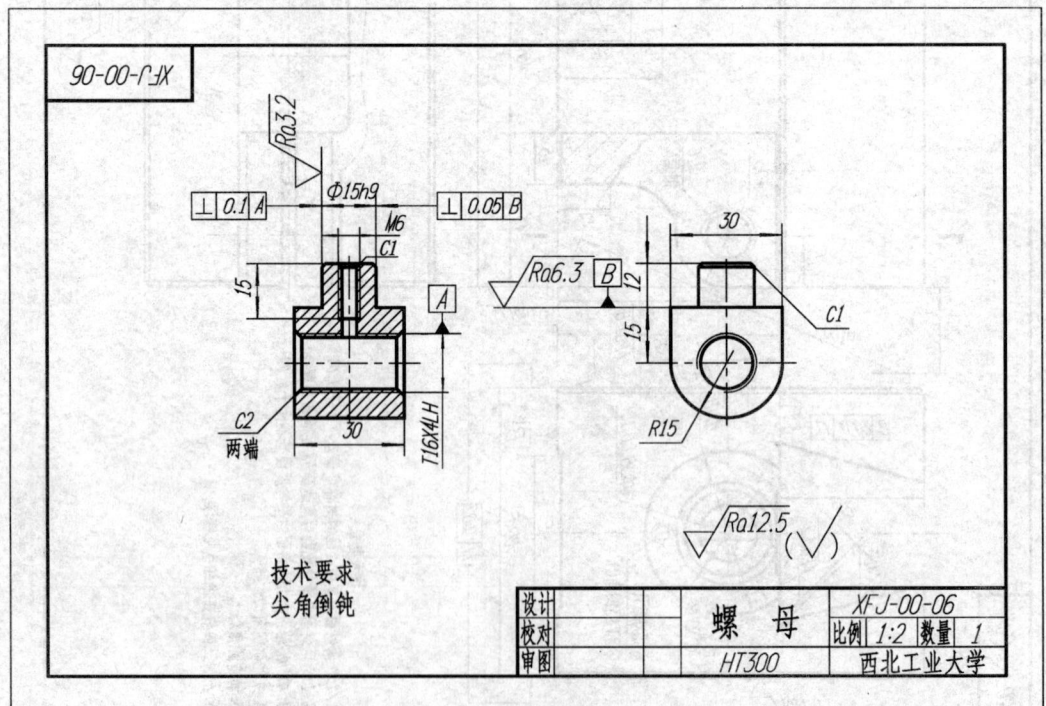

技术要求
尖角倒钝

设计		螺　母	XFJ-00-06
校对			比例 1:2 数量 1
审图		HT300	西北工业大学

图 7 - 36　螺母零件图

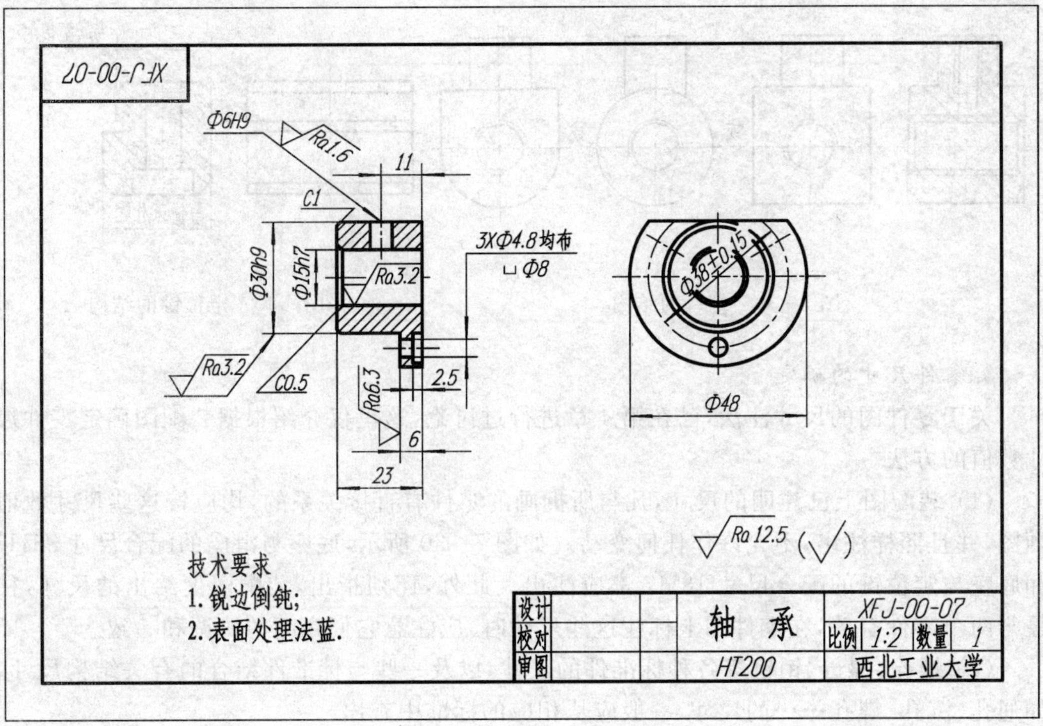

图 7-37　轴承零件图

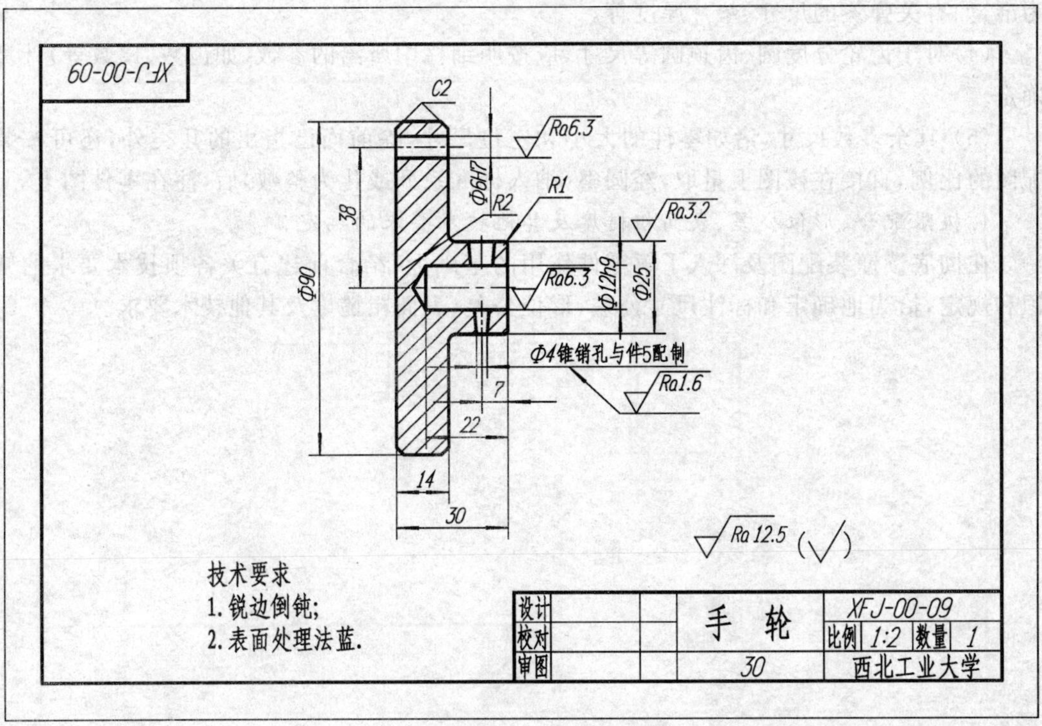

图 7-38　手轮零件图

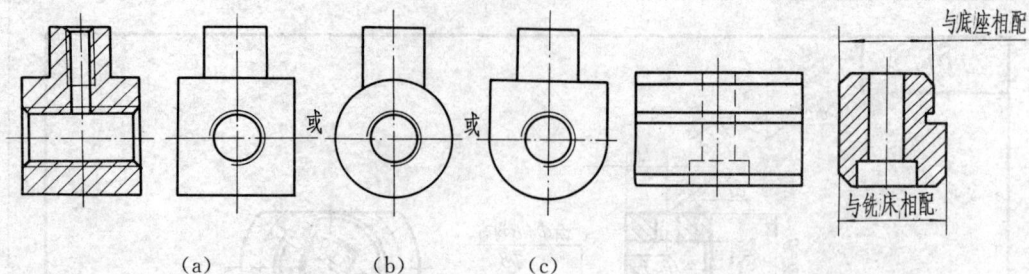

图 7 - 39　螺母的结构　　　　　　　　图 7 - 40　定位键的结构

3.零件尺寸的确定

关于零件图的尺寸注法,已在第 4 章进行过讨论,这里仅介绍根据装配图确定零件尺寸数值的方法。

(1)装配图上已注明的尺寸,凡与所拆画的零件有直接关系的,均应按这些尺寸数值画图,并且照样注出,不允许作任何变动。如图 7 - 30 所示,底座与滑座的配合尺寸 85H7 和底座与定位键的配合尺寸 18H7 都应注出。此外,还须指出,装配图上给出的尺寸,往往与两个零件有关,在零件图上标注这些尺寸时,应注意它们之间的协调和一致。

(2)螺栓、螺母、销钉等各种标准件的尺寸,以及一些与标准件结合的有关结构尺寸,如通孔、沉孔、螺孔⋯⋯的尺寸,一般应从相应的标准中查出。

(3)一些非标准件的有关尺寸,若在明细栏中已有数据,则应以明细栏中注写的数据为准,如有关弹簧的尺寸、垫片厚度等。

(4)对于齿轮分度圆、齿顶圆等尺寸,应按明细栏中所给的参数(如齿数、模数等)计算确定。

(5)其余多数尺寸,诸如零件的大小和定位尺寸,除前面已指出的几类外,还可按装配图的比例,直接在该图上量取,经圆整(纳入标准系列或化为整数)后,注在零件图上。

4.极限配合、形位公差、表面粗糙度及其他技术要求的确定

在彻底读懂装配图及深入了解零件作用的基础上,结合前述有关各项技术要求的知识和规定,恰当地确定和标注尺寸公差、形位公差、表面粗糙度及其他技术要求。

第8章 机器测绘

8.1 概　述

8.1.1 机器测绘的定义

测绘就是根据实物,通过测量绘制实物图样的过程。

机器测绘是以整台机器设备为研究对象,通过测量分析,绘制其全部零件图和装配图的过程。

测绘与设计是不相同的。设计是先有图纸,后有样机;测绘是先有实物,而后画出图纸。如果设计工作可以看成是构思实物的过程,则测绘工作就可以说是从认识实物到再现实物的过程。测绘工作属于产品研制范畴。

8.1.2 机器测绘的意义

1.生产方面的意义

一般来说,通过对国内外先进产品的测绘,可以使企业在短期内迅速改变产品的性能或品种,提高产品质量和市场竞争能力。同时也可以通过测绘学习和研究先进的结构和技术,快速赶超国际水平,填补国内空白。测绘工作是一项起步高、见效快、改善和革新产品较为容易的具有实际意义和经济价值的工作。测绘仿制无论是对工业发达的国家或发展中国家都有着重要的意义。在此应注意,进行的测绘工作不能违反国际和国内的相关法规。

2.教学方面的意义

通过对机器部件的测绘,可以使学生有效地将所学到的知识加以综合运用。在具备有关制图、金工等基础知识和工厂实习的基础上,通过实物测绘可以对部件的工作原理、零件作用和结构、图形表达、尺寸的圆整协调以及合理标注、极限与配合及表面粗糙度的选择和标注等进行全面的、综合的认识和提高,并且对后续课程的学习也有所裨益。

8.1.3 机器测绘的种类、特点和要求

根据测绘对象的不同,机器测绘可分为整机测绘、部件测绘和零件测绘3种。根据测绘目的不同,机器测绘又可分为以下3种。

(1) 机修测绘:测绘的目的是为了修配。多用于对原机的修复,测绘对象大多属于非

标准件。

（2）仿制测绘：测绘的目的主要是为了仿制。测绘的对象大多是比较先进的设备，且多为整机测绘。

（3）设计测绘：测绘的目的是为了设计。在测绘的基础上进行部分或整体的重新设计，在学习掌握原机结构特点的基础上改进产品性能，提高产品质量和竞争能力。

机器测绘是一项复杂而细致的工作，其特点是时间短、任务重、头绪多、要求高。为了避免在工作中产生忙乱现象，测绘工作必须有组织、有秩序、有步骤地进行，并且在测绘过程中应始终保持忠实于实样，以便取得可靠的第一手资料。

8.1.4　机器测绘的步骤

机器测绘的目的不同，测绘的方法及程序亦有所不同。在实际测绘过程中，可采用如下几种方法和程序：

（1）零件草图→装配图→零件工作图；

（2）零件草图→零件工作图→装配图；

（3）装配草图→零件工作图→装配图；

（4）装配草图→零件草图→零件工作图→装配图。

以上几种方法，各有利弊，究竟采用哪种方法，须按测绘的要求、客观条件以及测绘对象的复杂程度等来决定。本书采用方法（1）。

机器测绘的一般步骤如下：

（1）分解前的准备工作。主要包括了解样机的工作原理、结构特点，收集消化有关资料，提出分解方案，准备各种工具和量具。同时还必须根据需要对样机进行各种性能试验。

（2）进行实样分解，并画出各种示意图（包括装配示意图、工作原理、传动示意图、液压系统图、电器系统图、管路示意图等）和分解路线方框图。

（3）绘出零件和组件草图，并标注尺寸线和尺寸界线。

（4）进行尺寸测量，标注尺寸数值并进行尺寸圆整和协调，确定尺寸公差及表面粗糙度等。必要时画出装配草图进行验证。

（5）根据样机及有关参考资料提出零件、组件的其他技术要求。

（6）确定被测零件材料的种类、名称、处理方法及表面要求等。

（7）编制标准件、外协件明细表，注明规格要求。

（8）根据零件草图绘制装配图（包括各级部件图和总图），同时对发现的问题进行研究，并提出解决方案。

（9）根据装配图和零件草图绘制零件工作图。

（10）对所有图纸和技术文件进行全面审查。写出测绘总结。

按照上述步骤进行测绘只是一个总体程序。在具体工作中往往需要反复交错进行，甚至跨组研究讨论，以得出满意的结论。总之，在测绘中应尽量将可能产生的问题解决在原机装配复原之前。以下各节将对测绘过程中的某些重要步骤进行进一步的说明和探讨。

8.2 机器测绘的准备工作

8.2.1 思想准备

国内外很多事例都可以证明,在组织测绘时,重视思想准备工作,事则兴;不重视,事则废。这就要求测绘领导者和组织者,最大限度地做好测绘前的思想准备工作。具体做法如下:

(1)约请任务下达者或主管部门、仿制生产单位或未来的用户,介绍测绘对象所属行业的现状及国内外的进展情况,使参加测绘的人员明确任务的重要性、迫切性及其现实意义。

(2)介绍测绘事例,以生动的事实和经验教训,特别是测绘中的失误,教育全体人员,引以为鉴。

(3)组织现场交流和参观有关科技展览等,以开阔眼界。

8.2.2 组织准备

机器测绘应根据测绘对象的复杂程度、所规定的测绘时间以及测绘场地等因素组织相关人员。测绘工作量越大或所给的测绘时间越短,需要的测绘人员就越多,反之就少。

因此,测绘前要预先估计测绘工作量的大小,配备适当的人员。由于实际工作中测绘者往往也是将来试制组的成员,故各方人员均应统一考虑,如设计人员、工艺人员、机修技术人员、计量检测人员、有经验的工人、标准化技术人员等,还要组成专门的管理团队,对整个测绘过程进行管理和协调。

机器测绘是一项复杂而细致的工作,一定要有组织、有计划、有目的的安排工作,既有分工,又有合作。测绘过程中,科学地进行分组,有效地进行组织,是完成测绘任务的关键步骤之一。

8.2.3 技术准备

各测绘组应根据本组所承担的测绘任务尽力收集与其有关的资料。首先是收集测绘对象的原始资料,如使用说明书、翻修手册、维护手册、蓝图、维修配件目录等,其次是收集有关分解、测量、制图等方面的资料和标准等。对于进口产品的测绘还应组织人力翻译、复制该产品的有关图纸、标准和资料等。

另外,在进行测绘之前,必须对所收集到的资料进行深入的学习和研究。在充分学习资料、熟悉测绘对象、明确分解原则的基础上,再进一步深入研究样机的分解路线,尽量编制出比较实用的分解计划,为下一阶段的分解工作做好准备。

8.2.4 物质准备

物质准备包含以下内容:

（1）工作场地的准备。

（2）拆卸工具(包括通用工具和专用工具)的准备。

（3）拆卸用的工作台、测试用的各种仪表及机器的准备。

（4）清洗和防腐蚀用油的准备。

（5）用于测量尺寸及表面粗糙度等量具及仪器的准备。

（6）绘图器具的准备。

（7）其他用具、设备及资料的准备。

8.3　机器实样的分解

机器是由许多部件、组件和零件装配而成的。在分解样机时,通常是按装配的相反顺序进行的。因此在分解前和分解过程中要仔细研究并记录各种连接方式、装配方法、配合类别以及性能特点等,为准确的分解和测绘打好基础。

8.3.1　进行性能试验

1.明确测试目的和要求

在着手测绘前,应对样机或部件进行必要的测试,由于测绘对象不同,所以试验的要求也不同。因此需要预先拟出测试计划,列表确定试验的项目。常见的试验有气密性试验、压力试验、转速试验、升温和冷却试验、气动试验、灵敏度试验、渗透试验等。这些项目基本上属于整机或部件的性能测试,其目的在于取得样机性能的原始数据,在将来试制和样机复原后的调试过程中,这些都是重要的技术指标。

此外,在分解过程中,还可能有一些组件或零件也要进行类似的试验,如静平衡试验、动平衡试验、容器的压力试验等,这些也应纳入试验计划,不可遗漏。

2.确定测试方法及试验设备

一部机器需要测量的参数很多,涉及面较广,有些参数可以用仪器直接测量得到,但有些参数很难用直接方法得到,必须经过测量系统,将参数互相转换后再进行测量。所以测量参数时,首先要确定测试方法及试验设备。

3.记录试验数据,填写试验报告

根据测试的目的和要求,工作人员必须记录必要的性能数据,填写试验报告。

8.3.2　研究机器的构造和连接方式

在测绘之前,阅读测绘机器的说明书等有关参考资料,并查阅与测绘机器相类似机器的有关资料,借以参考、了解测绘机器的构造。

机器的连接方式一般分为 4 种形式,即永久性连接、半永久性连接、活动连接和可拆连接。

8.3.3　制定分解方案

1. 制定分解路线

在比较深入了解机器结构特征及连接方式的基础上,确定拆卸的步骤是比较容易的,通常是从最后装配的那个零件开始。

(1)画分解路线方框图:以图 8-1 所示齿轮泵为例,其分解路线方框图如图 8-2 所示。

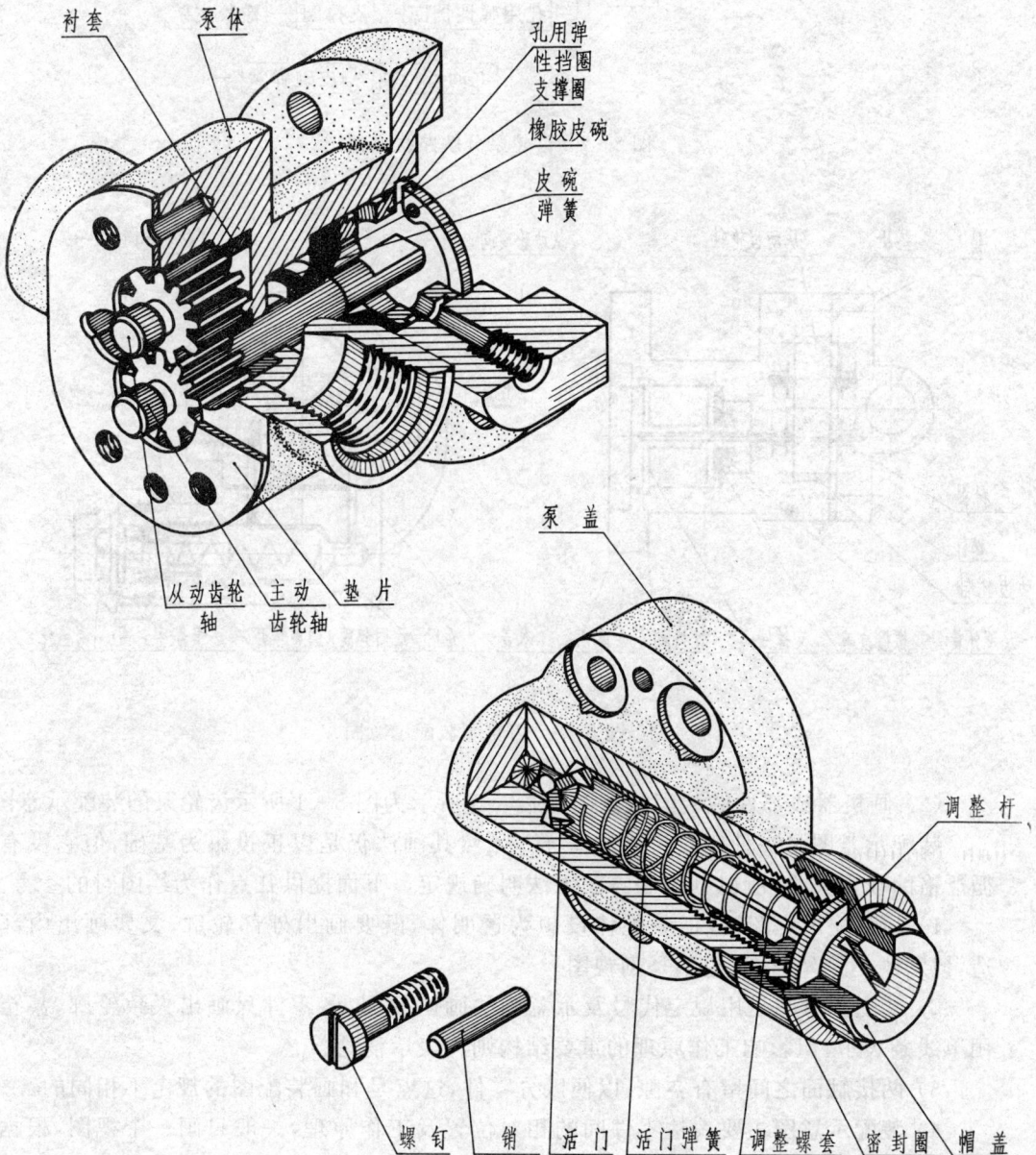

图 8-1　齿轮泵轴测装配图

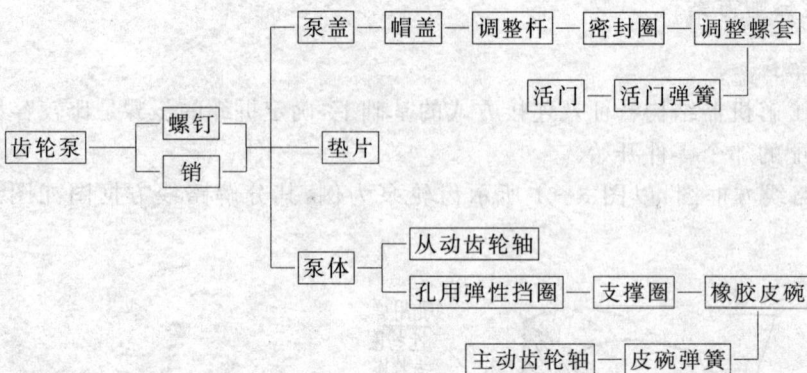

图 8-2　齿轮泵分解路线方框图

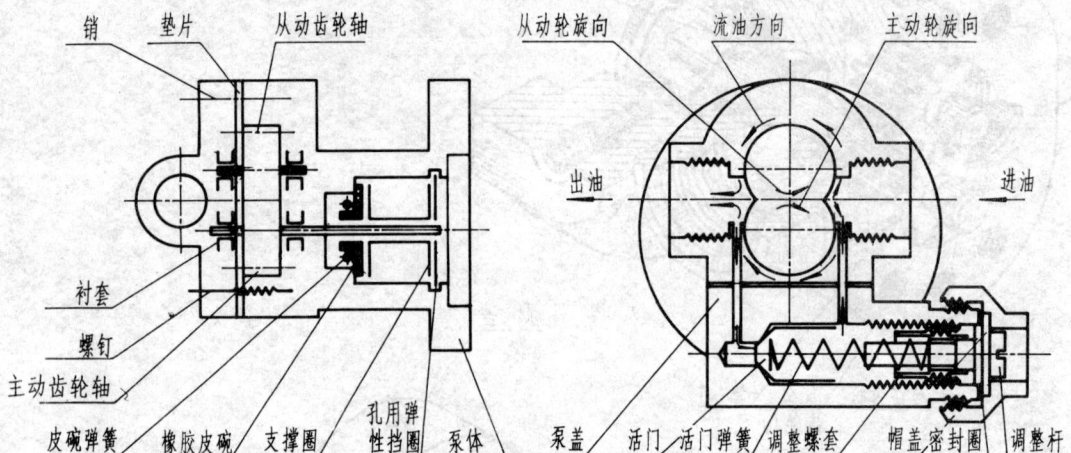

图 8-3　齿轮泵装配示意图

（2）画机器或部件的装配示意图：图 8-3 所示为图 8-1 所示齿轮泵的装配示意图。

装配示意图是一种比较粗略的图样。虽然其画法仍是以正投影为基础，但它没有遵循严格的投影关系，所以其绘制方法无法明确规定。下面提供几点作为绘图时的参考。

1）画装配示意图时，把装配体设想为透明体，既要画出外部轮廓，又要画出内部构造，但它既不是外形图，也不是剖视图。

2）装配示意图是用规定代号及示意画法画出的图，各零件只画出大致轮廓，甚至可用单线条表示，但影响工作原理的重要结构则应表示清楚。

3）两接触面之间留有空隙，以便区分零件，这点是和画装配图的规定不相同的。

4）装配示意图主要表达零件间的相对位置及工作原理，一般只画一个视图，根据需要也可画成两个视图。

5）装配示意图允许运用涂色、加粗线条等手法，使其更形象化。

6）装配示意图上的内、外螺纹，均采用示意画法。内、外螺纹配合处，可将内、外螺纹全部画出，也可只按外螺纹画出。

2. 确定分解程度，划分部件、组件

分解程度是指将样机拆卸成最小单元的程度。由于各种机器设备的结构不同，连接方式不同，在确定分解程度时应慎重，特别是只有单台样机时更应注意。一般情况下应遵循下列原则：

（1）分解到不可拆连接处为止（主要指永久性连接）。

（2）可拆连接处，在拆卸后不易复原调整或影响精度的尽量不拆。

（3）易损零件且无备件时，应尽量不拆。

（4）若永久性连接及易损件必须拆卸时，一般应留待后期进行，必要时解剖后测量。

组件划分的原则如下：

（1）按永久性连接划分组件。

（2）按组合后加工的情况划分组件。

（3）按装配分段划分组件，如将齿轮泵的卸压装置作为组件。

8.4　零件草图的绘制

8.4.1　零件草图的作用

在测绘时，因受时间及工作场所的限制，工程技术人员不用绘图仪器，对零件各部分大小凭借目测或用简单方法得出零件各部分比例关系，徒手在白纸或方格纸上画出零件的图样，称为零件草图。

零件草图虽然名为草图，但绝不是说可以潦草从事。零件草图应包括零件图上所要求的全部内容，不同之处仅仅是零件草图无须严格比例及不用仪器绘制。画草图的具体要求是：视图和尺寸完全、线型分明、字体清楚、画面整齐、技术要求齐备，必须有图框、标题栏、号签等全部内容。

零件草图在测绘过程中，有着重要的意义。零件草图是绘制装配图和零件工作图的原始资料和主要依据。草图若画得不好，就会给测绘后续工作带来很大困难，甚至无法进行。

8.4.2　绘制零件草图的一般步骤（图 8 - 4(a) ～ (b)）

1. 测绘前的准备工作

在着手画零件草图前，应对零件和有关资料进行详细分析。分析的内容如下：

（1）了解该零件的名称、作用和用途。

（2）鉴定该零件的材料，分析毛坯来源及加工情况，识别零件毛坯或机械加工中的缺陷及使用过程中的磨损和毁坏，以免将其反映到图样中。

（3）分析形体，根据零件在部件中的作用，明确各组成部分的几何形状和相对位置，了解工艺要求，为选择视图方案和标注尺寸做准备。

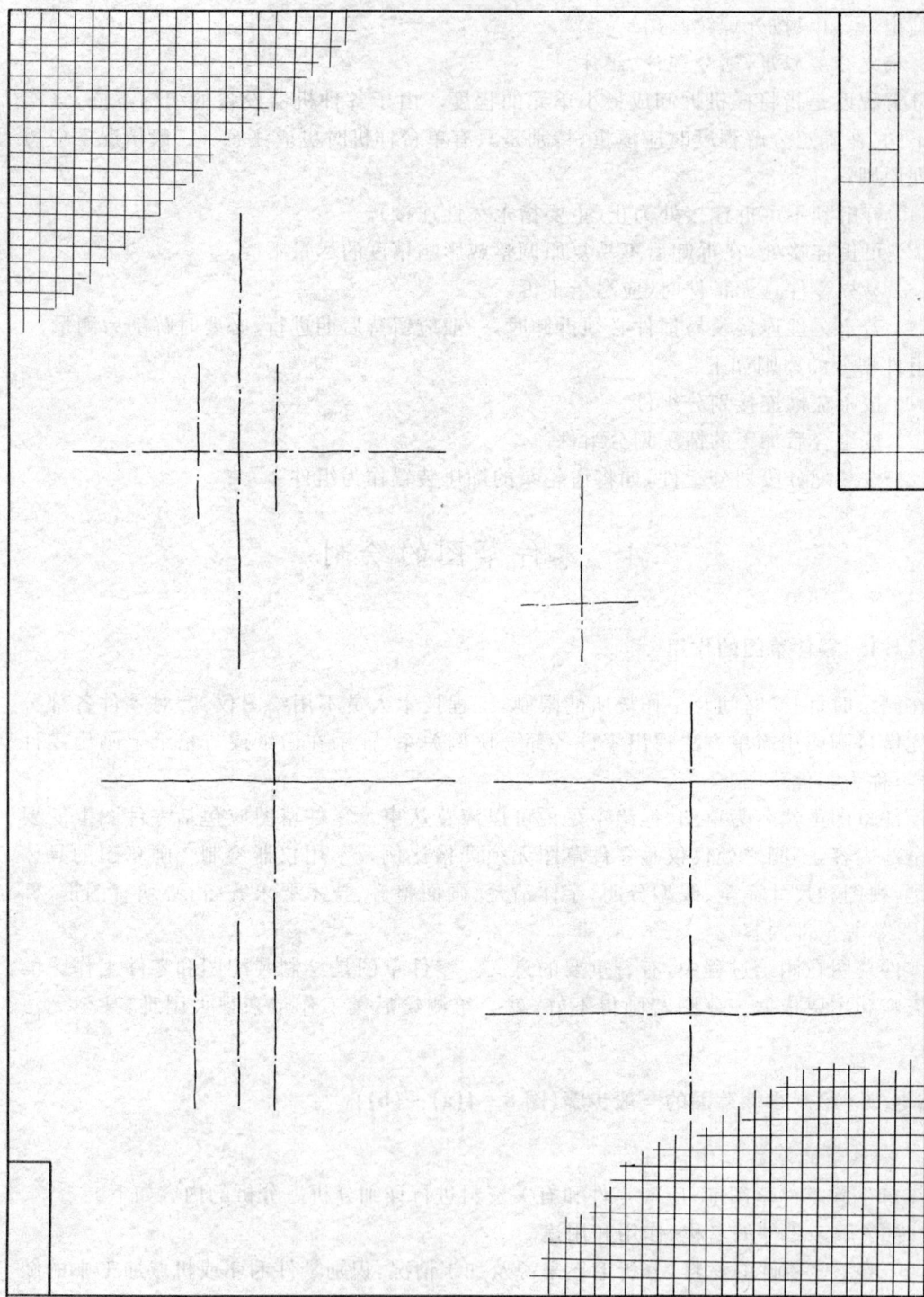

图8-4(a)　零件草图的画图步骤（一）　第一步：画图框、标题栏、号签；
画作各视图的作准线和中心线

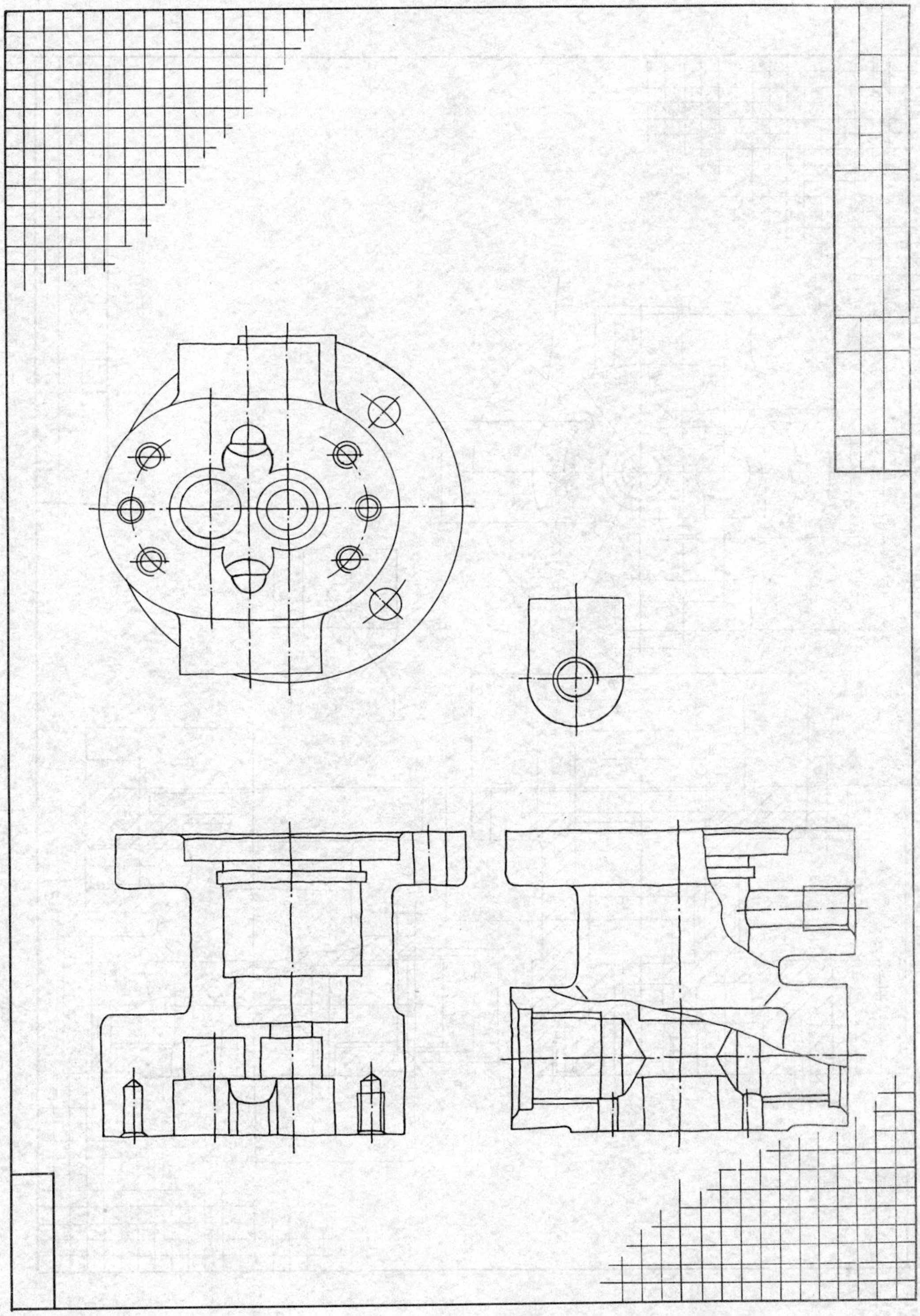

图 8-4(b)　零件草图的画图步骤（二）　第二步：用细实线画出表示零件的内、外形状和结构构造的视图、剖视、断面

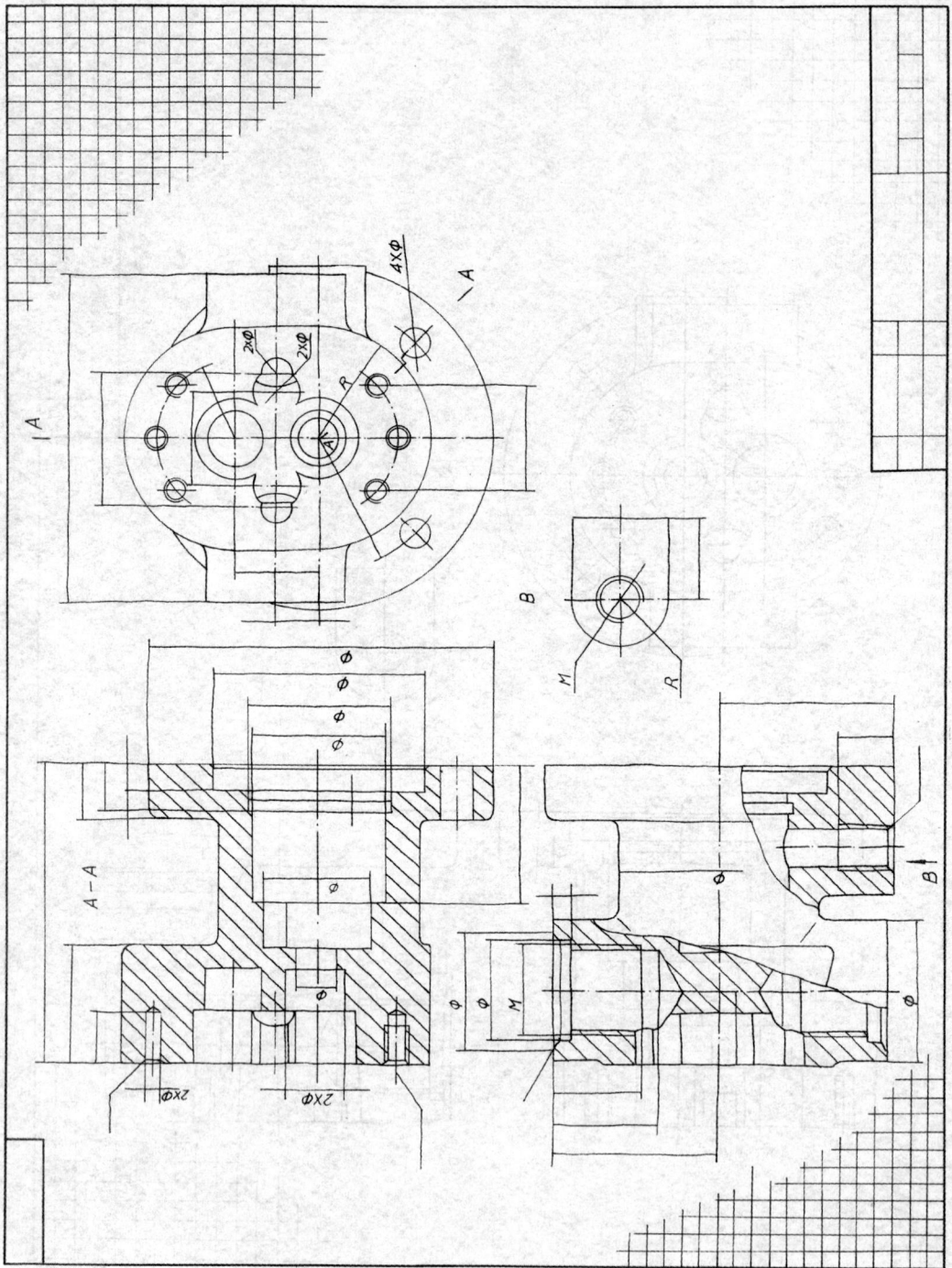

图8-4(c) 零件草图的画图步骤（三）第三步：画剖面线及尺寸线、尺寸界线等

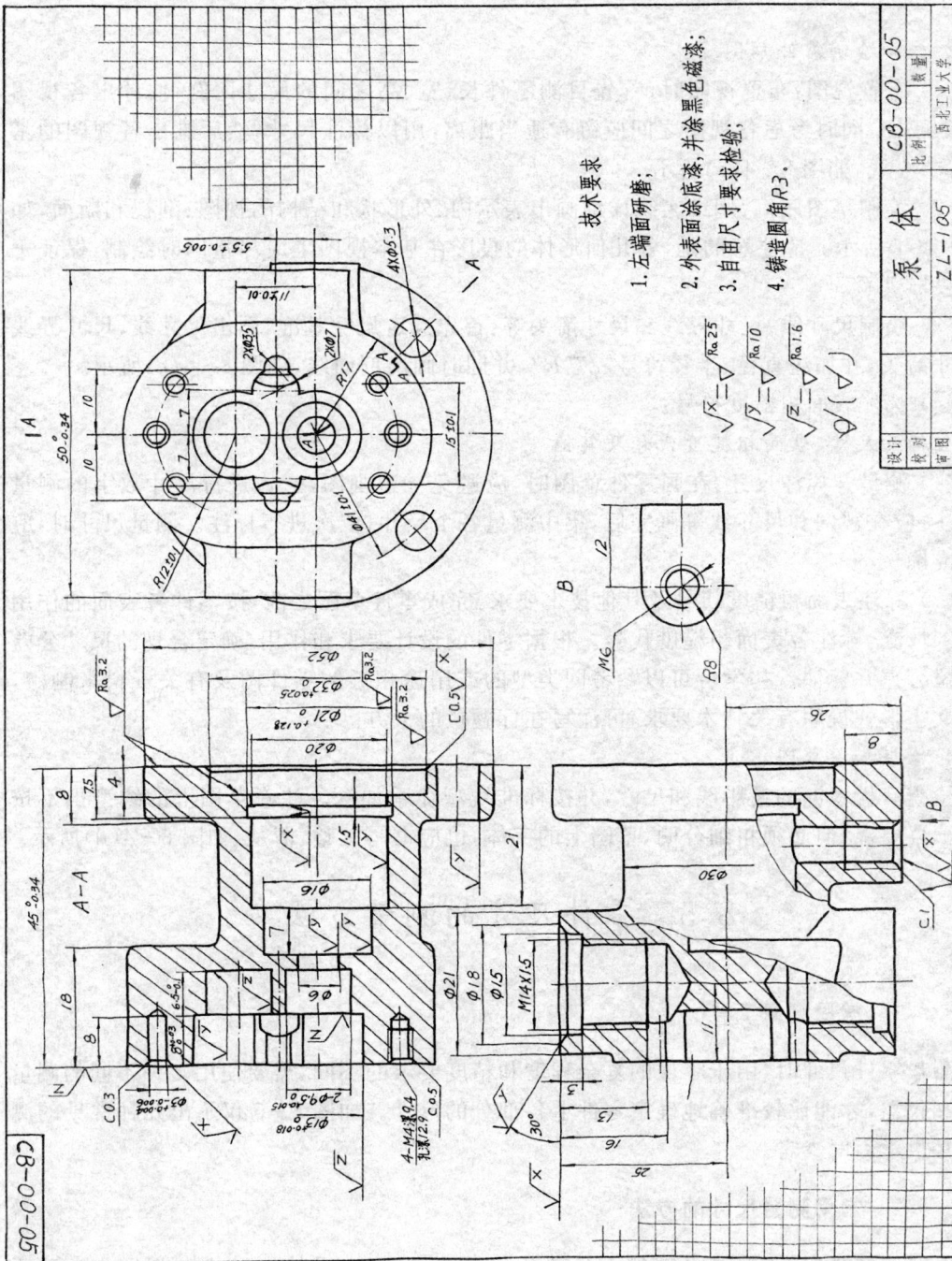

图 8-4(d)　零件草图的画图步骤（四）　第四步：检查、修正错误、加深草图；注写尺寸数字、技术要求、填写标题栏等

（4）拟定该零件的表达方案，根据视图的选择原则和各种表达方法，结合被测零件的具体情况，选择恰当的视图表达方案。同时确定图纸幅面的大小，并画出图框、标题栏和号签。

2.徒手绘制零件草图

（1）布置视图：布置视图时，首先目测零件长、宽、高之间的尺寸比例，估计出各视图应占的幅面，同时考虑各视图之间应留有适当距离，用以标注尺寸，然后画出各视图的基准线、中心线，如图 8-4(a)所示。

（2）绘制草图底稿：用细实线详细画出表示内、外形状和结构的视图、剖视和断面，如图 8-4(b)所示。应注意的是，各几何形体的投影在基本视图上应尽量同时绘制，保证正确的投影关系。

（3）绘制尺寸线、尺寸界线和尺寸箭头等：首先选定尺寸基准，画出尺寸线、尺寸界线及尺寸箭头，并加注直径、半径符号"ϕ""R"，并同时画出剖面线，如图 8-4(c)所示。

（4）标注表面粗糙度符号。

3.标注尺寸、表面粗糙度代号及其他

（1）测量并标注尺寸：在画零件草图时，应避免一边画图，一边进行尺寸数字的测量与标注，应在视图和尺寸线等画完后，集中测量各个尺寸，依次进行标注。测量尺寸时，应力求准确。

（2）标注表面粗糙度代号及其他技术要求：完成零件草图之前，按零件各表面的作用和加工情况，标注各表面粗糙度代号。根据零件的设计要求和作用，确定合理的尺寸公差与形位公差并标注。初学者可以参考同类型的或用途相近的零件图及有关资料来制定，若以文字形式说明有关技术要求，可注写在标题栏的上方。

4.检查加深草图

检查有无遗漏的投影线和尺寸，并按标准线型徒手加深。注意草图上的线型虽不按比例严格要求，但必须粗细分明，草图上的字体，也应书写工整、清楚，如图 8-4(d)所示。

8.5　零件尺寸的测量方法

8.5.1　常用测量工具

测量零件尺寸时，由于零件的复杂程度和精度要求的不同，需要使用多种不同的测量工具和仪器，才能比较准确地确定零件上各部分的尺寸。如图 8-5 仅示出几种常见的测量工具供学习时参考。

8.5.2　常用测量尺寸的方法

在测绘零件时，正确测量零件上各部分的尺寸，对确定零件的形状大小是非常重要的。在实际工作中，使用的测量工具、仪器及测量方法很多，这里仅根据制图作业的需要介绍几种常用的方法。

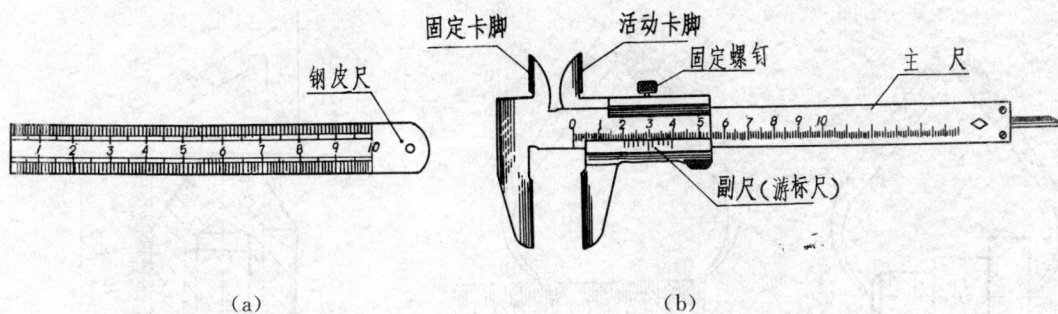

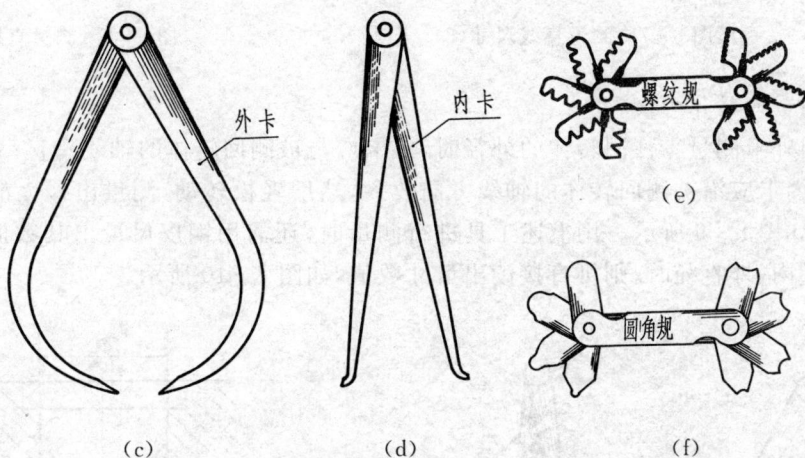

图 8-5 测量工具

(a) 钢皮尺; (b) 游标卡尺; (c) 外卡; (d) 内卡; (e) 螺纹规; (f) 圆角规

1. 测量直线尺寸

对于直线尺寸,通常用钢皮尺或游标卡尺直接量取,如图 8-6 所示。也可用外卡和钢皮尺配合量取,如图 8-7 所示。如果直接测量有困难,可借助其他辅助工具间接测量,如图 8-8 所示。

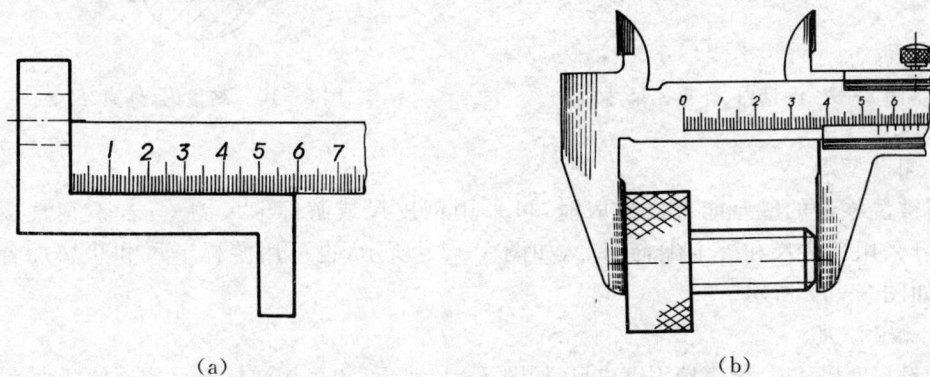

图 8-6 测量直线尺寸(1)

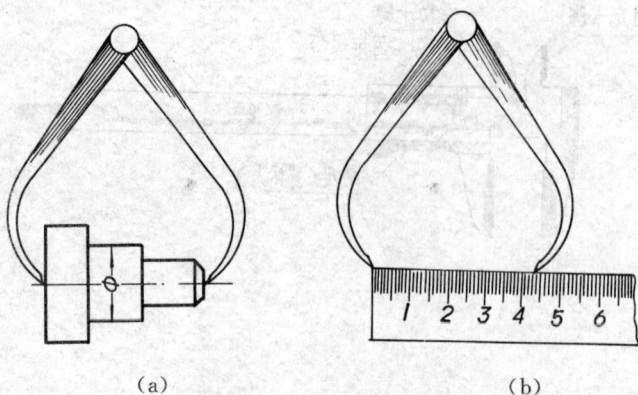

（a）	（b）	
图 8-7　测量直线尺寸(2)		图 8-8　测量直线尺寸(3)

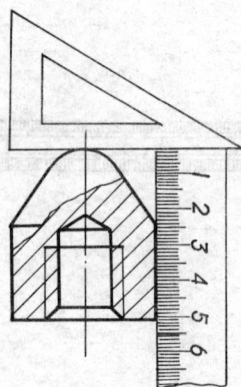

2. 测量回转体的内、外直径

若用外卡测量零件回转体的外径时，外卡应与被测回转体的轴线垂直；若用内卡测量内径时，内卡应沿被测回转体的轴线方向放入，然后轻松转动，测量出最大的尺寸即为直径尺寸，如图 8-9 所示。用上述工具进行测量时，还需用钢皮尺量出其数值。若用游标卡尺测量内、外直径时，则可直接读出尺寸数值，如图 8-10 所示。

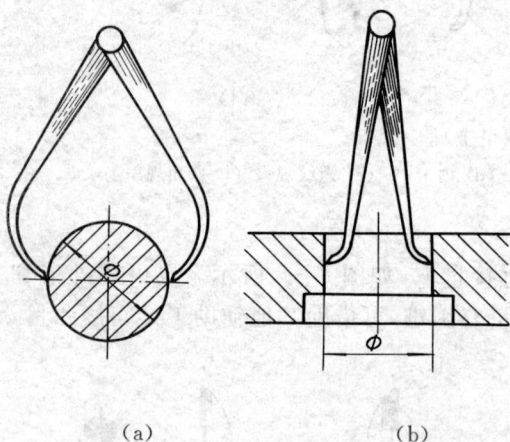

（a）	（b）	
图 8-9　测量内、外直径尺寸(1)		图 8-10　测量内、外直径尺寸(2)

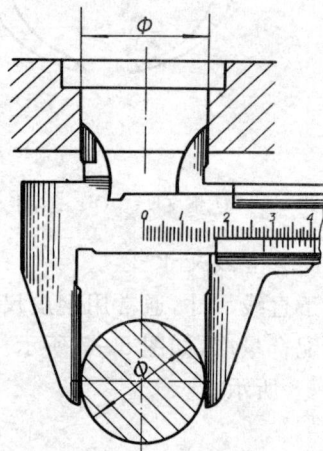

3. 测量壁厚

当被测零件的壁厚能直接量取时，可采用钢皮尺或游标卡尺测量；若不宜直接量取时，则可采用钢皮尺和外卡配合测量，如图 8-11 所示，也可用游标卡尺和垫块配合测量壁厚，如图 8-12 所示。

4. 测量深度

测量深度尺寸时，可直接用钢皮尺，如图 8-13 所示；也可用游标卡尺的尾伸杆直接测量，如图 8-14 右端所示；还可用游标卡尺和垫块配合间接测量深度，如图 8-14 左端所示。

（a）　　　　　　　　　　　　（b）

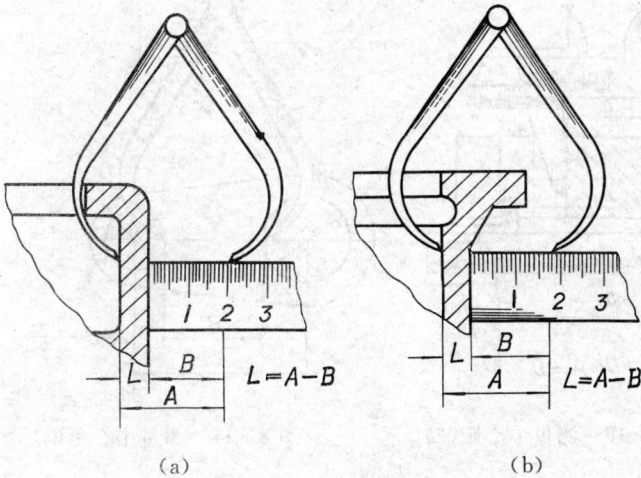

图 8-11　测量壁厚尺寸（1）　　　　　　　　　　图 8-12　测量壁厚尺寸（2）

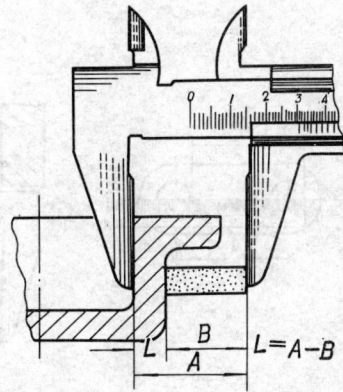

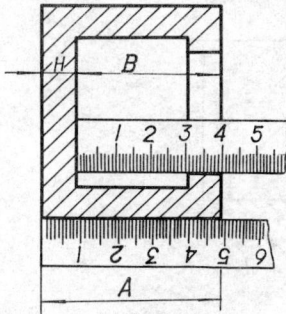

图 8-13　测量深度（1）　　　　　　　　　　图 8-14　测量深度（2）

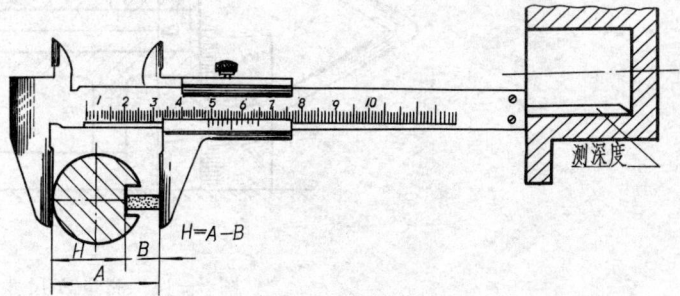

5. 测量孔的中心距

当孔径相等时，可直接用钢皮尺测量，如图 8-15 所示，也可用游标卡尺按如图 8-16 所示的方式测量后计算得出；若孔径不相等时，则可按如图 8-17 所示的方式测量后计算得出。

6. 测量孔的轴线到基准面的距离

一般可按如图 8-18 所示的方法测量后计算得出。

7. 测量内、外圆角及螺纹的螺距

测量圆角时可运用圆角规。测量时找出圆角规上与被测圆角相吻合的样板，从中直接得出圆角半径的尺寸。测量螺纹的螺距时，若用螺纹规测量，找出螺纹规上与被测螺纹牙型相吻合的样板即可得出。测量外螺纹的螺距时，可用钢皮尺直接测量；也可将螺纹的牙尖拓印在纸上，再用钢皮尺测量印痕间的距离（即螺距）。

8. 测量曲线轮廓或获取曲面半径

（1）铅丝法：将铅丝弯成与被测曲线或曲面部分的实形相吻合的形状，然后将铅丝放在纸上画出曲线，将曲线适当分段，用中垂线法求得各段圆弧的中心，最后量得半径，如图

8-19所示。

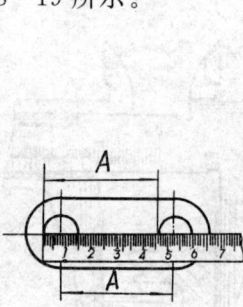

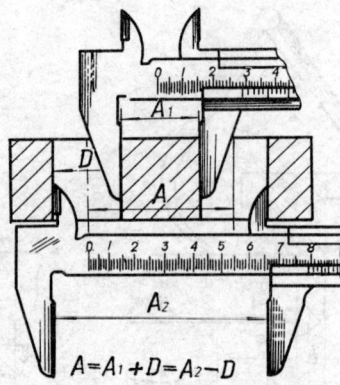

$$A = A_1 + D = A_2 - D$$

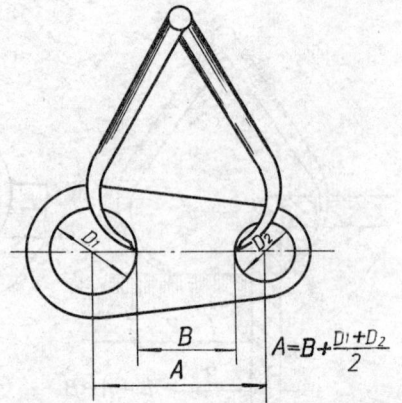

$$A = B + \frac{D_1 + D_2}{2}$$

图8-15　测量中心距(1)　　图8-16　测量中心距(2)　　图8-17　测量中心距(3)

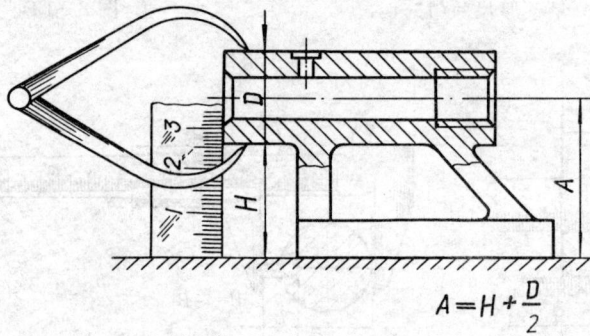

$$A = H + \frac{D}{2}$$

图8-18　测量 A 尺寸

　（2）拓印法：在零件的被测部位覆盖一张白纸，用手轻压纸面，或用铅心或用复写纸，在纸面上轻磨，即可印出曲面轮廓，得到真实的平面曲线，再求出各段圆弧的半径，如图8-20所示。

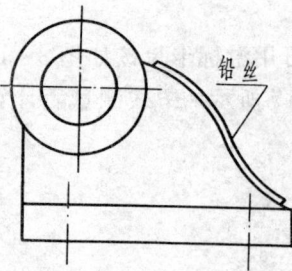

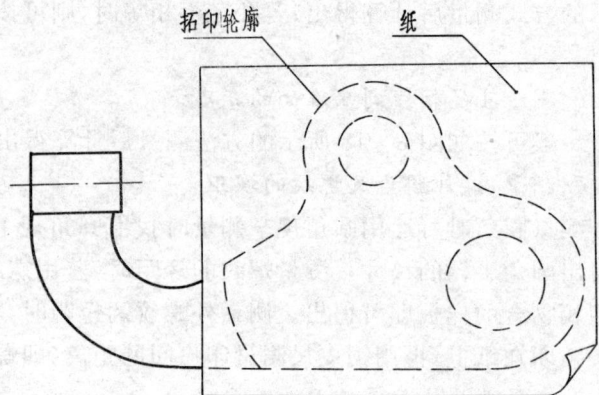

图8-19　铅丝法　　　　　　　　图8-20　拓印法

8.6　尺寸圆整与协调

8.6.1　尺寸圆整

在测绘过程中,根据实测尺寸数据,分析、推断并确定其基本尺寸和公差,这一过程称为尺寸圆整。

1. 尺寸圆整的意义

(1) 测绘中所测得的数据往往出现多位小数,特别是英制产品经测量换算后小数位更多,它不仅包括了尺寸的偏差值,而且包括了其他各种误差。

(2) 所测得的尺寸并非原设计尺寸,而且带着多位小数进行尺寸换算时非常繁琐,它给计算工作带来较大的困难。

(3) 尺寸上带有多位小数在当前的加工和测试水平上都不可能做到,而且实际上也没有必要。圆整后的尺寸则有利于加工、测量和组织生产。

(4) 未进行圆整的尺寸,往往不利于采用标准的量具、刀具和标准件,且使制造成本增加。

为此,根据各种不同部位的结构特点和要求,将实测的尺寸数据尽量按国家标准系列进行圆整,合理地确定其基本尺寸,这是测绘中一项非常细致而重要的工作。

2. 尺寸圆整的原则和方法

对于以公制或英制为单位的测绘样机,所用尺寸圆整方法有所不同,下面将分别予以介绍。

(1) 公制样件中的尺寸圆整(以毫米为单位的尺寸):

1) 首先应注意影响性能的重要配合尺寸的圆整。圆整尺寸时要判别配合基准制,确定基准件。如果为基孔制,则孔的下偏差为零,就很容易确定出两配合件的基本尺寸。

2) 在测量时,不仅要测出实际尺寸,而且在很多情况下还要测出间隙值,因为间隙的大小往往是反映配合类别、精度等级的综合指标,也是反映配合性能的标志。根据间隙值可以参考有关或类似产品的资料及标准手册,选定基本尺寸及精度等级。

3) 当被测样件单台数量较多,或有多台样机可供测量时,则应对多个同样零件反复进行测量,然后在多件实测尺寸的分布区间,确定出基本尺寸的原设计值,这样一般比较准确。

4) 当被测样件只有一件时,可根据公制产品的设计特点进行圆整。多数基本尺寸均取整数,少数尺寸的尾数为一位小数(两位以上小数者较少),且尾数也有一定的规律,如0,2,4,5,8等,基本符合标准系列。

5) 对于比较精密的尺寸,有时需要进行试验,经过对比才能确定。

6) 尺寸圆整要注意零件间不发生干扰或影响强度,这一点对小尺寸的圆整尤为重要,应根据具体的情况将尺寸向大的或小的方向圆整。

7) 确定基本尺寸时必须考虑通用标准刀具使用的可能性,这对于降低成本和顺利组织生产十分重要。

8）确定基本尺寸还应考虑国内同系列产品中有关零件尺寸的一致性。

9）在确保质量的前提下，圆整的基本尺寸应尽量按国家标准尺寸系列选取。

10）对于零件中有特殊要求的尺寸，圆整时允许保留非标准尺寸系列。

（2）英制样件中的尺寸圆整（以英寸为单位的尺寸）：首先必须明确，公制产品测绘的尺寸圆整的基本方法和原则，在此仍然适用。不同的是英制样机以英寸为单位，所以基本尺寸大多不是整数，甚至有多达 4 位的小数。测绘时必须将其转化为公制尺寸，故从实测值去推断其原基本尺寸，再转换为公制的基本尺寸是比较困难的。因此，测绘英制样机应多方面搜集有关原机的技术资料，如零件图、间隙表册、更改通知、翻修资料等，可供确定基本尺寸和公差时查阅。

1）英制、公制尺寸换算：换算时取 $1'' = 25.4$ mm，将英制尺寸换算为小数点后有 4 位或 5 位的公制尺寸，也可借助有关工具书的英寸与毫米的换算表进行换算。

2）尺寸精确位数的确定：根据零、部件的要求高低来确定尺寸的精确位数，以满足设计的需要。即根据该尺寸公差大小而定。

3）尺寸圆整的程序：为了保证换算、圆整后尺寸的一致性，圆整应遵循国家标准规定的数字修约规则进行，即"四舍六入五单双法"。

修约规则示例：将下列数字进行圆整，精确位数为小数点后 1 位。

4.8419	4.8	（小于等于四舍）
14.3991	14.4	（大于等于六入）
4.6513	4.7	（五后非零则进一）
13.8507	13.8	（五后为零视奇偶，五前为偶应舍去）
27.7509	27.8	（五后为零视奇偶，五前为奇应进一）

根据上述换算圆整得出的尺寸，仍然是英制尺寸系列，只是用公制单位表示而已。因此还应在确保质量的前提下，尽可能按我国国家标准尺寸系列选取。

8.6.2 尺寸协调

1.尺寸协调的意义和组织工作

尺寸协调是指相互结合、连接、配合的零件或部件间的尺寸的合理调整。不仅这些相关尺寸的数值要相互协调，而且在尺寸的标注形式上也必须协调，即采用同样的尺寸注法。

在测绘过程中将草图转化为设计草图时，就应从全局出发，处理好零、部件相互的尺寸关系，如配合面的配合类别、长度尺寸链公差的分配、法兰盘上连接螺栓的位置分布、调整件的安排等。这些问题不仅要求各相关零件的主管设计人员之间进行协商，在设计组内专门负责汇总的装配设计人员更应起到中枢的作用。从原机分解开始，装配设计员就应理清该部件（或机器）内有多少对配合面、多少组连接螺栓、多少条长度尺寸链、多少处调整控制尺寸，而且应登记造册。在测量时，应及时记录实测数据，同时查阅参考资料，提出初步意见，协助设计员选定配合类别、进行公差分配等，这样就可保证尺寸协调工作的顺利完成。

2. 尺寸协调时应考虑的一些问题

(1) 对外安装尺寸的协调：对外安装的尺寸主要指被测绘的部件或机器与其他部件、机器相互配合或连接的尺寸，如连接部位的形状、连接孔的大小和位置布置等。这些尺寸往往需要跨组或跨厂进行协调。如果与被测样机串接的是英制原机，此时安装尺寸则不应圆整为公制尺寸。

(2) 参与装配尺寸链的长度尺寸的协调：凡是测绘中重要的长度方向的装配线，一般应进行尺寸链验算。在验算过程中对各零件上参与尺寸链的重要尺寸进行协调，这样可以保证装配精度和部件的工作性能。

(3) 对内配合尺寸的协调：被测部件或机器内部各配合部位的尺寸（如孔、轴、槽等），应尽量做到同时测量、同时圆整、统一考虑，以保证尺寸的协调一致。

(4) 紧固件和标准件的尺寸协调：对于测绘中的紧固件和标准件（如销、键、轴承、挡圈等）应尽量使用我国标准，可能许多尺寸将发生变化，特别是测绘英制机器时，更是面目全非。因此不仅要改变紧固件和标准件，与它相匹配的壳体等零件也必须相应更改。此时主管标准件的设计员应深入设计组，配合做好统计和协调工作。

(5) 对标准刀具、量具的尺寸协调：考虑标准刀具、量具的使用，对顺利组织生产十分重要。例如加工弧形槽应注意在不影响功能的情况下，尽量与铣刀直径尺寸一致。

(6) 与国内同类系列产品有关尺寸的协调：对于为了填补或改善我国某一系列产品而进行的测绘，这一点尤为重要。如果有些零、部件或尺寸能与本厂系列产品中的零件取得一致，对于降低成本和提高互换性均有好处。

(7) 运动件活动范围尺寸的协调：被测原机中如果有运动件（圆周运动或移动），则应注意它与其他有关零件的位置协调，以防止碰撞或受阻。

(8) 结合面间外形尺寸的协调：很多结合面的外形，由于毛坯的制作并不十分规整，测绘时应在分析的基础上确定两零件结合面的外形尺寸，以保证结合处外形的统一。

8.6.3　尺寸的合理标注

由于在画草图时，允许在草图上出现重复尺寸、封闭尺寸和从不同表面标注尺寸等一些辅助尺寸，所以在对零件草图进行修改时，就必须根据零件结构，并结合工艺考虑，合理地标注尺寸。这是将零件草图转化成工作图时一项重要的技术工作。

合理标注尺寸，主要是指零件图上所标注的尺寸，应保证达到设计要求并便于加工和测量，也就是应满足设计要求和工艺要求。

通过对倒角、退刀槽、砂轮越程槽、键槽、锥度和斜度等常见结构尺寸标注的学习和应用，可以提高合理标注尺寸的能力。

8.7　技术条件的确定

8.7.1　极限与配合的选择和确定

在测绘的零件图上，在确定了基本尺寸之后，就需要进行尺寸精度的选择，即选择适当的极限与配合。

1. 选择极限与配合的意义及原则

零件上的尺寸公差,多数是先选定其配合代号再查表得到的。选择极限与配合的意义可以从以下两个方面来说明。

(1) 极限与配合的选择直接影响产品的性能,它是机械产品除结构设计和材料选择外,影响产品性能的主要因素。

(2) 极限与配合的选择影响机械产品的制造成本。对于相同的基本尺寸,公差等级越高则制造成本越高,废品率也相应增加。

选择极限与配合的原则是使产品的使用价值及制造成本经济效果最好。

2. 选择极限与配合的方法

选择极限与配合的方法一般有以下几种。

(1) 类比法:所谓类比法就是参照经过生产和使用验证的类似机器或零、部件的图纸资料,确定新设计或测绘的零、部件的极限与配合。为此,首先必须确切地掌握所测绘机器的性能与用途,零、部件的作用及要求,了解它们的加工方法和装配方法等,并与另外作用相同或相近的、使用性能良好的机器或部件实例进行分析、对比,从而得出合适的方案,并决定是完全沿用原有的极限与配合,或是按现有的生产条件进行适当的修正,而不应不加分析地照搬乱套。

类比法由于简单易行,可靠性高,因此在极限与配合选择中一直被广泛应用。

(2) 计算法:计算法就是按一定的理论和公式,通过计算来确定极限与配合。计算的关键是按使用要求确定出所需的间隙或过盈。

计算法的优点是它比较科学。随着计算水平的提高或提出更加简单有效的新公式,计算法的应用将会逐渐增加。计算法的缺点是需要技术人员有较好的运算能力,能有较多的资料配合和适当的计算手段。如不能找到或选用适当的公式并找出全部已知条件,以及对配合的各种影响因素做出正确而恰当的分析,计算将难以进行或不能得出正确的结果。此方法常常比较复杂。另外,计算法运用的如果不是相当熟练,将比类比法费时间。

(3) 试验法:试验法是通过专门模拟试验或统计分析来确定所需的间隙或过盈。

用试验法选取的配合最为可靠,但这种做法代价较高,要求试验设备齐全,故仅用于最重要的、关键性的配合选择。

同样,不论是用类比法还是用计算法选出的极限与配合,都还须经过实际使用的考验,才能判断所选极限与配合是否恰当。

3. 极限与配合的选择

测绘中通过对一台或有限台样机的测量,只能得到分布于公差带之内的实际尺寸,并不能直接测得尺寸公差,它们的正确选定仍须在所测尺寸的基础上,像设计新机器那样根据对产品性能的分析来选择适当的极限与配合。

极限与配合的选择应首先确定基准制,再选择公差等级,最后选择配合。若所选配合能满足使用功能要求,即可注在装配图上,同时注出零件图上相应部位的公差带代号及公差值,即可进行试生产,并从生产、装配、试运转中检查所选公差的加工难易,生产成本的高低,是否能保证使用性能,再进行必要的修正及调整,便可正式确定下来。

（1）基准制的选择：

1）优先选用基孔制，这是从工艺出发提出的要求。因为对于一定范围（中等尺寸）内的孔，常须定值刀具（钻头、铰刀、拉刀等）加工，用极限量规（塞规等）检验。为了减少刀具、量具的数量，应选用基孔制。对较大尺寸的孔或低精度的孔虽不采用定值刀具和量具，但孔的加工和测量仍然比轴的加工困难，故在多数情况下仍采用基孔制。

2）在有些情况下须选用基轴制。

情况一：在农业机械、纺织机械、仪器仪表中常采用冷拉钢材制成通轴，轴不必加工，与其相配合的各种孔则按基轴制选配。

情况二：与某些标准件相配合的孔与轴，必须以标准件为基准来选择，如与滚动轴承外圈相配合的孔须采用基轴制，如图 8-21 所示。

情况三：多件配合时，为了满足各件间配合的需要并有利于装配的需要，有时也要选用基轴制，如图 8-22 所示。

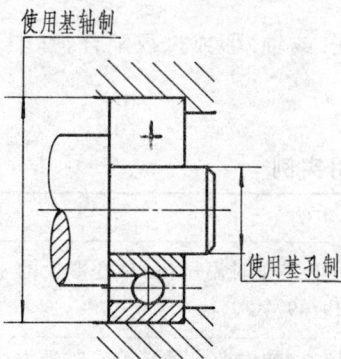

图 8-21　滚动轴承配合　　　　　　　　　　图 8-22　同直径轴上的不同配合

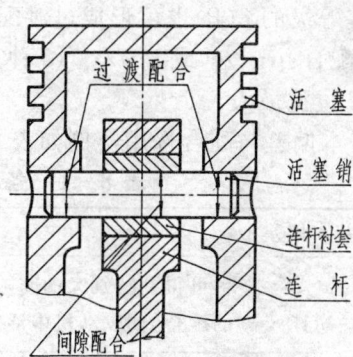

（2）标准公差等级的选择：测绘中可以得到有若干位小数的实际尺寸。这个实际尺寸应位于一个基本尺寸的某一确定的公差带之内，但却不能指出是何种公差等级，故首先须区分出基本尺寸。如所测绘机件是按公制尺寸制造，则选定基本尺寸一般并不困难，通常可按标准系列选取，或选整数尺寸，在特殊的情况下也可能带一两位小数作为基本尺寸。若所测绘机件是按英制尺寸制造，转化为公制基本尺寸较为困难，从而使所选基本尺寸带有多位小数（如四位或四位以上）。

实际尺寸与基本尺寸之间的误差应在所选公差等级的公差带之内，选何种公差等级合适，应通过分析用类比法决定。

选择公差等级时，要正确处理使用要求、制造工艺及生产成本之间的关系，应在满足使用要求的前提下，尽量选取较低的公差等级。

用类比法选用公差等级时，还应考虑以下问题：① 孔和轴的工艺等价性；② 与相配合零件的精度等级相适应；③ 与配合种类相适应；④ 加工成本。

（3）配合种类的选择：在测绘中对样机进行分解时，应及时记录所拆部分的配合是有间隙还是有过盈。从拆卸的顺利程度可以判断出间隙或过盈的大小，以确定属间隙配合还是过盈配合，当间隙或过盈较小时，结合使用要求还应考虑过渡配合的可能性。如果采取适当措施,则还可进一步测出间隙配合的间隙值,测出过盈配合在压力机上的拆卸力。记录下这些资料对选定配合种类有较大参考价值,可使测绘图上所选择的配合尽可能与原设计相同或相近。如能收集到较多拆卸力的大小与过盈量关系的资料或进行模拟试验,则有助于对过盈配合种类的选用。

除上述实测与试验的手段外,理论分析仍是重要的或基本的方法。前两步已完成了基准制与公差等级的选择,下一步则主要是决定公差带的位置,即选择基本偏差代号。为此需要了解各种配合的特征及应用实例,结合对实际测绘对象功能的分析进行恰当的选用。

1) 各种配合的特征。

间隙配合:a～ h(或 A～H)共 11 种基本偏差,可与基准孔(或轴)形成间隙配合,其中 a 间隙最大,h 间隙最小(可为零)。

过渡配合:js,j,k,m,n(或 JS,J,K,M,N)5 种基本偏差与基准孔(或轴)形成过渡配合。其中 js 形成较松配合,一般具有间隙,此后依次变紧。有些等级的 n 也可形成过盈配合,有些等级的 p(P)也可形成过渡配合。

过盈配合:p～ zc(或 P～ZC)12 种基本偏差与基准孔(或轴)形成过盈配合,其中 p 过盈最小,zc 过盈最大。

2) 基本偏差与配合选用实例如表 8-1 所示。

表 8-1 各种基本偏差的应用实例

配 合	基本偏差	特点及应用实例
间隙配合	a(A) b(B)	可得到特别大的间隙,应用很少。主要用于工作时温度高,热变形大的零件的配合,如发动机中活塞与缸套的配合为 H9/a9
	c(C)	可得到很大的间隙。一般用于工作条件较差(如农业机械),工作时受力变形大及装配工艺性不好的零件的配合,也适用于高温工作的动配合,如内燃机排气阀杆与导管的配合为 H8/c7
	d(D)	与 IT7～IT11 相对应,适用于较松的间隙配合(如滑轮、空转皮带轮与轴的配合),以及大尺寸滑动轴承与轴的配合(如涡轮机、球磨机等的滑动轴承)。活塞环与活塞环槽的配合可用 H9/d9
	e(E)	与 IT6～IT9 相对应,具有明显的间隙,用于大跨距及多支点的转轴与轴承的配合,以及高速、重载的大尺寸轴与轴承的配合,如大型电机、内燃机的主要轴承处的配合为 H7/e6
	f(F)	多与 IT6～IT8 相对应,用于一般转动的配合,受温度影响不大,采用普通润滑油的轴与滑动轴承的配合,如齿轮箱、小电机、泵等的转轴与滑动轴承的配合为 H7/f6
	g(G)	多与 IT5,IT6,IT7 相对应,形成配合的间隙较小,用于轻载精密装置中的转动配合,用于插销的定位配合,滑阀、连杆销等处的配合,钻套孔多用 G
	h(H)	多与 IT4～IT11 相对应,广泛用于相对转动的配合,一般的定位配合。若没有温度、变形的影响,也可用于精密滑动轴承,如车床尾座孔与滑动套筒的配合为 H6/h5

续 表

配 合	基本偏差	特点及应用实例
过渡配合	js(JS)	多用于 IT4~IT7 具有间隙的过渡配合,用于略有过盈的定位配合,如连轴节、齿圈与轮毂的配合,滚动轴承外圈与外壳孔的配合多用 Js7。一般用手或木槌装配
	k(K)	多用于 IT4~IT7 间隙接近零的配合,用于定位配合,如滚动轴承的内、外圈分别与轴颈、外壳孔的配合。用木槌装配
	m(M)	多用于 IT4~IT7 过盈较小的配合,用于精密定位的配合,如蜗轮的青铜轮缘与轮毂的配合为 H7/m6
	n(N)	多用于 IT4~IT7 过盈较大的配合,很少形成间隙。用于加键传递较大扭矩的配合,如冲床上齿轮与轴的配合。用槌子或压力机装配
过盈配合	p(P)	用于小过盈配合。与 H6 或 H7 的孔形成过盈配合,而与 H8 的孔形成过渡配合。碳钢和铸铁制零件形成的配合为标准压入配合,如卷扬机的绳轮与齿圈的配合为 H7/p6。合金钢制零件的配合需要小过盈时可用 p(或 P)
	r(R)	用于传递大扭矩或受冲击负荷而需要加键的配合,如蜗轮与轴的配合为 H7/r6。配合 H8/r7 在基本尺寸<100 mm 时,为过渡配合
	s(S)	用于钢和铸铁制零件的永久性和半永久性结合,可产生相当大的结合力,如套环压在轴、阀座上配合为 H7/s6
	t(T)	用于钢和铁制零件的永久性结合,不用键可传递扭矩,须用热套法或冷轴法装配,如连轴节与轴的配合为 H7/t6
	u(U)	用于大过盈配合,最大过盈需验算。用热套法进行装配。如火车轮毂和轴的配合为 H7/t6
	v(V) x(X) y(Y) z(Z)	用于特大过盈配合,目前使用的经验和资料很少,须经试验后才能应用。一般不推荐

优先配合的选用说明如表 8-2 所示。

表 8-2　优先配合选用说明

优先配合		说　　明
基孔制	基轴制	
H11/c11	C11/h11	间隙非常大。用于很松的、转动很慢的动配合;要求大公差与大间隙的外露组件;要求装配方便的很松的配合
H9/d9	D9/h9	间隙很大的自由转动配合,用于精度要求不高时。适用于有大的温度变动、高转速或大的轴颈压力
H8/f7	F8/h7	间隙不大的转动配合。用于中等转速与中等轴颈压力的精确转动;也用于装配较易的中等定位配合
H7/g6	G7/h6	间隙很小的滑动配合。用于不希望自由旋转,但可自由移动和转动并精密定位时;也可用于要求明确的定位配合
H7/h6 H8/h7 H9/h9 H11/h11	H7/h6 H8/h7 H9/h9 H11/h11	均为间隙定位配合,零件可自由装拆,而工作时一般相对静止不动 在最大实体条件下的间隙为零 在最小实体条件下的间隙由公差等级决定
H7/k6	K7/h6	过渡配合,用于精密定位
H7/n6	N7/h6	过渡配合,允许有较大过盈的更精密定位
H7/p6	P7/h6	过盈定位配合,即小过盈配合。用于定位精度要求特别高时,能以最好的定位精度达到部件的刚性及对中性的要求,而对内孔承受压力无特殊要求。不依靠配合的紧固性传递摩擦负荷
H7/s6	S7/h6	中等压入配合,适用于一般钢件或用于薄壁件的冷缩配合;用于铸铁件可得到最紧的配合
H7/u6	U7/h6	压入配合,适用于可以承受高压力的零件或不宜承受大压力的冷缩配合

常用和一般配合的选择可参考其他有关书籍和手册。

(4) 未注公差尺寸及其公差的确定:对于未注公差尺寸,不应将其理解为尺寸不受任何限制,可以任意变动。对此可参照国家标准《GB 1804—2000　一般公差　线性尺寸的未注公差》的规定。

不同行业或不同产品对未注公差尺寸及其公差精度等级的选用各不相同,通常由企业做出具体规定,在企业内部实行,图纸上一般可不作说明;有时也可以由设计或测绘部门的技术人员提出更明确的要求,指明某机件应按几级精度控制自由尺寸公差,此时应在图纸上的技术条件中用文字注写清楚。航空和航天产品可选用 f 级;机床、仪表、汽车、拖拉机、冶金矿山机械、石油化工机械、电机、纺织机械、仪器仪表、医疗机械多采用 m 级;冲压件、铸造件、重型机械制造等可选用 m～c 级;电器产品外壳,手术器械一般外形尺寸,压延弯曲尺寸,塑料及自由锻件尺寸选用 c 级;塑料成型、冷轧、焊接用尺寸选用 v 级。

8.7.2　表面粗糙度的判别

1.测定表面粗糙度的方法

(1)比较法:把零件的被测表面与"粗糙度样块"进行对比,凭观察、触摸及耳听的方法判定被测表面与样块中哪一个等级相同或相近,即可获得表面粗糙度等级。

比较法的优点是简单易行,便于在生产中或测绘现场进行,在操作人员有一定实践经验的基础上,所得结果基本准确。这种方法的缺点是不能准确得出表面粗糙度的各参数值,所确定的表面粗糙度存在一定的误差,误差的大小不仅与粗糙度样块有关,与操作人员技术水平有关,经试验还与加工方法本身及表面粗糙度范围有关。用比较法所获得的表面粗糙度一般是一个范围,适用范围是 $Ra > 0.08$。

(2)仪器测量法:若要更准确地测定重要零件的表面粗糙度,需要使用专门的测量仪器,并在计量室内由专业计量人员进行。测绘技术人员的任务,是提出哪些重要表面需准确测定表面粗糙度值,以及测出表面粗糙度各项参数中的哪几个参数,然后将测量要求填表并和零件一起送交计量室测试。有时零件较大或不允许拆下或其他原因无法送计量室时,则应要求计量人员携带小型仪器到现场进行测定。

(3)印模法:零件上有许多不宜使用比较法或仪器测量的部位,如小孔、深孔、盲孔、凹槽、内螺纹等,常采用印模法进行间接测量。

印模法是利用一些无流动性和弹性的塑性材料,贴合在被测表面上,复制出被测表面的印模,再用比较法或使用仪器测量印模,即可得到所需的表面粗糙度。

2.表面粗糙度的选择

(1)对表面粗糙度进行选择和分析的原因:在测绘的零件图上标注表面粗糙度时并不能完全按实测结果照搬,还需要进行必要的理论分析并进行适当的选择。这是因为:

1)仿制时原材料、加工方法和加工机械等方面因受各种条件限制,不一定能和样机生产过程完全相同,因此某些表面粗糙度也应进行适当的变更。

2)测绘人员须通过分析才能确定哪些零件需要提交计量室测量,以及测得的众多参数是否都有必要注写在图纸上。

3)所测绘的机器即便是刚出厂的新机器,在出厂以前其重要部件或整机通常均须经过试运转,对性能进行检验、测定和调整,还要进行磨合,然后才能交付用户使用。因此,样机分解后的一部分零件的重要表面,以及那些有相对运动的表面,其表面粗糙度已经发生了变化,通常是比刚制造出时更光滑,表面粗糙度值比原设计图上的值小。

4)某些过盈较大的配合,如果是采用加压拆卸,拆开后再对表面粗糙度进行测量,也不能完全反映原设计所给定的数值。

5)用比较法测量存在误差,即使用仪器测量也不能避免会产生一定的误差,用印模法测量也会带来误差。

6)有些零件难以拆开或不允许拆开,或某些小孔、小槽等结构在不破坏零件时难以测得表面粗糙度。

7)有时为修配某些损坏或严重磨损的零件而进行的测绘,也根本无法测得原设计所给的表面粗糙度。

　　基于以上原因,测绘时还必须在实测基础上对表面粗糙度进行适当的选择。

　　(2) 选择表面粗糙度的一般原则:

　　1) 在满足零件的工作性能和使用要求的前提下,尽可能选用表面粗糙度较大的值,这是最主要、最基本的一条原则。选择过小的值,不但会增加加工的难度并提高零件制造成本,有时还会导致设计失败。

　　2) 间隙配合的表面粗糙度,一般要比过盈配合的表面粗糙度值小;滚动摩擦表面应比滑动摩擦表面粗糙度值小;在间隙配合中,间隙越小的配合表面粗糙度值应越小;在过盈配合中,配合强度要求越高,则两配合表面粗糙度值应越小;对高精度、高转速、重载荷机械设备的零件,其表面粗糙度值应比低精度、低转速、低载荷机械设备的零件选的小。

　　3) 受交变载荷的钢制零件圆角及沟槽处,比受静载荷时应取较小的表面粗糙度值,而铸铁等对应力集中不敏感的材料,其表面粗糙度变化对强度影响较小。

　　4) 表面粗糙度的选择应与尺寸公差和形位公差相协调。配合性质相同且同一公差等级的零件,基本尺寸小的表面粗糙度值小;孔与轴配合时,轴表面应比孔表面粗糙度值小;同一零件上,工作面比非工作面表面粗糙度值小;尺寸精度高的表面应比尺寸精度低的表面粗糙度值小。如果按尺寸公差与按形状公差所决定的表面粗糙度不协调时,则应以形状公差所要求的较小的表面粗糙度值为准。

　　5) 特殊情况下,为了使用、美观或防锈等目的,通常取较小的表面粗糙度值,而与其尺寸、精度无关。

　　6) 凡有关标准中已对表面粗糙度作出规定的,如与滚动轴承配合的轴颈和外壳孔、与键配合的键槽等,均应按标准给定的表面粗糙度值注写。

　　(3) 选择粗糙度的方法:

　　1) 计算法:可根据尺寸公差计算。有资料提出 Rz 与尺寸公差 B 有如下关系:

　　$Rz = (0.10 \sim 0.50)B$,单位与 B 所用单位相同。

　　上式中,对于精密机械、仪器仪表和计量工具,系数取 0.10;对于普通精度机械和工具之类零件,系数取 0.25;对于一般通用机械,如矿山、化工及农业机械等,系数取 0.50。

　　此外,还可根据形状公差计算或根据配合要求计算。

　　2) 类比法:将所测绘或设计的零件图参照一些工作条件相同的,使用中性能良好的机件的表面粗糙度进行选注,即为类比法。这种方法简便易行,所以使用较广。

　　类比法不是盲目照搬,使用时要按具体条件进行适当修正,以求获得更佳的机械性能和经济效益。类比法需要技术人员积累较多的经验,收集更多的资料,逐渐提高选择的正确性。

　　3) 试验法:新设计的重要机件,或在特殊条件下(如高温、低温、高压、宇宙航行等)工作的机件,或大批量生产的机件,均应用试验法来确定最佳的表面粗糙度。

　　用计算法或类比法选出的表面粗糙度,也往往需用试验法来进行验证。测绘中不管是直接测量得到的,或用其他方法选出的表面粗糙度,对于重要部位,或生产量大的零件,同样应进行试验,以验证所选的表面粗糙度是否适当,最后再确定并投入正式生产。

　　试验法是最可靠的方法,它能对许多疑而不决的问题做出最后的裁定。有时试验还能得到和原来设想或推理完全不同的结果。

试验法的缺点是需要反复进行和对比,因此比较费时费力,所以试验法必须有针对性地进行。

表8-3列出了表面粗糙度特征及应用举例。

表8-3 表面粗糙度的表面特征、经济加工方式及应用举例

Ra	表面特征	重要加工方法	适用范围
50	明显可见刀痕	粗车、粗铣、粗刨、粗镗、钻、粗铰、锉刀和粗砂轮加工	为最粗糙的加工表面,一般很少应用
25	可见刀痕		
12.5	微见刀痕	粗车、刨、立铣、平铣、钻	不接触表面、不重要的接触面,如螺钉孔、倒角、机座底面等
6.3	可见加工痕迹	铰、镗、粗磨等	套筒要求紧贴的表面、键和键槽工作表面;相对运动速度不高的接触面,如支架孔、衬套、带轮轴孔的工作表面等
3.2	微见加工痕迹		
1.6	看不见加工痕迹		
0.80	可辨加工痕迹	精车、精铰、精拉、精镗、精摩等	要求精确定心的重要配合表面,如与滚动轴承配合的表面,锥销孔等;相对运动速度较高的接触面,如滑动轴承配合表面、齿轮轮齿的工作表面等
0.40	微辨加工痕迹		
0.20	不可辨加工痕迹		
0.10	暗光泽面	研磨、抛光、超级精细研磨等	高精度、高速运动零件的配合表面,精密量具的表面,极重要零件的摩擦面,如汽缸的内表面,精密机床的主轴颈、坐标镗床的主轴颈等;重要的装饰面
0.05	亮光泽面		
0.025	镜状光泽面		
0.012	雾状镜面		
0.006	镜 面		
	毛坯面	铸、锻、轧制等,经表面清理	无须进行加工的表面

第9章　用计算机绘制机械图样

在机械设计过程中,最常用的图样是装配图和零件图。装配图包括总图和部件图,是机械设计的重要一环。绘制装配图的方法通常有两类,其一是由方案图衍生出装配图;其二是由零件图拼绘装配图。直到目前还没有开发出一个非常有效地绘制装配图的通用软件,故本章重点讲述以 AutoCAD 为平台绘制零件图的基本方法。

9.1 概　　述

一张完整的零件图包括 4 项内容:一组描述零件形状的视图;表达形体大小的尺寸;技术要求(如尺寸、形位公差、表面粗糙度等)和标题栏。用计算机绘制零件图,可根据零件图的原形素材,由装配图拆画零件图;或以二维构形为依据,直接绘制零件图;或用三维造型的方法构造零件的三维实体,进而生成零件图。若在 AutoCAD 平台上绘制零件图,通常采用以下两种方法,一是利用 AutoCAD 提供的交互命令绘制零件图;二是用参数化的方法绘制零件图。

9.1.1　用 AutoCAD 提供的交互命令绘制零件图

AutoCAD 向用户提供了功能强大的绘图及编辑的交互命令,用它们画图时,可把屏幕当做图板;把鼠标和键盘当做铅笔;把 ERASE(擦除)命令当做橡皮;把 LINE(画线)命令当做直尺;把 CIRCLE 及 ARC(画圆及圆弧)命令当做圆规;把 SPLINE(画 B 样条曲线)命令当做曲线板;把 ELLIPSE(画椭圆)命令当做椭圆模板;把 TEXT(书写文本)命令当做文字模板;把以常用的基本图形及图素定义的块当做图形模板;再灵活地运用 COPY(复制),ARRAY(阵列复制),MIRROR(镜像复制),MOVE(移动),ROTATE(旋转),FILLET(倒圆角)及图形的 TRIM(修剪),EXTEND(延伸)等强大的编辑功能,可方便地以交互的方式画出零件图。其画图的一般步骤如下。

1. 设置绘图环境

不论是绘制零件图、装配图,还是建筑施工图,图中都有线型、文字及尺寸标注样式及绘图界限、图纸幅面等内容。我们将这些内容统称为绘图环境。在画零件图之前必须利用 AutoCAD 提供的相关命令对绘图环境进行设置,设置时要注意遵守国家相关标准。

2. 构造零件的视图

机械零件形状常用一组二维图形如主视图、俯视图、侧视图来描述。它们可用下述两种方法生成。

（1）直接在二维平面上对所设计的零件构形，绘出其一组视图。

（2）首先在三维空间构造零件的实体模型，然后再由该模型投影或剖切生成其二维平面上的视图或剖视图。

本章主要讲述第一种方法。

3．画出图框、标题栏，标注尺寸

4．标注形位公差、表面粗糙度，注写相关文本

5．图形输出

经过以上几步在屏幕上画出了零件图，但通常需要把该图用绘图机或打印机画在图纸上。用计算机将在屏幕上画出的图再在纸上画出叫做图形输出。

9.1.2　参数化绘图

所谓参数化绘图，就是将图形的尺寸与一定的设计条件（或约束条件）相关联，即将图形的尺寸看成是"设计条件"的函数。当设计条件发生变化时，图形及尺寸便会随之得到相应的更新。

以 AutoCAD 为平台的参数化绘图意指由应用程序（如 Object ARX 程序）生成的图形具有参数化功能。具体可理解为图形的尺寸是参数化的，可以动态修改，但这一过程不是 AutoCAD 自身的功能，而是借助应用程序来实现的。即应用程序负责与用户交互，当用户想修改图形的某一尺寸时，应用程序负责更新这一尺寸及相关尺寸，从而改变图形。一个应用程序可以生成一类形状不同但拓扑结构相同的各种零件图。

参数化绘图是相对于交互式绘图而言的。交互式绘图只是对手工绘图的简单代替，只有参数化绘图才能充分发挥 AutoCAD 准确、快速的特点，所以实现参数化绘图是 CAD 软件开发过程中的核心任务之一。

9.2　设置绘图环境

9.2.1　设置图形单位制式及精度

在 AutoCAD 中使用的坐标是以图形单位为度量单位的。图形的单位是个抽象的长度单位，它可以代表实际的毫米、厘米、英寸等实际任何物理尺寸，在图形输出时将赋予它以具体的含义。在画图前要设置图形单位制式及精度。

从 Format（格式）的下拉菜单中选择 Units（单位），屏幕上将弹出图形单位（Drawing Units）对话框，如图 9-1 所示。也可以在命令提示符 Command：下键入 Units 来打开该对话框。图形单位对话框的左上角 Length（长度）是长度单位组合框，它包含 Type（类型），Precision（精度）两个列表框。其中 Type 列表框用来设置单位制。它提供了 5 种单位制式：Architectural（建筑），Decimal（十进制），Engineering（工程），Fractional（分数）和 Scientific（科学）。一般选用十进制（Decimal）；Precision 列表框中包含了可供选用的单位精度，缺省状态下是保留小数点后四位。右上角 Angle（角度）是角度单位组合框，其中

Type(类型)提供了 5 种角度单位制式,建议选择第一项"Decimal Degrees"(十进制的度);同样 Precision(精度)列表框用来设定角度单位的精度。

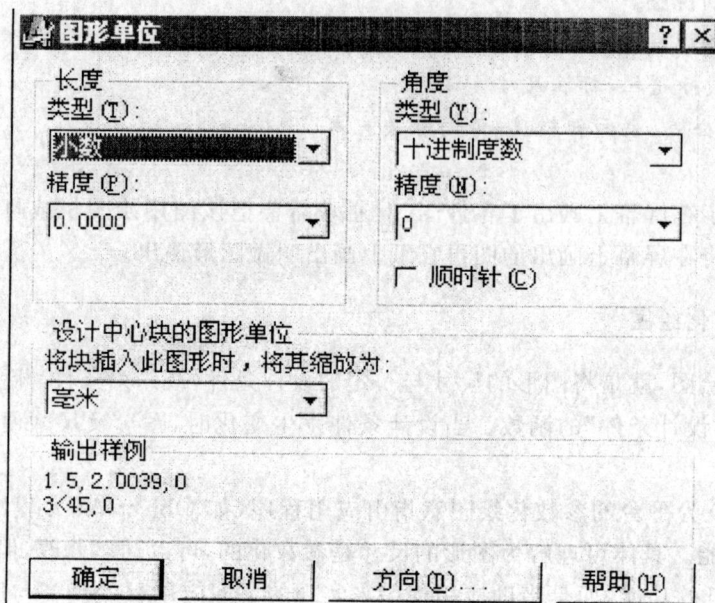

图 9-1　图形单位对话框

9.2.2　设置绘图界限

屏幕的物理尺寸是确定的,所谓设置绘图界限是指把绘图区域定义成多少个图形单位。绘图界限是通过给绘图区域的左下角、右上角设定坐标来实现的。具体的操作如下所示。

从 Format 下拉中选 Drawing Limits(图形界限)或

　　Command:LIMITS 　↓

　　Reset Model space Limits:

　　　Specify lower left corner or [ON/OFF] ＜ 0.0000,0.0000 ＞:0,0 　↓

　　　Specify upper right corner ＜ 420.0000,297.0000 ＞:850,430 　↓

上述对话显示提示中,方括号内的 ON 表示打开对绘图边界的检查功能,若键入 ON 图形元素(图元)就不能超出绘图界限,否则系统将拒绝接受超出界限的错误输入。若键入 OFF 表示关闭这种检查,此时超出界限的图元仍可画出。尖括号、冒号后的 0,0,850,430 分别是左下角、右上角的坐标,它们规定了绘图的界限。

绘图时通常须在设定了绘图界限之后,再用 ZOOM,ALL 显示整个绘图界限的范围。其操作方法如下:

　　Command:ZOOM 　↓

Specify corner of window, enter a scale Factor (nx　or　nxp); or

[ALL/Center/Dynamic/Exenst/Previous/Scale/Window] < real time >:A　↓

9.2.3　设置图元的线型、线宽及颜色

1. 概念

图层可以想像成没有厚度的透明图片,通常把一幅图的不同图线、颜色的图元和图的不同内容分别画在不同的透明图片上,完整的图形看做是各透明图片的叠加,所以图层是对图线、颜色等内容及状态进行控制的一种技术。

对每个图层可以指定它的线型、线宽、颜色和打印样式。图层的线型、线宽、颜色是指在本层上绘图时所使用的线型、线宽、颜色。不同的层可设置不同的线型、线宽、颜色,也可以设置成相同的线型、线宽、颜色。若要在某一图层上画图时,应将该层设置为当前层,此时所画的各实体一般都使用该层指定的线型、线宽及颜色(Bylayer——随层)。也可以使用命令或实体属性工具条为某些实体单独规定其线型、线宽、颜色。

线型是由线型的名字称呼的,AutoCAD 的线型文件中提供了丰富的线型。常用的线型有 Continuous(实线),Center(点画线),Dashed(虚线)等。使用线型时应将它们装入。

线宽表明图线的粗细,AutoCAD 将线宽定义为 24 种宽度,取值范围为 $0.00 \sim 2.11$ mm,用户可在规定的线宽中选用。按照指定的线宽画出的图线将影响到图形输出的效果,在屏幕上是否显示出线宽的粗细可由状态行上的 LWT 按钮来控制。当按下 LWT 按钮时图线显示粗细,按钮弹起时显示不区分线宽,即无论线宽是多少一律用细线显示。

颜色是用颜色号表示的,颜色取值为 $1 \sim 225$,其中 $1 \sim 7$ 号颜色有标准的颜色名,具体对应关系如下:

1——Red(红);　2——Yellow(黄);　　3——Green(绿);　4——Cyan(青);

5——Blue(蓝);　6——Magenta(洋红);　7——Black/White(黑/白)。

颜色号 7 对应的颜色取决于绘图区的背景色,背景色为黑时 7 号色为白,背景色为白时 7 号色为黑。

每一个图层都有一个层名,0 层是 AutoCAD 自己定义的,系统启动后自动进入的就是 0 层。其余的层根据用户的需要去建立,层名是由用户给取的,可以是字母或数字。

2. 设置图元的线型、线宽及颜色

键入 LAYER(图层)命令或选菜单 Format\Layer 或在实体属性工具条上单击 Layers 按钮,将弹出图层属性管理器(Layer Properties Manager)对话框,如图 9-2 所示。

位于对话框中上部的列表框,是显示图层信息和进行属性操作的地方。对话框右上角有 4 个按钮,单击 New(新建)按钮可建立新的图层,新图层的名字及各种属性均显示在列表框内,层的名字用户可以修改。在列表框中选择一个图层并单击右上角的 Current(当前)按钮,就可将该层设置为当前层。当前层的层名会显示在列表框的顶部。要删除不再使用的图层,可先在列表框中选到它,然后再单击右上角的 Delete(删除)按钮,该层

即可删除。对话下部的组合框 Details(详细信息)也是进行图层属性操作的区域,单击对话框右上角的 Hide details(隐藏细节)按钮可以关闭 Details 组合框。关闭后该按钮将变成 Show details 显示细节按钮,意思是单击它可以再打开详细信息组合框。

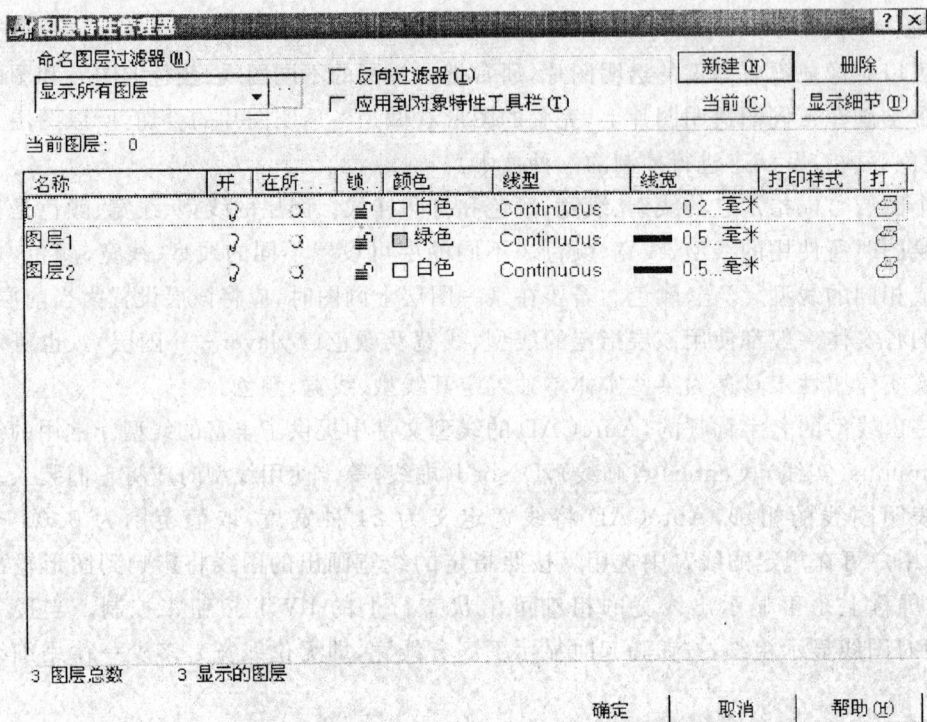

图 9-2　图层属性管理器对话框

　　列表框表头上的各项,依次是层名、打开、冻结、锁定、颜色、线型、线宽、打印样式、打印,框内各图层对应地在这些项目下用图标或属性值显示了各自的状态和属性。单击显示图标,图层的状态将发生变化,例如单击灯泡,图层由打开变为关闭或由关闭变为打开;单击锁头,图层由开锁变为锁定或由锁定变为开锁;等等。单击属性值,则将弹出相应的对话框,有关属性的设置和调整操作在这些对话框里进行:单击颜色值,可弹出如图 9-3 所示选择颜色(Select Color)对话框,利用它可以为图层选择颜色。单击线型名称可弹出如图 9-4 所示选择线型(Select Linetype)对话框。为了选择线型必须先将有关的线型装进来,为此单击该对话框下部的 Load(加载)按钮,则进一步弹出如图 9-5 所示加载或重载线型(Load or Reload Linetypes)对话框。选择需要使用的线型,单击 OK(确认)按钮,则返回到选择线型对话框,在此可以选择图层所使用的线型。单击线宽值,可弹出如图 9-6 所示线宽(Lineweight)对话框,在此对话框内可选择图层的线宽。

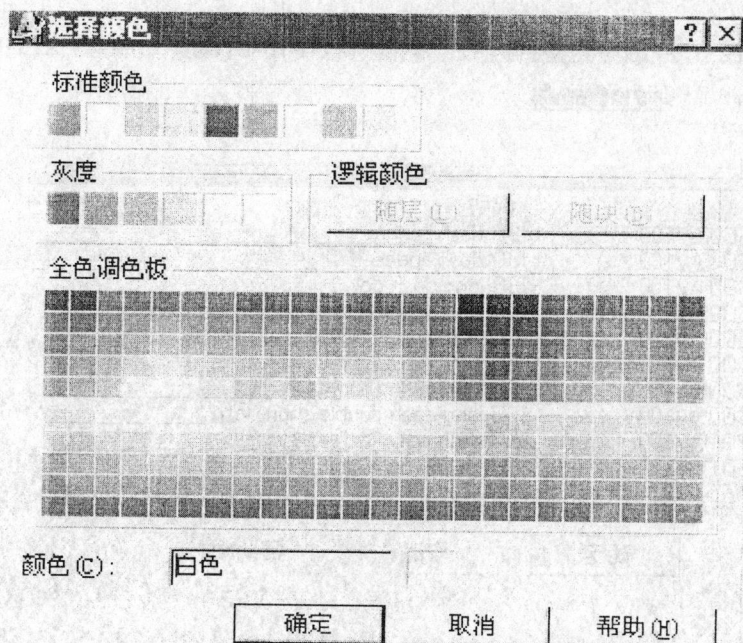

图 9-3　选择颜色对话框

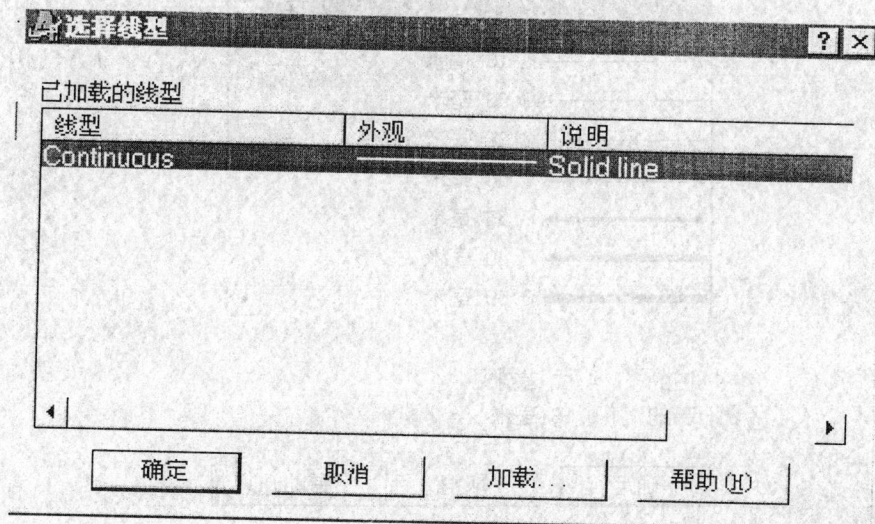

图 9-4　选择线型对话框

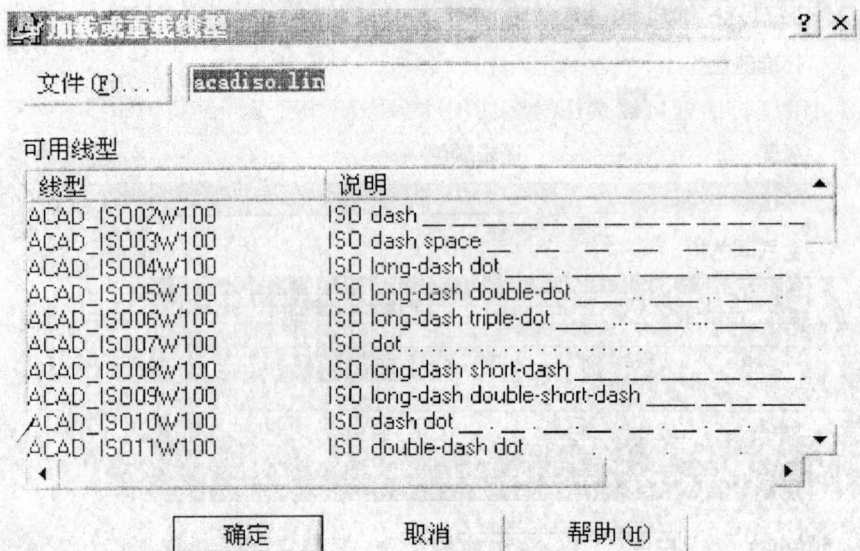

图 9-5　加载或重载线型对话框

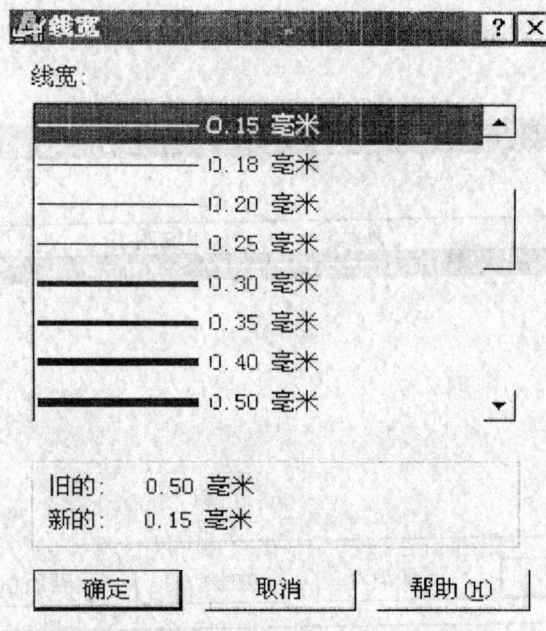

图 9-6　线宽对话框

9.2.4　设置文字的字体及样式

选菜单 Fomat\Text Style（文字样式）选项，将进入文字样式（Text Style）对话框，如图 9-7 所示。利用该对话框可以选用写字使用的字体并设置字样。具体用法如下：

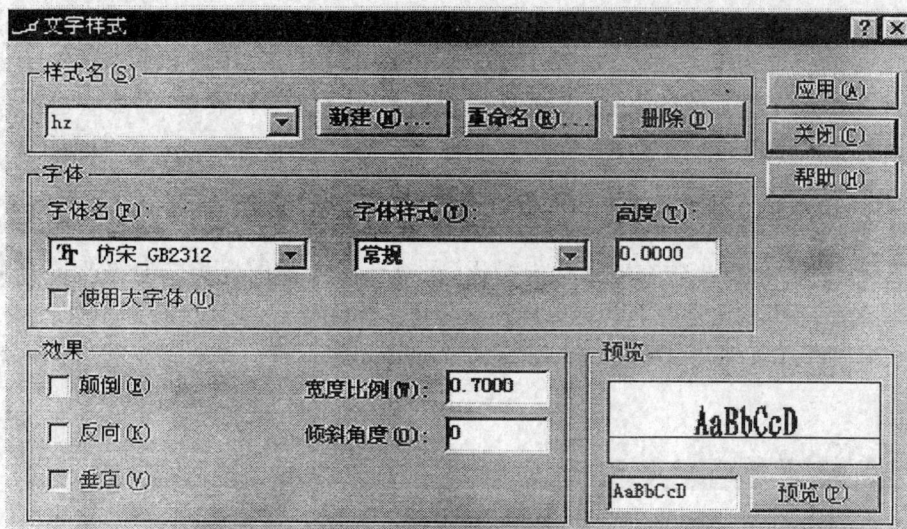

图 9-7　文字样式对话框

（1）对话框上部的 Style Name（样式名）组合框是选择或设置字样名字的操作区域，区域左边的列表框显示着当前的字样名，缺省状态下它是 STANDARD，这是系统安排的。如果用户定义过别的字样，打开这个列表框，则可以选用户已定义过的别的字样。利用列表框右边的 New（新键）按钮用户可以定义新的字样名，Rename（重命名）按钮是用来为字样更名用的，使用 Delete（删除）按钮可以删除某一字样。

（2）中部的 Font（字样）组合框提供了选择字体、字体样式的操作项目。打开 Font Name（字体名）列表框，将会看到有许多字体文件，从中点取拟采用的字体，该字体名即显示在条框内，相应地可在右下角的 Preview（预览）栏目内看到这种字体的样子。Auto-CAD 2000 提供的字体中包括有各种汉字字体，如仿宋、楷体等，选用这些字体可在图上写出汉字。打开中部的 Font Style（字体样式）列表框，用户可以选取字体的样式。有的字体有正常体（Regular）、斜体（Italic）、粗体（Bold）、粗斜体（Bold Italic）4 种样式可选，有的字体则只有正常体一种，或者不允许选择样式。右边的 Height（高度）文本框是填写字体高度的地方，当字高设成 0 时实际书写出来的高度由写字命令临时规定的高度值确定。

（3）左下方的 Effects（效果）组合框内汇集了书写效果的各种选项。Upside down（颠倒）控制是否倒立着写，Backwards（反向）控制是否反写，Vertical（垂直）控制是否垂直排列，Width Factor（宽度比例）用于调整文字的宽度系数，Oblique Angle（倾斜角度）用于调整字符的倾斜度，数字表示的是偏离字高方向的角度，正值表示向右偏转，由此可以写出向右倾斜的斜体字。

（4）一切设置完成后，按 Apply（应用）按钮表示要应用，然后按 Close（关闭）按钮即关闭对话框，此后键入的写字命令就可以使用已经定义过的字样了。

（5）有几点需要加以说明：

1）书写汉字，要选用不带@符号的汉字字体，例如选用仿宋_GB2312，而不选用@仿宋_GB2312。

2）书写数字可选用 gbeitc.shx 字体，这种字体和制图标准中的数字字体一致。

3）使用某种字样写成的文字，若该字样使用的字体被重新设定，则那些已经使用该字样的字体写成的文字也随之改变字样。

9.2.5　设置尺寸标注样式

标注样式的设置可集中在对话框中操作，在对话框内操作就相应地修改了有关的尺寸变量。使用 DDIM 或选菜单 Format/Dim Style（标注样式）选项，将弹出如图 9-8 所示的尺寸标注样式管理器（Dimension Style Manager）对话框。该对话框包含的内容及用法如下：

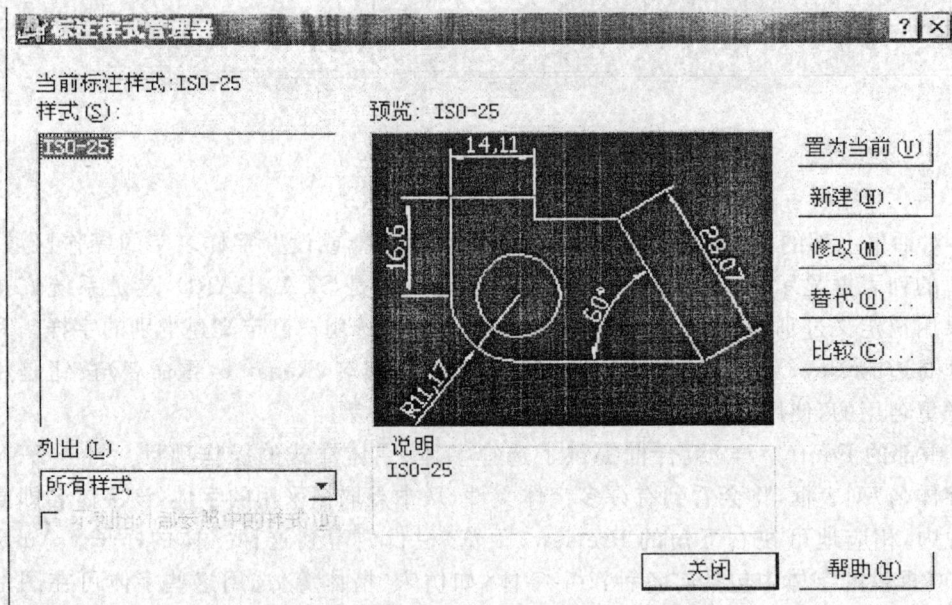

图 9-8　尺寸标注样式管理器对话框

（1）在 Current Dimstyle（当前标注样式）后面显示当前的尺寸标注样式名称。

（2）在 Styles（样式）区显示可用的尺寸标注样式。

（3）List（列出）列表框提供了控制尺寸标注样式名称显示的两个选项。

　　All Styles（所有样式）：显示所有的尺寸标注样式。

　　Style in Use（正在使用的样式）：只显示被图形中的尺寸标注所用的标注样式。

（4）Set Current（置为当前）按钮将把 Style 区内选择的标注样式设置为当前标注样式。

（5）New 按钮用于创建新的标注样式。

（6）Modify（修改）按钮用于修改当前标注样式的设置。

（7）Override（替代）按钮用于设置临时的标注样式替代当前尺寸标注样式中的相应设置。

（8）Compare（比较）按钮用于比较两个标注样式的区别。

下面说明如何操作以创建新的标注样式。编辑（Modify）和替代（Override）操作使用的对话框和创建时使用的对话框内容相同，故不详述。

择 New 按钮，首先弹出如图 9-9 所示建立新的尺寸标注样式（Create New Dimension Style）对话框。在 New Name（新样式名）文本框内输入新样式的名称，在 Start With（基础样式）列表框内选择新创建的标注样式将以哪个已有的样式为基础。在公制单位绘图中 AutoCAD 提供了以 ISO-25 样式为基础样式，用户可以在该样式的基础上进行修改，使其符合我国制图标准的规定。在 Use for（用于）列表框中指定新创建的标注样式将用于哪些类型的尺寸标注，打开这个列表框就能看到 6 种类型的名称。AutoCAD 允许为某些尺寸类型创建子标注样式。

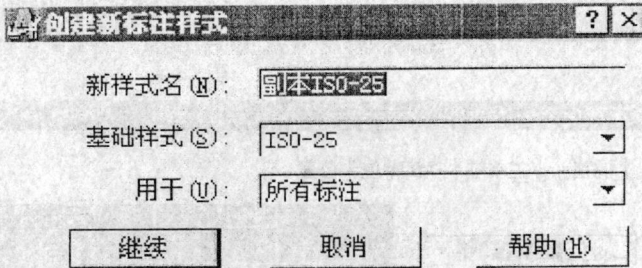

图 9-9　建立新的尺寸标注模式对话框

以上输入工作完成后，单击 Continue（继续）按钮，则关闭建立新的尺寸标注样式对话框，进入新尺寸标注样式（New Dimension Style）对话框，如图 9-10 所示。该对话框有 6 个标签，它们依次是直线和箭头、文本、适配、主单位、替换单位、公差。图 9-10 显示的是直线和箭头标签页面。表 9-1 列出了本标签页的内容及其作用。使用直线和箭头标签页可以设置尺寸线、尺寸界线、箭头和中心标记的几何外观。

表 9-1　直线和箭头标签页的使用

组　合　框	项　　目	作　　用
Dimension Lines （尺寸线）	Color（颜色）	设置尺寸线的颜色
	Line weight（线宽）	设置尺寸线的线宽
	Extend beyond ticks（超出标记）	设置尺寸线伸出尺寸界线的长度
	Baseline spacing（基线间距）	设置基线标注型的尺寸线间距
	Suppress（隐藏）	控制是否隐藏尺寸线的第一段或第二段

续 表

组 合 框	项 目	作 用
Extension Lines （尺寸界线）	Color（颜色） Line weight（线宽） Extend beyond dim（超出尺寸线） Offset from origin（起点偏移量） Suppress（隐藏）	设置尺寸线的颜色 设置尺寸线的线宽 设置尺寸线超出尺寸界线的长度 设置尺寸界线起点偏移标注点的偏移量 控制是否隐藏第一条或第二条尺寸界线
Arrowheads （箭头）	1st（第一个） 2nd（第二个） Leader（引线） Arrow size（箭头大小）	设置第一个箭头的样式 设置第二个箭头的样式 设置引出线的箭头样式 设置箭头的大小
Center Marks for Circles （圆心标记）	Type（类型） Size（大小）	选取中心标记的形式 Mark：使用圆心标记 Line：使用十字中心线 None：不使用任何标记 指定圆心标记或十字中心线的大小

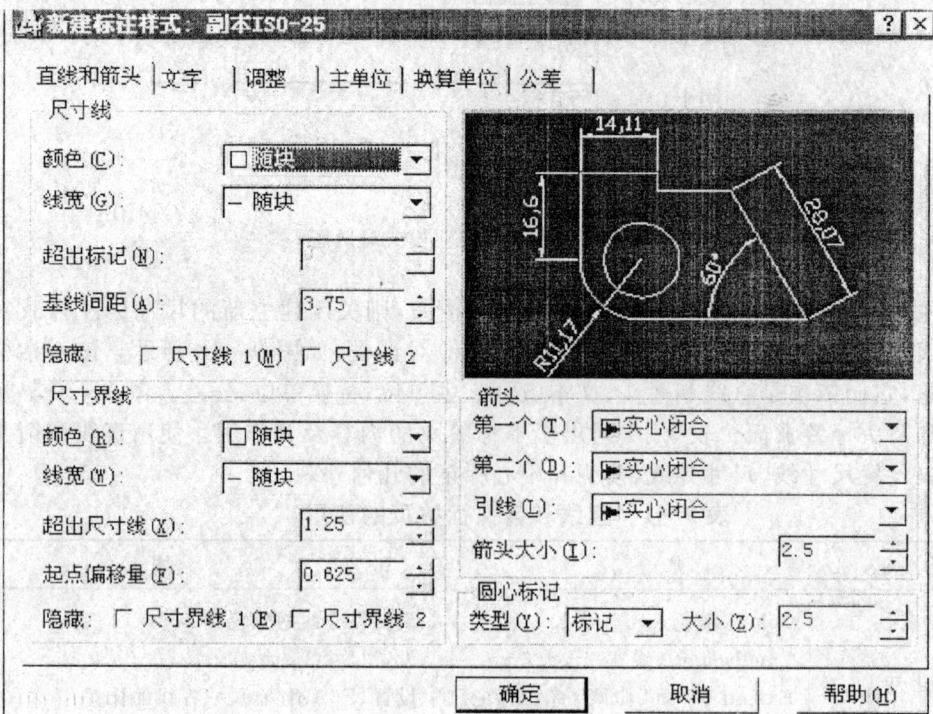

图 9-10　新尺寸标注样式对话框直线和箭头标签页

如图 9-11 所示是 Text 标签页面的内容及形式,该页面用以设置尺寸文本的外观、位置和对齐方式,各项目的具体含义及作用列于表 9-2 中。

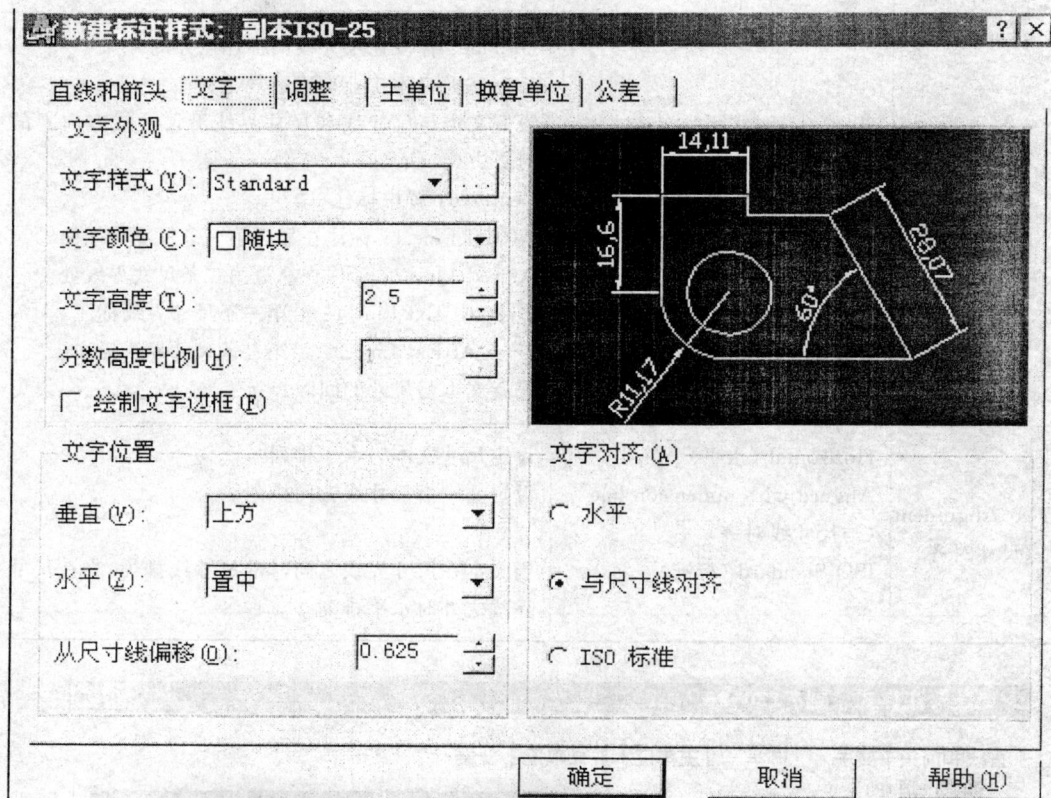

图 9-11　新尺寸标注样式对话框文本标签页

图 9-12 所示是 Fit(调整)页面的内容及形式,该页面各项目用于调整尺寸各要素之间的关系。下面对一些需要解释的项目作一些说明。

表 9-2　尺寸文本标签页的使用

组　合　框	项　　　目	作　　　用
Text Appearance（文字外观）	Text style（文字样式） Text color（文字颜色） Text height（文字高度） Fraction height scale（分数高度比例） Draw frame around text（绘制文字边框）	设置文本字样,击 N 按钮可创建新字样 设置文本颜色 设置文本高度 设置分数高度比例 控制在文本四周画边框
Text Placement（文字位置）	Vertical（垂直）	控制文本在尺寸线垂直方向的定位 Centered：标注尺寸线断开处正中位置 Above：标注在尺寸线上

续 表

组 合 框	项 目	作 用
Text Placement （文字位置）	Horizontal（水平）	Outside：标注在尺寸线的标注点异侧 JIS：按照日本工业标准的规范标注 设置文本与尺寸线和尺寸界线沿尺寸线方向上的 对齐方式 Centered：置中标注 At Ext Line 1：标注在靠近第一条尺寸界线处 At Ext Line 2：标注在靠近第二条尺寸界线处 Over At Ext Line 1：沿第一条尺寸界线标注
	Offset from dim line （从尺寸线偏移）	Over At Ext Line 2：沿第二条尺寸界线标注 设置文本与尺寸的间隙
Text Alignment （尺寸对齐）	Horizontal（水平） Aligned with dimension line （与尺寸线对齐） ISO Standard（标准）	设定尺寸文本为水平排列 设定文本沿尺寸线方向排列 当文本在尺寸界线之间时沿尺寸线排列，当在尺寸 界线之外时水平排列

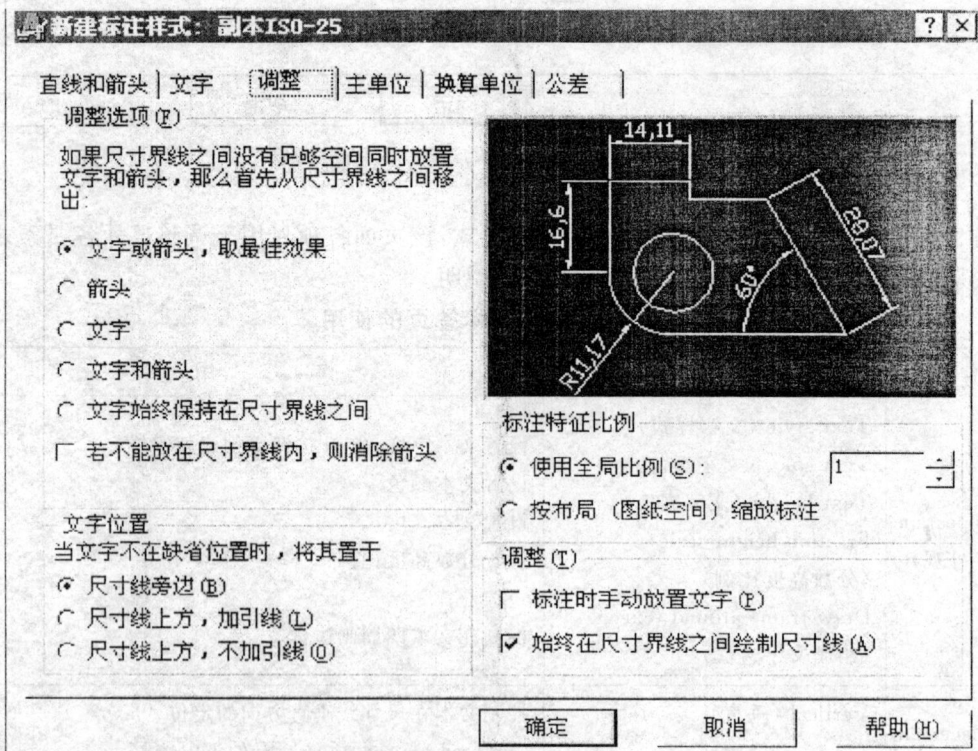

图 9-12　新尺寸标注样式调整标签页

（1）Fit Options（调整选项）：该组合框各选项根据尺寸界线之间的空间控制标注文字和箭头的放置，其缺省值设为"Either the text or the arrows whichever fits best"（文字或箭头，取最佳效果）。这时当两条尺寸界线之间的距离足够大时，AutoCAD 总是把文字和箭头放在尺寸界线之间。否则按该组合框的其他选项调整文字或箭头。其他选项的作用如下：

1）Arrows（箭头）。如果空间足够放下箭头，则将箭头放在尺寸界线之间，而将文字放在尺寸界线之外。否则将两者均放在尺寸界线之外。移动尺寸文本的文字时，尺寸界线自动移动。

2）Text（文字）。如果尺寸足够，将尺寸文本放在尺寸界线之间，将箭头放在尺寸界线之外，否则将两者均放在尺寸界线之外。移动文字时，尺寸界线自动移动。

3）Both text and arrows（文字和箭头）。如果空间不足，将文字和箭头放在尺寸界线之外，移动文字时，尺寸界线自动移动。

其他两个选项的项目名已说明了其选项的作用。

（2）Text Placement（文字位置）：该组合框各选项用于设置标注文字的位置，其默认位置是位于两尺寸界线之间，当文字无法放在两尺寸界线之间即文字不在缺省位置时，可以在该组合框设置标注文字的位置。该组合框中各选项的项目名已说明了其选项的作用。

（3）Fine Tuning（调整）：该组合框的两个选项，用于设置其他调整选项，其项目名已说明了其选项的作用。

如图 9-13 所示是 Primary Units（主单位）标签页面的内容及形式，该页面用于设置主单位的格式及精度，表 9-3 列出了页面内各项目的含义及作用。

表 9-3　主单位标签页的使用

组 合 框	项　　目	作　　用
Linear Dimensions（线性标注）	Unit format（单位格式）	设置线性尺寸的单位制式
	Precision（精度）	设定十进制中保的小数位数
	Fraction format（分数格式）	设置分数的格式
	Decimal（小数分隔符）	设置小数格式的分隔符
	Round off（舍入）	设置舍入精度
	Prefix（前缀）	为尺寸数字添加前缀
	Suffix（后缀）	添加后缀
	Scale factor（比例因子）	设置尺寸的比例因子
	Leading（前导）	前导 0 抑制
	Trailing（后续）	后续 0 抑制
Angular Dimensions（角度标注）	Units format（单位格式）	设置角度单位制式
	Precision（精度）	设定十制中保留的小数位数
	Leading（前导）	前导 0 抑制
	Trailing（后续）	后续 0 抑制

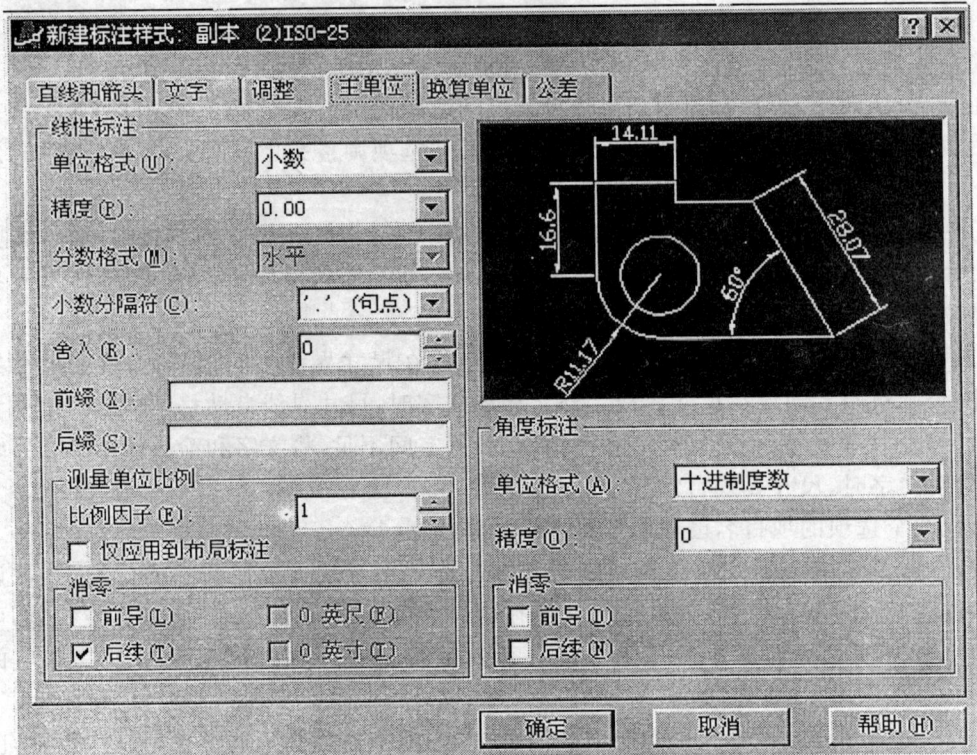

图 9 - 13　　新标注样式对话框主单位标签页

如图 9 - 14 所示是 Tolerance(公差)标签页面的内容及形式,该页面用于设置标注文字中的公差的格式。其中公差格式组合框中的 Method(方式)选项提供了以下 5 种标注公差模式:

(1) 无:即不标注公差,如 10.00。

(2) 对称:即上、下偏差绝对值相等,如 10.00 ± 0.15。

(3) 极限偏差:标出上、下偏差,如 $10.00^{+0.15}_{-0.10}$。

(4) 极限尺寸:标出两个极限尺寸,如 $^{10.15}_{9.90}$。

(5) 基本尺寸:如 10.00 。

9.2.6　建立绘制机械图样的样板文件

如上所述设置绘图环境涉及很多内容,为提高工作效率,用户可以根据本身的专业需要建立自己的样板文件。所谓样板文件就是将自己经常使用的工作环境按国家有关标准设置好,将其作为一个图形文件命令存盘。保存起来的文件只有绘图环境而无图形,每次画图时在此基础上开始,以避免每次都要从头开始逐项逐条地进行设置。

样板文件的文件名后缀可为.DWT,也可为.DWG。若使用.DWT 并把它存入系统的 Template 子目录内,则在 AutoCAD 系统启动时直接调入它。

此处建议在做样板文件时将绘图幅面 $A_0,A_1,A_2,\cdots$ 做成图块并冠以 $A_0,A_1,A_2,\cdots$ 作为块名以供成图时调用,而不在此设置绘图界限,具体画图时再在样板文件的基础上根据要表达机械的大小按 1∶1 设置绘图界限。

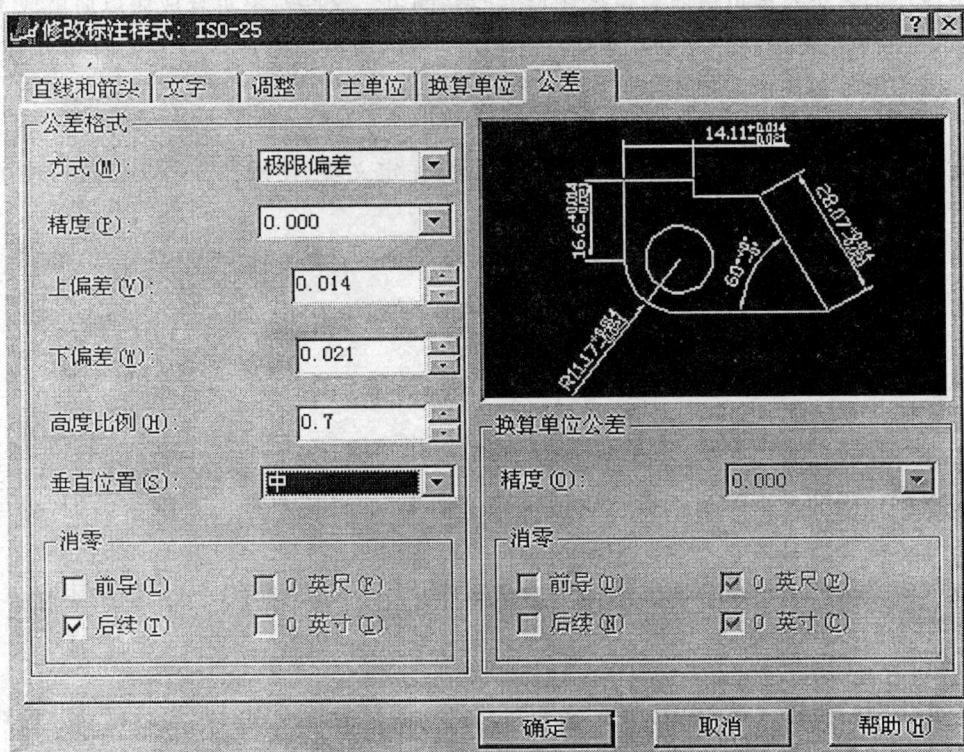

图 9-14　新标注样式公差标签页

9.3　绘制零件的视图

如前所述表达零件的一组视图可直接在二维平面上构成,也可通过零件的三维实体的投影或剖切来生成。若直接在二维平面上构造零件的视图,建议用 1∶1 的比例来绘制。绘图时除了灵活地运用 AutoCAD 提供的功能强大的绘图和编辑命令来模拟人工画图外,还要注意二维图形的构形方法的运用,如子图形的拼合构形;子图形的阵列与镜像构形;几何交切构形等。很多子图形可以做成块,绘图时可直接插入图中,在画剖视图时,用到边界图案填充,下面将对它们分别予以介绍。

9.3.1　块和外部引用

1. 块的概念

块是一组实体的集合。块以块名为标识,一组实体集合成块以后就成了一个单独的实体,用户可以借助于块名将它插入到图形的任何位置。块技术是建立图形库的一种手段,可以把自己专业领域中经常使用的图形单元做成图块,存在磁盘上,以便画图时像搭积木那样调用图块快速构造出一幅大图。所以使用块技术可以在工程设计绘图中有效地提高成图的效率。

　　组成块的各个对象可以有自己的图层、线型、颜色。这些对象集合成块以后就成了一个整体,点取块内的任何一个对象就选中了整个块,从而可以整体地对它施行诸如移动、复制、旋转、删除等操作。块可以嵌套,一个块内可以包含另外一个或几个块。

　　2. 定义图块

　　使用命令 BLOCK,BMAKE 可通过对话框操作定义块,使用命令— BLOCK 则通过命令行操作来定义块,下面只说明命令行操作方法。

　　Command:— BLOCK　　　　　　↓

　　Enter block name or [?]:

　　Specify insertion base point:　　(指定插入基点)

　　Select objects:　　　　　　　(选取构成块的对象)

　　...

　　Select objects:　　　　　　　↓

　　定义到块中的各个对象将会从当前屏幕上消失,如果用户还需要保留它们,则可用 OOPS 命令将其恢复。

　　这样定义成的块可在当前的绘图作业中被 INSERT 命令调用,但是块尚未存盘,因此不能用到别的绘图场合。

　　3. 块存盘

　　使用 WBLOCK 或— WBLOCK 命令可将已定义过的块或现时收集目标新建的块写在磁盘上。块写到了磁盘上才能成为图形库的组成部分,也才能在其他的绘图中调用它。WBLOCK 是对话框操作的命令,若使用 WBLOCK 命令,先是弹出建立图形文件(Create Drawing File)对话框,在它的文件名条框内键入存盘的文件名,单击保存按钮对话框关闭,然后在命令行出现以下提示:

　　Enter name of existing block or

　　[=(block=output file) / * (whole drawing)] < define new drawing>:

　　各选项说明如下:

　　(1) 缺省方式是直接键入一个已经定义了的图块的块名。

　　(2) 选项=,表示块名与文件名同名。

　　(3) 选项 *,表示将当前的整个图形写盘。

　　(4) 直接回车,表示要当时收集目标写盘。回车后出现提示:

　　Specify insertion point:　　　　(指定插入基点)

　　Select objects:　　　　　　　(收集目标)

　　4. 块插入

　　插入命令 INSERT 通过对话框操作,— INSERT 用于命令行操作。

　　Command:— INSERT　　　　　↓

　　Enter block name or [?]:　　　(键入块名或盘上的图形文件名)

　　Specify insertion point or [Scale / X / Y / Z / Rotate / PScale / PX / PY / PZ / Protate]:

　　在此提示下可以直接指定插入点给插入块定位，方括号内的选项表示可以先定义插入时的比例和转角，然后再指定插入点。带字母 P 的各选项可以用来预览比例和转角的调整效果。若直接指定了插入点，后面的提示序列为：

Enter X scale factor, specify opposite, or [Corner / XYZ] <1>：

Enter Y scale factor <use X scale fator>：

Specify rotation angle <0>：

　　分别键入插入的 X，Y 向比例系数和转角，被指定的块即作为整体插入到当前图形中了。插入进来的块是个独立的整体，不能对它的个别成分单独编辑。如果需要单独编辑，则必须将块打碎，分解成一些零散的实体。块的分解可以在插入过程中进行，也可以在插入以后再进行。若拟在插入过程中将其打碎，则需要回答 Enter block or [?]：提示时在块名的前面敲上一个星号"＊"，这样插入进来的块即被打碎。

　　5．多重插入

　　MINSERT 命令以矩形阵列的形式插入块。但是与阵列命令不同，用它插入后阵列内的全部图形是个整体的块，不能分开对个别成分进行编辑，也不能打碎。本命令的操作是插入与阵列两命令的综合。

　　6．拖放插入

　　AutoCAD 2000 支持拖放插入。在当前图形不关闭的情况下打开 Windows 的资源管理器，从中找到要插入的图形文件，用鼠标点取该文件，按住左键不放，将文件拖到当前图形窗口，松开左键，则图块被移入到当前图形中了，命令行将出现给图块定位和指定比例系数及转角的提示，回答这些提示即可将块插入到图形中。

　　7．块与图层的关系

　　块中各个对象可能画在不同的图层上，插入这样的块时 AutoCAD 有如下约定：

　　(1) 块插入后原来位于 0 层上的对象被绘制在当前层上，并按当前层的颜色及线型绘出。

　　(2) 对于块中其他层上的对象，若块中有与图形同名的图层，则块中该层的对象绘制在图形中同名的图层上，并按图形的该层颜色、线型绘制；而块中其他的层及其上的对象则添加给当前图形。

　　8．将插入后的块打碎

　　EXPLODE 命令能将插入以后的块打碎。

Command：EXPLODE　↓

Select objects：

　　选择要打碎的块，回车后该块即被分解成一些单个的实体。该命令不仅能将块打碎，还能将多义线拆散成一系列的直线段和圆弧，将一个完整的尺寸标注拆散为线段、箭头和文本，将填充图案分解成分离的对象。但是块和尺寸拆开后其组成部分的颜色、线型有可能发生变化，而形状不会改变；多义线拆开后其宽度、切线方向等信息也将丢失，所有直线段和圆弧将按 PLINE 的中心线放置。

9.3.2　边界图案填充

1. 概念

填充是指用图案将某一封闭区域填充,被填充的封闭区域称为填充边界,该边界由直线、多义线、样条曲线、圆、圆弧、椭圆、椭圆弧等实体或由实体组成的块构成。使用AutoCAD绘制工程图时,图中的剖面线及其他符号就是由区域填充来实现的。如图9-15所示。

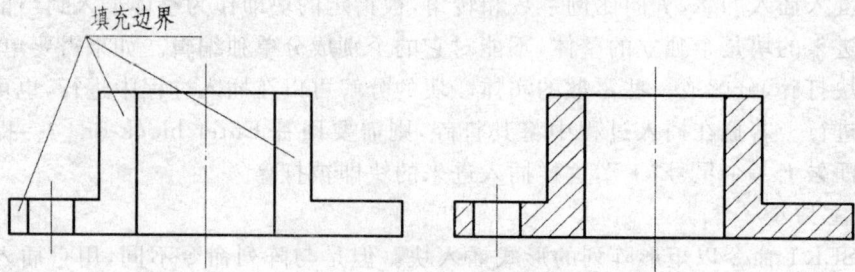

图 9-15　截断面区域的填充

在填充区域内部可以嵌套另外一些较小的封闭区域,这些较小的内部区域称为孤岛。对于包含有孤岛的填充区域来说,有 3 种填充方式。

(1) 普通方式:这是缺省的填充方式,填充效果如图 9-16(a)所示。该方式的特征是从边界向里面,剖面线遇到内部的孤岛就断开,再遇嵌套的孤岛时又继续画。该方式的代号为 N。

(2) 外层方式:如图 9-16(b)所示,从边界向里画,剖面线遇到孤岛时就断开,不再考虑内部的嵌套,其结果是只填充了最外层的区域。该填充方式的代号为 O。

(3) 忽略方式:如图 9-16(c)所示,忽略内部孤岛的存在,整个填充区域被填满。该填充方式的代号为 I。

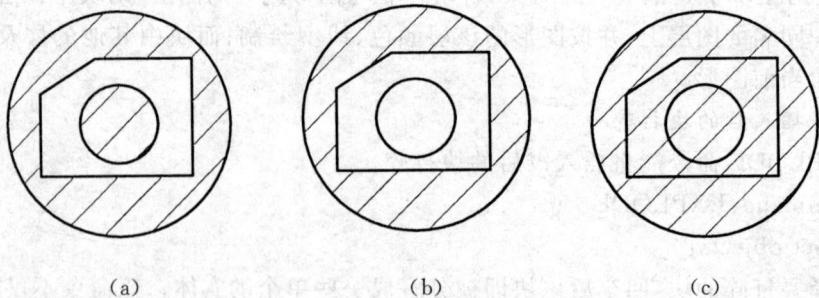

(a)　　　　　　　　(b)　　　　　　　　(c)

图 9-16　3 种填充分方式

用于填充的图案,可以使用系统预定义的,也可以由用户进行扩充或自定义。AutoCAD预定义的图案有 68 种,定义在图案文件 ACAD. PAT 和 ACADISO. PAT 中。在剖面填充中可以让填充的图案对边界有自动匹配能力,即填充后边界又被编辑修改过,例如被拉长了,这时图案的范围将自动适应边界的变化作相应的调整。被填充到图中的图案是个整体，可以使用 EXPLODE 命令将其打碎。

　　2. 填充的对话框操作

　　使用 BHATCH 命令可进行填充的对话框操作。边界图案填充（Boundary Hatch）对话框的样式及内容如图 9-17 所示。对话框上有两个标签，图 9-17 显示了 Quick（快速）标签的页面内容。Type（类型）列表框内有 3 个选项：Predefined（预定义），User defined（用户定义），Custom（自定义），用以选择填充图案的类型。Pattern（图案）列表框可以列出预定义的图案名称，使用该列表框右边的按钮可以打开填充图案调色板（Hatch Pattern Palette）对话框，如图 9-18 所示。在预定义的图案组中可以选择想要使用的填充图案，选取的图案名称将显示在 Pattern（图案）列表框中。图案的样式将显示在 Swatch（样例）条框内。Angle（角度）列表框可让用户指定填充图案的转角，Scale（比例）列表框用于设置填充时对图案的的缩放系数，以便调节图案的疏密程度。

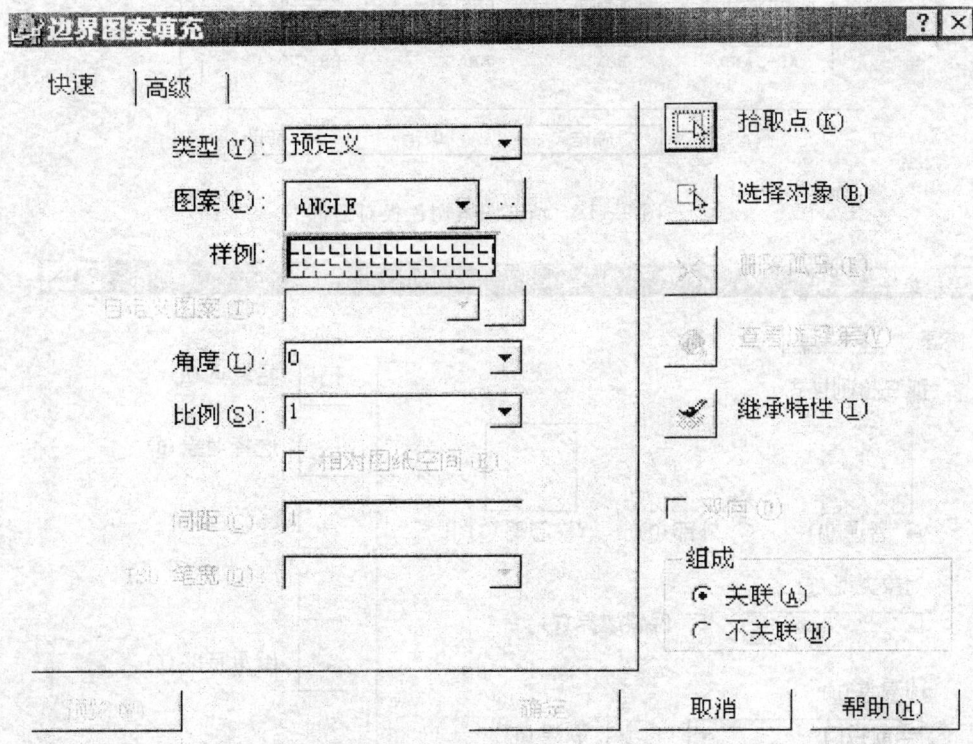

图 9-17　边界图案填充对话框

　　对话框的 Advanced（高级）标签页面如图 9-19 所示，在此页面内可以选择填充类型、边界的对象类型及其他一些高级操作选项。

　　边界图案填充对话框右边的 Pick Points（拾取点）按钮用于通过拾取一点的方法自动搜索填充边界。选此按钮后将暂时关闭对话框，并提示：

　　Select internal point：

　　此时可在填充区内任意点取一点，系统搜索后以醒目的形式显示填充边界，当结束指点操作后,画面又恢复到原来的对话框。此时若单击 OK(确认)按钮,将执行填充。

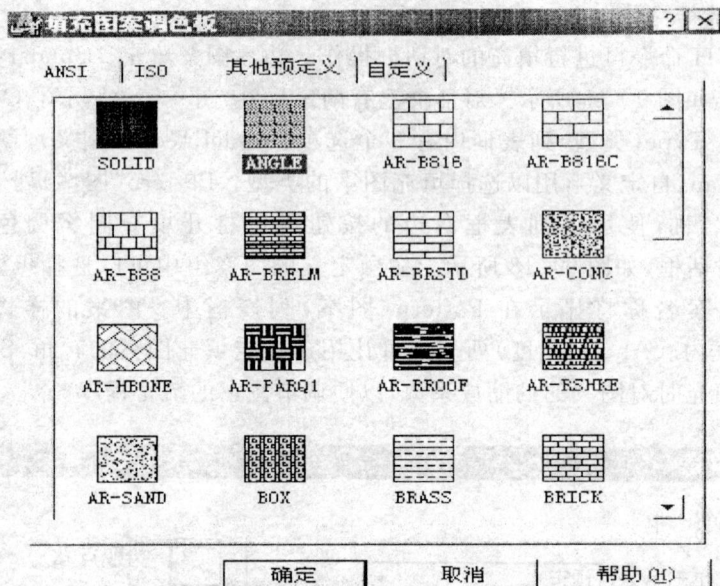

图 9-18　填充图案调色板对话框

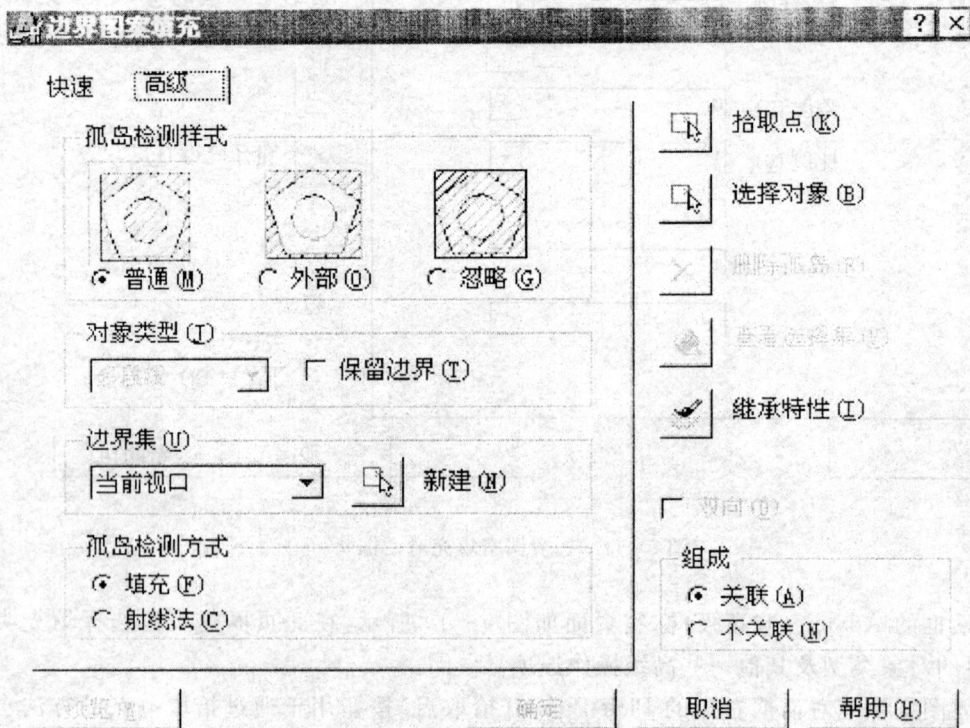

图 9-19　边界图案填充对话框高级标签页

Select Objects(选择对象)用于通过选择对象构成填充边界;按下 Remove Islands(删除孤岛)按钮能忽略孤岛的影响;按下 View Selections(查看选择集)按钮可以观看所选的边界;按下 Inherit Properties(继承特性)按钮则把所绘图形中已有的图案作为当前的图案。使用对话框右下角的 Preview(预览)按钮可以观看填充效果。在右下角的 Composition(组成)组合框中若选取 Associative(关联),将创建关联的图案。关联图案填充后,如果边界在编辑中变了形,图案随之作适应性变化,这样就不破坏原填充关系。反之,若选 Nonassociative(不关联),则图案被分解为单个线段且不相关联。单击 OK(确认)按钮后便执行填充。

9.4 用 AutoCAD 标注零件视图的尺寸

9.4.1 概述

在按 1∶1 的比例绘制好零件的一组视图后,根据选定的图幅,将画好的零件的视图用 Scale(比例)命令进行缩放,并将它们放入选定的图幅中,然后标注尺寸。在用 AutoCAD 标注尺寸之前,先将上述缩放比例因子的倒数值赋于尺寸变量 DIMLFAC。DIMLFAC 的值是尺寸的比例因子,系统报告的测量值是实际测量值与该比例因子的积,这样就保证了所标注的尺寸反映零件的真实大小。例如,一根轴的总长为 600 mm,为将其放入 A3 图幅中,须将按真实大小画出的轴的视图进行缩放。若经 Scale 送的值是 0.5,即在 A3 图幅中该轴图 1∶2 的比例画出。经过 Scale 变化后,由于比例因子为 0.5,图中轴的总长由 600 mm 变为 300 mm。为了在标尺寸时,标出轴的实际长度,应给 DIMLFAC 赋于 2,即 0.5 的倒数。此时标出的值是:实际测量长度 × DIMLFAC 的值即 600 (300×2)。

9.4.2 尺寸标注的类型

AutoCAD 将尺寸分为以下 6 个基本类型。
(1) 线性尺寸,或称长度型尺寸(Linear);
(2) 角度型尺寸(Angular);
(3) 直径型尺寸(Diameter);
(4) 半径型尺寸(Radius);
(5) 坐标型尺寸(Ordinate);
(6) 引出线标注(Leader)。
线性尺寸标注的是长度尺寸,根据尺寸线的性质又将它分为 6 种类型。
(1) 水平标注(Horizontal):尺寸线为水平线,即用来标注对象的水平尺寸。
(2) 垂直标注(Vertical):标注对象的竖直尺寸。
(3) 旋转标注(Rotated):由指定尺寸线的转角确定尺寸线的方向。用这种方法标注水平尺寸时转角为 0°,标注竖直尺寸时转角为 90°等。
(4) 校准标注(Aligned):根据两个标注点决定尺寸线的方向。所谓标注点是指选标注对象时指定的点,例如给一条线段标注长度,为了指明该线段须指出它的两个端点,被点取的这两个端点就是两个标注点。在校准标注中标注点连线的方向即为尺寸线的方向。

（5）基线标注（Baseline）：由前一道尺寸的第一条尺寸界线作为本道尺寸的第一条尺寸界线,即一组平行的尺寸线共用同一条尺寸界线,如图 9 - 20(a)所示。

（6）连续标注（Continues）：尺寸线首尾相接,如图 9 - 20(b)所示。

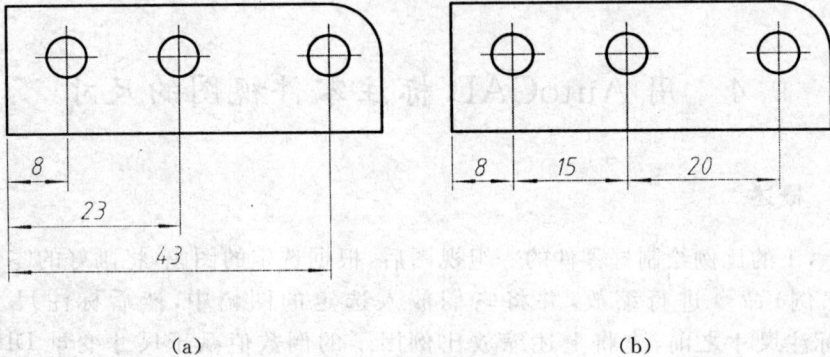

图 9 - 20

9.4.3 线性尺寸的标注

1. 水平标注、垂直标注、旋转标注

使用 DIMLIN 命令或选菜单 Dimension\Linear 可实现水平、垂直和倾斜尺寸的标注。

　　Command:DIMLIN　　↓

　　Specify first extension line origin or ＜select objects＞:

对于这个提示有两种回答方式:

（1）直接空回车。这时将出现提示:

　　Select object to dimension:

选取所要标注的目标,接着提示:

　　Specify dimension line location or

　　[Mtext/Text/Angle/Horizontal/Vertical/Rotate]:

这是要用户指定尺寸的位置,方括号内的选项含义如下:

　　M——按段落文字输入尺寸文本;

　　T——指定尺寸文本,不用系统报告的测量值;

　　A——改变尺寸文本的书写方向;

　　H——指明要标注水平尺寸;

　　V——指明要标注垂直尺寸;

　　R——指明要标注倾斜尺寸。

（2）指定第一个标注点。这时将出现提示：

Specify second extension line origin：

用户再指定第二个标注点，接着出现提示：

Specify dimension line location or

[Mtext/Text/Angle/Horizontal/Vertical/Rotate]：

这个提示与前面的操作方式下出现的提示相同。

2. 校准标注

使用 DIMALI 命令或选菜单 Dimension\Aligned 可用两点校准的方式标注线性尺寸。

Command：DIMALI　√

Specify first extension line origin or <select object>：

接下去的操作方法和出现的提示与使用 DIMLIN 命令时相似，执行的结果是根据两点或目标的方向决定了尺寸线的方向。

3. 基线标注

使用 DIMBASE 命令或选菜单 Dimension\Baseline 可按基线形式标注尺寸。在采用本命令之前先要标注出一个尺寸，接下来的操作方法是：

Command：DIMBASE　√

Specify a second extension origin or [Undo/Select] <Select>：

指定下一个尺寸的第二标注点，于是就注出了这道尺寸，接着又重复上面的提示，可以用相同的方法操作，直至要结束标注时用 ESC 键退出本命令。

4. 连续标注

使用 DIMCONT 命令或选菜单 Dimension\Continue 可以用连续形式标注尺寸。在使用本命令之前先要标注一道尺寸，然后按下述方法操作：

Command：DIMCONT　√

Specify a second extension line or [Undo/Select] <Select>：

指定下一个尺寸的第二标注点，于是就注出了这道尺寸，接着又重复上面的提示，可以用相同的方法操作，直至要结束标注时用 ESC 键退出本命令。

9.4.4　角度型尺寸的标注

使用 DIMANG 命令或选菜单 Dimension\Angular 可以标注角度。

Command：DIMANG　√

Specify arc, circle, line, or <specify vertex>：

对于这个提示有 4 种回答方式：

（1）空回车，这表示要定义一个角度对其进行标注。它的提示序列为：

Specify angle vertex：　（指定角的顶点）

Specify first angle endpoint：　（指定角的第一边端点）

Specify second angle endpoint：　（指定角的第二边端点）

Specify dimension arc line location or [Mtext/Text/Angle]：　（指定角的尺寸线

位置)

（2）选取一段圆弧,接下去的提示为:

Specify dimension arc line location or [Mtext/Text/Angle]:

（3）选取一段圆,可为该圆上的一段弧注出圆心角。选圆时的点即为第一条尺寸界线的起点,弧是按逆时针方向计量角度的,接下去提示:

Select second angle endpoint: （指定角的参考终点）

Specify dimension arc line location or [Mtext/Text/Angle]: （指定尺寸线位置）

（4）选取一条直线,接着提示:

Specify second line: （选取另外一条直线）

Specify dimension arc line location or [Mtext/Text/Angle]: （指定尺寸线位置）

按提示操作后注出了两直线间的夹角。

前面在线性尺寸中的基线标注、连续标注命令也可以用于角度尺寸的标注。

9.4.5　直径和半径的标注

使用 DIMDIA 或选菜单 Dimension\Diameter 可为圆或圆弧标注直径,直径的符号 ϕ 是自动写出的;使用 DIMRAD 或选菜单 Dimension\Radius 可以标注半径,半径的符号 R 也是自动加上的。直径和半径的标注操作类似,以直径的操作为例提示序列如下:

Command:DIMDIA　↙

Specify arc or circle: （选取要标注的弧或圆）

Dimension text＝　　＜报告测量值＞

Specify dimension line location or [Mtext/Text/Angle]: （指定尺寸线位置）

9.4.6　引出线标注

有些情况下尺寸不是通过尺寸线的形式标注的,如图 9-21 所示。

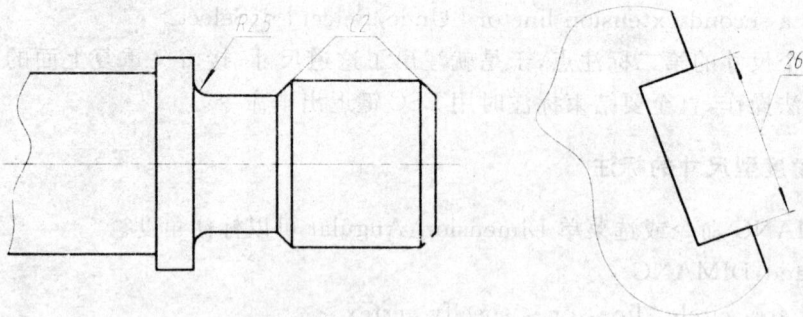

图 9-21　引出线标注示例

AutoCAD 2000 提供了两条引出线标注的命令:QLEADER 和 LEADER,此处只说明 LEADER 命令的用法。在菜单 Dimension 上选 Leader 则相当于使用命令QLEADER。

Command:LEADER　↙

Specify leader start point：（指定一点作为引出线的起点）

Specify next point：（指定引出线的折转点）

Specify next point or [Annotation /Format/Undo] <Annotation>：

引出线可以是若干段直线组成的折线，所以将连续出现要求指点的提示。如果空回车，将结束画线，进入缺省项 Annotation 状态。在此状态下用户可以注写文字，文字的书写位置与尺寸变量 DIMTAD 的设置有关，字的高度由尺寸变量 DIMTXT 设定。方括号内的选项 U 可取消刚画好的一段线，选项 F 可以控制引出线的形式，选此选项后将提示：

Enter leader format option [Spline/STraight/Arrow/None] <Exit>：

各选项的功能为：

S——使用样条曲线为引出线；

ST——使用折线为引出线；

A——在起点处画箭头，箭头的形式由尺寸变量 DIMBLK 控制，圆点的名称是 Dot，小圆点的名称是 Dotsmall；

N——在起点处不画箭头；

E——返回前一行提示。

9.4.7　在 Dim 状态下标注尺寸

在命令提示符 Command：下键入 DIM 并回车，可进入尺寸标注状态，此时的提示符变为 Dim：。使用 EXIT 命令可以退出尺寸标注状态，返回到 Command：提示状态。在Dim：状态下可用表 9-4 所列的子命令标注尺寸。

表 9-4　尺寸标注子命令

命　令	功　　能	命　令	功　　能
HOR	水平标注	ANG	标注角度
VER	垂直标注	DIA	标注直径
ROT	旋转标注	RAD	标注半径
ALI	校准标注	ORD	标注坐标
BAS	基线标注	LEA	引出线标注
CON	连续标注	CEN	画圆心标记

9.4.8　尺寸标注的编辑

对于已经标注好的尺寸可以使用 PROPERTIES 命令通过属性管理器对话框进行编辑。也可使用 DIMEDIT 或 DIMTEDIT 命令对尺寸标注进行编辑。

1. DIMEDIT 命令

Command：DIMEDIT　↙

Enter type of dimension editing [Home/New/Rotate/Oblique] <当前值>：

各选项的含义如下：

H——按缺省位置、方向放置尺寸文本；

N——修改指定尺寸的数值；

R——将尺寸文本按指定的角度旋转；

O——修改线性尺寸标注，使尺寸界线偏转一角度而不与尺寸线垂直。

2. DIMTEDIT 命令

本命令用来修改尺寸文本的位置。

　　Command：DIMTEDIT　　↙

　　Select dimension：　（选择一个待编辑的尺寸）

　　Enter new location for dimension text or [Left/Right/Center/Home/Angle]：

缺省情况下用户可以用光标拖着尺寸文本和尺寸线自由移动，待到合适位置后单击鼠标左键文本和尺寸线即定位在新的位置了。方括号内的选项含义如下：

L——将文本定位在左边尺寸界线处；

R——将文本定位在右边尺寸界线处；

C——将文本放到尺寸线的中心位置；

H——将文本移到标注样式所确定的缺省位置；

A——将文本旋转一个角度。

9.5　标注表面粗糙度、形位公差及注写文字

9.5.1　标注表面粗糙度

AutoCAD 没有提供表面粗糙度的 3 种基本符号，故在标注零件表面粗糙度之前需要按国家现行标准画出粗糙度的 3 个基本符号后，再分别制作成 3 个图块并冠以不同的名称。然后在须标注粗糙度处，用 INSERT 命令插入相应的块，然后再用 TEXT（文本输入）命令标注粗糙度数值。

9.5.2　标注形位公差

1. 使用 TOLERANCE 命令定义和放置形位公差

AutoCAD 提供了标注形位公差代号的命令 TOLERANCE，该命令可通过 Dimension\Tolerance 来执行。当用户发出 TOLERNCE 命令后，系统将首先打开如图 9 - 22 所示的形位公差对话框。

在该对话框中，用户可通过如下方法输入公差值并修改符号：

(1) 单击"符号"列第一个或第二个■框为第一个或第二个公差符号选择符号，
此时系统将打开图 9 - 23 所示符号对话框，从中选择几何特征符号。

(2) 单击"公差 1"列前面的■，插入一个直径符号。

(3) 在"公差 1"列中间的编辑框中输入第一个公差值。

(4) 单击"公差 1"列后面的■（"包容条件"按钮）添加包容条件，此时系统将打开图

9－24 所示包容条件对话框，从中选择包容条件符号。

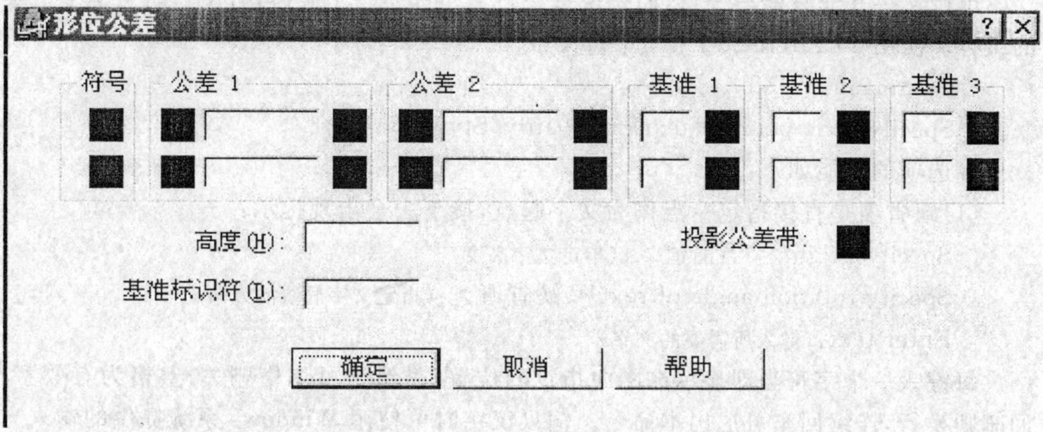

图 9－22　形位公差对话框

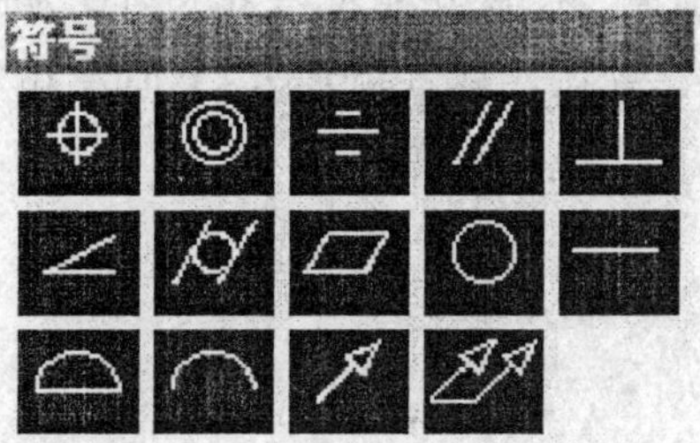

图 9－23　符号对话框

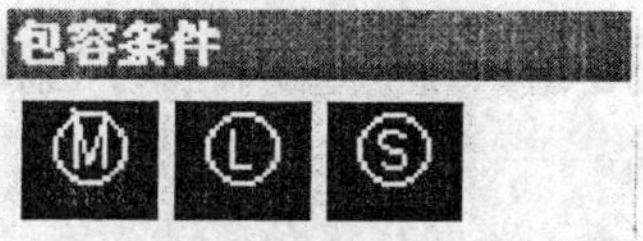

图 9－24　包容条件对话框

按照添加第一个公差值的方法还可添加第二个公差值。

添加基准参考字母的步骤如下：

（1）在"形位公差"对话框的"基准 1"列编辑框中输入一个第一级基准参考字母。

（2）单击"基准 1"列■，选择包容条件符号。

添加第二级和第三级基准，并以相同的方式修改符号。

添加一个投影公差带的步骤如下：

（1）在"高度"框中输入高度。选择"投影公差带"插入Ⓟ符号。

（2）选择"确定"。

2．编辑形位公差

由于特征控制框架是单个对象，故用户可对其执行复制、移动或删除等操作。修改它的最好方法是使用 DDEDIT 命令，在用户发出 DDEDIT 命令并选取特征控制框架后，系统将弹出几何公差对话框供用户编辑该特征控制框架。

9.5.3　注写文字

文字又称文本，是零件图的必要成分。AutoCAD 提供了单行文字（Line Text）和段落文字（Paragraph Text）两种处理方式。

1．单行文字的书写

单行文字并非只能写一行，而是说每一行文字都是一个实体，有多行时它是多个实体的组合。使用 TEXT 命令可书写单行文字。

    Command：TEXT ↲
    Specify start point of text or [Justify/Style]：

各选项的功能如下：

(1)缺省项是直接指定一点作为文字起点，接下去会出现提示：

    Specify height <当前值>：(指定文字高度)
    Specify rotation angle of text <缺省值>：(指定文字底线的方向)
    Enter text：(键入所需要的文字)

每键入一个字符当即显示在图中指定的位置，敲错了可退格删去，空格为有效字符，回车则换行，连续回车可退出本命令。输入汉字时可使用 Windows 系统提供的输入方法键入。

绘图中使用的一些特殊字符，例如表示度的小圆圈，不能由键盘直接产生，为此AutoCAD提供了使用控制码实现特殊字符书写的方法。控制码以％％开头，下面是几个例子：

    ％％d——书写度的符号小圆圈；
    ％％c——书写直径符号 φ；
    ％％p——书写正负号±；
    ％％％——书写百分号％。

(2) 选项 J：本选项用于确定文字的对齐方式，即怎样定位。选取本选项后AutoCAD提示：

    Enter an option [Align/Fit/Center/Middle/Right/TL/TC/TR/ML/MC/MR/BL/BC/BR]：

选项 A 表示以文字行底线的起点和终点定位，系统根据两点间的连线自动确定字高和排列方向，并把要写的字均匀分布在两点之间。选项 F 亦按底线起点和终点定位，但它还要求指定字高，系统则用调整字宽的办法适当安排字符。选项 C 是指按文字行底线的中点定位，M 是按文字行外框的中心点定位，R 是按文字行底线的右端点定位。TL，TC，TR 分别按文字行顶线(以大写字母为准)的左端点、中心点、右端点定位；ML，MC，MR 分别按文字行中线(以大写字母为准)的左端点、中心点、右端点定位；BL，BC，BR 分别按文字行下底线(以小写字母中的 g，p，y 等为准)的左端点、中心点、右端点定位。

(3) 选项 S：选项 S 用于选择已定义过的字样作为当前写字使用的字样。

2．段落文字的书写

段落文字又称多行文字，使用 MTEXT 命令可进入段落文字书写状态。此时首先出现提示：

    Specify first corner：
    Specify opposite corner or [Height/Justify/Rotate/Style/Width]：

用指定两点的办法作回答，可确定一个写字的矩形区域，接着将弹出如图 9－25 所示的多行文字编辑器(Multiline Text Editor)对话框。对话框中部的矩形区域是键入文字的地方。该对话框有 4 个标签：Character(字符)标签下可以控制或修改所用的字体、字高、书写形式(加粗、倾斜、带下横线等)、文字的颜色,并可插入特殊字符；Properties(特性)标签下可以控制、修改使用的字样、对齐方式、写字矩形区域的尺寸和转角；Line Spacing(行间距)标签下可以控制、调整文字行之间的距离；Find/Replace(查找/替换)标签在文字编辑时用于搜索指定的文字或用给定的文字替换已有文字等操作。

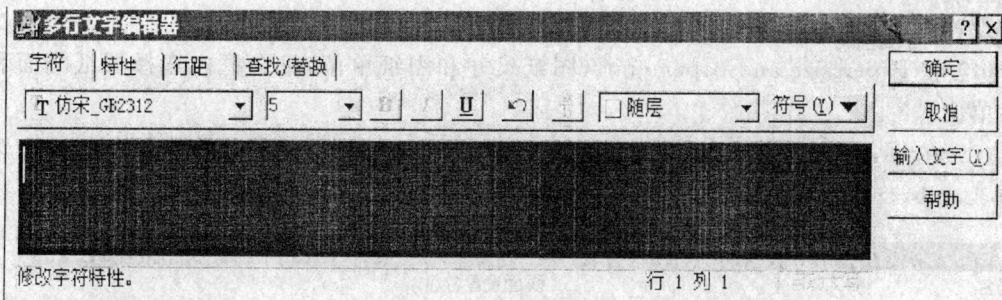

图 9 - 25　多行文字编辑器

　　对话框内键入文字或经修改调整后,单击右上方的 OK 按钮,则对话框消失,文字即写到了图上指定的地方。对话框右侧的 Import Text(输入文本)按钮是用来在图上插入一份外部文本文件内容使用的。

3. 文字的编辑

使用 DDEDIT 命令可以修改文字内容。键入该命令后首先出现提示：

Select an annotation object or [Undo]：

如果选取的是单行文字,则将弹出如图 9 - 26 所示编辑文字(Edit Text)对话框,

在此对话框内可以修改文字的内容。如果选取的是段落文字,则将弹出图 9 - 25 所示的多行文字编辑器对话框。做出必要的修改后,单击 OK 按钮即可保存所做的修改。

使用 PROPERTIES 命令可通过 Properties(对象属性)对话框修改文字的内容和几何参数以及各种属性。

图 9 - 26　编辑文字对话框

9.6　图　形　输　出

　　键入 PLOT(打印)命令或选菜单 File(文件)\Plot 或单击标准工具条上的 Plot 按钮,都将进入打印对话框。该对话框有两个标签:打印设备(Plot Device)和打印设置(Plot Settings)。图 9-27 所示的是打印设备标签页,可在该标签页的 Plotter configuration(打印机配置)组合框内选择要使用的设备。图 9-28 所示的是打印设置标签页,输出的设置工作在此标签页内进行。具体操作如下:

　　(1) 在 Paper size and paper units(图纸尺寸和图纸单位)组合框内选择图纸幅面和尺寸单位。

　　(2) 在 Drawing orientation(图形方向)组合框内选择图形的输出方向,Portration 为纵向,Landscape 为横向,Plot upside down 为反向。

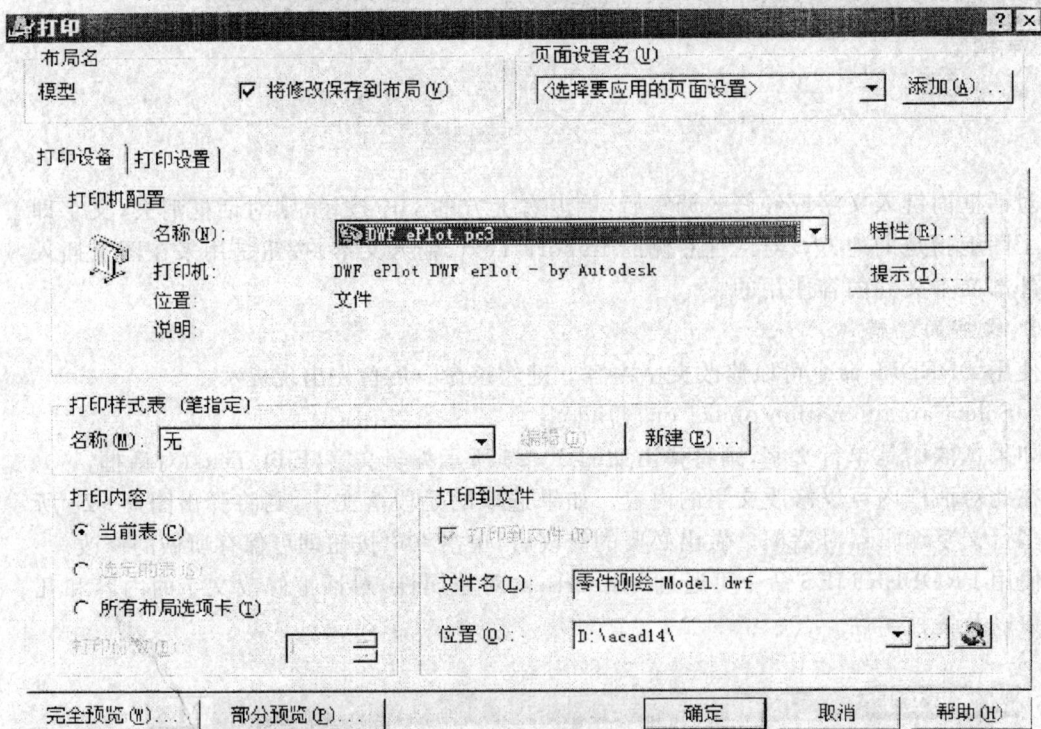

图 9-27　打印对话框打印设备标签页

　　(3) 在 Plot area(打印区域)组合框内可选择打印的范围。

　　1) 当选 Limits(界限)时,将打印界限内的图形;

　　2) 当选 Extents(范围)时,将打印当前工作空间中全部图形对象;

　　3) 当选 Display(显示)时,将打印当前视窗中所显示的图形;

　　4) 当选 View(视图)时,将打印已命名保存的视区;

　　5) 当选 Window(窗口)时,将允许用户临时开设一个窗口,打印该窗口内的图形。

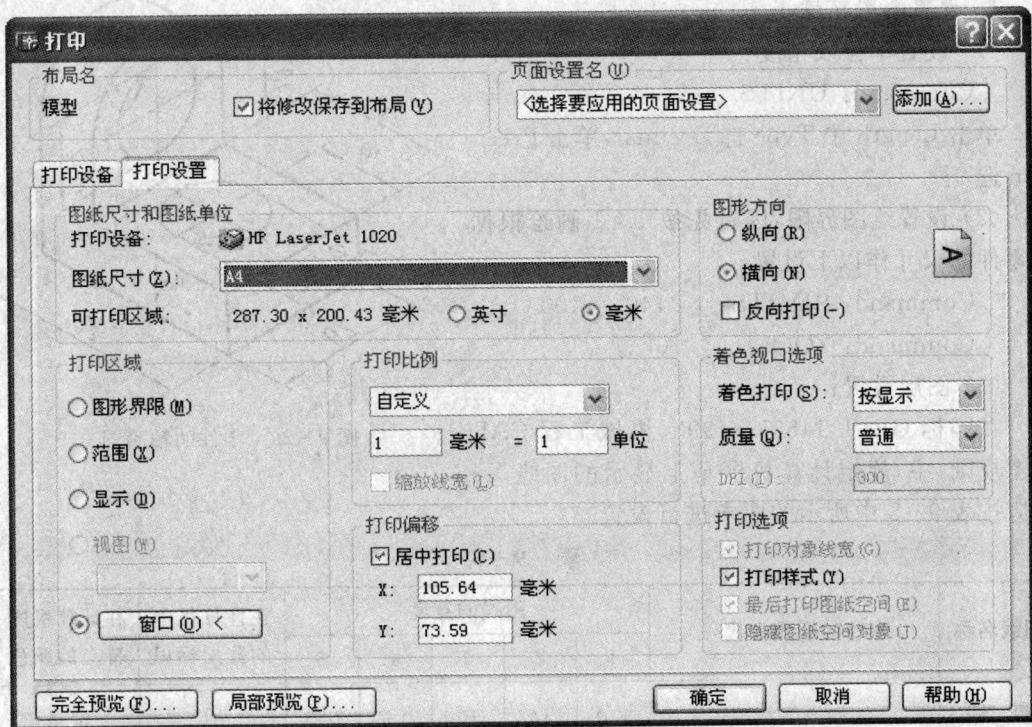

图 9-28 打印对话框打印设置标签页

（4）在 Plot scale（打印比例）组合框内设置打印比例。该比例是指图纸上的长度与图形单位的对应关系，不是图形中图长与物长之比，即不是工程图中标题栏中所说明的比例。

（5）在 Plot offset（打印偏移）组合框内设置输出的图形偏离图纸左下角的偏移量，即图形基点在图纸上的位置。

（6）在 Plot Options（打印选项）组合框内可以对打印作进一步的控制，如 Plot object lineweight（打印对象线宽）及 Plot with plot style（打印样式）等。

（7）单击左下角 Full Preview（完全预览）按钮可以预览实际图形输出的效果，单击 Partial Preview 按钮可预览图的边界矩形在图纸上的位置。

作好各项调整及设置后，单击 OK 按钮后即可在输出设备上输出图形了。

9.7 绘 图 实 例

9.7.1 用 AutoCAD 的交互命令绘图实例

例1 图 9-29 给出了零件的轴测图，请用 2.5：1 的比例在 A5 图幅中，画出该零件的零件图，如图 9-30 所示。

绘图步骤：

1. 设置绘图环境

（1）设置单位及精度：

　　Command：UNITS　↓

单击 Length 中 Type 选 Decimal，单击 Precision 选 0。

（2）设置绘图界限：因首先按 1∶1 画绘根据该零件的尺寸作以下设置：

　　Command：LIMITS　↓ 140，　100　↓

　　Command：ZOOM　↓ A　↓

（3）图层设置：

在国标 GB/T 14665—1998《机械工程 CAD 制图规则》中，规定计算机屏幕上显示的图线，一般应按表 9-5 中所示的要求进行设置。

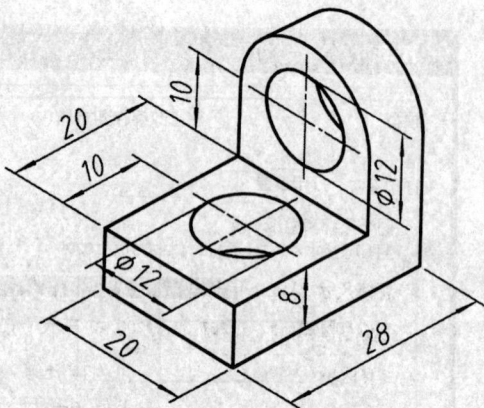

图 9-29　零件的轴测图

表　9-5

图线名称	图线的形式和代号		图线的宽度					在计算机中的分层标识	在计算机屏幕上的颜色
			1	2	3	4	5		
粗实线	————————	A	1.0	14	10	0.7	0.5	01	绿色
细实线	————————	B	1.0	0.7	0.5	0.35	0.25	02	白色
波浪线	～～～～～	C	1.0	0.7	0.5	0.35	0.25	02	白色
双折线	—〜—〜—	D	1.0	0.7	0.5	0.35	0.25	02	白色
虚　线	— — — — —	F	1.0	0.7	0.5	0.35	0.25	04	黄色
细点画线	—·—·—·—	G	1.0	0.7	0.5	0.35	0.25	05	红色
粗点画线	—·—·—·—	J	2.0	1.4	1.0	0.35	0.5	06	棕色
双点画线	—··—··—	K	1.0	0.7	0.5	0.35	0.25	07	粉红

除了按表 9-5 中所列的 7 个层来设置图层外还应设置：

　　08　（DIM　Layer）尺寸标注层；

　　09　（TOL　Layer）形位公差层；

　　10　（XLine　Layer）构造线层。

国家标准对这几个层的图元颜色没有作明确的规定。第 10 层即 XLine　Layer（构造线层）是描述用 XLine 命令画的无限长的直线的属性层。XLine 所画的线不是图形的一部分,是作图的辅助线,以保证三视图的三等关系。

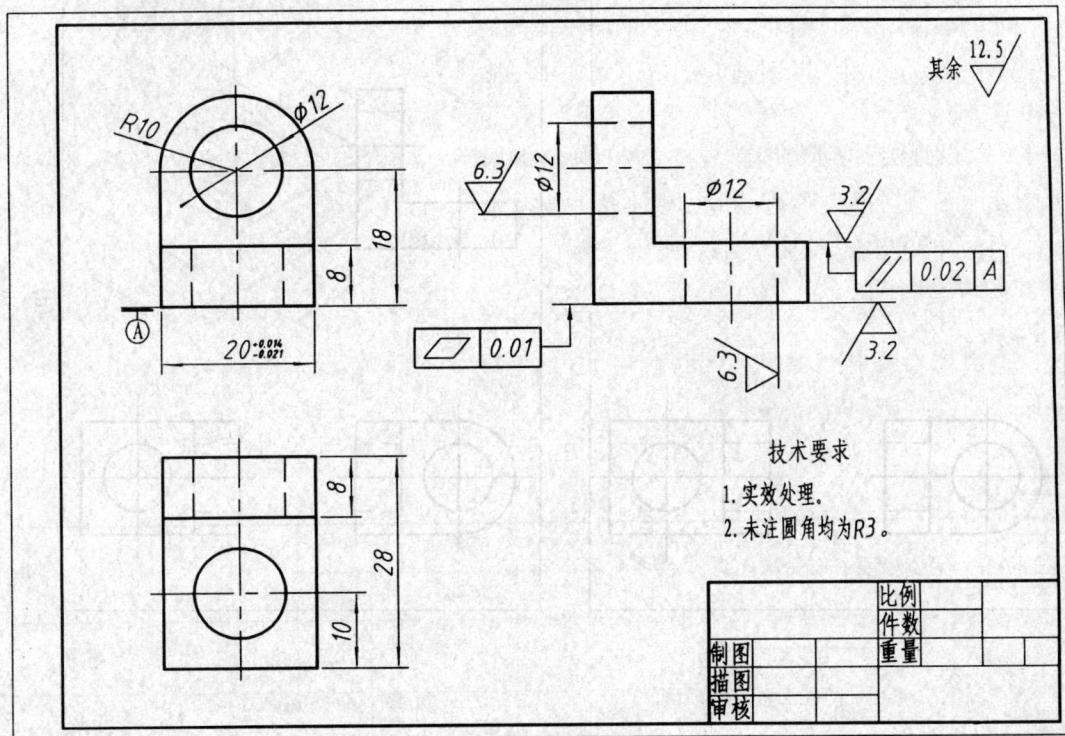

图 9 - 30　零件图

（4）设置文本样式：

设置西文字体为 gbeitc,字高为 0,样式取名 style 1；

设置汉字字体为仿宋_GB2312,字高为 0,样式取名 HZ。

（5）设置尺寸标注样式：用 Pline 命令画一箭头其尾部宽为 0.2,长为 1 定义成块,块名为 JT 作为尺寸要素箭头的样式。尺寸数字的样式为 style 1。其他选项的值用系统默认值。

2. 绘零件的视图

（1）首先画出零件的主视图,如图 9 - 31(a)所示。

（2）为保证俯视图长对正,先用 Xline 命令画出垂直构造线,再画俯视图,如图 9 - 31(b)所示。

（3）先画出如图 9 - 31(c)所示的为保证主、侧视画高平齐,俯侧视图宽相等的构造线后,模拟尺规作图的方法画出侧视图。

（4）关闭 Xline 所在的层,得到如图 9 - 31(d)所示零件的三视图。

3. 标注尺寸

以上两步完成了绘图环境的设置并按零件的真实大小画出了它的一组视图。这样,就可以直接使用尺寸标注命令进行标注,不必再对尺寸样式进行设置。但是题目要求将该零件的零件图用 2.5：1 的比例画在 A5 图纸中,故在标尺寸前执行以下命令：

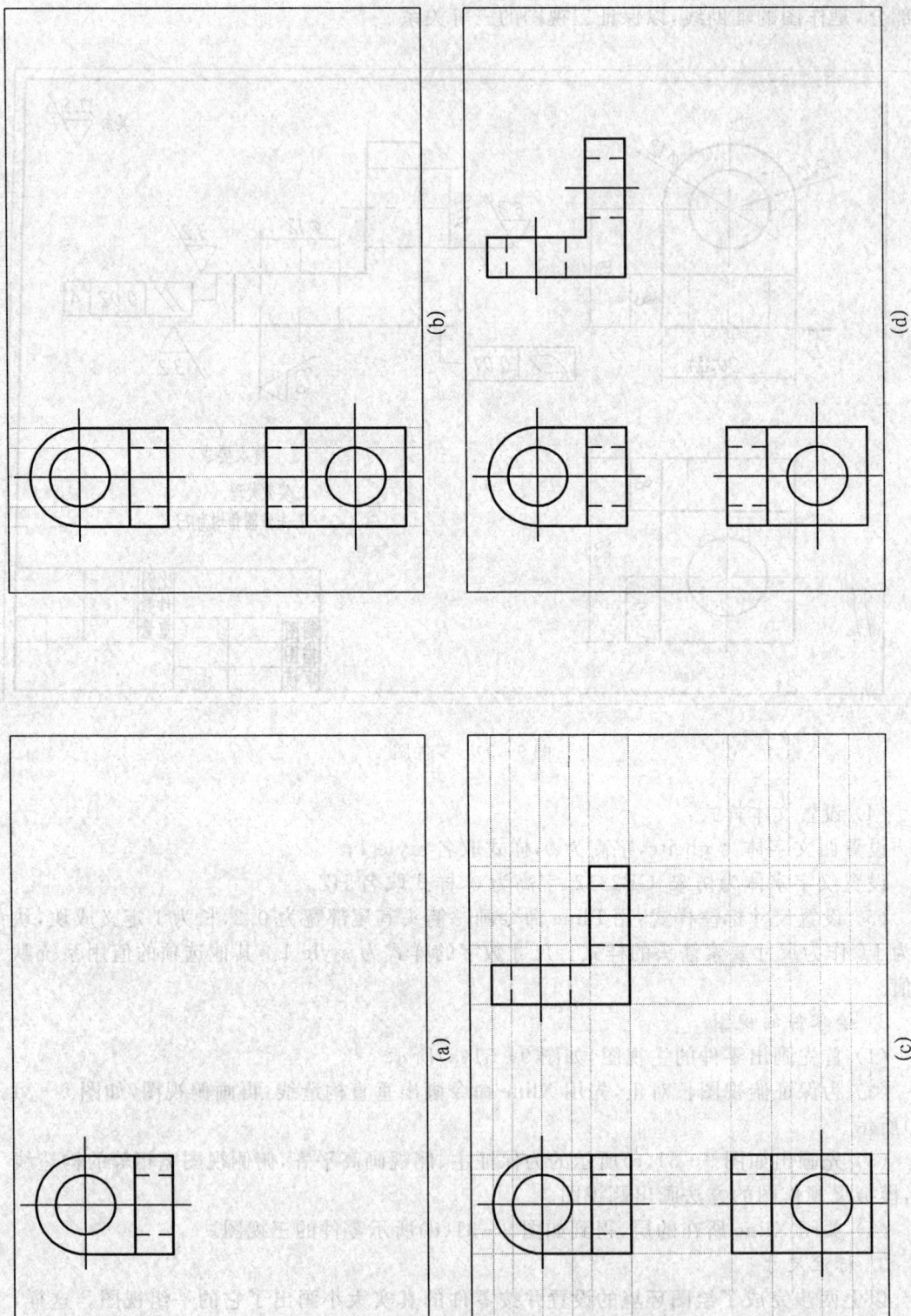

图 9-31

Command:SCALE ↓ ALL ↓ 确定基点后 ↓ 2.5 ↓

Command:DIMLFAC ↓ 0.4 ↓

这样虽然 3 个视图放大了 2.5 倍,但把 1/2.5 = 0.4 赋给了系统变量 DIMLFAC 就保证了标注尺寸的报告值为零件的真实大小。然后再画出 A5 的图幅、图框及标题栏后,再直接利用 DIM 的相关命令标注尺寸。

4. 标注形位公差、表面粗糙度

(1)用 TOLERANCE 命令标注形位公差;

(2)画出表面粗糙度的符号,并把它做成块;

(3)通过块调用及 TEXT 命令完成表面粗糙度的标准。

5. 书写技术要求及其他本文并输出图形

(1)标题栏中的文本用 TEXT 命令书写,字样名为 HZ;

(2)技术要求的内容用 MTEXT 命令书写,字样名为 HZ;

(3)用 PLOT 命令输出图形,图纸选 A5,输出比例为 1:1,单位为毫米(mm)。

9.7.2 参数化绘图实例

例 2 用参数化绘图方法绘制如图 9 - 32(a)所示的支承类零件的零件图。

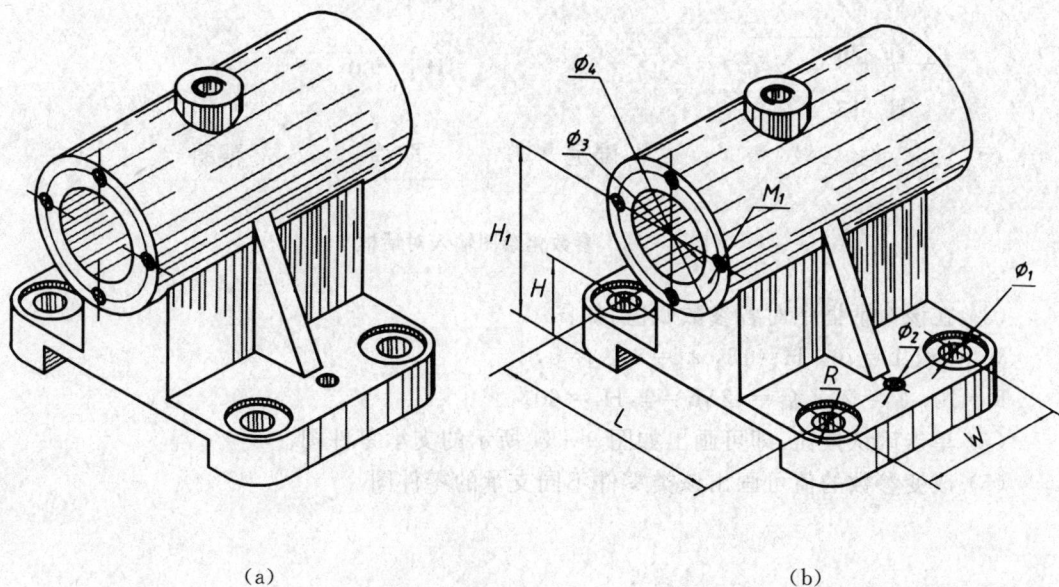

(a)　　　　　　　　　　　　(b)

图 9 - 32 支承

分析:AutoCAD 没有提供用参数化方法绘制零件图的命令,故应编写一个基于 AutoCAD 能够以参数方法绘制如图 9 - 32(a)所示的一类零件的零件图的应用程序,把这一程序的程序名作为 AutoCAD 的一个新的绘图命令。再调用它并给如图 9 - 32(b)所示的一组参数(H,H₁,L,W,φ₁,…)赋值,画出这类零件的一个零件的零件图。

步骤：

（1）把如图 9-32（b）所示的 W，L，H，ϕ_1，…，作为参数编写一个基于 AutoCAD 的应用程序，其程序名为 BEARING，调试、编译后加载到 AutoCAD 系统之中。

（2）运行应用程序，即

　　Command：BEARING　　↓

弹出如图 9-33 所示的对话框，对话框左边的图形表明了要输入参数的几何意义。

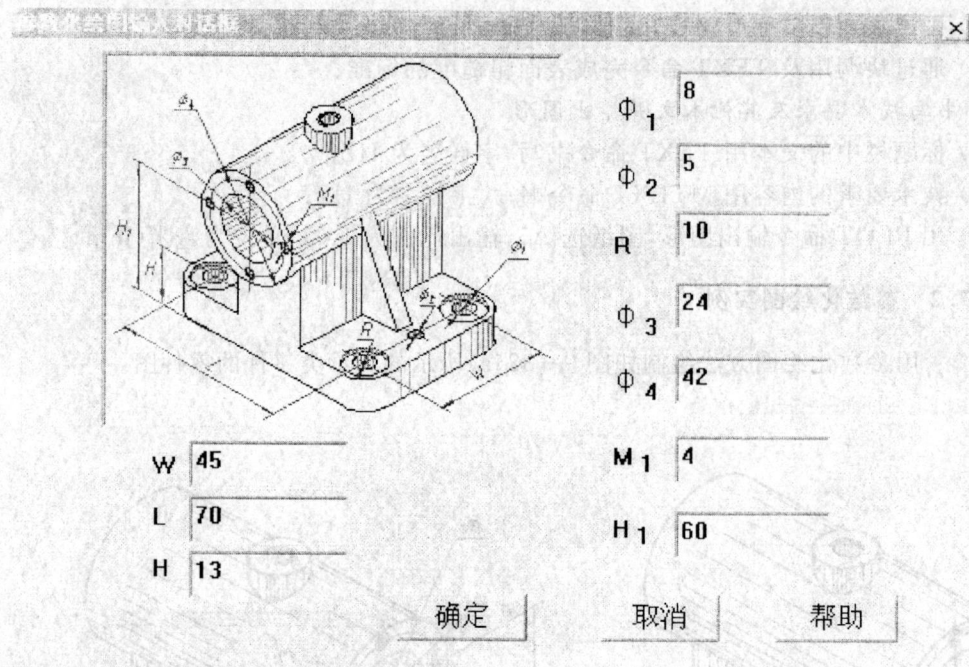

图 9-33　参数化绘图输入对话框

（3）在该对话框中对各参数赋值，如：

W＝45，L＝70，H＝13，ϕ_1＝8，ϕ_2＝5，

R＝10，ϕ_3＝24，ϕ_4＝42 M_1＝4，H_1＝60。

（4）单击确认按钮，即可画出如图 9-34 所示的支承零件图。

（5）改变参数的值可画出该类零件不同支承的零件图。

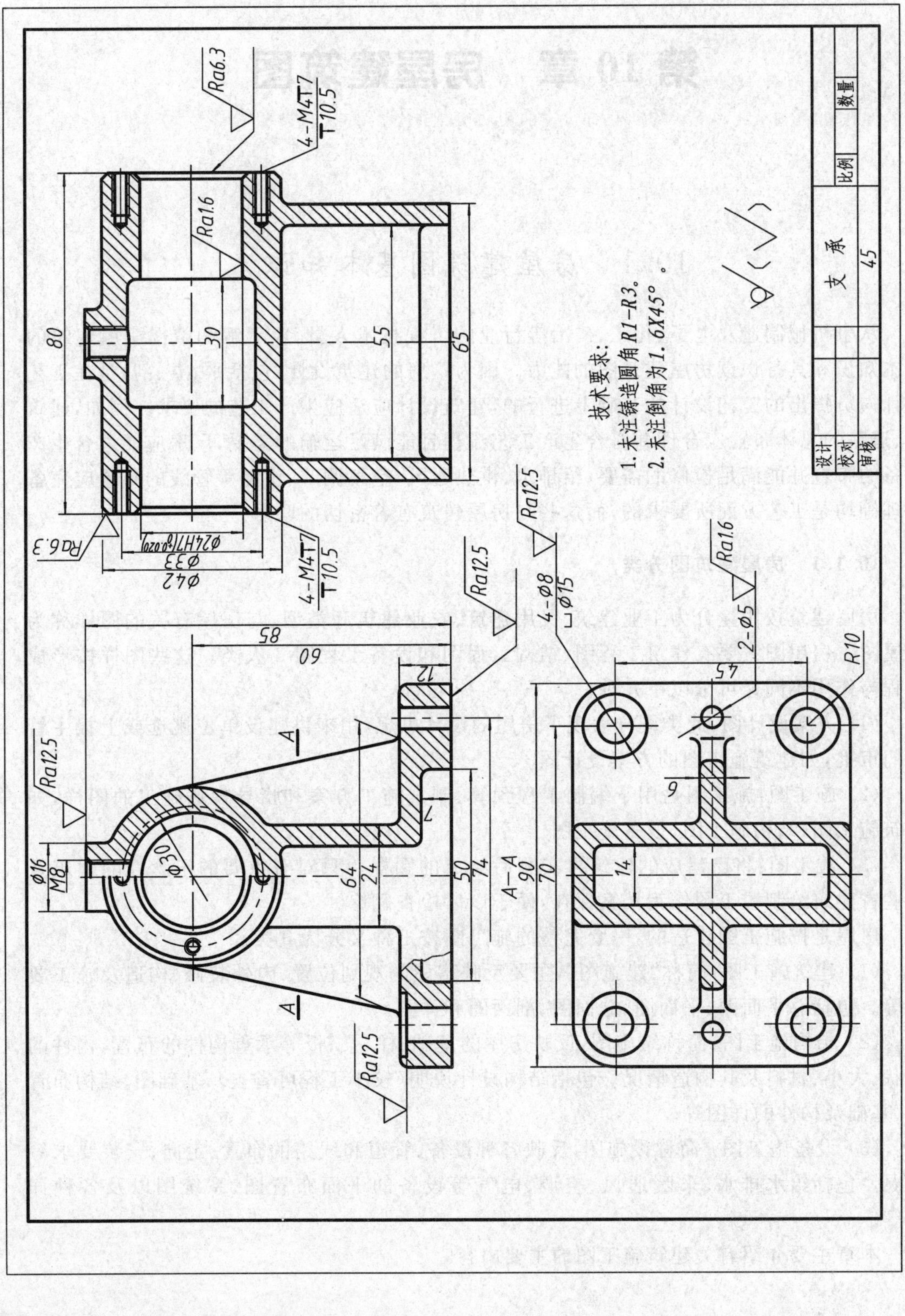

图9-34　支承零件图

第 10 章　房屋建筑图

10.1　房屋建筑图基本知识

从事机械制造及电子、化工、矿冶等行业的工程技术人员,应了解和掌握房屋建筑的基本知识和具备识读房屋建筑图的能力。因为厂房的建筑设计(包括平、立、剖)是在工艺设计人员提出的工艺设计的基础上进行的,建筑设计应适应生产工艺的要求。例如,建筑物、道路的总体布置应合理并符合生产工艺流程且能满足运输的需要,厂房应能适合生产设备的布置并能满足检修的需要,给排水、供热通风、空气调节、供电等管线的布置应完备合理等均是工艺方面所要求的,而这些与房屋建筑有着密切的联系。

10.1.1　房屋建筑图分类

房屋建筑按用途分为工业建筑、民用建筑、农业建筑等类型,与房屋有关的图样称为房屋图。房屋图主要有建筑工程图、结构工程图和设备工程图 3 大类。这些图样按形成过程与作用不同又可分以下几种。

(1)方案设计图:此类图样表现了房屋的设计思想,用来供建设单位挑选或上报主管部门审批,如建筑施工图的方案设计图。

(2)施工图:施工图是用于编制工程预算、制定施工方案和指导现场施工的图样,如建筑施工图、结构施工图、设备施工图。

(3)竣工图:将已建成的建筑再实测后绘成的图样。只对有重要的纪念性的建筑及一些古建筑绘制竣工图作为档案保存,便于以后检查翻修。

房屋是按施工图建造的,一套完整的施工图按工种又分为 3 类。

(1)建筑施工图:简称"建施图",主要反映房屋的规划位置、内外装修、构造及施工要求等。包括总平面图、平面图、立面图、剖面图和详图。

(2)结构施工图:简称结施图,反映房屋的基础、柱、梁、板等承重构件的布置,构件的形状、大小、材料及其构造情况。包括结构设计说明(较小工程可省去)、基础图、结构布置图、基础及构件的详图等。

(3)设备施工图:简称设施图,反映各种设备、管道和线路的布置、走向、安装要求等情况。包括给水排水、采暖通风、空调、电气等设备的平面布置图、系统图以及各种详图等。

本章主要介绍有关建筑施工图的主要内容。

10.1.2　房屋建筑图的基本表达形式

房屋建筑图也是按正投影原理绘制的多面正投影图，这方面与机械图相同，但建筑物与机器在大小、形状、结构、材料等方面大不相同，所以表达方法也有所不同。我们在学习中要抓住这一要点，熟悉国家标准《房屋建筑制图统一标准》有关规定，掌握房屋建筑图的表达方法和图示特点。

1. 总平面图

采用较小的比例对整个建筑地段绘制水平鸟瞰图，相当于机械图中的俯视图。如图10-1所示。

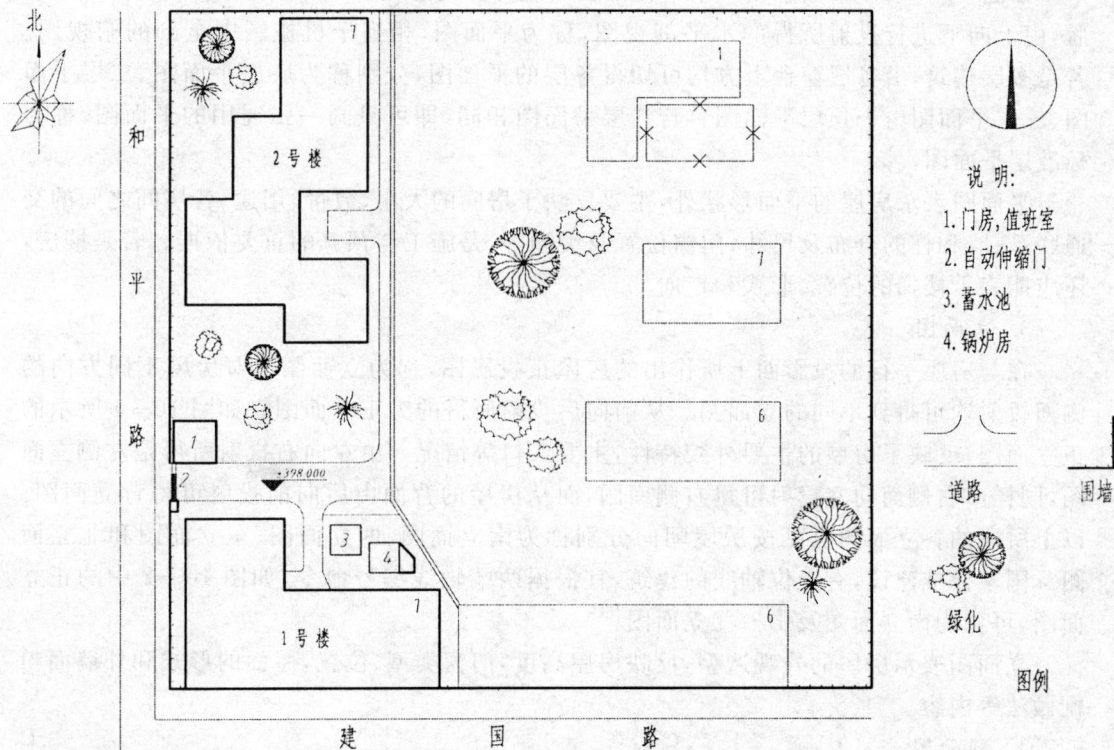

图 10-1　某学校住宅楼总平面图

总平面图主要表达该建筑地段内各类建筑物、构筑物的位置、朝向、占地多少及地形、地貌，一般采用较小比例，将各项表达内容均以图例方式（即规定符号）示意表示。

如图10-1所示为某学校住宅楼配套工程的总平面图。图中以粗实线绘制的建筑平面轮廓（线框）表示现在欲建房屋；细实线线框表示已建成的房屋；细实线打×号表示欲拆除房屋;虚线线框表示以后再建的建筑。线框右上角以点数或数字表示层数。图中以指北针表示建筑物的朝向。从图中还可以了解到出入口位置、道路设置、绿化布置及该地区主导风向。如图左上角绘出了一风标即带直角坐标的折线多边形,主要表示常年风向及其频率大小,也称为风玫瑰。规定多边形各顶点指向中心的方向为风向,此段距离为常年风向频率。此风标表示出该地区常年东北风频率最为频繁为主导风向。

要表达房屋的内外形状、大小及具体构造,应画出它的平面图、立面图和剖面图,它们是建筑施工图的最基本的图样。现以某学校的传达室(图 10 - 2)为例,说明房屋图的基本表达形式。

2. 平面图

如图 10 - 3 所示,假想用一水平面沿窗台上方将房屋剖开,移出剖切平面以上的建筑后,由上向下进行投射所得的水平剖视图,称为平面图,相当于机械图中全剖的俯视图。若是多层建筑,沿各层窗台上方均可切得各层的平面图,分别称为底层平面图、二层平面图、三层平面图……顶层平面图。若各层平面图相同,即可只画一张通用的平面图,称为标准层平面图。

平面图表示房屋的平面形状外,主要反映了房间的大小、数量、用途、各房间之间的交通联系、墙和柱的分布及尺寸、门窗位置及类型等,是施工与预算的重要依据。若是楼房,还应能表示楼梯的位置、形式和走向。

3. 立面图

在与房屋平行的投影面上所作出的房屋正投影图,称为立面图。对房屋不同方向的侧面投射均可得到不同的立面图。从前向后投射所得的为正立面图。如图 10 - 4 所示的正立面图,反映了房屋的主要外貌特性,主要入口等情况。由左向右投射所得是左侧立面图,同样由右侧面向左投射可得右侧面图,而从房屋的背面由后向前投射可得背立面图。以上所述的各立面图也可按房屋朝向分别称为南立面图、西立面图、东立面图和北立面图。国家标准建议,有定位轴线的建筑,宜根据两端轴线编号命令,如图 10 - 2 中的正立面图,可称为南立面图及①～③立面图。

立面图表示房屋的外观造型,反映房屋高度,门窗类型、位置,屋面的形式和外墙面粉刷做法等内容。

4. 剖面图

如图 10 - 4 所示,假想用通过门、窗洞的侧平面或正平面将房屋剖开,移去观察者和剖切平面之间的建筑,把余下的部分向投影面投射所得的剖视图,称为剖面图。它相当于机械图中的剖视图,在建筑图中称为剖面图。房屋的剖面图可以是单一剖面图,也可以是阶梯剖面图。剖面图有时习惯以阿拉伯数字命名。在平面图中的剖切符号,按国家标准规定,投影方向用粗实线表示,如图 10 - 2 所示。

剖面图表示房屋内部的结构、构造、材料做法以及地面、门窗、屋面等纵向分隔情况。

5. 详图

在房屋建筑图中对某一局部或构配件需要进行放大表示的图样称为详图,它相当于机械图中的局部放大图。如图 10 - 2 所示中右下角用 1∶10 比例绘制的图名为①的花格砖的详图。

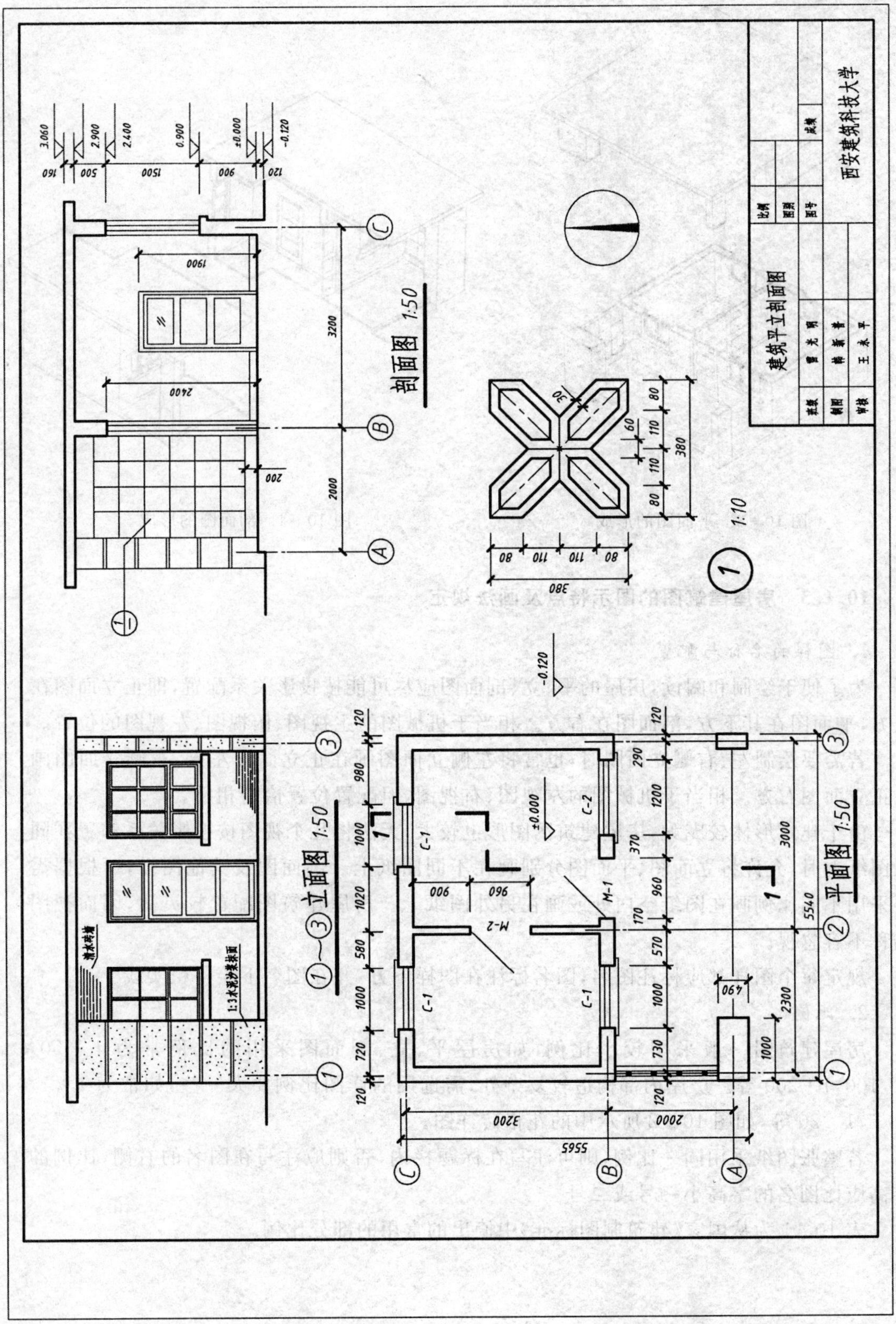

图10-2 房屋的平、立、剖面图

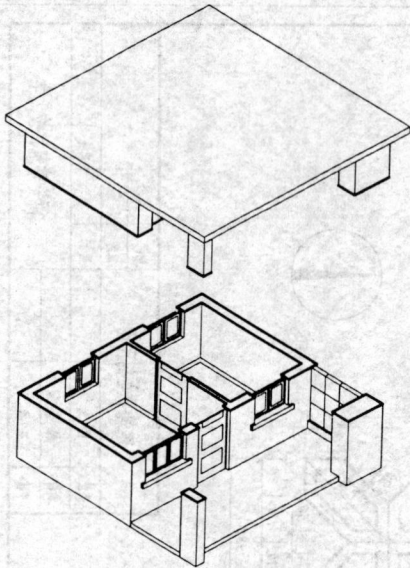

图 10 - 3　平面图的形成　　　　　　　　图 10 - 4　剖面图的形成

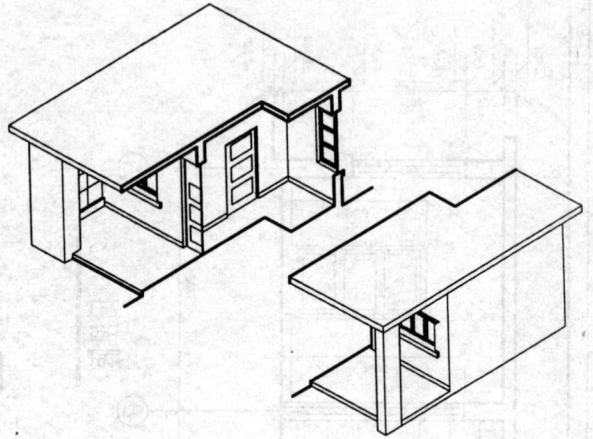

10.1.3　房屋建筑图的图示特点及画法规定

1. 图样的名称与配置

为了便于绘制和阅读,房屋的平、立、剖面图应尽可能按投影关系配置,即正立面图在上方,平面图在其下方,剖面图在右方。相当于机械图的主视图、俯视图、左视图的位置。

若需要绘制左、右侧立面图时,也常将左侧立面图画在正立面图左方,右侧立面图画在正立面图右方。相当于机械图的左视图、右视图,但配置位置恰恰相反。

由于建筑形体较庞大,房屋建筑图图形也较大,无法将几个视图按投影关系布置在同张图纸上时,允许将立面图、平面图分别画在不同图纸上。剖面图及其他图样,可根据需要采用不同比例画在图纸空白处或画在另外图纸上。房屋建筑图配置较灵活,因而视图名称不容忽视。

规定每个图样都应标注图名,图名标注在图样下方,并在图名下绘一粗实线。

2. 比例

房屋建筑图一般采用较小比例,如房屋平、立、剖面图采用的比例常为 1:50,1:100,1:200 等。房屋内部构造较复杂处,需选用的详图比例要大一些,如常为 1:1,1:5,1:20 等,如图 10-2 所示中的花格砖详图。

若整张图纸采用同一比例,则可注写在标题栏内,否则应注写在图名的右侧,比例的字高应比图名的字高小一号或二号。

表 10-1 为从国家《建筑制图标准》中摘出的常用的部分比例。

表 10 - 1　比例

图　名	比　例
建筑平面图、立面图、剖面图	1∶50　1∶100　1∶200
建筑局部放大图	1∶10　1∶20　1∶50
配件及构造详图	1∶1　1∶2　1∶5　　1∶10　1∶20　1∶50

3. 图线

房屋建筑图中线型较多,采用不同的线型、线宽表示不同的用途和建筑物轮廓线的主次关系,从而使图面清晰、分明。如表 10 - 2 所示。

表 10 - 2　线型

名　称	线　宽	主　要　用　途
粗实线	b	1. 平面图、剖面图的剖切轮廓线(如墙、柱等) 2. 建筑立面图的外轮廓线 3. 建筑构造详图中被剖切的主要的轮廓线 4. 建筑构配件详图中构配件的外轮廓线
中实线	$0.5b$	1. 平面图、剖面图中被剖切的次要建筑构造的轮廓线 2. 建筑立面图中的门、窗、洞口轮廓线及构配件轮廓线
细实线	$0.35b$	1. 平面图、剖面图未剖到轮廓线 2. 平、立、剖面图及详图中所有的辅助线 3. 尺寸线、尺寸界线、引出线等
中虚线	$0.5b$	1. 不可见的建筑构造及建构配件的轮廓线 2. 拟扩建的建筑轮廓线 3. 平面图中起重机轮廓线
细虚线	$0.35b$	1. 小于 $0.5b$ 的不可见轮廓线 2. 一些图例符号线、剖面线
粗点画线	b	1. 起重机的轨道线 2. 结构平面图中看不见的梁、桁架的位置线
细点画线	$0.35b$	中心线、对称线、定位轴线。
折断线	$0.35b$	不需要画全的断开界线
波浪线	$0.35b$	1. 不需要画全的断开界线 2. 构造层次的断开界线

实线分粗、中、细 3 种规格。虚线分中、细两种规格。点画线分粗、细两种规格。折断线、波浪线均为一种规格。图线宽度 b 的推荐系列与机械图样相同,即 0.13~2.0 mm。

4. 尺寸标注

房屋建筑图上的尺寸应包括尺寸界线、尺寸线、尺寸起止符和尺寸数字。如图 10 - 5

所示。尺寸界线用细实线绘制,与图形轮廓线不连接,距离不小于 2 mm,另一端宜超出尺寸线 2~3 mm;尺寸线用细实线绘制,平行于被注长度,不超出尺寸界限;尺寸起止符用中粗且与尺寸界线成顺时针 45°的斜短实线绘制,长度为 2~3 mm;尺寸数字注写位置与机械图样相同,尺寸单位除标高及总平面图以"米"为单位外,其他均以"毫米"为单位。

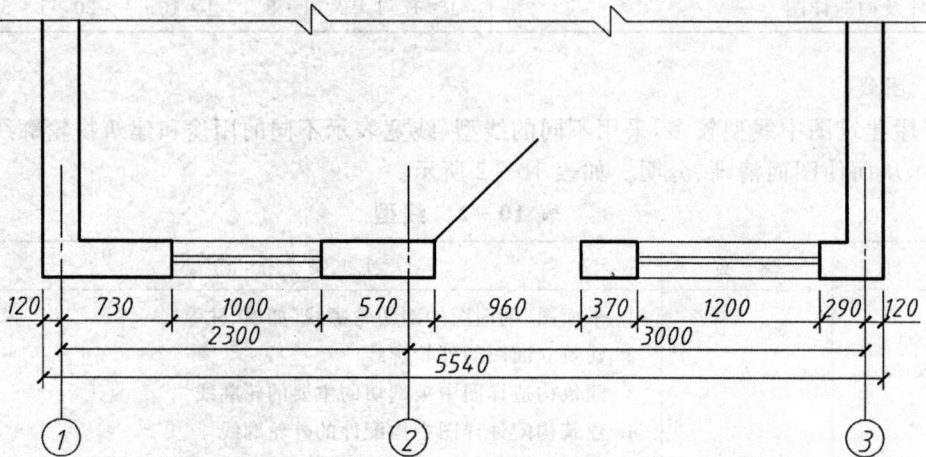

图 10-5 尺寸标注

表 10-3 门窗图例

空门洞	单扇门(包括平开,单面弹簧门)	双扇门(包括平开,单面弹簧门)	对开折叠门	墙外单扇推拉门
单层固定窗	单层中悬窗	单层外开平开窗	立转窗	左右推拉窗

如图 10-2 和图 10-5 所示,平面图、剖面图的外部尺寸均主要有三道。第一道尺寸是指靠近外墙轮廓线的尺寸,称为分段尺寸。平面图中用来注明每段墙体和洞口长短,剖面图中用来表明墙体与洞口的高度。第二道尺寸排在分段尺寸之外,在平面图中,它是标注房间的开间、进深以及确定承重构件位置的尺寸,称为轴线尺寸(开间一般是指房屋纵向轴线间的距离,进深一般是指房屋横向轴线间的距离);在剖面图中表示层高和休息平台高度的尺寸。第三道尺寸称为总尺寸,在平面图中给出了房屋外墙皮到外墙皮的总长、总宽;在剖面图中用来表明建筑物总高。立面图尺寸不多,只给出平面图、剖面图等其他图样没有反映的尺寸和外粉刷所需的尺寸,通常还将立面两侧外墙的轴线及编号绘出。

5．文字注解及说明

在房屋建筑中,对各种不同的用料、多样的做法,不同的色彩等无法用投影方式表示的诸多方面的要求,应该用文字注解的方式说明。如图 10-2 立面图所示。

6．材料图例

房屋建筑中材料种类较多,在材料断面内一般应画上相应的材料图例,相当于机械图中的剖面符号。常用的建筑材料图例如图 10-6 所示。

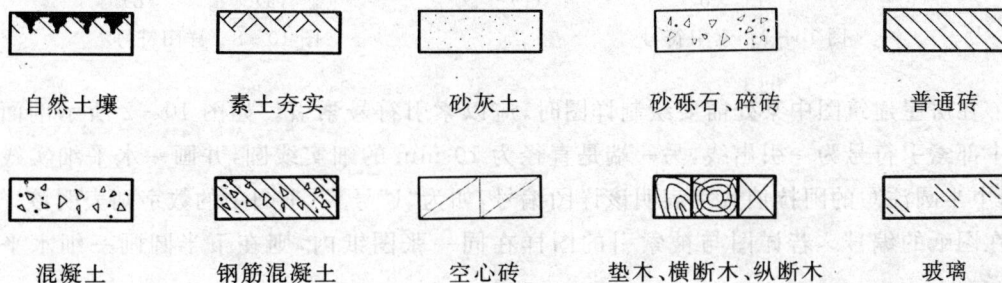

自然土壤	素土夯实	砂灰土	砂砾石、碎砖	普通砖
混凝土	钢筋混凝土	空心砖	垫木、横断木、纵断木	玻璃

图 10-6　建筑材料图例

注意房屋建筑图中的砖墙和金属材料的图例,与机械图中两者的剖面符号恰恰相反。即砖墙的材料图例为 45°单线,金属的建筑材料图例画 45°双线。

在房屋建筑图中,对比例小于或等于 1∶50 的平、剖面图,砖墙的材料图例省略不画,而在底图背面涂红表示,对于比例小于或等于 1∶100 的钢筋混凝土构件(柱、梁、板)等的材料图例也可不画,而在底图涂黑表示。晒成蓝图后,涂红部分呈浅蓝色,涂黑部分呈深蓝色。

7．常用符号及画法规定

(1)标高符号:房屋建筑图中某一表面的高度常以标高来表示。所用标高为两种形式:一种为绝对标高,以海平面为零点的普通测绘标高,在总平面图中可见,如图 10-1 所示。另一种为建筑标高,是以房屋底层地表面作为高程起点并标以±0.000。建筑标高是米为单位,注写到小数点后第三位。零点标高以上为正,以下为负且数字前加注"-"号。房屋建筑图中需标注室内外地坪、楼地面,地下层地面、阳台、平台、檐口、门、窗、台阶等处的标高。标高符号的用法、画法如图 10-2 所示。

(2)定位轴线:房屋中承受重量的基础、墙、柱、屋架等承重构件数量、类型很多,为确保工程质量,在施工中准确定位放线和查阅图纸,在房屋建筑施工图中要画出这些承重构件的轴线。如图 10-2 所示。即从它们的中心处各引出一条细点画线,称为定位轴线;并分别进行编号,编号注写在轴线端部编号圆内。在平面图上横向轴线编号用阿位伯数字,从左向右依次编写,如图 10-2 所示;1~3 竖向编号用大写拉丁字母自下而上顺次编写,如图 10-2 中 A~C。立面图、剖面图中一般只须画出两端的定位轴线,如图中 1,3;A,C。为避免读图产生误解,国家标准中规定拉丁字母中 I,O,Z 不得作为轴线编号。

(3) 索引符号和详图符号:在房屋建筑图中对某一局部或构配件需要进行放大表示、说明的图样称为详图,它相当于机械图中的局部放大图。为了便于查找和阅读详图,国家标准对详图的引出和详图的标志的画法作了规定,如图 10-7 和图 10-8 所示。

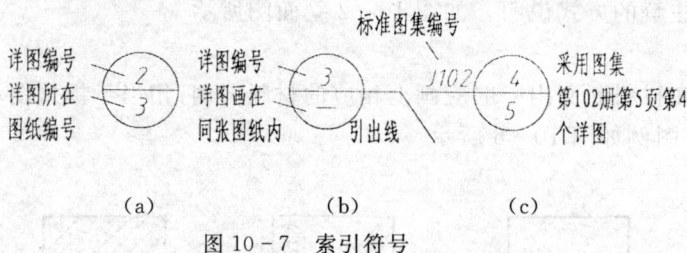

(a)　　　　(b)　　　　(c)　　　　　　(a)　　　(b)

图 10-7　索引符号　　　　　　图 10-8　详图符号

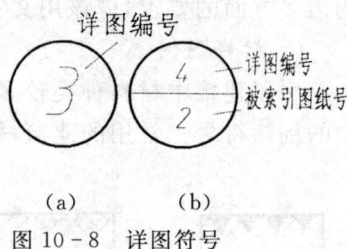

在房屋建筑图中某处需要绘制详图时,应以索引符号索引。如图 10-2 所示剖面图左中部索引符号为一引出线,另一端是直径为 10 mm 的细实线圆,并画一水平细实线直径;上半圆注写的阿拉伯数字表明该详图编号,如为"1"号,下半圆中的数字则表明该详图所在图纸的编号。若详图与被索引的图样在同一张图纸内,则在下半圆画一细水平线表示。

详图符号相当于图名,为一直径等于 14 mm 的粗实线圆,如图 10-2 所示详图。表示花格砖的详图编号为"1",被索引的图样(出处)与详图在同张图纸内,只注写该详图编号。若被索引处不在同张图纸上,分母编号即为被索引的图纸的编号。

(4) 指北针:建筑施工图的总平面或平面图中常常要指明方向,因而要画出指北针如图 10-1 和图 10-2 所示。指北针外圆用直径为 24 mm 的细实线绘制,指针尖为北部,尾部宽度为 3 mm。

10.2　房屋组成构件、配件及设备的表达形式

一幢建筑是由许多构件、配件组成的。基础、墙、柱、梁等这些组成建筑结构的元件叫做构件,门、窗、楼梯等这些具有某种特定功能的组装件叫做配件。基础承受着建筑物的全部荷载,并传给地基。墙、柱、梁、楼板层也均是建筑物的承重构件。墙和屋顶还是围护构件,起着抵御风、雨、太阳辐射等自然界各种因素对室内侵袭的作用。门、楼梯是楼房建筑的内外垂直交通的重要配件。门、窗则主要是采光、通风,同时又有分隔和围护作用的非承重配件。

1. 基础

基础在地面以下,常用钢筋混凝土或砖石等材料筑成。常见的基础形式有条形基础和柱下单独基础。条形基础上部随墙砌筑,做成条形,下部做成一级一级的台阶形,称大放脚(或大方脚),使压力分散,如图 10-9(a)所示。柱基础是建筑在每根柱下面的基础,因承受荷载较大且集中,因此常做成钢筋混凝土的独立基础,如图 10-9(b)所示。

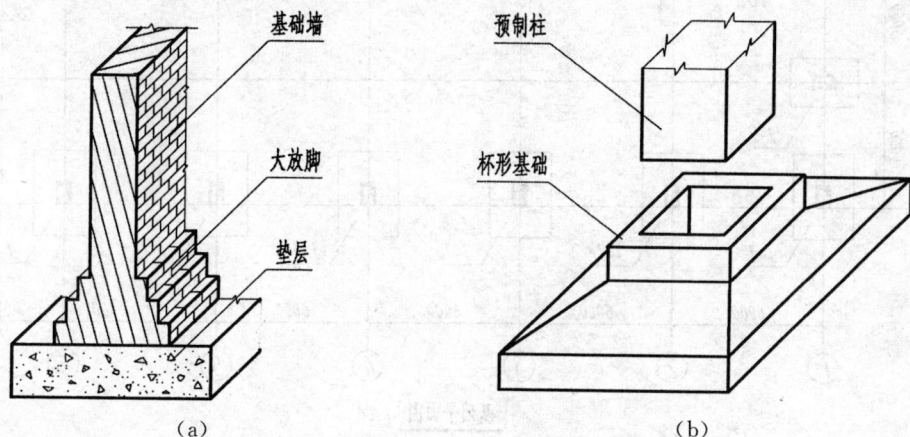

图 10-9　基础的形式
(a) 条型基础;　　(b) 单独基础

基础平面图表示整个房屋的基础总体设置情况,是放线与开挖基槽的依据。其形成是假想用一个水平面沿房屋的地面与基础间把整幢房屋剖切后移出剖切平面以上部分,向下投射所得的水平投影。基础详图表明基础形式、构造、埋置深度及具体施工所需尺寸,两种图样均属结构施工图,如图 10-10 所示为某厂房的部分基础平面图及部分详图,因篇幅有限,本章将不再介绍。

2. 墙

位于房屋四周的墙称外墙,其中位于房屋两端侧面的称山墙,外墙起着挡风、阻雨、隔热、保温的作用。位于房屋内部的墙称内墙,主要是分隔房间。墙以结构受力情况又分为承重墙和非承重墙,直接承受上部传来荷载的墙称承重墙,不承受外来荷载的墙称非承重墙。此外,根据墙体所采用的材料和构造方式不同,有砖墙、砌块墙、组合墙及预应力钢筋混凝土薄板或其他材料预制板做的隔墙等。

其他的材料图例的画法已在 10.1 节平面图、剖面图及材料图例的画法中提到,不再赘述。

3. 门、窗

门、窗在生产制造上已走上标准化。几种不同类型门、窗的图例表 10-3 所示。

门的代号为 M,窗的代号为 C。在图上要对不同种类的门和窗分别进行编号,如M1,M2,M3,…,C1,C2,C3,…,如图 10-2 平面图中所示,还要在门窗明细表中注明不同编号的门窗的标准图集代号(将大量常用的建筑物及构、配件按国际规定的模数协调,设计编绘出不同规格标准的成套施工图,装钉成册,供设计施工选用,即为标准图集)。

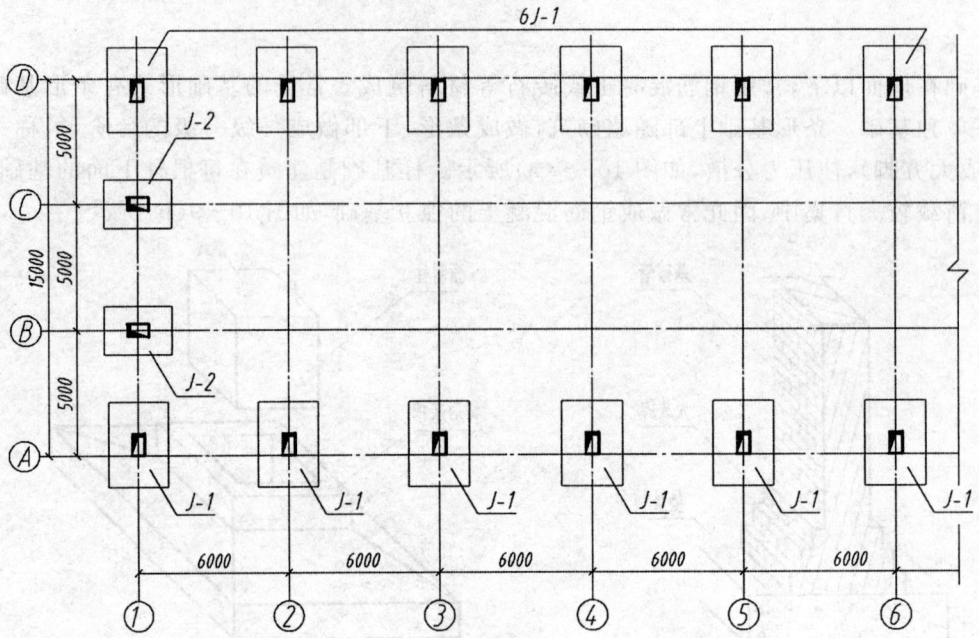

基础平面图 1:300

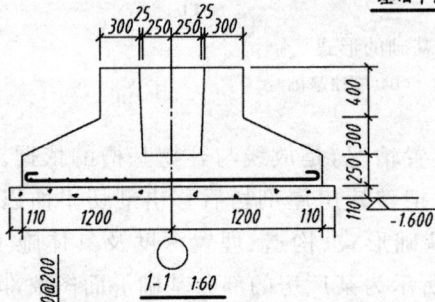

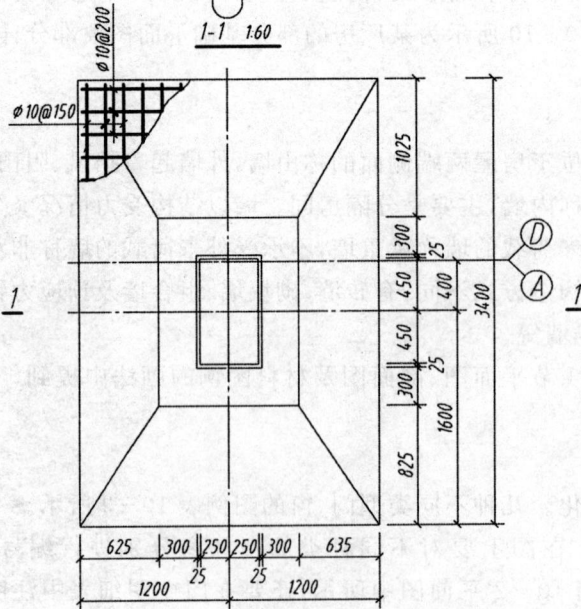

1-1 1:60

J-1 1:60　　　图 10-10　基础平面图、详图

4. 楼梯

楼梯种类很多,有由 1 个梯段组成的单跑式楼梯,2 个或 3 个楼梯并列的双跑式或三跑式楼梯等。图 10-11(a)所示为常见的双跑式楼梯。楼梯是由带踏步的梯段、休息平台、栏杆(或栏板)、扶手组成。楼梯主要由楼梯平面图、剖面图和若干节点详图表示。

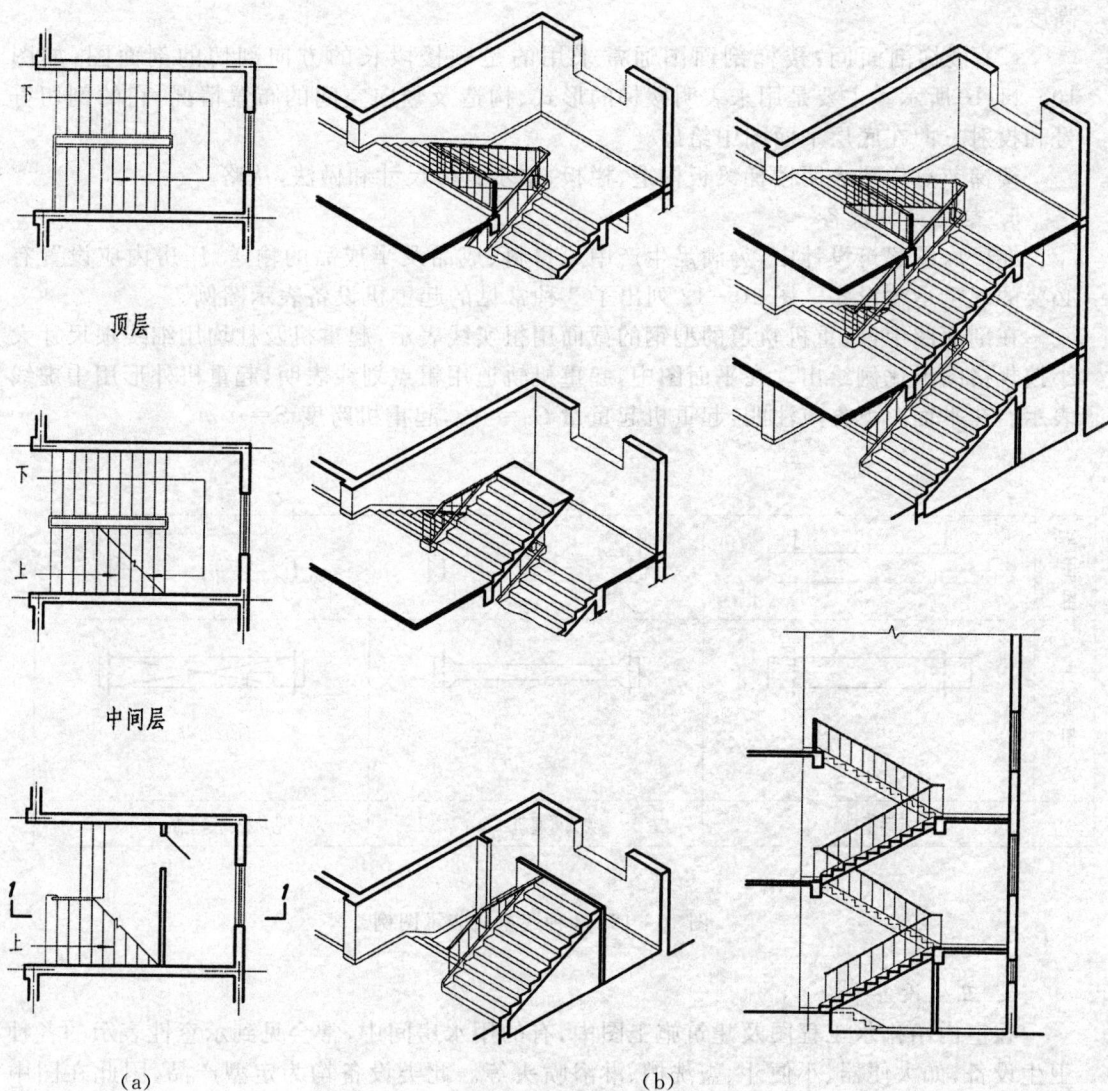

顶层

中间层

(a) (b)

图 10-11 楼梯

(a) 平面图; (b) 剖面图

(1) 楼梯平面图:楼梯平面图包括底层平面图、中间层平面图和顶层平面图,如图 10-11 所示。底层平面图形成可假想用一水平剖切平面从第一梯段中部剖切,移去剖切平面以上部分,对剩下部分进行投射所得到的。中间层平面图是假想在中间层楼面上,用一剖切平面在上行的楼段的中间剖切,移去第二个剖切平面以上部分,同时也移去底层剖切平面以下部分形成的。顶层平面图是假想剖切平面从楼面的安全栏板上部剖切,对剖切平面以下部分进行投射所得,故两楼梯段投影完整。在各平面图中,假想的剖切平面与楼梯段的截交线均用45°的折断线表示,如底层、中间层平面图,注意中间层有折断线的踏步段数虽完整,但表示两个层次的不同梯段。各图中还以所画楼层为基准,用箭头注出"上"或"下"字样,表明上、下楼层的方向。对各楼层、休息平台的地坪均用标高表示其高度。

（2）楼梯剖面间：楼梯剖面图通常采用的是顺楼段长的方向剖切的剖面图,如图10-11(b)所示。主要是用来表明楼梯的形式、构造及竖向空间的布置情况,它的剖切符号和投射方向在底层平面图中给出。

楼梯节点详图表明楼梯梁板构造、栏板、踏步具体尺寸和做法,从略。

5. 起重运输设备

在厂房的建筑设计中,为满足生产中原材料、成品及半成品的输送,厂房内应设置有必要的起重运输设备。图10-12列出了3种常见的起重机设备表示图例。

在剖面图中,起重机轨道的型钢的截面用粗实线表示,起重机及柱均用细线根尺寸大小按规格图形比例绘出。在平面图中,起重机轨道用粗点划线表明,起重机外形用中虚线表示。在平面图下方应注明：起重机起重量 $G_n = \cdots t$,起重机跨度 $S = \cdots m$。

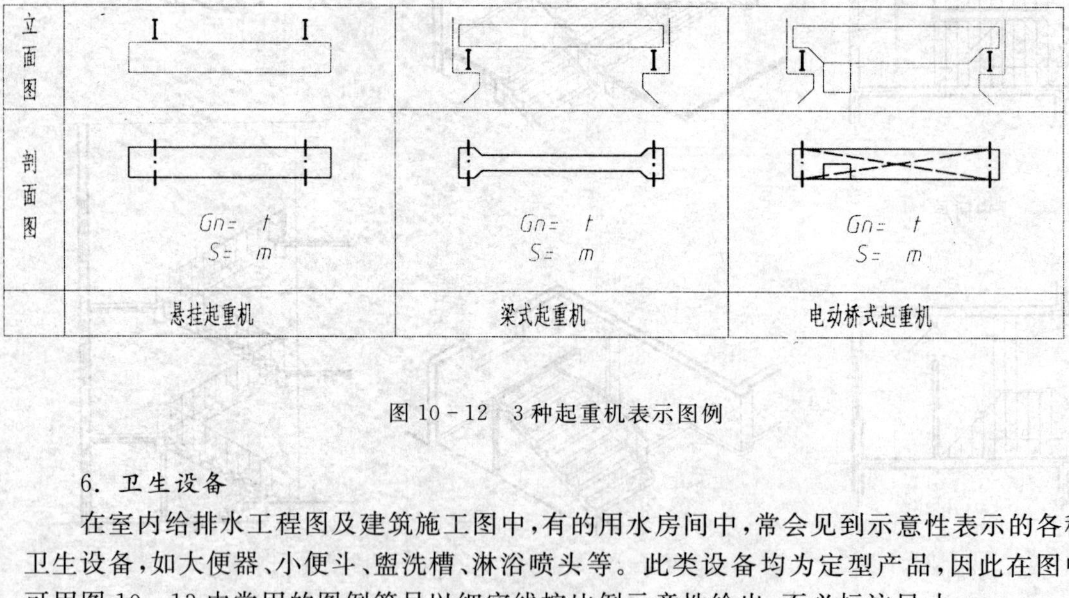

立面图	I　　　　　I	I　　　　　I	I　　　　　I
剖面图			
	$Gn = t$ $S = m$	$Gn = t$ $S = m$	$Gn = t$ $S = m$
	悬挂起重机	梁式起重机	电动桥式起重机

图 10-12　3种起重机表示图例

6. 卫生设备

在室内给排水工程图及建筑施工图中,有的用水房间中,常会见到示意性表示的各种卫生设备,如大便器、小便斗、盥洗槽、淋浴喷头等。此类设备均为定型产品,因此在图中可用图10-13中常用的图例符号以细实线按比例示意性绘出,不必标注尺寸。

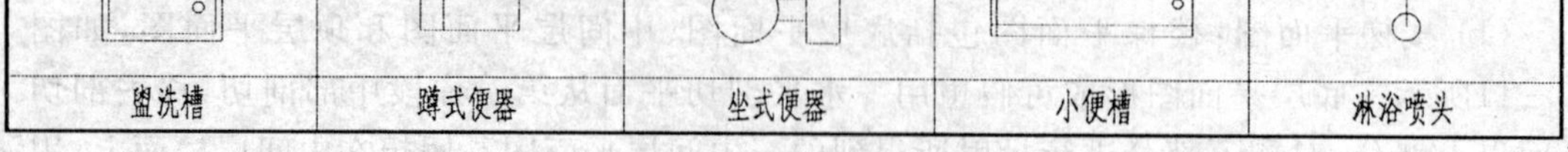

盥洗槽	蹲式便器	坐式便器	小便槽	淋浴喷头

图 10-13　卫生设备图例

10.3　读厂房建筑图

房屋建筑图的阅读与读机械图相同,即应从大到小,从整体到局部步步深入:先粗后细,反复阅读,直到读懂。读房屋建筑图的一般顺序为:先建筑施工图后结构施工图,先整体基本图后局部详图。

本节以某厂的一车间为例,如图 10 - 15 所示,主要介绍单层厂房建筑施工图的读图过程。

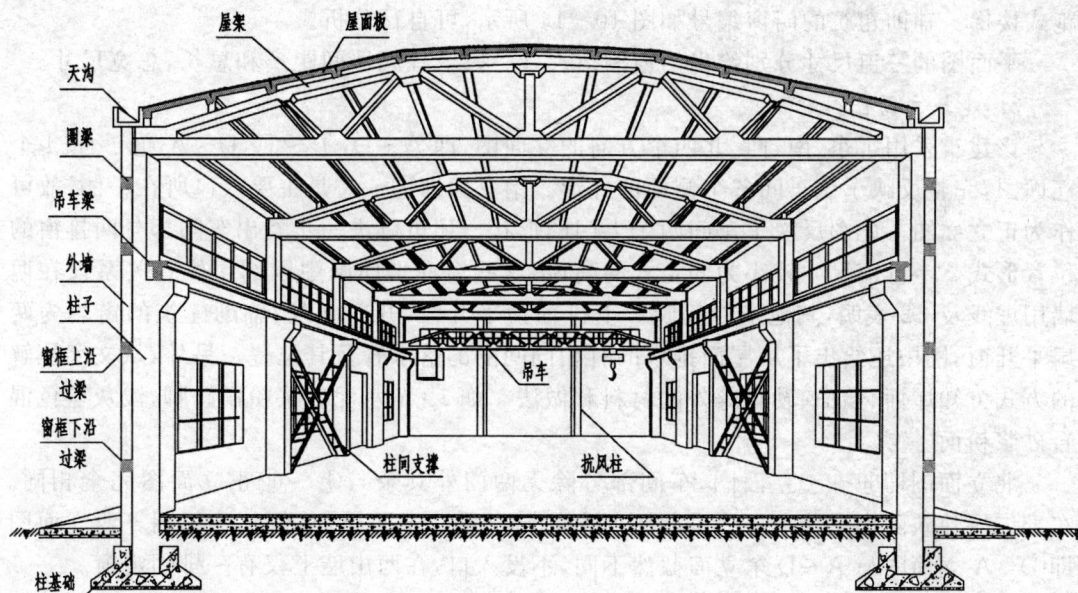

图 10 - 14　单层厂房的组成

1. 单层厂房结构简介

单层厂房的主要构件有以下几部分,如图 10 - 14 所示。

(1) 层盖结构:包括屋面板、屋架等。屋面板安装在屋架上,屋架安装在柱子上。

(2) 吊车梁:两端安装在柱子的牛腿(即柱上部的凸出部分)上。

(3) 柱子:用以支撑屋架和吊车梁,是厂房的主要承重构件。

(4) 基础:用以支撑柱子和基础梁,并将荷载传给地基;基础梁托住厂房的外墙。

(5) 支撑:包括层架支撑、柱间支撑等。其作用是加强厂房的稳定性和整体性。

(6) 围护结构:主要是指外墙以及与外墙连在一起的抗风柱,圈梁。

2. 建筑平面图

如图 10 - 15 所示该车间是单层单跨厂房。从竖向定位轴线 A~D 的距离可看出该车间跨度为 15 m,车间跨度决定层架的跨度和起重机的轨距;横向定位轴线①,②,③,…之间的距离为 6 m,表示厂房的柱距。柱距决定屋架的间距和屋面板、吊车梁等构件的长度。我国单层厂房的柱距和跨度均已系列化。从底层平面图可以看出:车间内设有梁式起重机一台,起重机规格如图例所示:起吊重量 Q 为 5 t,轨距 13.5 m。室内两侧的粗点画线,表示吊车轨道的位置,也是吊车梁的位置。

车间南面有 2 个门,开向朝外。两门编号均为 M－1,规格相同。为方便运输,门入口处设置坡道。室外四周设置散水。南北墙窗的编号均为 C1,说明类型,构造尺寸相同。西墙窗用虚线表示,编号为 C2,说明因位置较高没有剖到,还应结合立面图进一步分析。

厂房东部有一辅助建筑,从楼梯间及底层,二层平面图可以看出共有两层。底层有楼梯间、办公室、工具间、男女厕所,二层楼梯间以南均为办公室,以北为厕所。

连通车间与东部的门为一空门洞,编号为,连接车间与二层辅助建筑垂直交通的为双跑式楼梯。辅助建筑的门窗编号如图 10－14 所示,可自行分析。

平面图的三道尺寸分别给出门窗洞口尺寸、跨度、柱间墙间距离和总长,总宽尺寸。

3. 建筑立面图

该建筑采用了东、南、西、北四个方向的立面图,即 A～D,①～⑩,D～A,⑩～① 4 个立面图,完整反映了该车间各个侧面的外形。南立面即①～⑩是主要入口所在一侧,故可作为正立面图。此图反映了车间两个大门的形状。还可以进一步看出车间部分两排窗的位置形式。上排窗尺寸较小为固定式的高窗,这些窗在平面图中因剖切位置关系仅在西墙用虚线及 C2 表明,其他未能反映。下排窗为平开窗,开向朝外;辅助建筑的窗均为两扇平开窗,图中还给出了从屋面排水的有相同间隔的落水管及其位置。另外,从文字注解的方式可知屋面、墙面、勒脚等外的材料和做法。如 1:3 水泥砂浆粉刷勒脚,浅灰蓝色混合砂浆粉面。

北立面图即⑩～①立面图,车间部分除无两门外其余与①～⑩正立面图完全相同。东部二层建筑除南北墙上办公室与厕所窗的洞口尺寸不同外,其他基本相同。西立面图即 D～A 立面图与 A～D 东立面截然不同,不设入口,在西山墙上仅有一排固定窗。

4. 建筑剖面图

在底层平面图轴线编号为③～④之间,有 1—1 剖面的剖切符号,剖面投射方向自右向左。1—1 剖面图表示出墙、门窗、梁、屋架,屋面板的空间关系和构造;还表示了在吊车梁的梁式起重机及它的起重量和跨度。在剖视图两侧标注了各主要结构的标高尺寸,包括屋架下弦底面、起重机轨道顶面、门窗洞上下边、室内外地坪等。屋面,地面的作法用多层结构引出线以文字注解方式说明。

从 1—1 剖面图可看出该车间没有天窗,利用南北外墙上的高低两排窗和西山墙上一排高窗来满足通风和采光要求。

由于该厂房车间部分是单层,剖面图有两道尺寸,第一道是墙体、门窗、洞口及屋檐的分段尺寸,第二道为室外地坪到屋檐的总高尺寸。

5. 详图(从略)

一般包括檐口、屋面节点详图、墙、柱节点详图。从这些图样上可详尽看到它们所在的位置及其构造情况。

参 考 文 献

[1] 孙根正. 画法几何及机械制图.5 版. 西安:陕西科学技术出版社,1998.

[2] 雷光明,刘苏. 建筑制图. 西安:陕西科学技术出版社,1997.

[3] 何铭新,钱可强. 机械制图.4 版. 北京:高等教育出版社,1997.

[4] 石光源,等. 机械制图.3 版. 北京:高等教育出版社,1997.

[5] 董国耀. 机械制图. 北京:北京理工大学出版社,1998.

[6] 谭建荣,等. 图学基础教程. 北京:高等教育出版社,1999.

[7] 朱福熙. 建筑制图. 北京:高等教育出版社,1985.

[8] 常明. 画法几何及机械制图. 武汉:华中理工大学出版社,1999.

[9] 中国纺织大学工程图学教研室. 画法几何及工程制图.4 版. 上海:上海科学技术出版社,1997.

[10] 华中理工大学,等. 画法几何及机械制图.4 版. 北京:高等教育出版社,1989.

[11] 张跃峰,陈通. AutoCAD R14 入门与提高. 北京:清华大学出版社,1999.

[12] 孙家广,等. 计算机图形学. 北京:清华大学出版社,1999.

[13] 刁定成,焦永和,等. 计算机图形学. 北京:高等教育出版社,1999.

[14] 王永平,雷光明,贾天科. 计算机绘图. 西安:陕西科学技术出版社,1994.

[15] Frederick E Giesecke. Engineering Graphics. New Jersey:Prentice-Hall, Inc. Upper Saddle River,2000.

[16] 杨振宽. 机械产品设计常用标准手册.北京:中国标准出版社,2010.